クレーン・デリック運転士（クレーン限定）学科試験

合格問題集

三好康彦 著

■ はしがき

本書は，平成28年から令和2年に実施されたクレーン・デリック運転士（クレーン限定）学科試験の10回分の全試験問題の解説を行い，出題項目別に分類，整理したものです．本試験は類似問題が数多く出題されているので，過去問題を徹底的に勉強することが合格の近道です．

解説は，できるだけ丁寧に行いました．試験問題の中には選択肢のそれ自身がクレーン・デリック運転士（クレーン限定）の内容を解説したものが多くありますが，その場合には選択肢そのものを解説にしてあるため，読者は選択肢を読み，再び解説を読み，十分な理解と記憶を試みていただきたいと思います．

クレーン・デリック運転士（クレーン限定）学科試験の特徴は，労働安全衛生法をはじめ，労働安全衛生規則，クレーン等安全規則など各種の法令関係と安全技術とが密接に関係づけられていることです．

特に安全に関する技術は，現場における事故や危険などを回避した長い経験がそのまま体系化されたものです．したがって，学習においては十分理解して記憶し，現場の職務においてもそれを遵守することが求められます．

ところで，クレーン・デリック運転士には，現場において能率的に運転操作することが求められますが，同時にそれを安全に行うことが求められています．この点でクレーン・デリック運転士は極めて重要な役割を果たす位置にいると言えます．

読者の皆さんは，すでに実務に携わっている方も多いと思います．現場では，いろいろな問題に遭遇し解決することが求められています．この場合に重要なことは，問題解決に必要である広範囲な知識と経験を身に着けていることはもとより，単にそれだけでなく，それらを有機的に結び付けて解決する能力が求められています．その能力は，関係するどんな些細なことにも関心をもち，常に疑問の課題として抱えておくことによって，身に付くものと考えています．

保安関係に関する技術進歩は日進月歩であることは言うまでもありません．この国家資格の合格をきっかけに，関連する他の国家試験にも挑戦していただき，絶えず自己研鑽と現場に即した技術を身につけられることを期待しています．

令和3年10月

著者しるす

主な法律名の略語一覧

クレ規則 …………………… クレーン等安全規則
安衛法 …………………… 労働安全衛生法
安衛令 …………………… 労働安全衛生法施行令
安衛則 …………………… 労働安全衛生規則

目　次

第1章　クレーンに関する問題

第2章　関係法令

第3章　原動機及び電気に関する知識

第4章　クレーンの運転のために必要な力学に関する知識

第1章

クレーンに関する問題

1.1 クレーンに関する用語

問題1 【令和2年秋 問1】

クレーンに関する用語の記述として，適切でないものは次のうちどれか．

(1) 天井クレーンの寄りとは，クラブトロリをクレーンガーダ端の停止位置まで寄せたときのつり具中心と走行レール中心間の最小の水平距離をいう．

(2) 定格速度とは，つり上げ荷重に相当する荷重の荷をつって，巻上げ，走行，横行，旋回などの作動を行う場合の，それぞれの最高の速度をいう．

(3) つり上げ荷重とは，クレーンの構造及び材料に応じて負荷させることができる最大の荷重をいい，フックなどのつり具分が含まれる．

(4) ケーブルクレーンで，トロリがメインロープに沿って移動することを横行という．

(5) クレーンの作業範囲とは，クレーンの各種運動を組み合わせてつり荷を移動できる範囲をいう．

解説 (1) 適切．天井クレーン（crane：起重機）の寄りとは，クラブトロリ（crab trolley：荷を吊ってガーダを移動する台車）をクレーンガーダ（crane girder：トロリを支持する構造物で，桁）端の停止位置まで寄せたときのつり具中心と走行レール中心間の最小の水平距離をいう．なお，ガーダ（girder）とは桁（又は梁）をいう．図1.1-1参照．

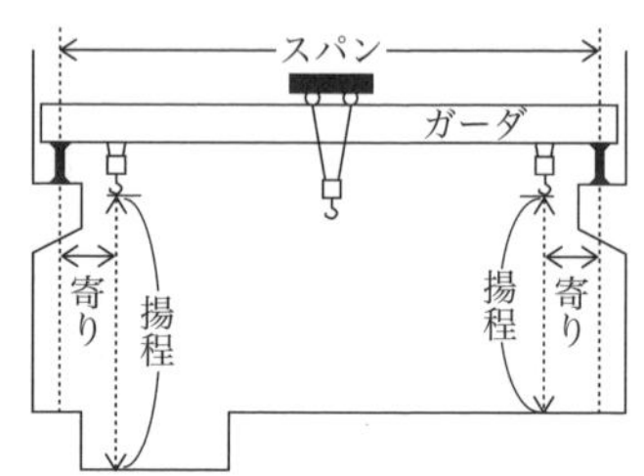

図1.1-1　走行レール・スパン・揚程及び寄り

(2) 不適切．定格速度とは，定格荷重に相当する荷重の荷をつって，巻上げ，走行，横行，旋回などの作動を行う場合の，それぞれの最高の速度をいう．なお，定格荷重とは，つり上げ荷重からフック（hook：留め金），グラブバケット（grab bucket：クレーンなどの先に取り付け，石炭・鉱石・土砂などをつかみ取る装置）等のつり具の質量を除いた荷重をいう．

(3) 適切．つり上げ荷重とは，クレーンの構造及び材料に応じて負荷させることができる最大の荷重をいい，フック，グラブバケット等のつり具の質量も含まれる．

(4) 適切．ケーブルクレーンで，トロリがメインロープに沿って移動することを横行という．図1.1-2参照．

(5) 適切．クレーンの作業範囲（図1.1-3参照）とは，クレーンの各種運動を組み合わせてつり荷を移動できる範囲をいう．

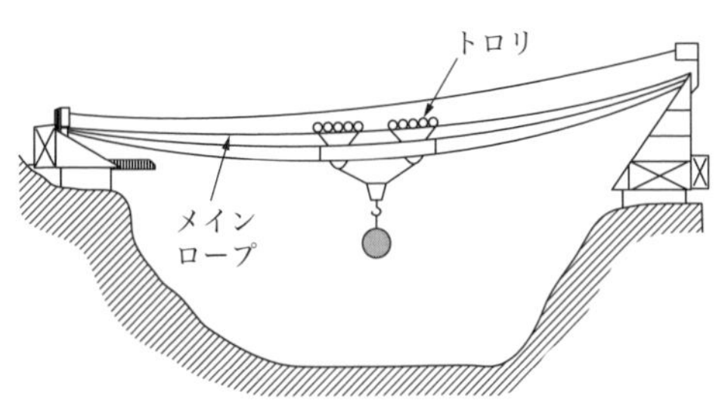

トロリ
メイン
ロープ

図 1.1-2　ケーブルクレーン

横行
〔テルハ（モノレール型）〕
横行
〔テルハ（ループ型）〕
作業範囲
走行レール
〔該当クレーン等の機種例〕
走行
横行
走行＋横行
〔天井クレーン〕
走行
横行
走行＋横行
〔橋形クレーン〕
横行
走行
走行＋横行
〔壁クレーン〕
横行
旋回
旋回＋横行
〔旋回式壁クレーン〕
（ジブ・ブーム起伏）
横行
旋回
旋回＋横行
（又はジブ・ブーム起伏）
〔固定式ジブクレーン〕
旋回
横行
走行
走行＋横行＋旋回
〔旋回・走行式壁クレーン〕
走行
旋回
走行＋旋回
走行＋旋回＋ジブ起伏
（又は引込み）
〔走行式ジブクレーン〕
旋回
横行
走行
走行＋横行＋旋回
走行＋横行＋旋回＋ジブ起伏
（又は引込み）
〔ジブクレーン式橋形クレーン〕
ブーム起伏
旋回
旋回＋ブーム起伏
〔スチフレッグデリック〕

図 1.1-3　作業範囲

（出典：クレーン・デリック運転士教本，p10）

▶ 答（2）

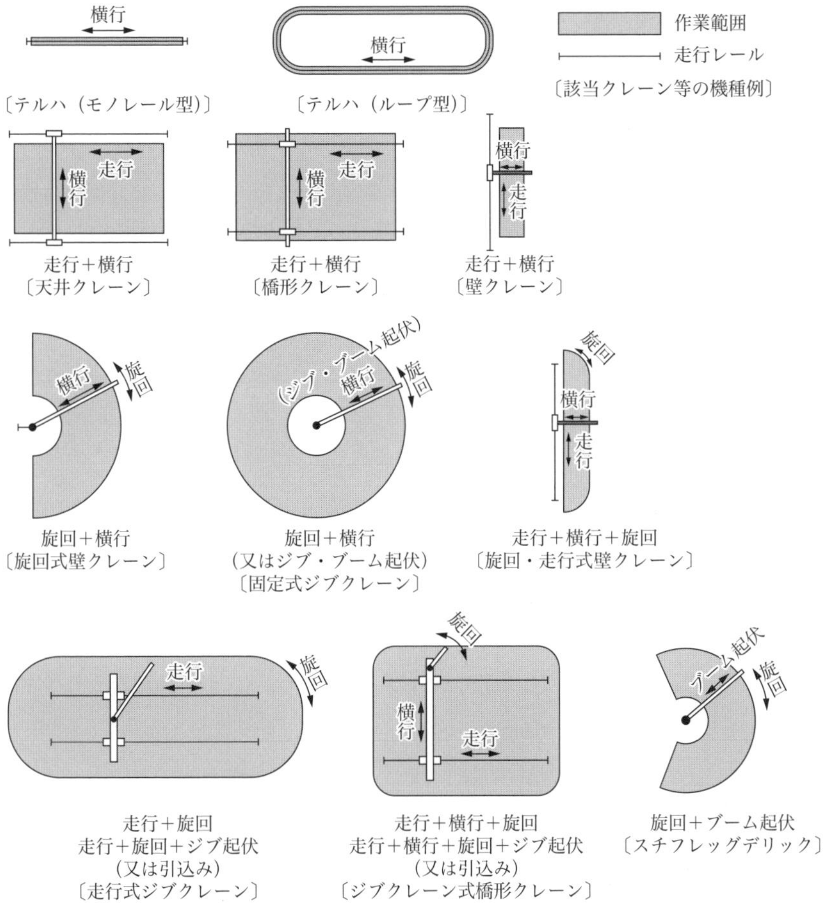

問題2

【令和2年春 問1】 

クレーンに関する用語の記述として，適切でないものは次のうちどれか.

(1) 天井クレーンの寄りとは，クラブトロリをクレーンガーダ端の停止位置まで寄せたときのつり具中心と走行レール中心間の最小の水平距離をいう.

(2) 定格速度とは，つり上げ荷重に相当する荷重の荷をつって，巻上げ，走行，横行，旋回などの作動を行う場合のそれぞれの最高の速度をいう.

(3) つり上げ荷重とは，クレーンの構造及び材料に応じて負荷させることができる最大の荷重をいい，フックなどのつり具分が含まれる.

(4) ケーブルクレーンで，トロリがメインロープに沿って移動することを横行という.

(5) クレーンの作業範囲とは，クレーンの各種運動を組み合わせてつり荷を移動できる範囲をいう.

解説 (1) 適切．天井クレーン（crane：起重機）の寄りとは，クラブトロリ（crab trolley：荷を吊ってガーダを移動する台車）をクレーンガーダ（crane girder：トロリを支持する構造物で，桁（けた））端の停止位置まで寄せたときのつり具中心と走行レール中心間の最小の水平距離をいう．なお，ガーダ（girder）とは桁（又は梁（はり））をいう．図1.1-1参照.

(2) 不適切．定格速度とは，定格荷重に相当する荷重の荷をつって，巻上げ，走行，横行，旋回などの作動を行う場合の，それぞれの最高の速度をいう．なお，定格荷重とは，つり上げ荷重からフック（hook：留め金），グラブバケット（grab bucket：クレーンなどの先に取り付け，石炭・鉱石・土砂などをつかみ取る装置）等のつり具の質量を除いた荷重をいう.

(3) 適切．つり上げ荷重とは，クレーンの構造及び材料に応じて負荷させることができる最大の荷重をいい，フック，グラブバケット等のつり具の質量も含まれる.

(4) 適切．ケーブルクレーンで，トロリがメインロープに沿って移動することを横行という．図1.1-2参照.

(5) 適切．クレーンの作業範囲（図1.1-3参照）とは，クレーンの各種運動を組み合わせてつり荷を移動できる範囲をいう.

▶答 (2)

問題3

【令和元年秋 問8】 

クレーンに関する用語の記述として，適切なものは次のうちどれか.

(1) 天井クレーンのキャンバとは，クレーンガーダに荷重がかかったときに生じる下向きのそり（曲がり）をいう.

(2) 定格速度とは，つり上げ荷重に相当する荷重の荷をつって，巻上げ，走行，横行，旋回などの作動を行う場合の，それぞれの最高の速度をいう.

(3) クレーンの作業範囲とは，クレーンの各種運動を組み合わせてつり荷を移動できる範囲をいう.
(4) ジブの傾斜角とは，ジブクレーンのジブの中心線と旋回中心を通る鉛直線とのなす角をいい，作業半径が大きくなると傾斜角も大きくなる.
(5) 天井クレーンのスパンとは，クラブトロリの移動する距離をいう.

解説 (1) 不適切．天井クレーンのキャンバ（camber：梁材の反り）とは，荷をつった時にガーダが下垂しないように，あらかじめガーダを上向きにした曲線をキャンバという．スパンの長いクレーンの桁は，自重及び荷の荷重によってたわむため，製作時において，このたわみを予想してガーダに上向きの反りを与えている.

(2) 不適切．定格速度とは，定格荷重に相当する荷重の荷をつって，巻上げ，走行，横行，旋回などの作動を行う場合の，それぞれの最高の速度をいう.

(3) 適切．クレーンの作業範囲とは，クレーンの各種運動を組み合わせてつり荷を移動できる範囲をいう．図 1.1-3 参照.

(4) 不適切．ジブの傾斜角（図 1.1-4 参照）とは，ジブクレーンのジブの中心線と水平面とのなす角をいい，作業半径が大きくなると傾斜角は小さくなる.

(5) 不適切．天井クレーンのスパン（図 1.1-1 参照）とは，走行レール中心間の水平距離をいう.

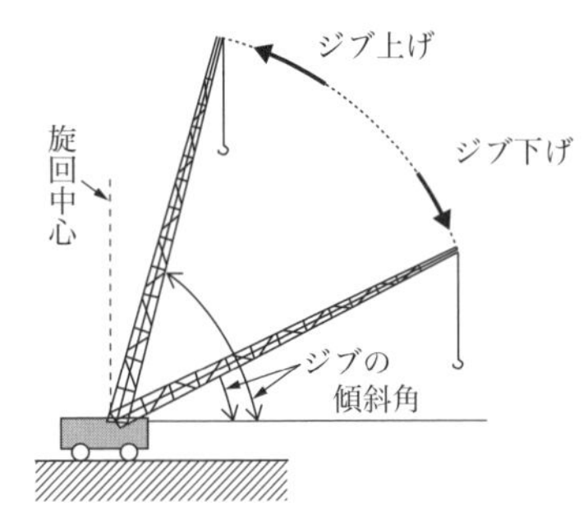

図 1.1-4　クレーンの起伏

▶答（3）

問題 4　【令和元年春 問 1】

クレーンに関する用語の記述として，適切でないものは次のうちどれか.
(1) 荷が上昇する運動を巻上げといい，荷が下降する運動を巻下げという.
(2) 玉掛けとは，ワイヤロープ，つりチェーンなどの玉掛用具を用いて荷をクレーンのフックに掛けたり，外したりすることをいう.
(3) 天井クレーンで，定格荷重とは，つり上げ荷重からフックなどのつり具分を差し引いた荷重をいう.
(4) ジブクレーンの作業半径とは，ジブの取付ピンとつり具中心との水平距離をいう.
(5) クレーンガーダ，水平ジブなどに沿ってトロリが移動する運動を横行という.

解説 (1) 適切．荷が上昇する運動を巻上げといい，荷が下降する運動を巻下げという.

(2) 適切．玉掛けとは，ワイヤロープ，つりチェーンなどの玉掛用具を用いて荷をクレーンのフックに掛けたり，外したりすることをいう．

(3) 適切．天井クレーンで，定格荷重とは，つり上げ荷重からフックなどのつり具分を差し引いた荷重をいう．

(4) 不適切．ジブクレーンの作業半径とは，つり荷を移動できる範囲をいう．図 1.1-3 参照．

(5) 適切．クレーンガーダ（図 1.1-5 参照），水平ジブ（ポスト形ジブクレーン：図 1.8-8 参照）などに沿ってトロリが移動する運動を横行という．

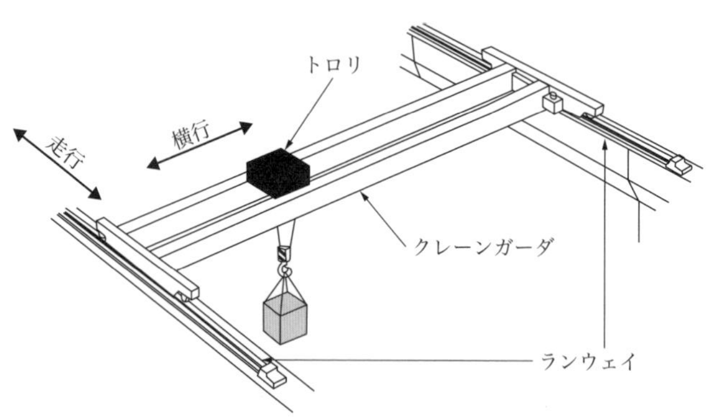

図 1.1-5　クレーンの横行・走行

▶答（4）

問題 5　【平成 30 年秋 問 8】

クレーンに関する用語の記述として，適切なものは次のうちどれか．

(1) 天井クレーンのキャンバとは，クレーンガーダに荷重がかかったときに生じる下向きのそり（曲がり）をいう．

(2) 定格速度とは，つり上げ荷重に相当する荷重の荷をつって，巻上げ，走行，横行，旋回などの作動を行う場合のそれぞれの最高の速度をいう．

(3) クレーンの作業範囲とは，クレーンの各種運動を組み合わせてつり荷を移動できる範囲をいう．

(4) ジブの傾斜角とは，ジブクレーンのジブの中心線と旋回中心を通る鉛直線とのなす角をいい，作業半径が大きくなると傾斜角も大きくなる．

(5) 天井クレーンのスパンとは，クラブトロリの移動する距離をいう．

解説　(1) 不適切．天井クレーンのキャンバ（camber：梁材の反り）とは，荷をつった時にガーダが下垂しないように，あらかじめガーダを上向きにした曲線をキャンバという．スパンの長いクレーンの桁は，自重及び荷の荷重によってたわむため，製作時において，このたわみを予想してガーダに上向きの反りを与えている．

(2) 不適切．定格速度とは，定格荷重に相当する荷重の荷をつって，巻上げ，走行，横行，旋回などの作動を行う場合の，それぞれの最高の速度をいう．

(3) 適切．クレーンの作業範囲とは，クレーンの各種運動を組み合わせてつり荷を移動できる範囲をいう．図 1.1-3 参照．

(4) 不適切．ジブの傾斜角（図 1.1-4 参照）とは，ジブクレーンのジブの中心線と水平面とのなす角をいい，作業半径が大きくなると傾斜角は小さくなる．

(5) 不適切．天井クレーンのスパン（図 1.1-1 参照）とは，走行レール中心間の水平距離をいう．

▶答 (3)

題 6

【平成 30 年春 問 8】 

クレーンに関する用語の記述として，適切でないものは次のうちどれか．

(1) 天井クレーンの寄りとは，クラブトロリをガーダ端の停止位置まで寄せたときの，走行レールの中心とつり具中心との最小水平距離をいう．

(2) 定格速度とは，つり上げ荷重に相当する荷重の荷をつって，巻上げ，走行，横行，旋回などの作動を行う場合のそれぞれの最高の速度をいう．

(3) つり上げ荷重とは，構造及び材料に応じて負荷させることができる最大の荷重をいい，フックなどのつり具分が含まれる．

(4) ケーブルクレーンで，トロリがメインロープに沿って移動することを横行という．

(5) クレーンの作業範囲とは，クレーンの各種運動を組み合わせてつり荷を移動できる範囲をいう．

解説 (1) 適切．天井クレーンの寄りとは，クラブトロリをガーダ端の停止位置まで寄せたときの，走行レールの中心とつり具中心との最小水平距離をいう．図 1.1-1 参照．

(2) 不適切．定格速度とは，定格荷重に相当する荷重の荷をつって，巻上げ，走行，横行，旋回などの作動を行う場合の，それぞれの最高の速度をいう．

(3) 適切．つり上げ荷重とは，構造及び材料に応じて負荷させることができる最大の荷重をいい，フックなどのつり具分が含まれる．

(4) 適切．ケーブルクレーンで，トロリがメインロープに沿って移動（クレーンガーダや水平ジブの場合も同様）することを横行という．図 1.1-2 参照．

(5) 適切．クレーンの作業範囲とは，クレーンの各種運動を組み合わせてつり荷を移動できる範囲をいう．図 1.1-3 参照．

▶答 (2)

題 7

【平成 29 年秋 問 8】 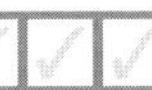

クレーンに関する用語について，正しいものは次のうちどれか．

(1) 天井クレーンのキャンバとは，ガーダに荷重がかかったときに生じる下向きのそり（曲がり）をいう.
(2) 定格速度とは，つり上げ荷重に相当する荷重の荷をつって，巻上げ，走行，横行，旋回などの作動を行う場合のそれぞれの最高の速度をいう.
(3) 定格荷重とは，クレーンの構造及び材料に応じて負荷させることができる最大の荷重をいい，フックなどのつり具分が含まれる.
(4) クレーンの作業範囲とは，クレーンの各種運動を組み合わせてつり荷を移動することができる範囲をいう.
(5) ケーブルクレーンで，トロリがメインロープに沿って移動することを走行という.

解説 (1) 誤り．天井クレーンのキャンバ（camber：梁材の反り）とは，荷をつった時にガーダが下垂しないように，あらかじめガーダを上向きにした曲線をキャンバという．スパンの長いクレーンの桁は，自重及び荷の荷重によってたわむため，製作時において，このたわみを予想してガーダに上向きの反りを与えている.
(2) 誤り．定格速度とは，定格荷重に相当する荷重の荷をつって，巻上げ，走行，横行，旋回などの作動を行う場合の，それぞれの最高の速度をいう.
(3) 誤り．定格荷重とは，つり上げ荷重からフック，クラブバケット等のつり具の質量を除いた荷重であり，フックに掛けることができる最大の荷重でフックブロックに表示されている荷重である．なお，つり上げ荷重は，クレーンの構造及び材料に応じて負荷させることができる最大の荷重をいい，フック，グラブバケットなどのつり具の荷重が含まれる.
(4) 正しい．クレーンの作業範囲とは，クレーンの各種運動を組み合わせてつり荷を移動することができる範囲をいう．図 1.1-3 参照.
(5) 誤り．ケーブルクレーンで，トロリがメインロープに沿って移動（クレーンガーダや水平ジブの場合も同様）することを横行という．図 1.1-2 参照．なお，走行は，走行レールに沿ってクレーン全体が移動する運動をいう．通常，走行と横行は直角関係にある.

▶答 (4)

問題 8 【平成 29 年春 問 1】

クレーンに関する用語について，正しいものは次のうちどれか.
(1) ジブの傾斜角とは，ジブクレーンのジブの中心線と旋回中心を通る鉛直線とのなす角をいい，作業半径が大きくなると傾斜角も大きくなる.
(2) 定格速度とは，つり上げ荷重に相当する荷重の荷をつって，巻上げ，走行，横行，旋回などの作動を行う場合のそれぞれの最高の速度をいう.
(3) 地切りとは，コントローラーや押しボタンスイッチを断続的に操作して，巻上げ，横行などを寸動させることをいう.

(4) キャンバとは，天井クレーンなどであらかじめガーダに与える上向きのそり（曲がり）をいう．
(5) 天井クレーンで，スパンとは，クラブトロリの移動する距離をいう．

解説 (1) 誤り．ジブの傾斜角（図 1.1-4 参照）とは，ジブクレーンのジブの中心線と水平面とのなす角をいい，作業半径が大きくなると傾斜角は小さくなる．
(2) 誤り．定格速度とは，定格荷重に相当する荷重の荷をつって，巻上げ，走行，横行，旋回などの作動を行う場合の，それぞれの最高の速度をいう．
(3) 誤り．地切りとは，コントローラーや押しボタンスイッチを断続的に操作して，巻上げにより，つり荷をまくら等からわずかに離したことをいう．
(4) 正しい．天井クレーンのキャンバ（camber：梁材の反り）とは，荷をつった時にガーダが下垂しないように，あらかじめガーダを上向きにした曲線をキャンバという．スパンの長いクレーンの桁は，自重及び荷の荷重によってたわむため，製作時において，このたわみを予想してガーダに上向きの反り（曲がり）を与えている．
(5) 誤り．天井クレーンのスパン（図 1.1-1 参照）とは，走行レール中心間の水平距離をいう．

▶答 (4)

問題 9 【平成 28 年秋 問 9】

クレーンに関する用語について，誤っているものは次のうちどれか．
(1) 荷が上昇する運動を巻上げといい，荷が下降する運動を巻下げという．
(2) 玉掛けとは，ワイヤロープ，つりチェーンなどの玉掛用具を用いて荷をクレーンのフックに掛けたり，外したりすることをいう．
(3) 天井クレーンで，定格荷重とは，つり上げ荷重からフックなどのつり具分を差し引いた荷重をいう．
(4) 起伏とは，ジブなどがその取付け端を中心にして上下に動くことをいい，引込みクレーンでは，ジブを起伏させても作業半径は変わらない．
(5) ガーダ，水平ジブなどに沿ってトロリが移動する運動を横行という．

解説 (1) 正しい．荷が上昇する運動を巻上げといい，荷が下降する運動を巻下げという．
(2) 正しい．玉掛けとは，ワイヤロープ，つりチェーンなどの玉掛用具を用いて荷をクレーンのフックに掛けたり，外したりすることをいう．
(3) 正しい．天井クレーンで，定格荷重とは，つり上げ荷重からフックなどのつり具分を差し引いた荷重をいう．定格荷重は一定ではなく，ジブの傾斜角（図 1.1-4 参照：傾斜角が小となれば作業半径は大となるが定格荷重が小となる）によって，またジブ上のトロリの位置に応じて変わるものがあることに注意すべきである．なお，つり具の質量が含まれる荷重は，つり上げ荷重という（図1.1-6参照）．

(4) 誤り．起伏とは，ジブなどがその取付け端を中心にして上下に動くことをいい，引込みクレーンでは，ジブを起伏させてもつり荷が上下に移動しないで，ほぼ水平に移動するように工夫されたクレーンで作業半径は変わることになる．

(5) 正しい．ガーダ，水平ジブなどに沿ってトロリが移動する運動を横行という．図1.1-5参照．

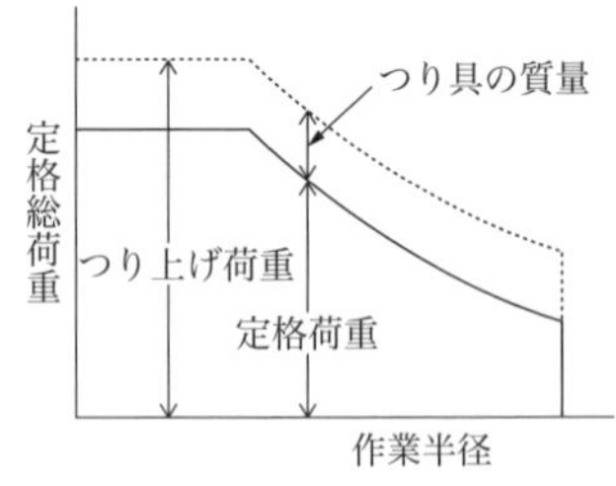

図1.1-6　定格荷重

▶答（4）

問題10 【平成28年春 問10】

クレーンに関する用語について，誤っているものは次のうちどれか．

(1) キャンバとは，あらかじめガーダに与える上向きのそり（曲がり）をいう．
(2) 天井クレーンで，スパンとは，クラブトロリの移動する距離をいう．
(3) 揚程とは，つり具を有効に上げ下げできる上限と下限の垂直距離をいう．
(4) ジブクレーンで，旋回中心を軸としてジブが回る運動を旋回という．
(5) クレーンの作業範囲とは，クレーンの各種運動を組み合わせてつり荷を移動できる範囲をいう．

解説 (1) 正しい．キャンバ（camber：反り）とは，あらかじめガーダに与える上向きの反り（曲がり）をいう．

(2) 誤り．天井クレーンで，スパンとは，走行レール中心間の水平距離をいう．図1.1-1参照．

(3) 正しい．揚程とは，つり具を有効に上げ下げできる上限と下限の垂直距離をいう．図1.1-1参照．

(4) 正しい．ジブクレーンで，旋回中心を軸としてジブが回る運動を旋回という．図1.1-7参照．

(5) 正しい．クレーンの作業範囲とは，クレーンの各種運動を組み合わせてつり荷を移動できる範囲をいう．図1.1-3参照．

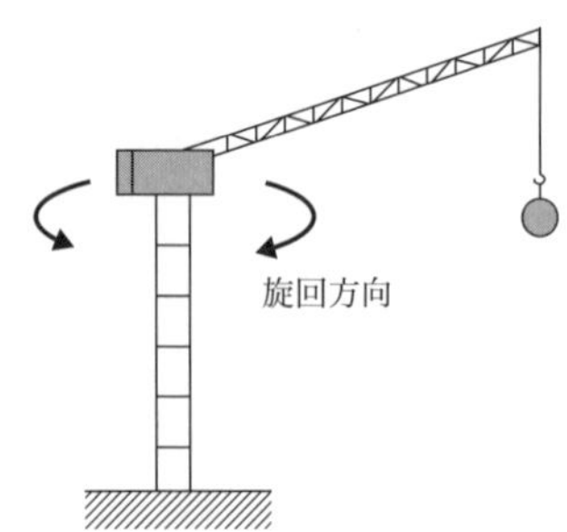

図1.1-7　クレーンの旋回

▶答（2）

1.2 クレーンの構造部分

問題1 【令和2年秋 問2】

クレーンの構造部分に関する記述として，適切でないものは次のうちどれか．

(1) クレーンガーダは，トロリなどを支持する構造物で，「桁」とも呼ばれる．

(2) プレートガーダは，鋼板をI形状の断面に構成したもので，補桁を設けないこともある．

(3) 橋形クレーンの脚部には，剛脚と揺脚があり，その構造は，ボックス構造やパイプ構造が多い．

(4) ボックスガーダは，鋼板を箱形状の断面に構成したものであるが，その断面形状では水平力を十分に支えることができないため，補桁と組み合わせて用いられる．

(5) サドルは，主として天井クレーンにおいて，クレーンガーダを支え，クレーン全体を走行させる車輪を備えた構造物で，その構造は鋼板や溝形鋼を接合したボックス構造である．

解説 (1) 適切．クレーンガーダは，トロリ（台車）などを指示する構造物で，「桁」とも呼ばれている．図1.1-1参照．

(2) 適切．プレートガーダは，鋼板をI形状の断面に構成したもので，補桁を設けないこともある．図1.2-1参照．

図1.2-1　プレートガーダ

(3) 適切．橋形クレーン（図1.2-2参照：クレーンガーダの両端に脚がありレール上で走行）の脚部には，剛脚（剛接合）と揺脚（摺動で回転可能）があり，その構造は，ボックス構造やパイプ構造が多い．なお，揺脚はガーダの伸縮や角度変化を吸収して橋形クレーンの安定を保つ作用がある．

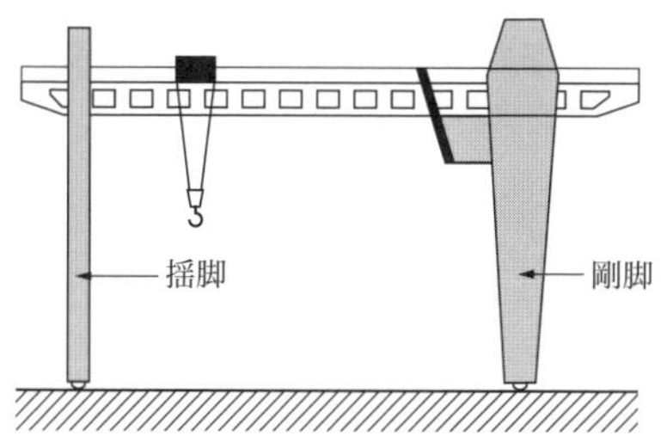

図1.2-2　橋形クレーン

(4) 不適切．ボックスガーダ（図1.2-3参照）は，鋼板を箱形状の断面に構成したものであり，この断面のみで水平力を支えることができるため，補桁を用いることはない．なお，補桁について，Iビームガーダの例を図1.2-4に示した．

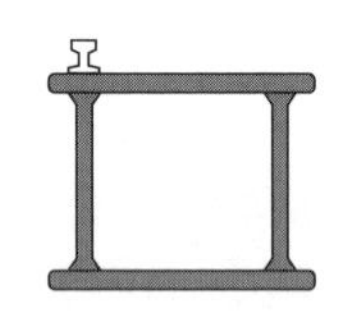

図 1.2-3　ボックスガーダ

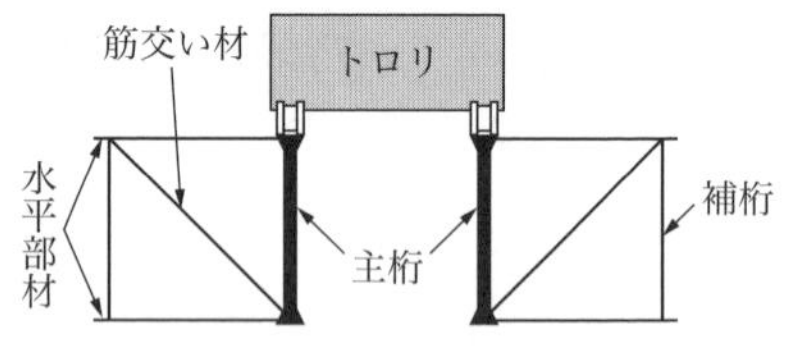

図 1.2-4　I ビームガーダの例

(5) 適切．サドルは，主として天井クレーンにおいて，クレーンガーダを支え，クレーン全体を走行させる車輪を備えた構造物で，その構造は鋼板や溝形鋼を接合したボックス構造である．図 1.2-5 及び図 1.2-6 参照．

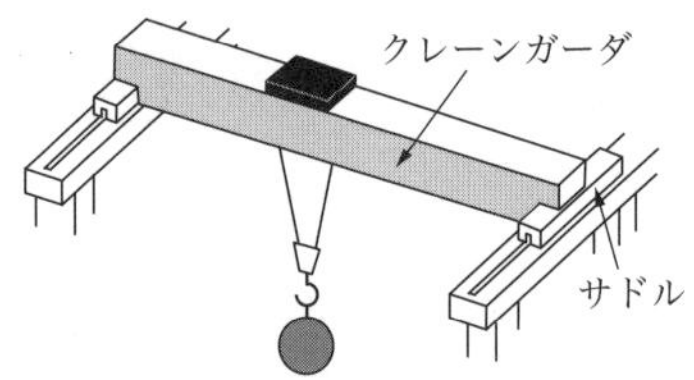

図 1.2-5　クレーンガーダ

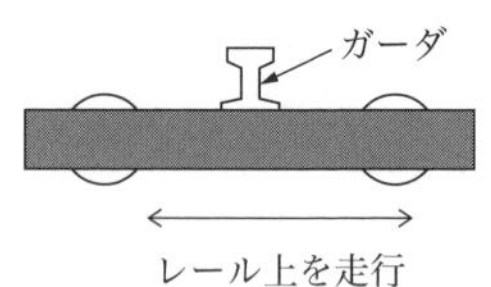

図 1.2-6　サドル

▶答 (4)

問題 2

【令和 2 年春 問 6】

クレーンの構造部分に関する記述として，適切でないものは次のうちどれか．

(1) プレートガーダは，細長い部材を三角形に組んだ骨組構造で，強度が大きい．

(2) ボックスガーダは，鋼板を箱形状の断面に構成したもので，水平力を支えることができる構造であるため，補桁は不要である．

(3) I ビームガーダは，I 形鋼を用いたクレーンガーダで，補桁を設けないこともある．

(4) 橋形クレーンの脚部の構造は，ボックス構造やパイプ構造が多い．

(5) ジブクレーンのジブは，荷をより多くつれるように，自重をできるだけ軽くし，かつ，剛性を持たせる必要があるため，パイプトラス構造やボックス構造のものが用いられている．

解説 (1) 不適切．プレートガーダ（図 1.2-1 参照）は，鋼板を I 形状断面にしたもので，ある程度の水平力を支えることができるため，補桁なしで用いることもある．細長い部材を三角形に組んだ骨組構造は，トラスガーダ（図 1.2-7 参照）である．なお，トラス（truss）とは，部材同士を三角形につなぎ合わせた構造形式をいう．

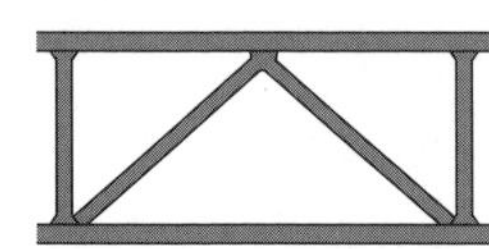

図 1.2-7　トラスガーダ

(2) 適切．ボックスガーダ（図 1.2-3 参照）は，鋼板を箱形状の断面に構成したもので，水平力を支えることができる構造であるため，補桁は不要である.

(3) 適切. Iビームガーダ（図1.2-8参照）は，I形鋼を用いたクレーンガーダで，ある程度の水平力を支えることができるため補桁を設けないこともある.

(4) 適切. 橋形クレーンの脚部には剛脚と柔脚があり，剛脚の構造は，ボックス構造やパイプ構造が多い. 図1.2-2参照.

(5) 適切. ジブクレーンのジブ（jib：クレーンの突き出た腕）は，荷をより多くつれるように，自重をできるだけ軽くし，かつ，剛性を持たせる必要があるため，パイプトラス構造やボックス構造のものが用いられている. なお，トラスト構造とは三角形を基本とした構造をいう.

▶答（1）

問題3 【令和元年春 問2】

クレーンの構造部分に関する記述として，適切でないものは次のうちどれか.

(1) 橋形クレーンの脚部には，剛脚と揺脚があり，その構造は，ボックス構造やパイプ構造が多い.

(2) 天井クレーンのサドルは，クレーンガーダを支え，クレーン全体を走行させる車輪を備えた構造物である.

(3) プレートガーダは，細長い部材を三角形に組んだ骨組構造で，強度が大きい.

(4) Iビームガーダは，I形鋼を用いたクレーンガーダで，補桁を設けないこともある.

(5) ボックスガーダは，鋼板を箱形に組み立てたもので，水平力を支えることができる構造であるため，補桁は不要である.

解説 (1) 適切. 橋形クレーン（図1.2-2参照：クレーンガーダの両端に脚がありレール上で走行）の脚部には，剛脚（剛接合）と揺脚（摺動で回転可能）があり，その構造は，ボックス構造やパイプ構造が多い. なお，揺脚はガーダの伸縮や角度変化を吸収して橋形クレーンの安定を保つ作用がある.

(2) 適切. 天井クレーンのサドルは，クレーンガーダを支え，クレーン全体を走行させる車輪を備えた構造物である. 図1.2-5及び図1.2-6参照.

(3) 不適切. プレートガーダは，鋼板をI形状断面に構成したものである. 図1.2-1参照.

(4) 適切. Iビームガーダは，I形鋼を用いたクレーンガーダで，補桁を設けないこともある. 図1.2-8参照.

(5) 適切. ボックスガーダは，鋼板を箱形に組み立てたもので，水平力を支えることができる構造であるため，補桁は不要である. 図1.2-3参照.

▶答（3）

問題4

【平成30年秋 問1】

クレーンの構造部分に関する記述として，適切なものは次のうちどれか．

(1) Iビームガーダは，I形鋼を用いたクレーンガーダで，単独では水平力を支えることができないので，必ず補桁を設ける．

(2) ジブクレーンのジブは，荷をより多くつれるように，自重をできるだけ軽くするとともに，剛性を持たせる必要があるため，パイプトラス構造やボックス構造のものが用いられる．

(3) プレートガーダは，細長い部材を三角形に組んだ骨組構造で，強度が大きい．

(4) 橋形クレーンの脚部には，剛脚と揺脚があり，剛脚はクレーンガーダに作用する水平力に耐える構造とするため，クレーンガーダとピンヒンジで接合されている．

(5) ボックスガーダは，鋼板を箱形状に組み合わせた構造であるが，その断面形状では水平力を十分に支えることができないため，補桁と組み合わせて用いられる．

解説 (1) 不適切．Iビームガーダ（図1.2-8参照）は，I形鋼を用いたクレーンガーダで，ある程度の水平力を支えることができるため補桁を設けないこともある．なお，形鋼はあらかじめ一定の断面形状（H形，L形など）に成形された，材軸方向に長い鋼材の総称である．

(2) 適切．ジブクレーンのジブは，荷をより多くつれるように，自重をできるだけ軽くするとともに，剛性を持たせる必要があるため，パイプトラス構造やボックス構造のものが用いられる．なお，トラスト構造とは三角形を基本とした構造をいう．

(3) 不適切．プレートガーダ（図1.2-1参照）は，鋼板をI形状断面にしたもので，ある程度の水平力を支えることができるため，補桁なしで用いることもある．細長い部材を三角形に組んだ骨組構造は，トラスガーダ（図1.2-7参照）である．

(4) 不適切．橋形クレーンの脚部には，剛脚と揺脚があり，揺脚は負荷によりクレーンガーダがたわみ，その応力が脚の剛度に応じて走行車輪のフランジを介して走行レールに大きな水平力として作用するのを防ぐため，クレーンガーダとの接合をピンヒンジ (pin hinge) として垂直荷重のみを受ける構造としたものである．

(5) 不適切．ボックスガーダ（図1.2-3参照）は，鋼板を箱形状に組み合わせた構造で，その断面形状では水平力を十分に支えることができるため，補桁と組み合わせて用いることはない．

▶答 (2)

問題5

【平成29年春 問2】

クレーンの構造部分に関し，正しいものは次のうちどれか．

(1) Iビームガーダは，I形鋼を用いたガーダで，単独では水平力を支えることができないので，必ず補助桁を設ける．

(2) ジブクレーンのジブは，荷をより多くつれるように，自重をできるだけ軽くし，かつ，剛性を持たせる必要があるため，パイプトラス構造やボックス構造のものが用いられる．

(3) プレートガーダは，三角形に組んだ部材を単位とする骨組構造で強度が大きい．

(4) 橋形クレーンの脚部には剛脚と柔脚があり，その構造はボックス構造やパイプ構造が多い．

(5) ボックスガーダは，その断面のみでは水平力を十分に支えることができないため，補助桁と組み合わせて用いられる．

解説 (1) 誤り．Iビームガーダ（図1.2-8参照）は，I形鋼を用いたクレーンガーダで，ある程度の水平力を支えることができるため補桁を設けないこともある．

(2) 正しい．ジブクレーンのジブ（jib：クレーンの突き出た腕）は，荷をより多くつれるように，自重をできるだけ軽くし，かつ，剛性を持たせる必要があるため，パイプトラス構造やボックス構造のものが用いられている．なお，トラスト構造とは三角形を基本とした構造をいう．

(3) 誤り．プレートガーダ（図1.2-1参照）は，鋼板をI形状断面にしたもので，ある程度の水平力を支えることができるため，補桁なしで用いることもある．細長い部材を三角形に組んだ骨組構造は，トラスガーダ（図1.2-7参照）である．なお，トラス(truss）とは，部材同士を三角形につなぎ合わせた構造形式をいう．

(4) 誤り．橋形クレーンの脚部には剛脚と柔脚があり，剛脚の構造にはボックス構造やパイプ構造が多い．

(5) 誤り．ボックスガーダ（図1.2-3参照）は，鋼板を箱形状の断面に構成したもので，水平力を支えることができる構造であるため，補桁は不要である．

▶答 (2)

問題6 【平成28年春 問5】

クレーンの構造部分に関し，誤っているものは次のうちどれか．

(1) ガーダは，トロリなどを支持する構造物で，「桁（けた）」とも呼ばれる．

(2) 橋形クレーンのガーダのうち，走行レール外側に張り出した部分をカンチレバーという．

(3) ジブクレーンのジブは，自重をできるだけ軽くするとともに，十分な剛性が必要である．

(4) Iビームガーダは，I形鋼を用いたガーダで，単独では水平力を支えることができないので，必ず補助桁を設ける．

(5) トラスガーダは，三角形を単位とした骨組構造の主桁と補助桁を組み合わせたガーダである．

解説 (1) 正しい．ガーダは，トロリなどを支持する構造物で，桁（けた）とも呼ばれる．1.1 節の図 1.1-1 参照．

(2) 正しい．橋形クレーンのガーダのうち，走行レール外側に張り出した部分をカンチレバーという．図 1.2-9 参照．

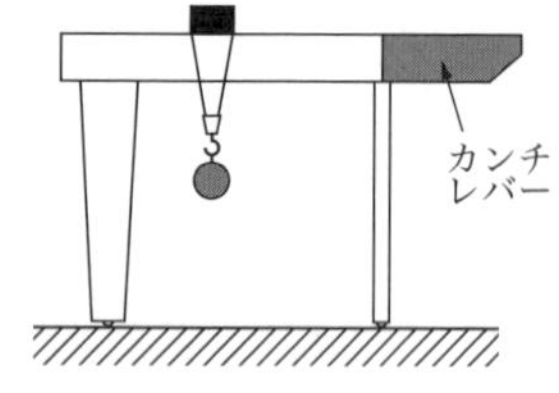

図 1.2-9　カンチレバー

(3) 正しい．ジブクレーンのジブは，自重をできるだけ軽くするとともに，十分な剛性が必要である．

(4) 誤り．I ビームガーダ（図 1.2-8 参照）は，I 形鋼を用いたクレーンガーダで，ある程度の水平力を支えることができるため補桁を設けないこともある．

(5) 正しい．トラスガーダ（図 1.2-7 参照）は，三角形を単位とした骨組構造の主桁と補助桁を組み合わせたガーダである．

▶答 (4)

1.3 ワイヤロープ，末端止め，つり具

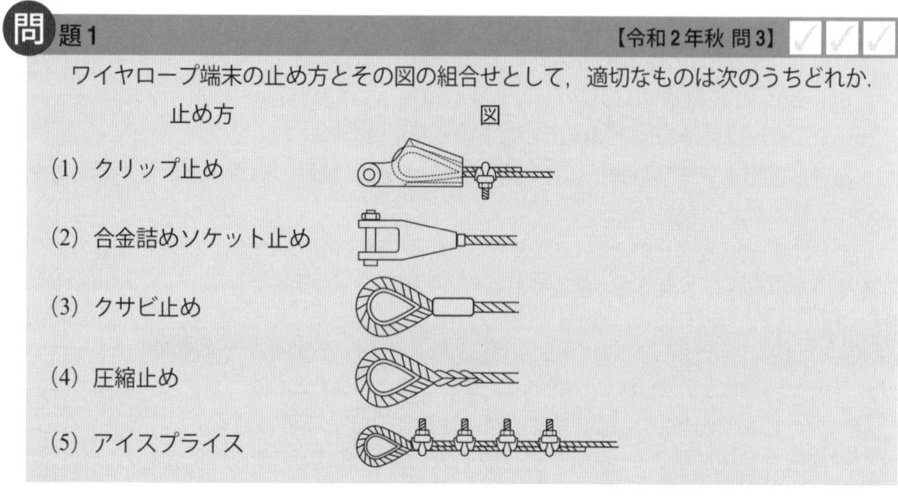

問題 1　【令和 2 年秋 問 3】

ワイヤロープ端末の止め方とその図の組合せとして，適切なものは次のうちどれか．

止め方　図

(1) クリップ止め

(2) 合金詰めソケット止め

(3) クサビ止め

(4) 圧縮止め

(5) アイスプライス

解説 (1) 不適切．「クリップ止め」は，図 1.3-1 の (e) である．折り返したワイヤロープをクリップで締めて止める．

(2) 適切．「合金詰めソケット止め」は，図 1.3-1 の (b) である．合金詰めソケットは，ワイヤロープの端末をソケットに差し込み，ソケットの中に合金を鋳込んで止める．

(3) 不適切．「クサビ止め」は，図 1.3-1 の (a) である．クサビを入れてクリップで締めて止める．

(4) 不適切.「圧縮止め」は，図 1.3-1 の (c) である．特殊アルミ合金の管をプレス加工してワイヤロープを止める．

(5) 不適切.「アイスプライス」は，図 1.3-1 の (d) である．なお，アイスプライスとはワイヤロープの端末を丸く曲げ，端部ロープを解きほぐし編み込むものである．

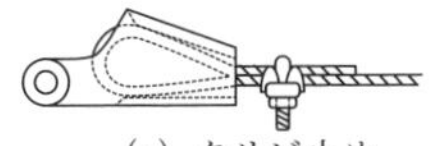
(a) クサビ止め

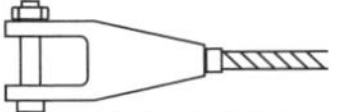
(b) 合金詰めソケット止め

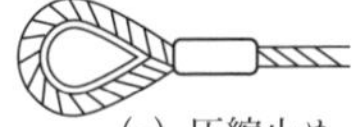
(c) 圧縮止め

(d) アイスプライス

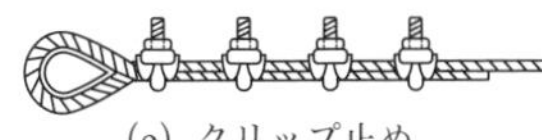
(e) クリップ止め

図 1.3-1 ワイヤロープ端末の止め方とその名称

▶答 (2)

問題 2 【令和 2 年春 問 3】

ワイヤロープ及びつり具に関する記述として，適切でないものは次のうちどれか.

(1) フィラー形のワイヤロープは，ストランドを構成する素線の間に細い素線を組み合わせたものである.

(2)「ラングより」のワイヤロープは，ロープのよりの方向とストランドのよりの方向が同じである.

(3) ストランド 6 よりのワイヤロープの径の測定は，ワイヤロープの同一断面の外接円の直径を 3 方向から測定し，その平均値を算出する.

(4)「Z より」のワイヤロープは，ロープを縦にして見たとき，左上から右下へストランドがよられている.

(5) リフティングマグネットは，電磁石を応用したつり具で，不意の停電に対してつり荷の落下を防ぐため，停電保護装置を備えたものがある.

解説 (1) 適切．フィラー（filler：細い素線の充てん材）形のワイヤロープは，ストランド（strand：子なわ）を構成する素線の間に細い素線を組み合わせたものである．図 1.3-2 参照.

(2) 適切.「ラングより」(Lang's lay) のワイヤロープは，ロープのよりの方向とストランドのよりの方向が同じである．なお，ロープのよりの方向とストランドのよりの方向が逆である場合を普通よりという．図 1.3-3 参照.

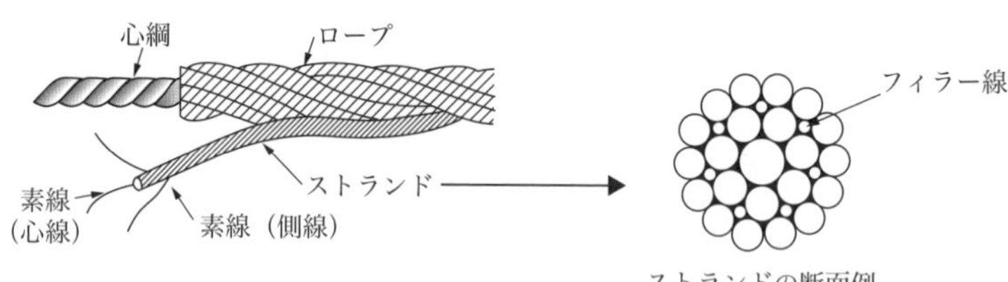

図 1.3-2　ワイヤロープの構造

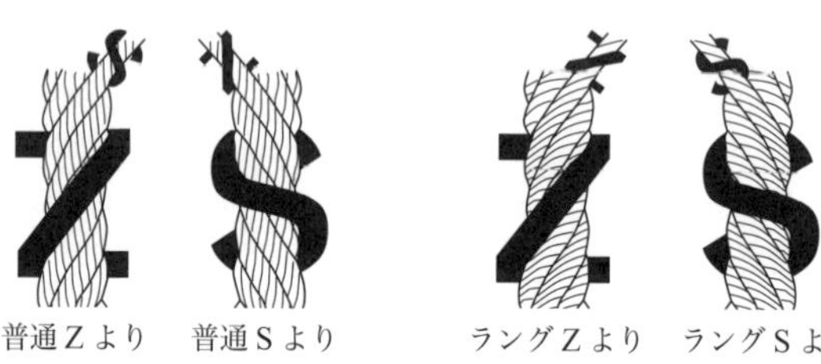

図 1.3-3　ワイヤロープのより方

(3) 適切．ストランド 6 より（6 本のストランドのよりで心鋼を巻いているワイヤロープ）のワイヤロープの径の測定は，ワイヤロープの同一断面の外接円の直径を 3 方向から測定し，その平均値を算出する．図 1.3-4 参照．

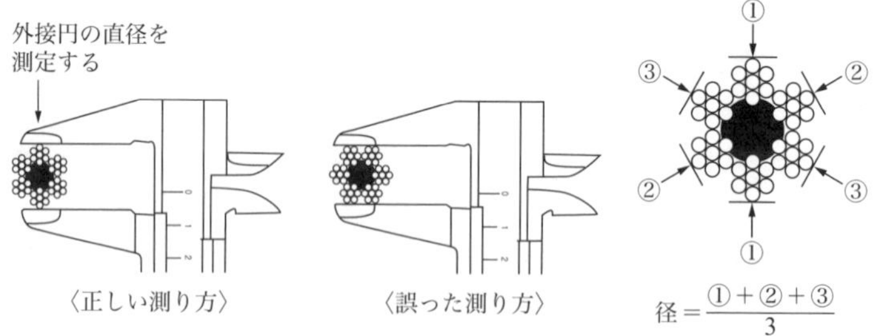

図 1.3-4　ワイヤロープ直径の測り方

(4) 不適切．「Z より」のワイヤロープは，ロープを縦にして見たとき，図 1.3-3 に示すように右上から左下にストランドがよられている．なお，左上から右下へストランドがよられているものは S よりである．

(5) 適切．リフティングマグネット（lifting magnet：電流を通じると磁力が生じて鋼材やくず鉄等を吸着し，電流を切ると磁力がなくなり，吸着力がなくなる装置）は，電磁石を応用したつり具で，不意の停電に対してつり荷の落下を防ぐため，停電保護装置（バッテリーが多い）を備えたものがある．図 1.3-5 参照．

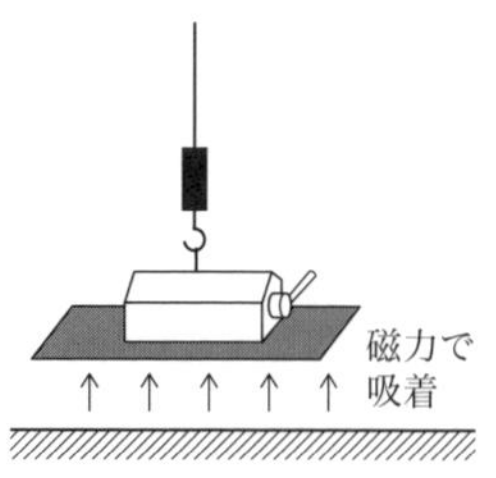

図 1.3-5　リフティングマグネット

▶答（4）

問題3　【令和元年秋 問2】

つり具に関する記述として，適切でないものは次のうちどれか．

(1) フックは，形状，材質，強度などによる条件に適応するため，一般に鍛造によって成形されている．

(2) リフティングマグネットは，電磁石を応用したつり具で，不意の停電に対してつり荷の落下を防ぐため，停電保護装置を備えたものがある．

(3) クローは，製鋼工場において，熱鋼片やレールを扱う天井クレーンなどに用いられるつり具である．

(4) バキューム式つり具は，ガラス板などのように表面が滑らかな板状の物を取り扱うときに用いられる．

(5) スプレッダは，アンローダに用いられるばら物専用のつり具で，ばら物を受け入れるためのホッパーとコンベアが組み込まれている．

解説 (1) 適切．フック（hook：鉤）は，形状，材質，強度などによる条件に適応するため，一般に鍛造（金属を叩いて圧力を加えることで強度を高め，目的の形状に成形する製造技術）によって成形されている．図 1.3-6 及び図 1.3-7 参照．

(2) 適切．リフティングマグネット（lifting magnet：電流を通じると磁力が生じ鋼材やくず鉄等を吸着し電流を切ると磁力がなくなり吸着力がなくなる装置）は，電磁石を応用したつり具で，不意の停電に対してつり荷の落下を防ぐため，停電保護装置（バッテリーが多い）を備えたものがある．図 1.3-5 参照．

(3) 適切．クロー（claw：爪）は，製鋼工場において，熱鋼片やレールを扱う天井クレーンなどに用いられるつり具である．図 1.3-8 参照．

(4) 適切．バキューム式つり具は，ガラス板などのように表面が滑らかな板状の物を取り扱うときに用いられる．

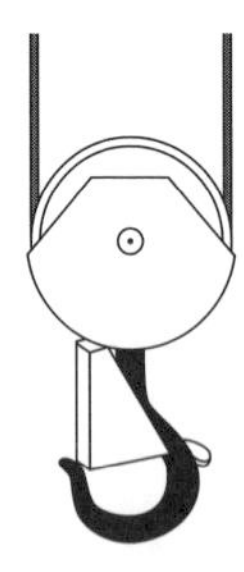

図 1.3-6　片フック

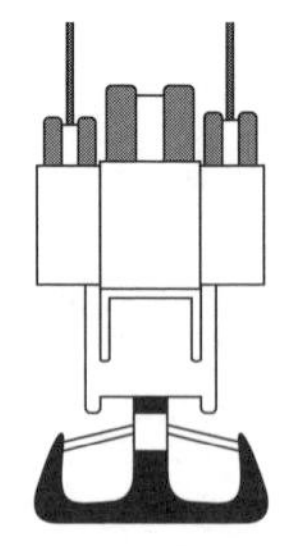

図 1.3-7　両フック

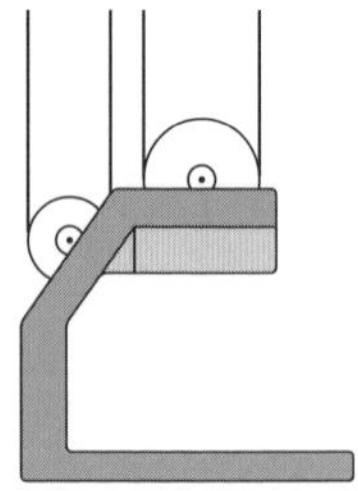

図 1.3-8　クロー

(5) 不適切．スプレッダ（spreader）は，コンテナクレーンに用いられるコンテナ専用のつり具で，コンテナの荷役に用いられる専用の吊具装置をいい，橋形クレーン（コンテナクレーンとも呼ばれる）が使用されている．なお，アンローダ（unloader：荷おろし機）は，船から鉄鉱石や石炭等のばら物専用のつり具で，ばら物を受け入れるためのホッパーとコンベアが組み込まれており，橋形クレーンと引込みクレーンに大別される．

▶答（5）

問題 4　【令和元年春 問 3】

ワイヤロープ及びつり具に関する記述として，適切でないものは次のうちどれか．

(1) グラブバケットは，石炭，鉄鉱石，砂利などのばら物を運搬するために用いられるつり具である．

(2)「ラングより」のワイヤロープは，ロープのよりの方向とストランドのよりの方向が同じである．

(3)「Sより」のワイヤロープは，ロープを縦にして見たとき，左上から右下へストランドがよられている．

(4) ワイヤロープの心綱は，ストランドの中心にある素線のことで，良質の炭素鋼を線引きして作られる．

(5) フックは，形状，材質，強度などによる条件に適応するため，一般に鍛造によって成形されている．

解説 (1) 適切．グラブバケット（grab bucket：つかみ取る用具）は，石炭，鉄鉱石，砂利などのばら物を運搬するために用いられるつり具である．

(2) 適切．「ラングより」のワイヤロープ（図 1.3-3 右参照）は，ロープのよりの方向とストランド（strand：子なわ）のよりの方向が同じである．

(3) 適切．「Sより」のワイヤロープは，ロープを縦にして見たとき，左上から右下へストランドがS字のようによられている．図 1.3-3 参照．

(4) 不適切．ワイヤロープの心綱（図 1.3-2 参照）は，衝撃や振動を吸収してストランドの切断を防止するために入れられているもので，繊維ロープの繊維心やワイヤロープのロープ心などがある．なお，良質の炭素鋼を線引きして作られるものは素線で，この素線を数十本よりあわせたものをストランドという．

(5) 適切．フックは，形状，材質，強度などによる条件に適応するため，一般に鍛造によって成形されている．

▶答 (4)

問題 5 【平成 30 年秋 問 3】

ワイヤロープ及びつり具に関する記述として，適切でないものは次のうちどれか．

(1) ワイヤロープの心綱は，ストランドの中心にある素線のことで，良質の炭素鋼を線引きして作られる．

(2)「ラングより」のワイヤロープは，ロープのよりの方向とストランドのよりの方向が同じである．

(3) ストランド 6 よりのワイヤロープの径の測定は，ワイヤロープの同一断面の外接円の直径を 3 方向から測定し，その平均値を算出する．

(4)「Z より」のワイヤロープは，ロープを縦にして見たとき，右上から左下へストランドがよられている．

(5) リフティングマグネットは，電磁石を応用したつり具で，不意の停電に対してつり荷の落下を防ぐため，停電保護装置を備えたものがある．

解説 (1) 不適切．ワイヤロープの心綱（図 1.3-2 参照）は，衝撃や振動を吸収してストランドの切断を防止するために入れられているもので，繊維ロープの繊維心やワイヤロープのロープ心などがある．なお，良質の炭素鋼を線引きして作られるものは素線で，この素線を数十本よりあわせたものをストランドという．

(2) 適切．「ラングより」のワイヤロープ（図 1.3-3 右参照）は，ロープのよりの方向とストランドのよりの方向が同じである．

(3) 適切．ストランド 6 より（6 本のストランドのよりで心鋼を巻いているワイヤロープ）のワイヤロープの径の測定は，ワイヤロープの同一断面の外接円の直径を 3 方向から測定し，その平均値を算出する．図 1.3-4 参照．

(4) 適切．「Z より」のワイヤロープ（図 1.3-3 参照）は，ロープを縦にして見たとき，右上から左下へストランドがよられている．

(5) 適切．リフティングマグネット（電流を通じると磁力が生じ鋼材やくず鉄等を吸着し，電流を切ると磁力がなくなり吸着力がなくなる装置）は，電磁石を応用したつり具で，不意の停電に対してつり荷の落下を防ぐため，停電保護装置（バッテリーが多い）を備えたものがある．図 1.3-5 参照．

▶答 (1)

題6　【平成30年春 問2】 

ワイヤロープ及びつり具に関する記述として，適切でないものは次のうちどれか.

(1) フィラー形のワイヤロープは，ストランドを構成する素線の間に細い素線を組み合わせたものである.

(2)「ラングより」のワイヤロープは，ロープのよりの方向とストランドのよりの方向が同じである.

(3) クレーンに多く用いられるストランド6よりのワイヤロープの径の測定は，ワイヤロープの同一断面の外接円の直径を3方向から測定し，その平均値を算出する.

(4)「Zより」のワイヤロープは，ロープを縦にして見たとき，左上から右下へストランドがよられている.

(5) リフティングマグネットは，電磁石を応用したつり具で，不意の停電に対してつり荷の落下を防ぐため，停電保護装置を備えたものがある.

解説 (1) 適切. フィラー形のワイヤロープは，ストランドを構成する素線の間に細い素線を組み合わせたものである. フィラー（細い素線の充てん材）形のワイヤロープは，ストランド（strand：子なわ）を構成する素線の間に細い素線を組み合わせたものである. 図1.3-2参照.

(2) 適切.「ラングより」のワイヤロープは，ロープのよりの方向とストランドのよりの方向が同じである. なお，ロープのよりの方向とストランドのよりの方向が逆である場合を普通よりという. 図1.3-3参照.

(3) 適切. クレーンに多く用いられるストランド6より（6本のストランドのよりで心鋼を巻いているワイヤロープ）のワイヤロープの径の測定は，ワイヤロープの同一断面の外接円の直径を3方向から測定し，その平均値を算出する. 図1.3-4参照.

(4) 不適切.「Zより」のワイヤロープは，ロープを縦にして見たとき，図1.3-3に示すように右上から左下にストランドがよられている. なお，左上から右下へストランドがよられているものはSよりである.

(5) 適切. リフティングマグネット（電流を通じると磁力が生じ鋼材やくず鉄等を吸着し電流を切ると磁力がなくなり吸着力がなくなる装置）は，電磁石を応用したつり具で，不意の停電に対してつり荷の落下を防ぐため，停電保護装置（バッテリーが多い）を備えたものがある. 図1.3-5参照.

▶答 (4)

問題7　【平成29年秋 問3】 

ワイヤロープ及びつり具に関し，誤っているものは次のうちどれか.

(1) ワイヤロープの心綱は，ストランドの中心にある素線のことで，良質の炭素鋼を線引きして作られる.

(2)「ラングより」のワイヤロープは，ロープのよりの方向とストランドのよりの方向が同じである.
(3) ワイヤロープの径の測定は，同一断面の長い方の径を3方向から測り，その平均値を算出する.
(4)「Zより」のワイヤロープは，ロープを縦にして見たとき，右上から左下へストランドがよられている.
(5) リフティングマグネットは，電磁石を応用したつり具で，不意の停電に対してつり荷の落下を防ぐため，停電保護装置を備えたものがある.

解説 (1) 誤り．ワイヤロープの心綱（図1.3-2参照）は，衝撃や振動を吸収してストランドの切断を防止するために入れられているもので，繊維ロープの繊維心やワイヤロープのロープ心などがある．なお，良質の炭素鋼を線引きして作られるものは素線で，この素線を数十本よりあわせたものをストランドという.

(2) 正しい．「ラングより」のワイヤロープ（図1.3-3右参照）は，ロープのよりの方向とストランドのよりの方向が同じである.

(3) 正しい．ワイヤロープの径の測定は，ワイヤロープの同一断面の外接円の直径を3方向から測定し，その平均値を算出する．図1.3-4参照.

(4) 正しい．「Zより」のワイヤロープは，ロープを縦にして見たとき，図1.3-3に示すように右上から左下にストランドがよられている.

(5) 正しい．リフティングマグネット（電流を通じると磁力が生じ鋼材やくず鉄等を吸着し電流を切ると磁力がなくなり吸着力がなくなる装置）は，電磁石を応用したつり具で，不意の停電に対してつり荷の落下を防ぐため，停電保護装置（バッテリーが多い）を備えたものがある．図1.3-5参照.

▶答 (1)

問題8 【平成29年春 問4】

つり具に関し，誤っているものは次のうちどれか.
(1) フックは，形状，材質，強度などによる条件に適応するため，一般に鍛造によって成形されている.
(2) グラブバケットは，石炭，鉱石，砂利などのばら物を運搬するために用いられるつり具である.
(3) クローは，造船所でぎ装に使用されるクレーンに用いられる専用のつり具である.
(4) リフティングマグネットは，電磁石を応用したつり具で，不意の停電に対してつり荷の落下を防ぐため，停電保護装置を備えるものがある.
(5) バキューム式つり具は，ガラス板などのように表面が滑らかな板状の物を取り扱うときに用いられる.

解説 (1) 正しい．フックは，形状，材質，強度などによる条件に適応するため，一般に鍛造によって成形されている．

(2) 正しい．グラブバケット（grab bucket：つかみ取る用具）は，石炭，鉄鉱石，砂利などのばら物を運搬するために用いられるつり具である．

(3) 誤り．クローは，製鋼工場において熱鋼片やレールなどを扱う天井レールなどに用いるつり具である．図1.3-8参照．

(4) 正しい．リフティングマグネット（電流を通じると磁力が生じ鋼材やくず鉄等を吸着し電流を切ると磁力がなくなり吸着力がなくなる装置）は，電磁石を応用したつり具で，不意の停電に対してつり荷の落下を防ぐため，停電保護装置（バッテリーが多い）を備えたものがある．図1.3-5参照．

(5) 正しい．バキューム式つり具は，ガラス板などのように表面が滑らかな板状の物を取り扱うときに用いられる．

▶答 (3)

問題9 【平成28年秋 問7】

ワイヤロープ及びシーブに関し，正しいものは次のうちどれか．

(1) ワイヤロープの心綱は，ストランドの中心にある素線のことで，良質の炭素鋼を線引きして作られる．

(2) ワイヤロープの径の測定は，同一断面の長い方の径を3方向から測り，その最大値をとる．

(3)「Sより」のワイヤロープは，ロープを縦にして見たとき，右上から左下へストランドがよられている．

(4) シーブは，ワイヤロープの案内用の滑車であり，ロープの構成，材質などに応じてシーブ径（D）とロープ径（d）との比（D/d）の最小値が定められている．

(5) エコライザシーブは，左右のワイヤロープの張力をつり合わせるために用いられ，巻上げ・巻下げの都度，他のシーブと同じように回転する．

解説 (1) 誤り．ワイヤロープの心綱（図1.3-2参照）は，衝撃や振動を吸収してストランドの切断や防止するために入れられているもので，繊維ロープの繊維心やワイヤロープのロープ心などがある．なお，良質の炭素鋼を線引きして作られるものは素線で，この素線を数十本よりあわせたものをストランドという．

(2) 誤り．ワイヤロープの径の測定は，ワイヤロープの同一断面の外接円の直径を3方向から測定し，その平均値を算出する．図1.3-4参照．

(3) 誤り．「Sより」のワイヤロープは，ロープを縦にして見たとき，左上から右下へストランドがよられている．図1.3-3参照．

(4) 正しい．シーブ（sheave：案内滑車）は，ワイヤロープの案内用の滑車であり，ロープの構成，材質などに応じてシーブ径（D）とロープ径（d）との比（D/d）の最小値が定められている．エコライザシーブでは，10～14以上である．図1.3-9及び図1.3-10参照．

(5) 誤り．エコライザシーブ（図1.3-11参照）は，左右のワイヤロープの張力をつり合わせるために用いられ，巻上げ・巻下げの都度において，ほとんど回転しないシーブである．

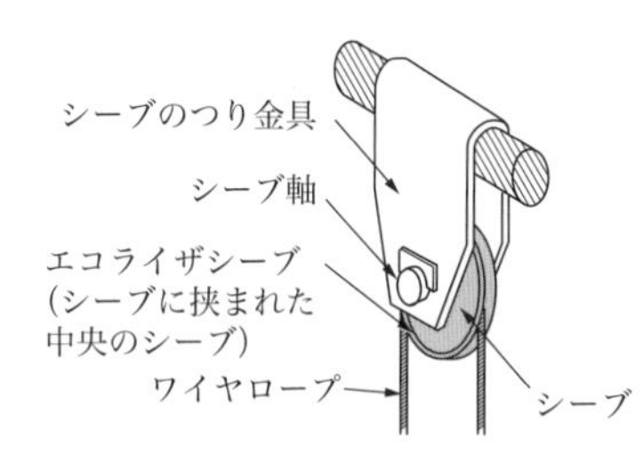

図1.3-9　エコライザシーブ

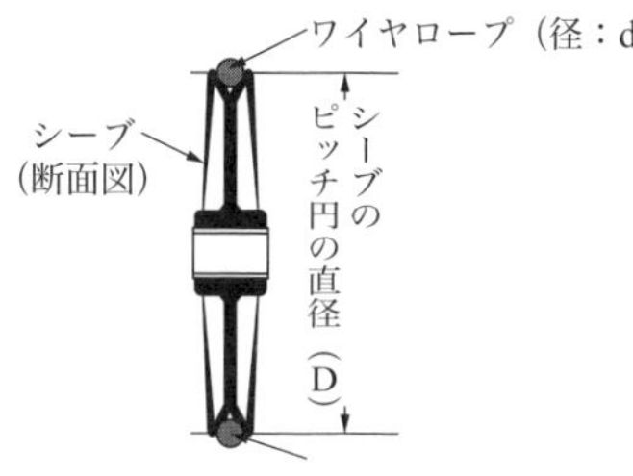

図1.3-10　シーブのピッチ円の直径

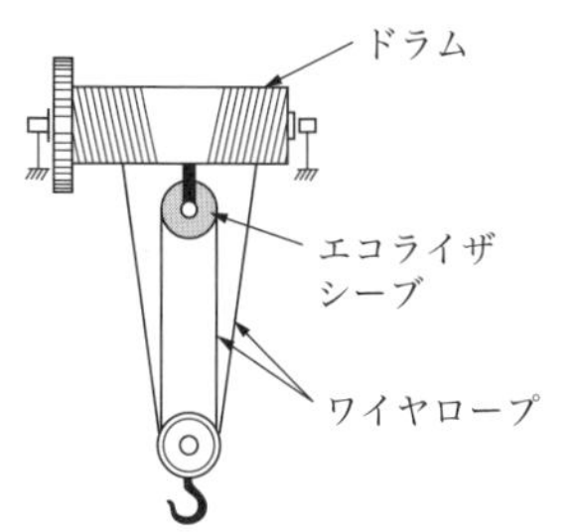

図1.3-11　ドラム及びエコライザシーブ

▶答（4）

問題10　【平成28年春 問3】

ワイヤロープ及びつり具に関し，誤っているものは次のうちどれか．

(1) フィラー形のワイヤロープは，繊維心の代わりにフィラー線を心綱としたものである．

(2) 同じ径のワイヤロープでも，素線が細く数の多いものほど柔軟性がある．

(3) ワイヤロープの端末の止め方は，ドラムに対しては，キー止め，ロープ押さえなどが多く用いられる．

(4) ワイヤロープの径の測定は，同一断面の長い方の径を3方向から測り，その平均値を算出する．

(5) バキューム式つり具は，ガラス板などのように表面が滑らかな板状の物を取り扱うときに用いられる．

解説 (1) 誤り．フィラー形のワイヤロープは，心鋼の周りに巻く素線から構成されるストランド（小なわ）の中にさらに細い素線（フィラー線）を組み合わせたものである．図 1.3-2 参照．

(2) 正しい．同じ径のワイヤロープでも，素線が細く数の多いものほど柔軟性がある．

(3) 正しい．ワイヤロープの端末の止め方は，ドラムに対しては，キー止め（図 1.3-12 (a) 参照），ロープ押さえ（図 1.3-12 (b) 参照）などが多く用いられる．なお，ホイストでは合金詰めソケット止め（図 1.3-12 (c) 参照）が多く用いられる．

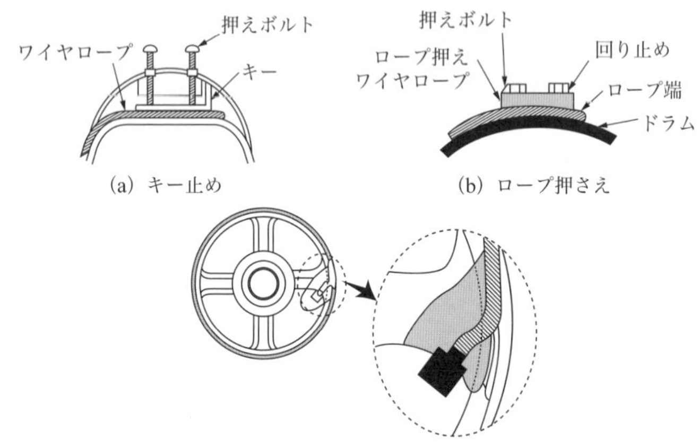

図 1.3-12　ワイヤロープのドラムへの止め方

(4) 正しい．ワイヤロープの径の測定は，同一断面の長い方の径を 3 方向から測り，その平均値を算出する．図 1.3-4 参照．

(5) 正しい．バキューム式つり具は，ガラス板などのように表面が滑らかな板状の物を取り扱うときに用いられる．

▶答 (1)

1.4 クレーンの機械要素，歯車（計算）

問題1 【令和 2 年秋 問 4】

クレーンの機械要素に関する記述として，適切なものは次のうちどれか．

(1) フランジ形たわみ軸継手は，流体を利用したたわみ軸継手で，二つの軸のずれや傾きの影響を緩和するために用いられる．

(2) はすば歯車は，歯が軸につる巻状に斜めに切られており，平歯車より減速比を大きくできるが，動力の伝達にむらが多い．

(3) ローラーチェーン軸継手は，たわみ軸継手の一種で，2 列のローラーチェーンと 2

個のスプロケットから成り，ピンの抜き差しで両軸の連結及び分離が簡単にできる．
(4) リーマボルトは，ボルト径が穴径よりわずかに小さく，取付け精度は良いが，横方向にせん断力を受けるため，構造部材の継手に用いることはできない．
(5) 歯車形軸継手は，外筒の内歯車と内筒の外歯車がかみ合う構造で，外歯車にはクラウニングが施してあるため，二つの軸のずれや傾きがあると円滑に動力を伝えることができない．

解説 (1) 不適切．フランジ形たわみ軸継手は，ボルトとフランジの間にゴムなどの環を入れて継手ボルト（カップリングボルト）で締め，起動及び停止時の衝撃や荷重変化によるたわみの影響を緩和するものである．図1.4-1参照．
(2) 不適切．はすば歯車（図1.4-2参照）は，歯が軸につる巻状に斜めに切られており，減速比は平歯車に比べ少し大きくでき，動力の伝達にむらが少ない．

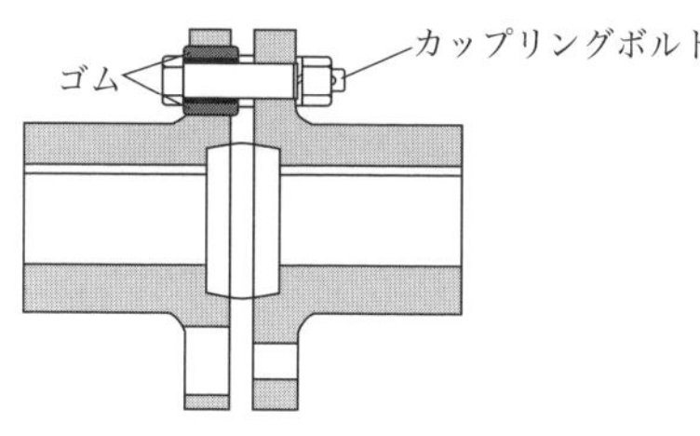

図 1.4-1　フランジ形たわみ軸継手

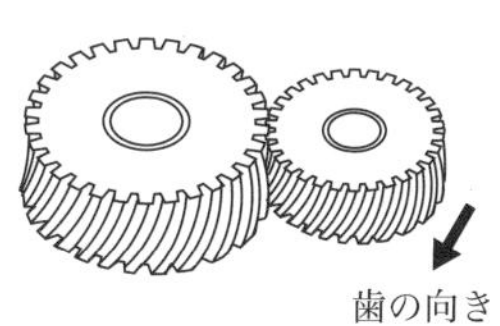

図 1.4-2　はすば歯車

(3) 適切．ローラーチェーン軸継手（図1.4-3参照）は，たわみ軸継手の一種で，2列のローラーチェーン（2列のチェーンをピンで一体としたチェーン）と2個のスプロケット（図1.4-4参照：鎖を稼働させる歯車で，スプロケットが回転するとチェーンが回転し他方のスプロケットのチェーンを回転させて動力を伝達する）からなり，ピンの抜き差しで両軸の連結及び分離が簡単にできる．

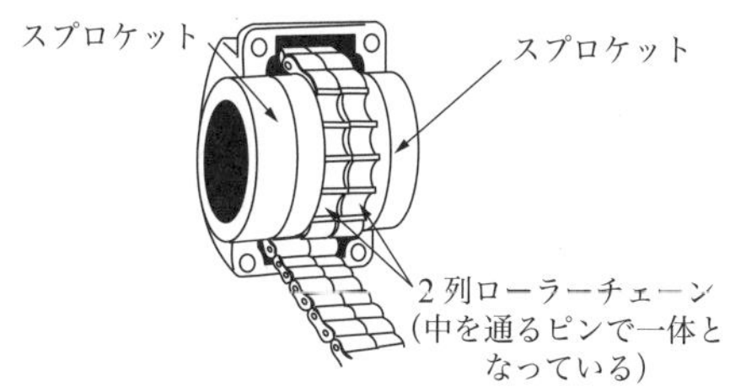

図 1.4-3　ローラーチェーン軸継手

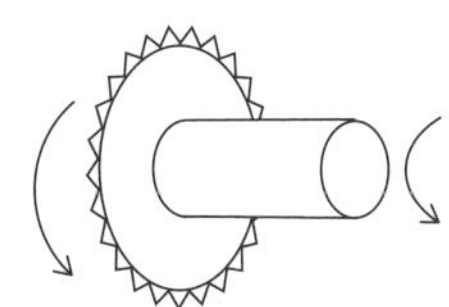
図 1.4-4　スプロケット

(4) 不適切．リーマボルト（reamer bolt）は，ボルト径が穴径よりわずかに小さく，軽く打ち込んで締め付けるので取付け精度がよい．横方向の力はボルトにせん断力として作用するが，リーマボルトはせん断力に対して強いため，機械部品の位置決めや構造部材の継手に用いられる．図 1.4-5 参照.

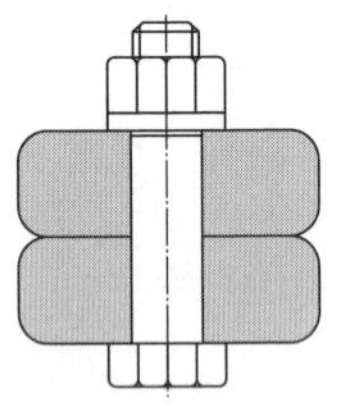

図 1.4-5　リーマボルト

(5) 不適切．歯車形軸継手（図 1.4-6 参照）は，内筒と外筒からなり，左右の外筒同士はリーマボルトでつなぎ合わせてあり，外筒の内歯車と内筒の外歯車がかみ合う構造で，外歯車にはクラウニング（crowning：表面を丸みをつけた凸状に加工すること）が施してあるため，二つの軸のずれや傾きに対しても円滑に動力を伝えることができる．さらにクラウニング加工で歯車の歯すじ中央部に向かって丸みを持たせ，中央部にふくらみをつけるため，歯幅端部の悪い歯当たりを防ぐことができる．▶答（3）

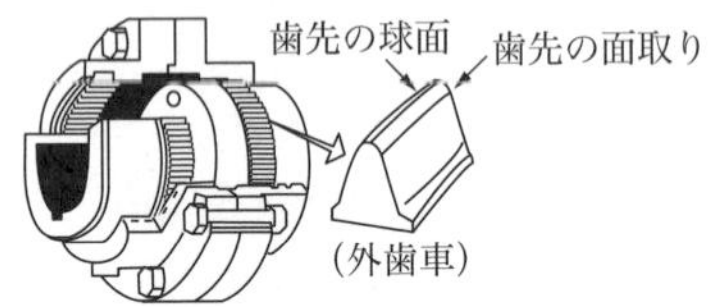

図 1.4-6　歯車形軸継手

問題 2　【令和 2 年春 問 4】 

クレーンの機械要素に関する記述として，適切なものは次のうちどれか.

(1) フランジ形たわみ軸継手は，流体を利用したたわみ軸継手で，二つの軸のずれや傾きの影響を緩和するために用いられる.

(2) はすば歯車は，歯が軸につる巻状に斜めに切られており，平歯車より減速比を大きくできるが，動力の伝達にむらが多い.

(3) 割形軸継手は，二つの軸の傾きなどによる軸の損傷や軸受の発熱を防ぐために用いられる.

(4) 六角ボルトを使用する際は，接合部材間の摩擦力を高めるため，ボルトの取付け穴はボルトの径より若干小さめに空ける.

(5) 歯車形軸継手は，外筒の内歯車と内筒の外歯車がかみ合う構造で，外歯車にはクラウニングが施してあるため，二つの軸のずれや傾きがあっても円滑に動力を伝えることができる.

解説 (1) 不適切．フランジ形たわみ軸継手は，ボルトとフランジの間にゴムなどの環を入れて継手ボルト（カップリングボルト）で締め，起動及び停止時の衝撃や荷重変化によるたわみの影響を緩和するものである．図 1.4-1 参照.

(2) 不適切．はすば歯車（図 1.4-2 参照）は，歯が軸につる巻状に斜めに切られており，減速比は平歯車に比べ少し大きくでき，動力の伝達にむらが少ない.

(3) 不適切．割形軸継手は，円筒を二つ割りした形の軸継手をボルトで締め付けて回転力を伝える構造で，橋形クレーンの走行長軸のような回転が遅い軸（低速軸）の連結に用いられる．図 1.4-7 参照．

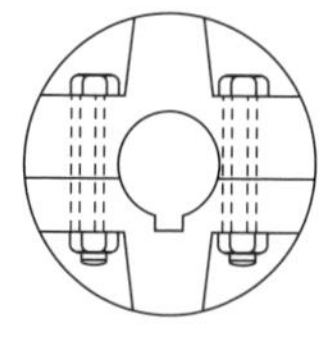

図 1.4-7　割形軸継手

(4) 不適切．六角ボルトを使用する際は，機械部品及び電気品などの取り付けに用いられるもので，ボルトを締め付けるための穴径はボルトよりも若干大きい．なお，設問はリーマボルト(reamer bolt) に関するもので，ボルト径が穴径よりわずかに小さく，軽く打ち込んで締め付けるので取付け精度はよく，横方向の力はボルトにせん断力として作用する．そのため機械部品の位置決めや構造部材の継手に用いられる．

(5) 適切．歯車形軸継手（図 1.4-6 参照）は，外筒の内歯車と内筒の外歯車がかみ合う構造で，外歯車にはクラウニング（crowning：表面を丸みをつけた凸状に加工すること）が施してあるため，二つの軸のずれや傾きがあっても円滑に動力を伝えることができる．さらにクラウニング加工で歯車の歯すじ中央部に向かって丸みを持たせ，中央部にふくらみをつけるため，歯幅端部の悪い歯当たりを防ぐことができる．　▶答 (5)

問題 3　【令和元年秋 問 3】

図において，電動機の回転軸に固定された歯車 A が電動機の駆動により毎分 1,200 回転し，これにかみ合う歯車の回転により，歯車 D が毎分 60 回転しているとき，歯車 C の歯の枚数の値として正しいものは (1) ～ (5) のうちどれか．

ただし，歯車 A，B 及び D の歯の枚数は，それぞれ 16 枚，64 枚及び 150 枚とし，B と C の歯車は同じ軸に固定されているものとする．

(1) 20 枚
(2) 23 枚
(3) 24 枚
(4) 26 枚
(5) 30 枚

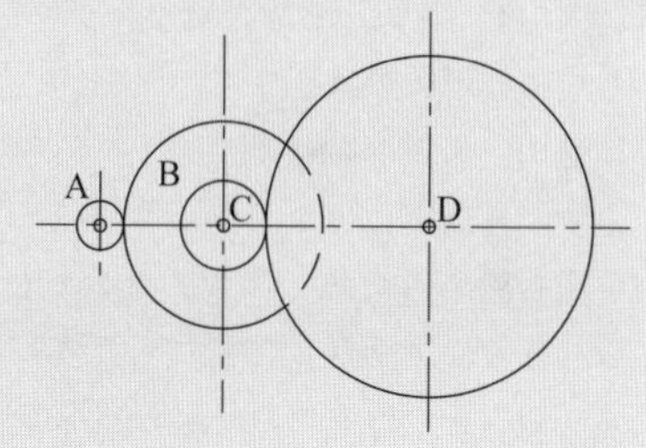

解説　一対の歯車には次の関係がある．

$$減速比 = n_1/n_2 = Z_2/Z_1 \quad ①$$

ここに，n_1：駆動歯車の回転速度〔rpm〕，Z_1：駆動歯車の歯数〔枚〕

n_2：被動歯車の回転速度〔rpm〕，Z_2：被動歯車の歯数〔枚〕

ただし，rpm：rotations per minute（1 分間の回転数）

なお，式①は次のようにも表される．

$$n_1Z_1 = n_2Z_2 \quad ②$$

歯車Bの回転速度をn_Bとすれば，歯車Aと歯車Bの間に式②から次の式が成り立つ．

$$1{,}200 \times 16 = n_B \times 64$$

$$n_B = 1{,}200 \times 16/64 = 300\,\text{rpm} \quad ③$$

歯車Cの歯数をZ_Cとすれば，歯車Cと歯車Dの間に式②から次の式が成立する．ただし，歯車Cの回転速度は歯車Bと同じである．

$$300 \times Z_C = 60 \times 150$$

$$Z_C = 60 \times 150/300 = 30\,\text{枚}$$

以上から（5）が正解．

▶答（5）

題4

【令和元年秋 問4】

クレーンの機械要素に関する記述として，適切でないものは次のうちどれか．

(1) 平座金は，当たり面の悪いところ，傷つきやすいところなどに用いられる．

(2) 歯車形軸継手は，外筒の内歯車と内筒の外歯車がかみ合う構造で，外歯車にはクラウニングが施してあるため，二つの軸のずれや傾きがあっても円滑に動力を伝えることができる．

(3) キー板は，固定軸の回転や軸方向への抜け出しを防ぐために用いられる．

(4) 転がり軸受は，玉やころを使った軸受で，回転の際の摩擦抵抗が非常に小さい．

(5) 六角ボルトを使用する際は，接合部材間の摩擦力を高めるため，ボルトの取付穴はボルトの径より若干小さめに空ける．

解説 (1) 適切．平座金（ワッシャー）は，当たり面の悪いところ，傷つきやすいところなどに用いられる．

(2) 適切．歯車形軸継手（図1.4-6参照）は，外筒の内歯車と内筒の外歯車がかみ合う構造で，外歯車にはクラウニング（crowning：表面を丸みをつけた凸状に加工すること）が施してあるため，二つの軸のずれや傾きがあっても円滑に動力を伝えることができる．さらにクラウニング加工で歯車の歯すじ中央部に向かって丸みを持たせ，中央部にふくらみをつけるため，歯幅端部の悪い歯当たりを防ぐことができる．

(3) 適切．キー板は，固定軸の回転を防いだり，軸方向への抜け出しを防ぐために用いられる．その取り付けは，図1.4-8のように軸のみぞに差し込んでボルトで固定する．

(4) 適切．転がり軸受は，玉やころを使った軸受で，回転の際の摩擦抵抗が非常に小さい．図1.4-9及び図1.4-10参照．

(5) 不適切．六角ボルトを使用する際は，機械部品及び電気品などの取り付けに用いられるもので，ボルトを締め付けるための穴径はボルトよりも若干大きい．なお，設問はリーマボルト（reamer bolt）に関するもので，ボルト径が穴径よりわずかに小さく，軽く打ち込んで締め付けるので取付け精度はよく，横方向の力はボルトにせん断力として作用する．そのため機械部品の位置決めや構造部材の継手に用いられる．

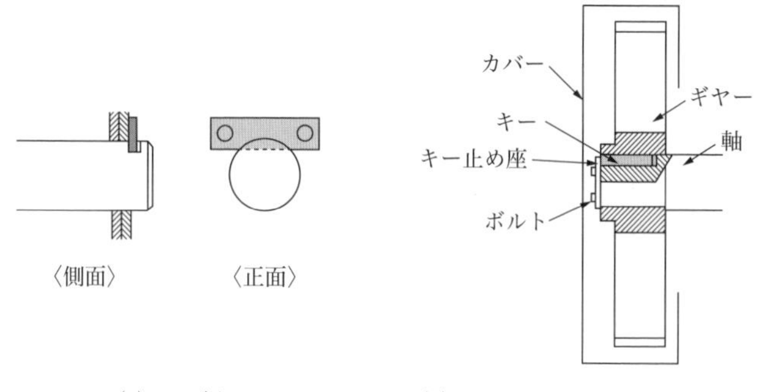

図 1.4-8　キー板と固定の仕組み

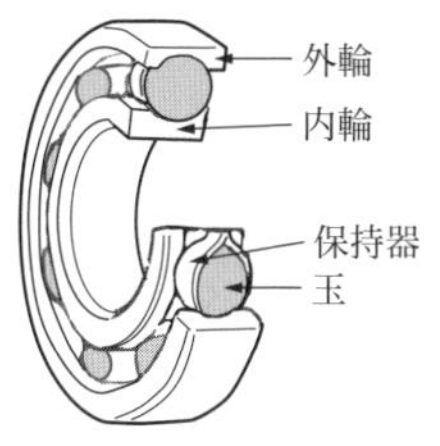

図 1.4-9　玉軸受（断面図）

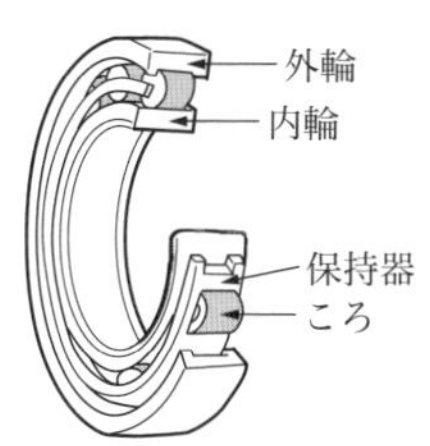

図 1.4-10　ころ軸受（断面図）

▶答（5）

問題5　【令和元年春 問4】

クレーンの機械要素に関する記述として，適切でないものは次のうちどれか．

(1) ローラーチェーン軸継手は，たわみ軸継手の一種で，2列のローラーチェーンと2個のスプロケットから成り，ピンの抜き差しで両軸の連結及び分離が簡単にできる．

(2) 全面機械仕上げしたフランジ形固定軸継手は，バランスが良いため，回転が速い軸の連結に用いられる．

(3) ウォームギヤは，ウォームとこれにかみ合うウォームホイールを組み合わせたもので，15～50程度の減速比が得られる．

(4) 振動や繰返し荷重によるボルトやナットの緩みを防ぐため，ばね座金や舌付き座金のほか，ダブルナット，スプリングナットなどが使用される．

(5) 歯車形軸継手は，外筒の内歯車と内筒の外歯車がかみ合う構造で，外歯車にはクラウニングが施してあるため，二つの軸のずれや傾きがあると円滑に動力を伝えることができない．

解説 (1) 適切．ローラーチェーン軸継手（図1.4-3）は，たわみ軸継手の一種で，2列のローラーチェーン（2列のチェーンをピンで一体としたチェーン）と2個のスプロケット（図1.4-4参照：鎖を稼働させる歯車で，スプロケットが回転するとチェーンが回転し他方のスプロケットのチェーンを回転させて動力を伝達する）からなり，ピンの抜き差しで両軸の連結及び分離が簡単にできる．

(2) 適切．全面機械仕上げしたフランジ形固定軸継手（図1.4-11参照）は，二つの軸端に取り付けたフランジをリーマボルト（穴径よりわずかに径が小さいボルト）でつなぎ合わせ，ボルトのせん断力で力を伝える構造で，バランスが良いため，回転が速い軸の連結に用いられる．

(3) 適切．ウォームギヤ（worm gear）は，ウォーム（伝動軸のねじ山らせん）とこれにかみ合うウォームホイールを組み合わせたもので，15～50程度の減速比が得られる．図1.4-12参照．

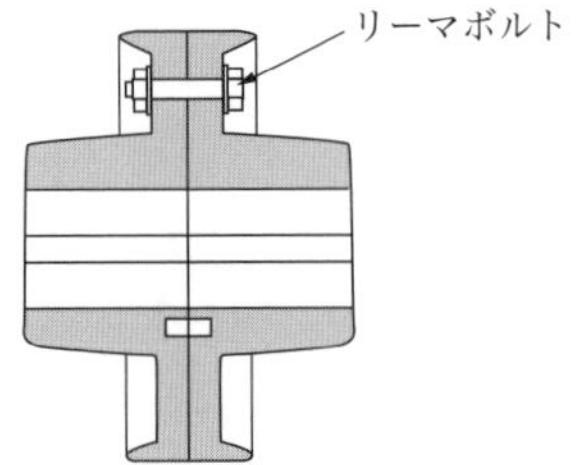

図1.4-11 フランジ形固定軸継手

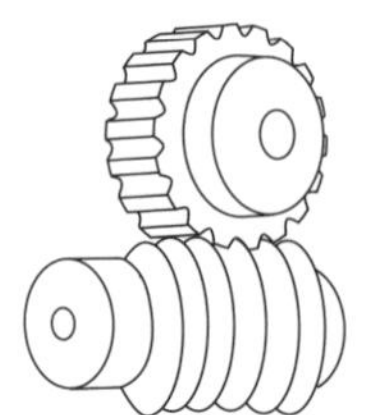

図1.4-12 ウォーム歯車及びウォームギヤ減速機

(4) 適切．振動や繰返し荷重によるボルトやナットの緩みを防ぐため，ばね座金や舌付き座金のほか，ダブルナット，スプリングナットなどが使用される．

(5) 不適切．歯車形軸継手（図1.4-6参照）は，内筒と外筒からなり，左右の外筒同士はリーマボルトでつなぎ合わせてあり，外筒の内歯車と内筒の外歯車がかみ合う構造で，外歯車にはクラウニング（crowning：歯車の歯すじ中央部に向かって丸みを持たせる加工）が施してあるため，二つの軸のずれや傾きに対しても円滑に動力を伝えることができる．なお，リーマボルト（reamer bolt）は，ボルト径が穴径よりわずかに小さく，軽く打ち込んで締め付けるので取付け精度はよく，横方向の力はボルトにせん断力として作用する．そのため機械部品の位置決めや構造部材の継手に用いられる．

▶答（5）

問題6 【平成30年秋 問4】

クレーンの機械要素に関する記述として，適切なものは次のうちどれか．

(1) フランジ形たわみ軸継手は，流体を利用したたわみ軸継手で，二つの軸のずれや傾きの影響を緩和するために用いられる．

(2) はすば歯車は，歯が軸につる巻状に斜めに切られており，平歯車より減速比を大きくできるが，動力の伝達にむらが多い．
(3) ローラーチェーン軸継手は，たわみ軸継手の一種で，2列のローラーチェーンと2個のスプロケットから成り，ピンの抜き差しで両軸の連結及び分離が簡単にできる．
(4) リーマボルトは，ボルト径が穴径よりわずかに小さく，取付精度は良いが，横方向にせん断力を受けるため，大きな力には耐えられない．
(5) 歯車形軸継手は，外筒の内歯車と内筒の外歯車がかみ合う構造で，外歯車にはクラウニングが施してあるため，二つの軸のずれや傾きがあると円滑に動力を伝えることができない．

解説 (1) 不適切．フランジ形たわみ軸継手は，ボルトとフランジの間にゴムなどの環を入れて継手ボルト（カップリングボルト）で締め，起動及び停止時の衝撃や荷重変化によるたわみの影響を緩和するものである．図1.4-1参照．

(2) 不適切．はすば歯車（図1.4-2参照）は，歯が軸につる巻状に斜めに切られており，減速比は平歯車に比べ少し大きくでき，動力の伝達にむらが少ない．

(3) 適切．ローラーチェーン軸継手（図1.4-3参照）は，たわみ軸継手の一種で，2列のローラーチェーン（2列のチェーンをピンで一体としたチェーン）と2個のスプロケット（図1.4-4参照：鎖を稼働させる歯車で，スプロケットが回転するとチェーンが回転し他方のスプロケットのチェーンを回転させて動力を伝達する）からなり，ピンの抜き差しで両軸の連結及び分離が簡単にできる．

(4) 不適切．リーマボルト（reamer bolt）は，ボルト径が穴径よりわずかに小さく，軽く打ち込んで締め付けるので取付け精度がよい．横方向の力はボルトにせん断力として作用するが，リーマボルトはせん断力に対して強いため，大きな力に耐えられる．機械部品の位置決めや構造部材の継手に用いられる．図1.4-5参照．

(5) 不適切．歯車形軸継手（図1.4-6参照）は，内筒と外筒からなり，左右の外筒同士はリーマボルトでつなぎ合わせてあり，外筒の内歯車と内筒の外歯車がかみ合う構造で，外歯車にはクラウニング（crowning：表面を丸みをつけた凸状に加工すること）が施してあるため，二つの軸のずれや傾きに対しても円滑に動力を伝えることができる．

▶答 (3)

問題7 【平成30年春 問1】

図において，電動機の回転軸に固定された歯車Aが毎分1,600回転するとき，歯車Dの回転数の値は (1) ～ (5) のうちどれか．

ただし，歯車A，B，C及びDの歯数は，それぞれ16，64，25及び125とし，BとCの歯車は同じ軸に固定されているものとする．

(1)　80 rpm
(2) 100 rpm
(3) 160 rpm
(4) 200 rpm
(5) 240 rpm

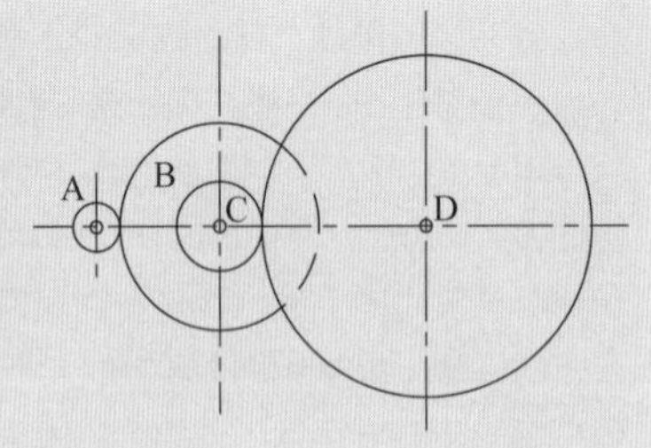

解説　一対の歯車には次の関係がある．

減速比 $= n_1/n_2 = Z_2/Z_1$　①

ここに，n_1：駆動歯車の回転速度〔rpm〕，Z_1：駆動歯車の歯数〔枚〕

n_2：被動歯車の回転速度〔rpm〕，Z_2：被動歯車の歯数〔枚〕

ただし，rpm：rotations per minute（1分間の回転数）

なお，式①は次のようにも表される．

$n_1 Z_1 = n_2 Z_2$　②

歯車Bの回転速度を n_B とすれば，歯車Aと歯車Bの間に式②から次の式が成り立つ．

$1{,}600 \times 16 = n_B \times 64$

$n_B = 1{,}600 \times 16/64 = 400$ rpm　③

歯車Dの回転数 n_D とすれば，歯車Cと歯車Dの間に式②から次の式が成立する．ただし，歯車Cの回転速度は歯車Bと同じである．

$400 \times 25 = n_D \times 125$

$n_D = 400 \times 25/125 = 80$ rpm

以上から（1）が正解．　▶答（1）

問題8　【平成30年春 問3】

クレーンの機械要素に関する記述として，適切でないものは次のうちどれか．

(1) 平座金は，当たり面の悪いところ，傷つきやすいところなどに用いられる．

(2) 歯車形軸継手は，外筒の内歯車と内筒の外歯車がかみ合う構造で，外歯車にはクラウニングが施してあるため，二つの軸のずれや傾きがあっても円滑に動力を伝えることができる．

(3) キー板は，固定軸の回転や軸方向への抜け出しを防ぐために用いられる．

(4) 転がり軸受は，玉やころを使った軸受で，回転の際の摩擦抵抗が非常に小さい．

(5) 六角ボルトを使用する際は，接合部材間の摩擦力を高めるため，ボルトの取付け穴はボルトの径より若干小さめに空ける．

解説 (1) 適切．平座金は，当たり面の悪いところ，傷つきやすいところなどに用いられる．

(2) 適切．歯車形軸継手（図1.4-6参照）は，内筒と外筒からなり，左右の外筒同士はリーマボルトでつなぎ合わせてあり，内歯車と内筒の外歯車がかみ合う構造で，外歯車にはクラウニング（crowning：歯車の歯すじ中央部に向かって丸みを持たせる加工）が施してあるため，二つの軸のずれや傾きに対しても円滑に動力を伝えることができる．なお，リーマボルト（reamer bolt）は，ボルト径が穴径よりわずかに小さく，軽く打ち込んで締め付けるので取付け精度はよく，横方向の力はボルトにせん断力として作用する．そのため機械部品の位置決めや構造部材の継手に用いられる．

(3) 適切．キー板は，固定軸の回転を防いだり，軸方向への抜け出しを防ぐために用いられる．その取り付けは，図1.4-8のように，軸のみぞに差し込んでボルトで固定する．

(4) 適切．転がり軸受は，玉やころを使った軸受で，回転の際の摩擦抵抗が非常に小さい．図1.4-9及び図1.4-10参照．

(5) 不適切．六角ボルトを使用する際は，機械部品及び電気品などの取り付けに用いられるもので，ボルトを締め付けるための穴径はボルトよりも若干大きい．なお，設問はリーマボルト（reamer bolt）に関するもので，ボルト径が穴径よりわずかに小さく，軽く打ち込んで締め付けるので取付け精度はよく，横方向の力はボルトにせん断力として作用する．そのため機械部品の位置決めや構造部材の継手に用いられる． ▶答 (5)

問題9 【平成29年秋 問2】

図において，電動機の回転軸に固定された歯車Aが毎分1,500回転するとき，歯車Dの回転数の値に最も近いものは (1)～(5) のうちどれか．

ただし，歯車A，B，C及びDの歯数は，それぞれ15，60，24及び96とし，BとCの歯車は同じ軸に固定されているものとする．

(1) 59 rpm
(2) 94 rpm
(3) 100 rpm
(4) 234 rpm
(5) 375 rpm

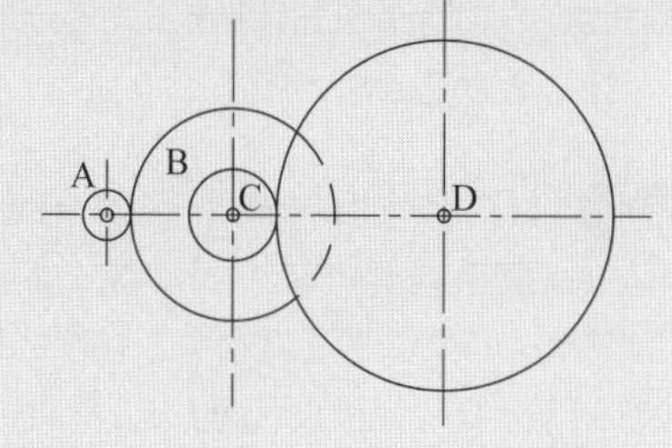

 一対の歯車には次の関係がある．

$$減速比 = n_1/n_2 = Z_2/Z_1 \quad ①$$

ここに，n_1：駆動歯車の回転速度〔rpm〕，Z_1：駆動歯車の歯数〔枚〕

n_2：被動歯車の回転速度〔rpm〕，Z_2：被動歯車の歯数〔枚〕

ただし，rpm：rotations per minute（1分間の回転数）

なお，式①は次のようにも表される．

$$n_1 Z_1 = n_2 Z_2 \quad ②$$

歯車Bの回転速度を n_B とすれば，歯車Aと歯車Bの間に式②から次の式が成り立つ．

$$1{,}500 \times 15 = n_B \times 60$$

$$n_B = 1{,}500 \times 15/60 = 375\,\mathrm{rpm} \quad ③$$

歯車Dの回転数 n_D とすれば，歯車Cと歯車Dの間に式②から次の式が成立する．ただし，歯車Cの回転速度は歯車Bと同じである．

$$375 \times 24 = n_D \times 96$$

$$n_D = 375 \times 24/96 \fallingdotseq 94\,\mathrm{rpm}$$

以上から（2）が正解．

▶答（2）

問題10 【平成29年秋 問4】

クレーンの機械要素に関し，正しいものは次のうちどれか．

(1) フランジ形たわみ軸継手は，流体を利用したたわみ軸継手で，二つの軸のずれや傾きの影響を緩和するために用いられる．

(2) はすば歯車は，歯が軸につる巻状に斜めに切られており，平歯車より減速比を大きくできるが，動力の伝達にむらが多い．

(3) ローラーチェーン軸継手は，たわみ軸継手の一種で，2列のローラーチェーンと2個のスプロケットからなり，ピンの抜き差しで両側の連結・分離ができる．

(4) リーマボルトは，ボルト径が穴径よりわずかに小さく，取付け精度は良いが，横方向にせん断力を受けるため，大きな力には耐えられない．

(5) 歯車形軸継手は，外筒の内歯車と内筒の外歯車がかみ合う構造で，外歯車にはクラウニングが施してあるため，二つの軸のずれや傾きがあると円滑に動力を伝えることができない．

解説 (1) 誤り．フランジ形たわみ軸継手は，ボルトとフランジの間にゴムなどの環を入れて継手ボルト（カップリングボルト）で締め，起動及び停止時の衝撃や荷重変化によるたわみの影響を緩和するものである．図1.4-1参照．

(2) 誤り．はすば歯車（図1.4-2参照）は，歯が軸につる巻状に斜めに切られており，減速比は平歯車に比べ少し大きくでき，動力の伝達にむらが少ない．

(3) 正しい．ローラーチェーン軸継手（図1.4-3参照）は，たわみ軸継手の一種で，2列のローラーチェーン（2列のチェーンをピンで一体としたチェーン）と2個のスプロケット（図1.4-4参照：軸の回転をローラーチェーンに伝達したり，ローラーチェーンの回転を軸に伝達するための歯車）からなり，ピンの抜き差しで両軸の連結及び分離が簡単にできる．

(4) 誤り．リーマボルトは，ボルト径が穴径よりわずかに小さく，取付け精度は良く，横方向にせん断力を受けても，大きな力には耐えられる．図 1.4-5 参照．

(5) 誤り．歯車形軸継手（図 1.4-6 参照）は，内筒と外筒からなり，左右の外筒同士はリーマボルトでつなぎ合わせてあり，外筒の内歯車と内筒の外歯車がかみ合う構造で，外歯車にはクラウニング（crowning：表面を丸みをつけた凸状に加工すること）が施してあるため，二つの軸のずれや傾きに対しても円滑に動力を伝えることができる．

▶答（3）

問題11

【平成29年春 問5】 

クレーンの機械要素に関し，誤っているものは次のうちどれか．

(1) ローラーチェーン軸継手は，たわみ軸継手の一種で，2列のローラーチェーンと2個のスプロケットから成り，ピンの抜き差しで両側の連結・分離ができる．

(2) 全面機械仕上げしたフランジ形固定軸継手は，バランスが良いため，回転の速いところに用いられる．

(3) ウォームギヤは，ウォームとこれにかみ合うウォームホイールを組み合わせたもので，15 ～ 50 程度の減速比が得られる．

(4) 振動や繰返し荷重によるボルトやナットの緩みを防ぐため，ばね座金や舌付き座金のほか，ダブルナット，スプリングナットなどが使用される．

(5) 歯車形軸継手は，外筒の内歯車と内筒の外歯車がかみ合う構造で，外歯車にはクラウニングが施してあるため，二つの軸のずれや傾きがあると円滑に動力を伝えることができない．

解説 (1) 正しい．ローラーチェーン軸継手（図 1.4-3 参照）は，たわみ軸継手の一種で，2列のローラーチェーン（2列のチェーンをピンで一体としたチェーン）と2個のスプロケット（図 1.4-4 参照：軸の回転をローラーチェーンに伝達したり，ローラーチェーンの回転を軸に伝達するための歯車）からなり，ピンの抜き差しで両軸の連結及び分離が簡単にできる．

(2) 正しい．全面機械仕上げしたフランジ形固定軸継手（図 1.4-11 参照）は，二つの軸端に取り付けたフランジをリーマボルト（穴径よりわずかに径が小さいボルト）でつなぎ合わせ，ボルトのせん断力で力を伝える構造で，バランスが良いため，回転が速い軸の連結に用いられる．

(3) 正しい．ウォームギヤ（worm gear）は，ウォーム（伝動軸のねじ山らせん）とこれにかみ合うウォームホイールを組み合わせたもので，15 ～ 50 程度の減速比が得られる．図 1.4-12 参照．

(4) 正しい．振動や繰返し荷重によるボルトやナットの緩みを防ぐため，ばね座金や舌付き座金のほか，ダブルナット，スプリングナットなどが使用される．

(5) 誤り．歯車形軸継手（図 1.4-6 参照）は，外筒の内歯車と内筒の外歯車がかみ合う構造で，外歯車にはクラウニング（crowning：表面を丸みをつけた凸状に加工すること）が施してあるため，二つの軸のずれや傾きがあっても円滑に動力を伝えることができる．なお，クラウニングとは，歯車の歯すじ中央部に向かって丸みを持たせることで，中央部にふくらみをつけることで，歯幅端部の悪い歯当たりを防ぐことができる．

▶答（5）

題 12 【平成 28 年秋 問 2】

図において，歯車 A が電動機の回転軸に固定され，歯車 D が毎分 100 回転しているとき，駆動している電動機の回転数の値に最も近いものは，次の（1）～（5）のうちどれか．

ただし，歯車 A，B，C 及び D の歯数は，それぞれ 16，64，25 及び 125 とし，B と C の歯車は同じ軸に固定されているものとする．

(1) 780 rpm
(2) 1,024 rpm
(3) 1,280 rpm
(4) 1,600 rpm
(5) 2,000 rpm

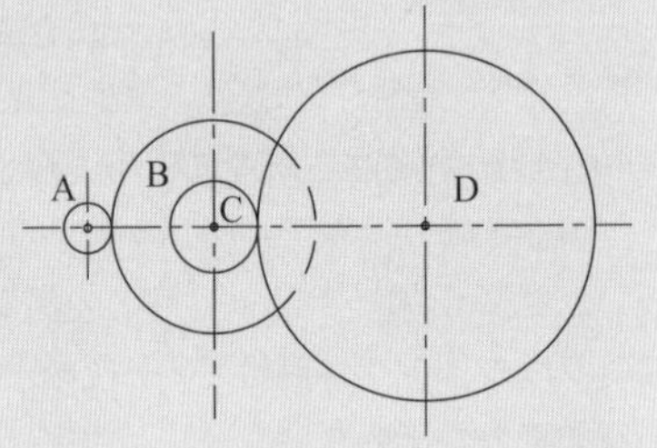

一対の歯車には次の関係がある．

$$減速比 = n_1/n_2 = Z_2/Z_1 \quad ①$$

ここに，n_1：駆動歯車の回転速度〔rpm〕，Z_1：駆動歯車の歯数〔枚〕

n_2：被動歯車の回転速度〔rpm〕，Z_2：被動歯車の歯数〔枚〕

ただし，rpm：rotations per minute（1 分間の回転数）

なお，式①は次のようにも表される．

$$n_1 Z_1 = n_2 Z_2 \quad ②$$

歯車 A の回転速度 n_A，歯車 B の回転速度を n_B とすれば，歯車 A と歯車 B の間に式②から次の式が成り立つ．

$$16 \times n_A = 64 \times n_B$$

$$n_B = 16 \times n_A/64 \quad ③$$

歯車Dの回転数n_Dとすれば，歯車Cと歯車Dの間に式②から次の式が成立する．ただし，歯車Cの回転速度は歯車Bと同じである．式③から

$$n_B = n_C = 16 \times n_A/64 \quad ④$$

である．n_Cとn_Dの間には次の関係がある．

$$25 \times n_C = 125 \times n_D = 125 \times 100$$

$$n_C = 125 \times 100/25 \quad ⑤$$

式④と式⑤から

$$16 \times n_A/64 = 125 \times 100/25$$

である．変形しn_Aを求める．

$$n_A = 125 \times 100 \times 64/(25 \times 16) = 2{,}000\,\mathrm{rpm}$$

以上から（5）が正解．

▶答（5）

題13 【平成28年秋 問3】

ボルトの締め付けや緩み止めに用いられる部品名とその図の組合せとして，誤っているものは次のうちどれか．

（1）ダブルナット

（2）ばね座金

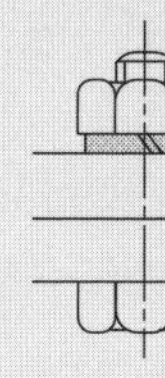

（3）勾配座金

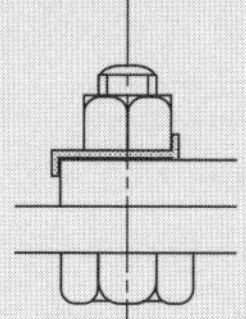

（4）溝付きナット

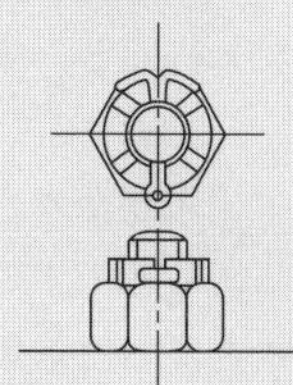

（5）スプリングナット

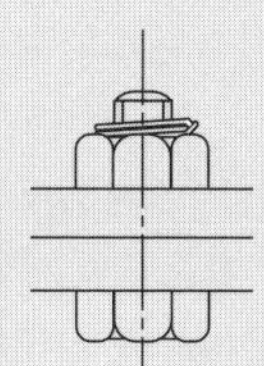

解説 （1）正しい．ダブルナットは，振動や繰り返し応力に対する戻り止めとして，ダブルナットを使用される．なお，スパナ等のかかりやすさから上下のナットを等厚にすることもある．

（2）正しい．ばね座金は，振動や繰返し荷重によるボルトやナットの緩みを防ぐために用いられる．

（3）誤り．勾配座金は，勾配のあるところにおいて，勾配の影響でボルトに曲げが掛からないようにするため使用される．図1.4-13参照．なお，設問の図は舌付き座金でば

ね座金と同様に振動や繰返し荷重によるボルトやナットの緩みを防ぐために用いられる．

(4) 正しい．溝付ナットは，ナットに溝を付け，ボルトのねじ部に開けられた小穴に割りピンを差し込んで固定しナットが緩まないようにしたものである．

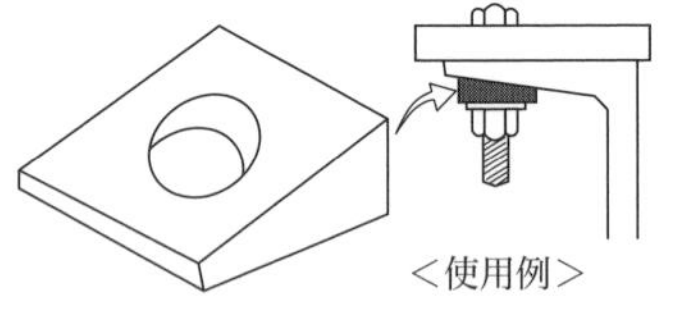

図 1.4-13　勾配座金

(5) 正しい．スプリングナットは，スプリングを使用してゆるみ止めに使用される．

▶答 (3)

問題 14

【平成 28 年春 問 6】

クレーンの機械要素に関し，誤っているものは次のうちどれか．

(1) 勾配キーは，軸のキー溝に打ち込んで歯車などを軸に固定し，動力を伝えるために用いられる．

(2) 歯車形軸継手は，外筒の内歯車と内筒の外歯車がかみ合う構造で，外歯車にはクラウニングが施してあるため，二つの軸のずれや傾きがあっても円滑に動力を伝えることができる．

(3) 転がり軸受は，玉やころを使った軸受で，平軸受（滑り軸受）に比べて動力の損失が少ない．

(4) 割形軸継手は，取付け・取外しのときに軸を軸方向に移動する必要がない．

(5) フランジ形たわみ軸継手は，流体を利用したたわみ軸継手で，二つの軸のずれや傾きの影響を緩和するために用いられる．

解説 (1) 正しい．勾配キーは，軸のキー溝に打ち込んで歯車などを軸に固定し，動力を伝えるために用いられる．

(2) 正しい．歯車形軸継手（図 1.4-6 参照）は，外筒の内歯車と内筒の外歯車がかみ合う構造で，外歯車にはクラウニング（crowning：表面を丸みをつけた凸状に加工すること）が施してあるため，二つの軸のずれや傾きがあっても円滑に動力を伝えることができる．さらにクラウニング加工で歯車の歯すじ中央部に向かって丸みを持たせ，中央部にふくらみをつけるため，歯幅端部の悪い歯当たりを防ぐことができる．

(3) 正しい．転がり軸受は，玉やころを使った軸受で，平軸受（滑り軸受）に比べて動力の損失が少ない．図 1.4-9 及び図 1.4-10 参照．

(4) 正しい．割形軸継手（図 1.4-7 参照）は，円筒を二つ割りにした形の軸継手をボルトで締め付けて回転力を伝える構造で，取付け・取外しのときに軸を軸方向に移動する必要がない．

(5) 誤り．フランジ形たわみ軸継手は，ボルトとフランジの間にゴムなどの環を入れて継手ボルト（カップリングボルト）で締め，起動及び停止時の衝撃や荷重変化によるたわみの影響を緩和するものである．図1.4-1参照．

▶答（5）

1.5 クレーンの安全装置

問題1

【令和2年秋 問5】 

クレーンの安全装置などに関する記述として，適切なものは次のうちどれか．

(1) カム形リミットスイッチを用いた巻過防止装置は，フックブロックの上面によりトラベラーを押し上げてリミットスイッチを作動させる方式である．

(2) レバー形リミットスイッチを用いた巻過防止装置は，巻上げ過ぎ及び巻下げ過ぎの両方の位置制限を1個のリミットスイッチで行うことができる．

(3) 同一ランウェイ上に2台のクレーンが設置されている場合に用いられるリミットスイッチ式衝突防止装置は，クレーンの相対する側に設けられたリミットスイッチの作動により，クレーン同士が衝突する前に走行を停止させる．

(4) 直働式巻過防止装置のうち重錘形リミットスイッチ式のものはワイヤロープを交換した後の作動位置の再調整が必要である．

(5) クレーンのフックの外れ止め装置にはレバー形と重錘形があるが，小型・中型のクレーンでは重錘形のものが多く使われている．

解説 (1) 不適切．カム形リミットスイッチ（図1.5-1参照）は，間接式で巻上用ドラムの回転に連動したカムの回転角によって接点レバーが回路を開閉する方式である．

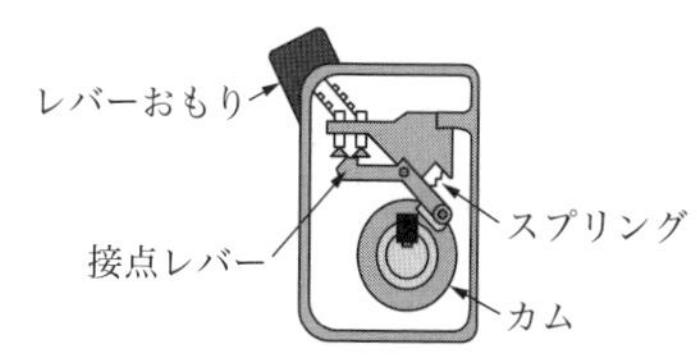

図1.5-1　カム形リミットスイッチ

トラベラーは，図1.5-2のようにねじ形リミットスイッチにおいて，フックなどの巻上，巻下距離に比例して移動しリミットスイッチを働かせるものである．なお，リミットスイッチとは，マイクロスイッチを封入し，機械検出をアクチュエータ（回転・曲げなどに変換する装置）を介して動作させる電気スイッチである．

(2) 不適切．レバー形リミットスイッチ（図1.5-3参照）は，直働式で巻上げ過ぎにおいてフックブロックの上面がリミットレバーを押し上げ，リミットスイッチの回路を開く方式である．巻下過ぎには適用されないので，巻下過ぎに対応するためには別の構造のリミットスイッチを併用する必要がある．

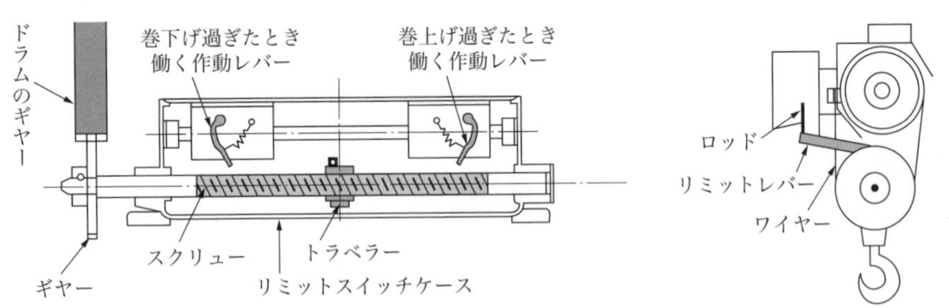

図 1.5-2 ねじ形リミットスイッチ
（出典：クレーン・デリック運転士教本，p64）

図 1.5-3 レバー形リミットスイッチ

(3) 適切．同一ランウェイ上に 2 台のクレーンが設置されている場合に用いられるリミットスイッチ式衝突防止装置（図 1.5-4 参照）は，クレーンの相対する側に設けられたリミットスイッチの作動により，クレーン同士が衝突する前に走行を停止させる．

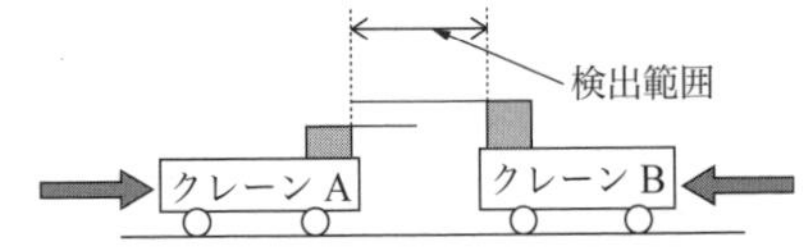

図 1.5-4 リミットスイッチ式衝突防止装置

(4) 不適切．直働式巻過防止装置（図 1.5-5 参照）は，巻上用ワイヤロープを巻き過ぎると，ロープに沿ってつり下げられているおもり（ウェイト）がフックブロックの上面によって押し上げられ，レバーが傾いてリミットスイッチの回路を開き，電動機の回転を止める方式である．クレーンのワイヤロープを交換しても重錘をつるすワイヤロープの長さは交換しないため変化しないので，作働位置の再調整は不必要である．

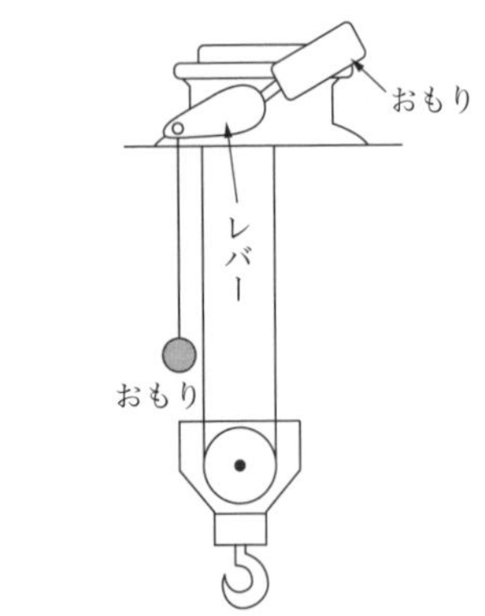

図 1.5-5 直働式巻過防止装置（重錘形）

(5) 不適切．クレーンのフックの外れ止め装置には，スプリング式（図 1.5-6 参照）とウェイト式（図 1.5-7 参照）があり，小型・中型のクレーンではスプリング式が多く使用されている．なお，レバー形と重錘形は直働式の巻き過ぎ防止装置に関係するものである．

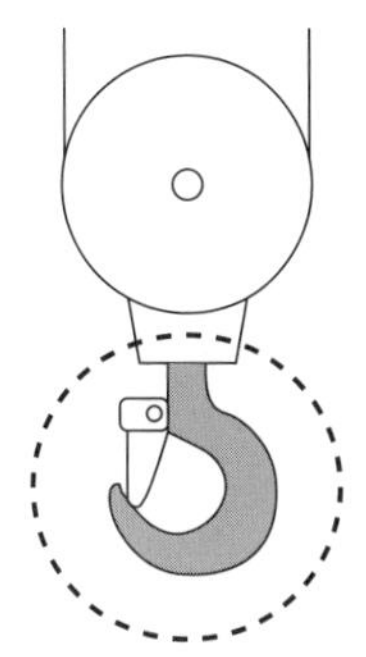

図 1.5-6　スプリング式外れ止め装置

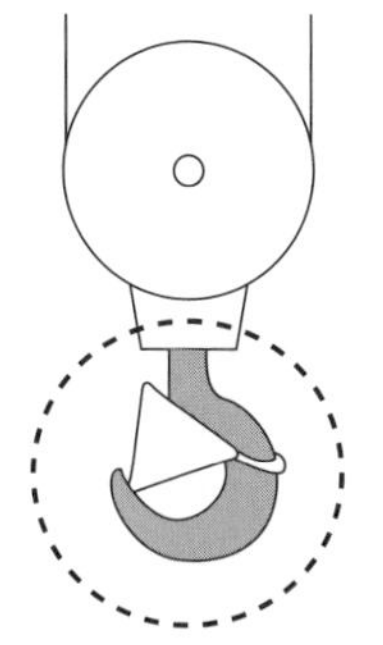

図 1.5-7　ウェイト式外れ止め装置

▶答（3）

問題 2　【令和 2 年春 問 5】

クレーンの安全装置などに関する記述として，適切でないものは次のうちどれか．

（1）ねじ形リミットスイッチを用いた巻過防止装置は，巻上げドラムに連動して回転するスクリューに取り付けられたトラベラーの移動により，リミットスイッチを働かせる方式で，複数の接点を設けることができる．

（2）直働式の巻過防止装置は，フックブロックにより直接作動させる方式のため，作動位置の誤差が少なく，作動後の復帰距離が短い．

（3）カム形リミットスイッチを用いた巻過防止装置は，ワイヤロープを交換したとき，スイッチの作動位置の再調整が不要である．

（4）アンカーは，屋外に設置されたクレーンが作業停止時に暴風などにより逸走することを防止する装置で，走行路の定められた係留位置で，短冊状金具を地上の基礎に落とし込むことなどによりクレーンを固定して逸走を防止する．

（5）同一ランウェイ上に 2 台のクレーンが設置されている場合に用いられるリミットスイッチ式衝突防止装置は，クレーンの相対する側に設けられたリミットスイッチの作動により，クレーン同士が衝突する前に走行を停止させる．

解説　（1）適切．ねじ形リミットスイッチ（図 1.5-2 参照）を用いた巻過防止装置は，巻上げドラムに連動して回転するスクリューに取り付けられたトラベラーの移動により，リミットスイッチを働かせる方式（間接式）で，複数の接点を設けることができる．なお，リミットスイッチとは，マイクロスイッチを封入し，機械検出をアクチュエータ（回転・曲げなどに変換する装置）を介して動作させる電気スイッチである．

（2）適切．直働式の巻過防止装置 は，フックブロックにより直接作動させる方式のため，作動位置の誤差が少なく，作動後の復帰距離が短い．図 1.5-3 及び図 1.5-5 参照．

(3) 不適切．カム形リミットスイッチを用いた巻過防止装置（図 1.5-1 参照）は，巻上げドラムの回転によってカムを回転させリミットスイッチを稼働させるものであるが，ワイヤロープを交換したとき，スイッチの作動位置の再調整が必要である．

(4) 適切．アンカーは，屋外に設置されたクレーンが作業停止時に暴風などにより逸走することを防止する装置で，走行路の定められた係留位置で，短冊状金具（細長い長方形の板：アンカープレート）を地上の基礎に落とし込むことなどによりクレーンを固定して逸走を防止する．

(5) 適切．同一ランウェイ（runway：走路）上に 2 台のクレーンが設置されている場合の衝突防止装置には，リミットスイッチ式，光波式及び超音波式のものがある．リミットスイッチ式衝突防止装置は，リミットスイッチをクレーンの相対する側のクレーン本体より長く突き出した腕に取り付け，衝突寸前で互いにスイッチを切り合い走行を停止させる（図 1.5-4 参照）．また，光波式及び超音波式については図 1.5-8 参照．

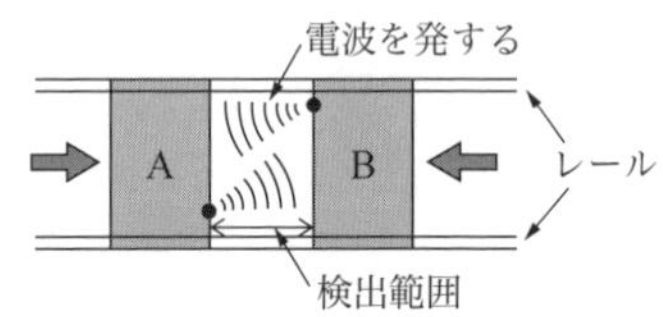

図 1.5-8　光波（超音波）式衝突防止装置

▶答（3）

問題 3　【令和元年秋 問 7】

クレーンの安全装置などに関する記述として，適切でないものは次のうちどれか．

(1) レバー形リミットスイッチを用いた巻過防止装置は，巻上げ過ぎ及び巻下げ過ぎの両方の位置制限を 1 個のリミットスイッチで行うことができる．

(2) 走行レールの車輪止めの高さは，走行車輪の直径の 2 分の 1 以上とする．

(3) クレーンの運転者が，周囲の作業者などに注意を喚起するため必要に応じて警報を鳴らす装置には，運転室に設けられた足踏み式又はペンダントスイッチに設けられた警報用ボタン式のブザー，サイレンなどがある．

(4) アンカーは，屋外に設置されたクレーンが作業停止時に暴風などにより逸走することを防止する装置で，走行路の定められた係留位置で，短冊状金具を地上の基礎に落とし込むことなどによりクレーンを固定して逸走を防止する．

(5) ねじ形リミットスイッチを用いた巻過防止装置は，巻上用ワイヤロープを交換した場合は，フックの位置とトラベラーの作動位置を再調整する必要がある．

解説 (1) 不適切．レバー形リミットスイッチ（図 1.5-3 参照）は，直働式で巻上げ過ぎにおいてフックブロックの上面がリミットレバーを押し上げ，リミットスイッチの回路を開く方式である．巻下過ぎには適用されないので，巻下過ぎに対応するためには別の構造のリミットスイッチを併用する必要がある．

(2) 適切．走行レールの車輪止めの高さは，走行車輪の直径の 2 分の 1 以上とする．なお，横行レールの車輪止めの高さは，横行車輪の直径の 4 分の 1 以上である．

(3) 適切．クレーンの運転者が，周囲の作業者などに注意を喚起するため必要に応じて警報を鳴らす装置には，運転室に設けられた足踏み式又はペンダントスイッチに設けられた警報用ボタン式のブザー，サイレンなどがある．

(4) 適切．アンカーは，屋外に設置されたクレーンが作業停止時に暴風などにより逸走することを防止する装置で，走行路の定められた係留位置で，短冊状金具を地上の基礎に落とし込むことなどによりクレーンを固定して逸走を防止する．

(5) 適切．ねじ形リミットスイッチを用いた巻過防止装置（図 1.5-2 参照）は，巻上げドラムに連動して回転するスクリューに取り付けられたトラベラーの移動により，リミットスイッチを働かせる方式（間接式）で，複数の接点を設けることができる．したがって，巻上用ワイヤロープを交換した場合は，フックの位置とトラベラーの作動位置を再調整する必要がある．なお，リミットスイッチとは，マイクロスイッチを封入し，機械検出をアクチュエータ（回転・曲げなどに変換する装置）を介して動作させる電気スイッチである．

▶答（1）

問題 4　【令和元年春 問 5】

クレーンの運動とそれに対する安全装置などの組合せとして，適切でないものは次のうちどれか．

(1) 巻上げ……ねじ形リミットスイッチを用いた巻過防止装置
(2) 巻下げ……重錘形リミットスイッチを用いた巻過防止装置
(3) 走行………斜行防止装置
(4) 横行………横行車輪直径の 4 分の 1 以上の高さの車輪止め
(5) 起伏………傾斜角指示装置

解説 (1) 適切．巻上げの安全装置（巻下げの安全装置でもある）にねじ形リミットスイッチを用いた巻過防止装置（図 1.5-2 参照）が使用される．この装置は，巻上げドラムに連動して回転するスクリューに取り付けられたトラベラーの移動により，リミットスイッチを働かせる方式（間接式）で，複数の接点を設けることができる．なお，リミットスイッチとは，マイクロスイッチを封入し，機械検出をアクチュエータ（回転・曲げなどに変換する装置）を介して動作させる電気スイッチである．

(2) 不適切．重錘形リミットスイッチを用いた巻過防止装置（図 1.5-5 参照）は，巻上げ防止装置である．この装置は，フックブロックが上昇するとフックブロックの上面がリミットスイッチの重錘（おもり）又はレバーを押し上げることによりリミットスイッチの接点を開放し，電動機の回転を止める方式である．

(3) 適切．両側走行クレーンで走行装置が左右別々に設けてある場合，両側の速度が揃わないまま走行すると，斜行走行になる．これを防止するため斜行防止装置が設けられるが，各軸の回転数，両側の速度あるいは両側のサドルの位置などを検出して制御する方法などが行われている．

(4) 適切．横行における車輪止めは，横行車輪直径の4分の1以上の高さの車輪止めとする．図1.5-9参照．なお，走行における車輪止めは，走行車輪の直径の2分の1以上である．

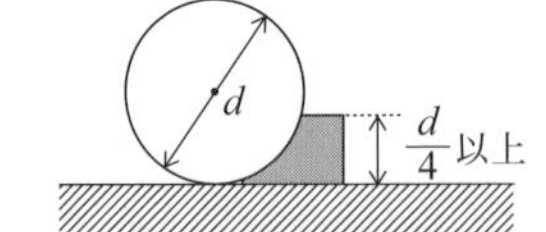

図 1.5-9　横行レールの車輪止め

(5) 適切．ジブが起伏するジブクレーンにおいて，傾斜指示装置を設けることが定められている．

▶答 (2)

問題 5　【平成30年秋 問5】

クレーンの安全装置などに関する記述として，適切でないものは次のうちどれか．

(1) 天井クレーンなどでは，運転室からクレーンガーダへ上がる階段の途中にフートスイッチを設け，点検などの際に階段を上がると主回路が開いて感電災害を防ぐようになっているものがある．

(2) クレーンのフックの外れ止め装置には，スプリング式とウェイト式があるが，小型・中型のクレーンでは，スプリング式のものが多く使われている．

(3) カム形リミットスイッチを用いた巻過防止装置は，巻上ドラムの回転によってカムを回転させリミットスイッチを働かせる方式で，複数の接点を設けることができる．

(4) ねじ形リミットスイッチを用いた巻過防止装置は，巻上用ワイヤロープを交換した場合は，フックの位置とトラベラーの作動位置を再調整する必要がある．

(5) 直働式巻過防止装置のうちレバー形リミットスイッチ式のものは，ワイヤロープを交換した後のリミットスイッチの接点の作動位置の再調整は必要ないが，重錘(すい)形リミットスイッチ式のものは再調整が必要である．

解説 (1) 適切．天井クレーンなどでは，運転室からクレーンガーダへ上がる階段の途中にフートスイッチ（foot switch：足で踏んで電源を入れたり切ったりするスイッチ）を設け，点検などの際に階段を上がると主回路が開いて感電災害を防ぐようになっているものがある．

(2) 適切．クレーンのフックの外れ止め装置には，スプリング式（図1.5-6参照）とウェイト式（図1.5-7参照）があり，小型・中型のクレーンではスプリング式が多く使用されている．

(3) 適切．カム形リミットスイッチ（図1.5-1参照）を用いた巻過防止装置は，巻上ドラムの回転によってカムを回転させリミットスイッチを働かせる間接式の方式で，複数の接点を設けることができる．

(4) 適切．ねじ形リミットスイッチを用いた巻過防止装置（図1.5-2参照）は，巻上げドラムに連動して回転するスクリューに取り付けられたトラベラーの移動により，リミットスイッチを働かせる方式（間接式）で，複数の接点を設けることができる．したがって，巻上用ワイヤロープを交換した場合は，フックの位置とトラベラーの作動位置を再調整する必要がある．なお，リミットスイッチとは，マイクロスイッチを封入し，機械検出をアクチュエータ（回転・曲げなどに変換する装置）を介して動作させる電気スイッチである．

(5) 不適切．直働式巻過防止装置のうちレバー形リミットスイッチ式（図1.5-3参照）のものは，ワイヤロープを交換した後のリミットスイッチの接点の作動位置の再調整は必要ないが，重錘(すい)形リミットスイッチ式（図1.5-5参照）のものも同様に再調整が必要ない．なお，間接式の巻過防止装置の場合にワイヤロープを交換したとき再調整が必要である．

▶答 (5)

問題6 【平成30年春 問4】

クレーンの安全装置などに関する記述として，適切でないものは次のうちどれか．

(1) ねじ形リミットスイッチを用いた巻過防止装置は，巻上げドラムに連動して回転するスクリューに取り付けられたトラベラーの移動により，リミットスイッチを働かせる方式で，複数の接点を設けることができる．

(2) レバー形リミットスイッチを用いた巻過防止装置は，巻上げ過ぎ及び巻下げ過ぎの両方の位置制限を1個のリミットスイッチで行うことができる．

(3) カム形リミットスイッチを用いた巻過防止装置は，ワイヤロープを交換したとき，スイッチの作動位置を再調整する必要がある．

(4) 同一ランウェイ上に2台のクレーンが設置されている場合の衝突防止装置には，リミットスイッチ式，光式及び超音波式のものがある．

(5) 天井クレーンなどでは，運転室からガーダへ上がる階段の途中にフートスイッチを設け，点検などの際に階段を上がると主回路が開いて感電災害を防ぐようになっているものがある．

解説 (1) 適切．ねじ形リミットスイッチを用いた巻過防止装置（図1.5-2参照）は，巻上げドラムに連動して回転するスクリューに取り付けられたトラベラーの移動により，リミットスイッチを働かせる方式（間接式）で，複数の接点を設けることができる．したがって，巻上用ワイヤロープを交換した場合は，フックの位置とトラベラーの作動位置を再調整する必要がある．なお，リミットスイッチとは，マイクロスイッチを封入し，機械検出をアクチュエータ（回転・曲げなどに変換する装置）を介して動作させる電気スイッチである．

(2) 不適切．レバー形リミットスイッチ（図1.5-3参照）は，直働式で巻上げ過ぎにおいてフックブロックの上面がリミットレバーを押し上げ，リミットスイッチの回路を開く方式である．巻下過ぎには適用されないので，巻下過ぎに対応するためには別の構造のリミットスイッチを併用する必要がある．

(3) 適切．カム形リミットスイッチ（図1.5-1参照）を用いた巻過防止装置は，巻上げドラムの回転によってカムを回転させリミットスイッチを稼働させるものであるが，ワイヤロープを交換したとき，スイッチの作動位置の再調整が必要である．

(4) 適切．同一ランウェイ（runway：走路）上に2台のクレーンが設置されている場合の衝突防止装置には，リミットスイッチ式，光波式及び超音波式のものがある．リミットスイッチ式衝突防止装置は，リミットスイッチをクレーンの相対する側のクレーン本体より長く突き出した腕に取り付け，衝突寸前で互いにスイッチを切り合い走行を停止させる（図1.5-4参照）．また，光波式及び超音波式については図1.5-8参照．

(5) 適切．天井クレーンなどでは，運転室からガーダへ上がる階段の途中にフートスイッチ（foot switch：足で踏んで電源を入れたり切ったりするスイッチ）を設け，点検などの際に階段を上がると主回路が開いて感電災害を防ぐようになっているものがある．

▶答（2）

問題7 【平成29年秋 問5】 

クレーンの安全装置などに関し，誤っているものは次のうちどれか．

(1) リミットスイッチ式衝突防止装置は，同一ランウェイの2台のクレーンの相対する側に腕を取り付け，これにより接近したときリミットスイッチを作動させ，衝突を防止するものである．

(2) 衝突時の衝撃力を緩和する装置には，ばね式又は油圧式の緩衝装置がある．

(3) レバー形リミットスイッチを用いた巻過防止装置は，ワイヤロープを交換したとき，スイッチの作動位置の再調整が不要である．

(4) レールクランプは，屋外に設置されたクレーンが作業中に突風などにより逸走することを防止する装置で，走行路の定められた係留位置で短冊状金具により固定して逸走を防止する．

(5) 走行レールの車輪止めの高さは，走行車輪の直径の2分の1以上とする．

解説 (1) 正しい．リミットスイッチ式衝突防止装置は，同一ランウェイの2台のクレーンの相対する側に腕を取り付け，これにより接近したときリミットスイッチを作動させ，衝突を防止するものである．図1.5-4参照．

(2) 正しい．衝突時の衝撃力を緩和する装置には，ばね式又は油圧式の緩衝装置がある．

(3) 正しい．レバー形リミットスイッチを用いた巻過防止装置（図1.5-3参照）は，直働式であるためワイヤロープを交換したとき，スイッチの作動位置の再調整が不要である．

(4) 誤り．レールクランプは，屋外に設置されたクレーンが作業中に突風などにより逸走することを防止する装置で，図1.5-10のように走行路の任意の位置で走行レールの頭部側面を挟むか，又は走行レールの頭部上面に押付けてその摩擦力で逸走を防止する．

(5) 正しい．走行レールの車輪止めの高さは，図1.5-11のように走行車輪の直径の2分の1以上とする．

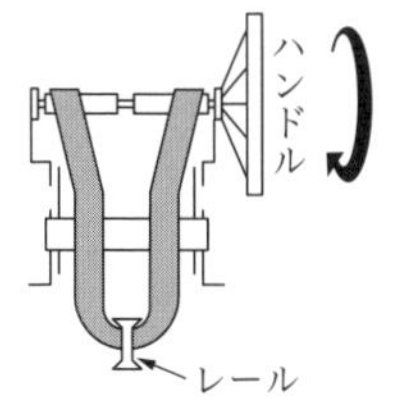

図 1.5-10　手動式レールクランプ

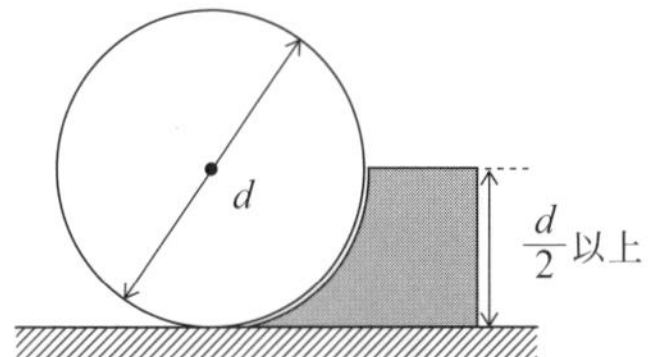

図 1.5-11　走行レールの車輪止め

▶答（4）

問題8　【平成29年春 問9】

クレーンの安全装置などに関し，正しいものは次のうちどれか．

(1) カム形リミットスイッチを用いた巻過防止装置は，フックブロックの上面によりカムを押し上げてリミットスイッチを作動させる方式である．

(2) レバー形リミットスイッチを用いた巻過防止装置は，巻上げ過ぎ及び巻下げ過ぎの両方の位置制限を1個のリミットスイッチで行うことができる．

(3) 同一ランウェイ上に2台のクレーンが設置されている場合の衝突防止装置には，リミットスイッチ式，光式及び超音波式のものがある．

(4) 直働式巻過防止装置のうち重錘（すい）形リミットスイッチ式のものは，ワイヤロープを交換した後の作動位置の再調整が必要である．

(5) クレーンのフックの外れ止め装置にはレバー式とウェイト式があるが，小型・中型のクレーンではウェイト式のものが多く使われている．

解説 (1) 誤り．カム形リミットスイッチ（図1.5-1参照）は，間接式で巻上用ドラムの回転に連動したカムの回転角によって接点レバーが回路を開閉する方式である．

(2) 誤り．レバー形リミットスイッチ（図1.5-3参照）は，直働式で巻上げ過ぎにおいてフックブロックの上面がリミットレバーを押し上げ，リミットスイッチの回路を開く方式である．巻下過ぎには適用されないので，巻下過ぎに対応するためには別の構造のリミットスイッチを併用する必要がある．

(3) 正しい．同一ランウェイ上に2台のクレーンが設置されている場合に用いられるリミットスイッチ式衝突防止装置は，クレーンの相対する側に設けられたリミットスイッチの作動により，クレーン同士が衝突する前に走行を停止させる．図1.5-4参照．

(4) 誤り．直働式巻過防止装置（図1.5-5参照）は，巻上用ワイヤロープを巻き過ぎると，ロープに沿ってつり下げられているおもり（ウェイト）がフックブロックの上面によって押し上げられ，レバーが傾いてリミットスイッチの回路を開き，電動機の回転を止める方式である．クレーンのワイヤロープを交換しても重錘をつるすワイヤロープの長さは交換しないため変化しないので，作動位置の再調整は不必要である．

(5) 誤り．クレーンのフックの外れ止め装置には，スプリング式（図1.5-6参照）とウェイト式（図1.5-7参照）があり，小型・中型のクレーンではスプリング式が多く使用されている．なお，レバー形と重錘形は直働式の巻き過ぎ防止装置に関係するものである．

▶答（3）

問題9　【平成28年秋 問10】

クレーンの運動とそれに対する安全装置などの組合せとして，誤っているものは次のうちどれか．

(1) 巻上げ……ねじ形リミットスイッチを用いた巻過防止装置
(2) 巻下げ……重錘（すい）形リミットスイッチを用いた巻過防止装置
(3) 走行………走行車輪直径の1/2以上の高さの車輪止め
(4) 横行………横行車輪直径の1/4以上の高さの車輪止め
(5) 起伏………傾斜角指示装置

解説 (1) 正しい．巻上げに対する安全装置に，ねじ形リミットスイッチを用いた巻過防止装置が使用される．なお，巻下げに対する安全装置でもある．図1.5-2参照．

(2) 誤り．重錘（すい）形リミットスイッチを用いた巻過防止装置（図1.5-5参照）は，巻上げに対する安全装置として使用される．この装置は，巻上用ワイヤロープを巻き過ぎると，ロープに沿ってつり下げられているおもり（ウェイト）がフックブロックの上面によって押し上げられ，レバーが傾いてリミットスイッチの回路を開き，電動機の回転を止める方式である．

(3) 正しい．走行は，走行車輪直径の1/2以上の高さの車輪止めを設置する．図1.5-11参照．

(4) 正しい．横行は，横行車輪直径の1/4以上の高さの車輪止めを設置する．図1.5-9参照．

(5) 正しい．起伏は，傾斜角指示装置を設置する．

▶答（2）

問題10

【平成28年春 問1】 

クレーンの巻過防止装置に関し，誤っているものは次のうちどれか．

(1) カム形リミットスイッチを用いた巻過防止装置は，フックブロックの上面によりレバーを押し上げてリミットスイッチを作動させる方式である．

(2) ねじ形リミットスイッチを用いた巻過防止装置は，巻上げ過ぎ及び巻下げ過ぎの両方の位置制限を1個のリミットスイッチで行うことができる．

(3) 重錘（すい）形リミットスイッチを用いた巻過防止装置には，電磁接触器の操作回路を開く操作回路式と，電動機の回路を直接開く動力回路式がある．

(4) 直働式以外の方式の巻過防止装置は，直働式に比べて停止精度が悪い．

(5) レバー形リミットスイッチを用いた巻過防止装置は，ワイヤロープを交換したとき，スイッチの作動位置の再調整が不要である．

解説 (1) 誤り．カム形リミットスイッチ（図1.5-1参照）を用いた巻過防止装置は，巻上ドラムの回転によってカムを回転させてリミットスイッチを働かせる間接式の方式である．フックブロックの上面によりレバーを押し上げてリミットスイッチを作動させる方式は，直働式で重錘形リミットスイッチ（図1.5-5参照）やレバー形リミットスイッチ（図1.5-3参照）の方式がある．

(2) 正しい．ねじ形リミットスイッチを用いた巻過防止装置（図1.5-2参照）は，間接式で巻上げ過ぎ及び巻下げ過ぎの両方の位置制限を1個のリミットスイッチで行うことができる．

(3) 正しい．重錘形リミットスイッチを用いた巻過防止装置には，電磁接触器の操作回路を開く操作回路式と，電動機の回路を直接開く動力回路式がある．

(4) 正しい．直働式以外の方式の巻過防止装置は，直働式に比べて停止精度が悪い．

(5) 正しい．レバー形リミットスイッチ（図1.5-3参照）を用いた巻過防止装置は，直働式であるためワイヤロープを交換したとき，スイッチの作動位置の再調整が不要である．

▶答 (1)

1.6 クレーンのブレーキ

問題1

【令和2年秋 問6】 

クレーンのブレーキに関する記述として，適切でないものは次のうちどれか．

(1) 電動油圧押上機ブレーキは，油圧により押上げ力を得て制動を行い，ばねの復元力によって制動力を解除する．

(2) バンドブレーキには，緩めたときにバンドが平均して緩むように，バンドの外周にすき間を調整するボルトが配置されている.

(3) 足踏み油圧式ディスクブレーキは，油圧シリンダ，ブレーキピストン及びこれらをつなぐ配管などに油漏れや空気の混入があると，制動力が生じなくなることがある.

(4) ドラム形電磁ブレーキは，ばねによりドラムの両側をシューで締め付けて制動し，電磁石に電流を通じることによって制動力を解除する.

(5) 電動油圧式ディスクブレーキは，ディスクの両面をばねなどで摩擦パッドを介して押し付けて制動するもので，制動力の開放は電動油圧により行う.

解説 (1) 不適切. 電動油圧押上機ブレーキ（油圧がかかるとレバーが押し上げられ両側のシューの間隔が広がり制動を開放）は，油圧により押上げ力を得てブレーキを掛ける制動を開放し，ばねの復元力によって制動を行う. 磁気ブレーキに比較して運転音は静かで制動時の衝撃は少ないが，止まるまでの時間が長い（図 1.6-1 参照）. なお，クレーンのブレーキは，安全のため稼動していないとき（電源が切れていることや休止していることなど）はブレーキが掛かっている状態になっている.

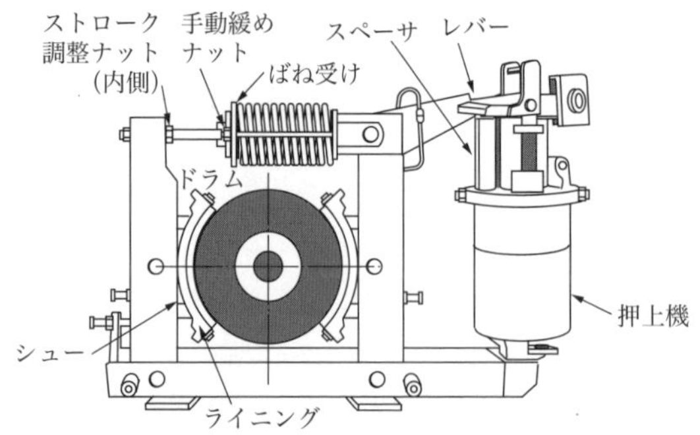

図 1.6-1　電動油圧式押上機ブレーキ

(2) 適切. バンドブレーキ（電磁石に電流を通すと，おもりが押し上げられバンドが緩む）には，緩めたときにバンドが平均して緩むように，バンドの外周にすき間を調整するボルトが配置されている. 図 1.6-2 参照.

(3) 適切. 足踏み油圧式ディスクブレーキ（図 1.6-3 参照）は，油圧シリンダ，ブレーキピストン及びこれらをつなぐ配管などに油漏れや空気の混入があると，制動力が生じなくなることがある.

(4) 適切. ドラム形電磁ブレーキ（図 1.6-4 参照）は，ばねによりドラムの両側をシュー（shoe：ドラム（円筒形の部品）などに押し付け，摩擦力によって制動を行う部品）で締め付けて制動し，電磁石に電流を通じることによって制動力を解除する．

(5) 適切．電動油圧式ディスクブレーキ（図1.6-5参照）は，ディスクの両面をばねなどで摩擦パッドを介して押し付けて制動するもので，制動力の開放は電動油圧により行う．

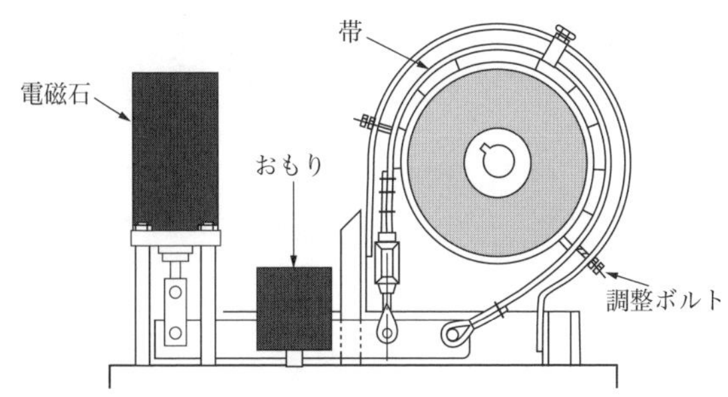

図1.6-2　電磁式バンドブレーキ
（出典：クレーン・デリック運転士教本，p73）

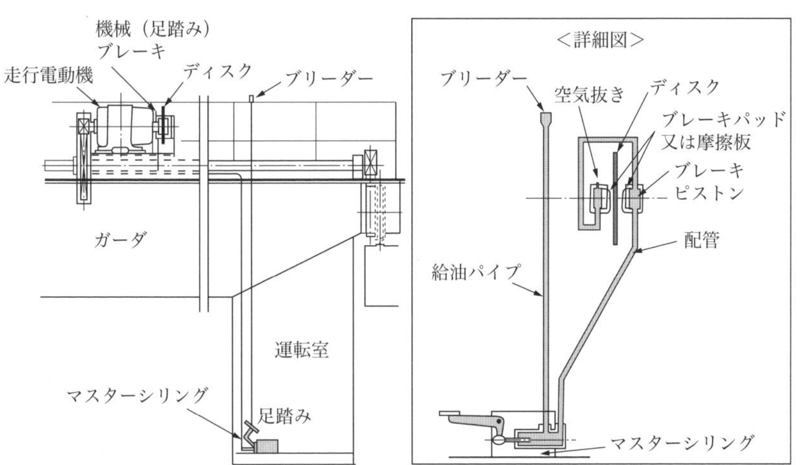

図1.6-3　足踏み油圧式ディスクブレーキ
（出典：クレーン・デリック運転士教本，p74）

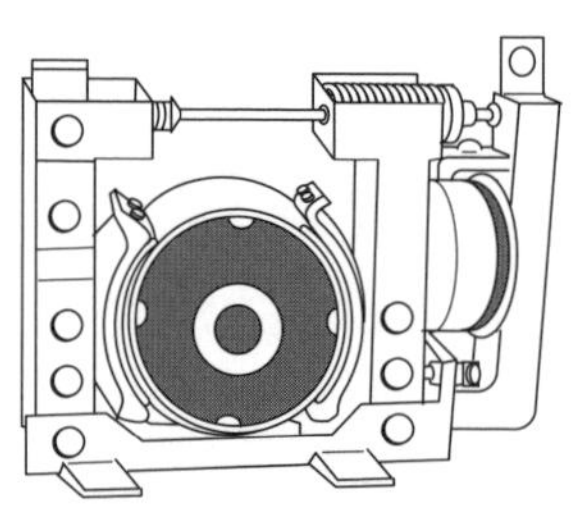

図 1.6-4　ドラム形電磁ブレーキ

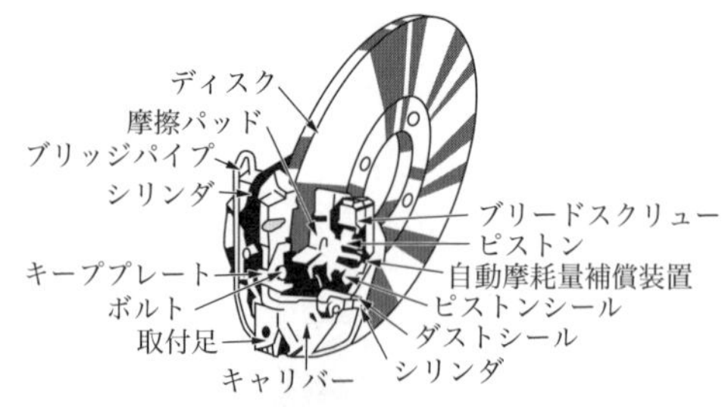

図 1.6-5　電動油圧式ディスクブレーキ

▶答（1）

問題 2　【令和 2 年春 問 2】

クレーンのブレーキに関する記述として，適切でないものは次のうちどれか.

(1) 足踏み油圧式ディスクブレーキは，運転室で操作する天井クレーンの走行用やジブクレーンの旋回用に用いられる.

(2) バンドブレーキには，緩めたときにバンドが平均して緩むように，バンドの外周にすき間を調整するボルトが配置されている.

(3) ドラム形電磁ブレーキは，電磁石，リンク機構及びばねにより構成されており，電磁石の励磁を交流で行うものを交流電磁ブレーキ，直流で行うものを直流電磁ブレーキという.

(4) 電動油圧式ディスクブレーキは，ディスクの両面を油圧などで摩擦パッドを介して押し付けて制動するもので，制動力の開放は電動油圧により行うが，ディスクが過熱しやすく，装置全体を小型化できない.

(5) 電動油圧押上機ブレーキは，ばねにより制動を行い，油圧によって押上げ力を得て制動力を解除する.

解説 (1) 適切．足踏み油圧式ディスクブレーキ（ブレーキディスクを電動機の軸端に取り付け運転室に設けた足踏み油圧シリンダを操作して制動するもの）は，運転室で操作する天井クレーンの走行用やジブクレーンの旋回用に用いられる．図 1.6-3 参照.

(2) 適切．バンドブレーキには，緩めたときにバンドが平均して緩むように，バンドの外周にすき間を調整するボルトが配置されている．図 1.6-2 参照.

(3) 適切．ドラム形電磁ブレーキ（図 1.6-4 参照）は，電磁石，リンク機構及びばねにより構成されており，電磁石の励磁を交流で行うものを交流電磁ブレーキ，直流で行うものを直流電磁ブレーキという．なお，電磁石に給電されていない場合は，ブレーキドラムの両側をシュー（shoe：ドラム（円筒形の部品）などに押し付け，摩擦力によって制動を行う部品）で締め付けて制動する.

(4) 不適切．電動油圧式ディスクブレーキは，ディスクの両面をばねなどで摩擦パッドを介して押し付けて制動するもので，制動力の開放は電動油圧により行うが，ディスクの冷却効果が大きいため過熱しにくく，装置全体を小型化できる．図 1.6-5 参照．

(5) 適切．電動油圧押上機ブレーキ（図 1.6-1 参照）は，ばねにより制動を行い，油圧によって押上げ力を得て制動力を解除する．

▶答 (4)

問題 3

【令和元年秋 問 6】

クレーンのブレーキに関する記述として，適切でないものは次のうちどれか．

(1) 足踏み油圧式ディスクブレーキは，運転室で操作する天井クレーンの走行用やジブクレーンの旋回用に用いられる．

(2) バンドブレーキには，緩めたときにバンドが平均して緩むように，バンドの外周にすき間を調整するボルトが配置されている．

(3) ドラム形電磁ブレーキは，電磁石，リンク機構及びばねにより構成されており，電磁石の励磁を交流で行うものを交流電磁ブレーキ，直流で行うものを直流電磁ブレーキという．

(4) 電動油圧式ディスクブレーキは，ディスクの両面を油圧などで摩擦パッドを介して押し付けて制動するもので，制動力の開放は電動油圧により行うが，ディスクが過熱しやすく，装置全体を小型化できない．

(5) 電動油圧押上機ブレーキは，ばねにより制動を行い，油圧によって押上げ力を得て制動力を解除する．

解説 (1) 適切．足踏み油圧式ディスクブレーキ（図 1.6-3 参照）は，運転室で操作する天井クレーンの走行用やジブクレーンの旋回用に用いられる．運転室に設けた足踏み油圧シリンダを操作することによって制動する．

(2) 適切．バンドブレーキ（図 1.6-2 参照）には，緩めたときにバンドが平均して緩むように，バンドの外周にすき間を調整するボルトが配置されている．電流を絶つとおもりによってバンドがブレーキドラムを締め付けて制動する．

(3) 適切．ドラム形電磁ブレーキ（図 1.6-4 参照）は，電磁石，リンク機構及びばねにより構成されており，電磁石の励磁を交流で行うものを交流電磁ブレーキ，直流で行うものを直流電磁ブレーキという．電磁石に給電されていない場合は，ブレーキドラムの両側にばねを使用してシュー（shoe）で締め付けて制動しているが，給電すると電磁石が制動力を解除する．

(4) 不適切．電動油圧式ディスクブレーキは，ディスクの両面をばねなどで摩擦パッドを介して押し付けて制動するもので，制動力の開放は電動油圧により行うが，ディスクの冷却効果が大きいため過熱しにくく，装置全体を小型化できる．図 1.6-5 参照．

(5) 適切．電動油圧押上機ブレーキ（図 1.6-1 参照）は，ばねにより制動を行い（ブレーキをかけること），油圧によって押上げ力を得て制動力を解除する． ▶答（4）

問題4 【令和元年春 問6】

クレーンのブレーキに関する記述として，適切でないものは次のうちどれか．

(1) 足踏み油圧式ディスクブレーキは，運転室に設けた足踏み油圧シリンダを操作することにより制御するもので，天井クレーンの走行用やジブクレーンの旋回用に用いられる．

(2) 電動油圧押上機ブレーキは，油圧により制動を行い，ばねによって制動力を解除する．

(3) ドラム形電磁ブレーキは，電磁石，リンク機構及びばねにより構成されており，電磁石の励磁を交流で行うものを交流電磁ブレーキ，直流で行うものを直流電磁ブレーキという．

(4) バンドブレーキには，緩めたときにバンドが平均して緩むように，バンドの外周にすき間を調整するボルトが配置されている．

(5) 巻上装置及び起伏装置のブレーキは，定格荷重に相当する荷重の荷をつった場合における当該装置のトルクの値の 1.5 倍の制動力を持つものでなければならない．

解説 (1) 適切．足踏み油圧式ディスクブレーキ（図 1.6-3 参照）は，運転室に設けた足踏み油圧シリンダを操作することにより制御するもので，天井クレーンの走行用やジブクレーンの旋回用に用いられる．

(2) 不適切．電動油圧押上機ブレーキ（図 1.6-1 参照）は，ばねにより制動（ブレーキを掛けること）を行い，油圧によって押上げ力を得て制動力を解除する．

(3) 適切．ドラム形電磁ブレーキ（図 1.6-4 参照）は，電磁石，リンク機構及びばねにより構成されており，電磁石の励磁を交流で行うものを交流電磁ブレーキ，直流で行うものを直流電磁ブレーキという．電磁石に給電されていない場合は，ブレーキドラムの両側にばねを使用してシュー（shoe）で締め付けて制動しているが，給電すると電磁石が制動力を解除する．

(4) 適切．バンドブレーキ（図 1.6-2 参照）には，緩めたときにバンドが平均して緩むように，バンドの外周にすき間を調整するボルトが配置されている．

(5) 適切．巻上装置及び起伏装置のブレーキは，定格荷重に相当する荷重の荷をつった場合における当該装置のトルクの値の 1.5 倍の制動力を持つものでなければならない．また，動力が遮断されたときに，ブレーキが自動的に働くことが定められている．クレーン構造規格第 17 条（つり上げ装置等のブレーキ）第 2 項第一号及び第三号参照．

▶答（2）

問題 5 【平成 30 年秋 問 6】

クレーンのブレーキに関する記述として，適切なものは次のうちどれか.

(1) 電動油圧押上機ブレーキは，油圧により押上げ力を得て制動を行い，ばねの復元力によって制動力を解除する.

(2) 電磁ディスクブレーキは，ディスクが過熱しやすく，装置全体を小型化しにくい.

(3) 電磁式バンドブレーキは，ブレーキドラムの周りにバンドを巻き付け，電磁石に電流を通じることにより締め付けて制動する.

(4) 足踏み油圧式ディスクブレーキは，油圧シリンダ，ブレーキピストン及びこれらをつなぐ配管などに油漏れや空気の混入があると，制動力が生じなくなることがある.

(5) 巻上装置及び起伏装置のブレーキは，定格荷重に相当する荷重の荷をつった場合における当該装置のトルクの値の 1.2 倍の制動力を持つものでなければならない.

解説 (1) 不適切. 電動油圧押上機ブレーキ（図 1.6-1 参照）は，油圧によって押上げ力を得て制動力を解除（かけたブレーキを緩めること）し，ばねの復元力によって制動（ブレーキをかけること）を行う. 記述が逆である.

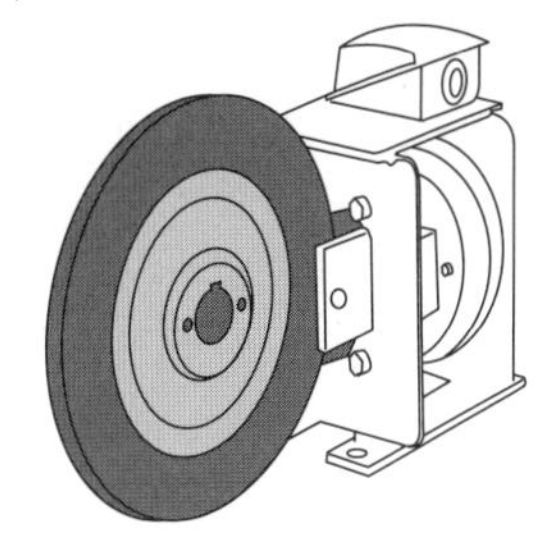

図 1.6-6 電磁式ディスクブレーキ

(2) 不適切. 電磁ディスクブレーキ（図 1.6-6 参照）は，ディスクの冷却効果がよいため装置全体を小型化しやすい.

(3) 不適切. 電磁式バンドブレーキ（図 1.6-2 参照）は，ブレーキドラムの周りにバンドを巻き付け，電磁石に電流を通じることにより錘（おもり）が押し上げられ締め付けが緩和され，電流を断つとおもりが下がることによってバンドがブレーキドラムを締め付けて制動する.

(4) 適切. 足踏み油圧式ディスクブレーキ（図 1.6-3 参照）は，ブレーキディスクを電動機の軸端に取り付け，運転室に設けた足踏み油圧シリンダを操作して制動する. 油圧シリンダ，ブレーキピストン及びこれらをつなぐ配管などに油漏れや空気の混入があると，制動力が生じなくなることがある.

(5) 不適切. 巻上装置及び起伏装置のブレーキは，定格荷重に相当する荷重の荷をつった場合における当該装置のトルクの値の 1.5 倍の制動力を持つものでなければならない. また，動力が遮断されたときに，ブレーキが自動的に働くことが定められている. クレーン構造規格第 17 条（つり上げ装置等のブレーキ）第 2 項第一号及び第三号参照.

▶答 (4)

問題6 【平成30年春 問5】

クレーンのブレーキに関する記述として，適切なものは次のうちどれか.

(1) 電磁バンドブレーキは，ブレーキドラムの周りにバンドを巻き付け，電磁石に電流を通じることにより締め付けて制動する.

(2) 電動油圧押上機ブレーキは，油圧により押上げ力を得て制動を行い，ばねの復元力によって制動力を解除する.

(3) 足踏み油圧式ディスクブレーキは，油圧シリンダ，ブレーキピストン，これらをつなぐ配管などに油漏れがあったり，空気が混入すると，制動力が生じなくなることがある.

(4) 巻上装置及び起伏装置のブレーキは，定格荷重に相当する荷重の荷をつった場合における当該装置のトルクの値の1.2倍の制動力を持つものでなければならない.

(5) バンドブレーキには，バンドを締め付けたときにバンドが平均して締まるように，バンドの外周にすき間を調整する摩擦パッドが配置されている.

解説 (1) 不適切. 電磁式バンドブレーキ（図1.6-2参照）は，ブレーキドラムの周りにバンドを巻き付け，電磁石に電流を通じることにより錘（おもり）が押し上げられ締め付けが緩和され，電流を断つとおもりが下がることによってバンドがブレーキドラムを締め付けて制動する.

(2) 不適切. 電動油圧押上機ブレーキ（図1.6-1参照）は，油圧によって押上げ力を得て制動力を解除（かけたブレーキを緩めること）し，ばねの復元力によって制動（ブレーキをかけること）を行う. 記述が逆である.

(3) 適切. 足踏み油圧式ディスクブレーキ（図1.6-3参照）は，油圧シリンダ，ブレーキピストン，これらをつなぐ配管などに油漏れがあったり，空気が混入すると，制動力が生じなくなることがある.

(4) 不適切. 巻上装置及び起伏装置のブレーキは，定格荷重に相当する荷重の荷をつった場合における当該装置のトルクの値の1.5倍の制動力を持つものでなければならない. また，動力が遮断されたときに，ブレーキが自動的に働くことが定められている. クレーン構造規格第17条（つり上げ装置等のブレーキ）第2項第一号及び第三号参照.

(5) 不適切. バンドブレーキ（図1.6-2参照）には，緩めたときにバンドが平均して緩むように，バンドの外周にすき間を調整するボルトが配置されている. ▶答 (3)

問題7 【平成29年秋 問6】

クレーンのブレーキに関する記述として，適切なものは次のうちどれか.

(1) 電磁バンドブレーキは，ブレーキドラムの周りにバンドを巻き付け，電磁石に電流を通じることにより締め付けて制動する.

(2) 電動油圧押上機ブレーキは，油圧により押上げ力を得て制動を行い，ばねの復元力によって制動力を解除する.
(3) 足踏み油圧式ディスクブレーキは，油圧シリンダ，ブレーキピストン，これらをつなぐ配管などに油漏れがあったり，空気が混入すると，制動力が生じなくなることがある.
(4) 巻上装置及び起伏装置のブレーキは，定格荷重に相当する荷重の荷をつった場合における当該装置のトルクの値の1.2倍の制動力を持つものでなければならない.
(5) バンドブレーキには，バンドを締め付けたときにバンドが平均して締まるように，バンドの外周にすき間を調整する摩擦パッドが配置されている.

解説 (1) 不適切．電磁バンドブレーキ（図1.6-2参照）は，ブレーキドラムの周りにバンドを巻き付け，電磁石に電流を通じないとき，ばねによって締め付けて制動する．電流を通じると，ブレーキの締め付けが緩む.

(2) 不適切．電動油圧押上機ブレーキ（図1.6-1参照）は，油圧により押上げ力を得て制動力を解除（ブレーキを緩めること）し，ばねの復元力によって制動（ブレーキをかけること）を行う.

(3) 適切．足踏み油圧式ディスクブレーキ（図1.6-3参照）は，油圧シリンダ，ブレーキピストン，これらをつなぐ配管などに油漏れがあったり，空気が混入すると，制動力が生じなくなることがある．なお，このブレーキは，運転室で操作する天井クレーンの走行用，ジブクレーンの旋回用として使用される.

(4) 不適切．巻上装置及び起伏装置のブレーキは，定格荷重に相当する荷重の荷をつった場合における当該装置のトルクの値の1.5倍の制動力を持つものでなければならない．また，動力が遮断されたときに，ブレーキが自動的に働くことが定められている．クレーン構造規格第17条（つり上げ装置等のブレーキ）第2項第一号及び第三号参照.

(5) 不適切．バンドブレーキには，緩めたときにバンドが平均して緩むように，バンドの外周にすき間を調整するボルトが配置されている．図1.6-2参照. ▶答 (3)

問題8 【平成29年春 問6】

クレーンのブレーキに関し，誤っているものは次のうちどれか.
(1) 足踏み油圧式ディスクブレーキは，運転室に設けた足踏み油圧シリンダを操作することにより制御するもので，天井クレーンの走行用やジブクレーンの旋回用に用いられる.
(2) 電動油圧押上機ブレーキは，油圧により制動を行い，ばねによって制動力を解除する.
(3) ドラム形電磁ブレーキは，電磁石，リンク機構，ばね，ブレーキシューなどで構成されている.
(4) 電磁ディスクブレーキは，小型にできることからホイストの巻上装置などに多く用いられる.
(5) ドラムブレーキでは，ブレーキライニングが摩耗し過ぎると，ブレーキドラムを傷つけたり，ブレーキの調整ができなくなったりする.

解説 (1) 正しい．足踏み油圧式ディスクブレーキ（図 1.6-3 参照）は，運転室に設けた足踏み油圧シリンダを操作することにより制御するもので，天井クレーンの走行用やジブクレーンの旋回用に用いられる.

(2) 誤り．電動油圧押上機ブレーキ（図 1.6-1 参照）は，ばねにより制動（ブレーキを掛けること）を行い，油圧によって押上げ力を得て制動力を解除する.

(3) 正しい．ドラム形電磁ブレーキ（図 1.6-4 参照）は，電磁石，リンク機構及びばねにより構成されており，電磁石の励磁を交流で行うものを交流電磁ブレーキ，直流で行うものを直流電磁ブレーキという．電磁石に給電されていない場合は，ブレーキドラムの両側にばねを使用してシュー（shoe）で締め付けて制動しているが，給電すると電磁石が制動力を解除する.

(4) 正しい．電磁ディスクブレーキ（図 1.6-6 参照）は，ディスクの冷却効果がよいため装置全体を小型化できることからホイストの巻上装置などに多く用いられる.

(5) 正しい．ドラムブレーキでは，ブレーキライニングが摩耗し過ぎると，ブレーキドラムを傷つけたり，ブレーキの調整ができなくなったりする.

▶答 (2)

問題 9 【平成 28 年秋 問 6】

クレーンのブレーキに関し，誤っているものは次のうちどれか.

(1) 電動油圧押上機ブレーキは，制動時の衝撃が少なく，横行用や走行用に多く用いられる.
(2) 電磁ディスクブレーキは，ディスクが過熱しやすく，装置全体を小型化しにくい.
(3) 電動油圧式ディスクブレーキは，ばねによりディスクをパッドで締め付けて制動し，油圧によって制動力を解除する.
(4) ドラム形電磁ブレーキは，電磁石，リンク機構，ばね，ブレーキシューなどで構成されている.
(5) バンドブレーキは，ブレーキドラムの周りにバンドを巻き付け，バンドを締め付けて制動する構造である.

解説 (1) 正しい．電動油圧押上機ブレーキ（図 1.6-1 参照）は，制動時の衝撃が少なく，横行用や走行用に多く用いられる.

(2) 誤り．電磁ディスクブレーキ（図 1.6-6 参照）は，ディスクの冷却効果がよいため装置全体を小型化できることからホイストの巻上装置などに多く用いられる．

(3) 正しい．電動油圧式ディスクブレーキは，ばねによりディスクをパッドで締め付けて制動し，油圧によって制動力を解除する．図 1.6-5 参照．

(4) 正しい．ドラム形電磁ブレーキは，電磁石，リンク機構，ばね，ブレーキシューなどで構成されている．図 1.6-4 参照．

(5) 正しい．バンドブレーキは，ブレーキドラムの周りにバンドを巻き付け，バンドを締め付けて制動する構造である．図 1.6-2 参照．

▶答（2）

問題 10

【平成 28 年春 問 4】

クレーンのブレーキに関し，誤っているものは次のうちどれか．

(1) 電動油圧押上機ブレーキは，制動時の衝撃が少なく，横行用や走行用に多く用いられる．

(2) 電磁ディスクブレーキは，ディスクが過熱しやすく，装置全体を小型化しにくい．

(3) 電動油圧式ディスクブレーキは，ばねによりディスクをパッドで締め付けて制動し，油圧によって制動力を解除する．

(4) ドラム形電磁ブレーキは，電磁石，リンク機構，ばね，ブレーキシューなどで構成されている．

(5) バンドブレーキは，ブレーキドラムの周りにバンドを巻き付け，バンドを締め付けて制動する構造である．

解説 (1) 正しい．電動油圧押上機ブレーキ（図 1.6-1 参照）は，制動時の衝撃が少なく，横行用や走行用に多く用いられる．

(2) 誤り．電磁ディスクブレーキ（図 1.6-6 参照）は，ディスクの冷却効果がよいため装置全体を小型化しやすい．

(3) 正しい．電動油圧式ディスクブレーキ（図 1.6-5 参照）は，ばねによりディスクをパッドで締め付けて制動し，油圧によって制動力を解除する．

(4) 正しい．ドラム形電磁ブレーキ（図 1.6-4 参照）は，電磁石，リンク機構，ばね，ブレーキシューなどで構成されている．なお，ブレーキシューとは，ブレーキライニング（摩擦材の部分のみをいう）を貼り付けた部分を含めた部品全体をいう．

(5) 正しい．バンドブレーキ（図 1.6-2 参照）は，ブレーキドラムの周りにバンドを巻き付け，バンドを締め付けて制動する構造である．

▶答（2）

1.7 クレーンの給油及び点検

題1 【令和2年秋 問7】 

クレーンの給油及び点検に関する記述として，適切なものは次のうちどれか.

(1) ワイヤロープの点検で直径を測定する場合は，フックブロックのシーブを通過する頻度が高い部分を避け，エコライザシーブの下方1m程度の位置で行う.

(2) 潤滑油としてギヤ油を用いた減速機箱は，箱内が密封されているので，油の交換は不要である.

(3) 軸受へのグリースの給油は，転がり軸受では毎日1回程度，平軸受（滑り軸受）では6か月に1回程度行う.

(4) ワイヤロープには，ロープ専用のマシン油を塗布する.

(5) 給油装置は，配管の穴あき，詰まりなどにより給油されないことがあるので，給油部分から古い油が押し出されていることなどの状態により，新油が給油されていることを確認する.

解説 (1) 不適切．エコライザシーブの下方1m程度の位置で行う．ワイヤロープの点検で直径を測定する場合は，フックブロックのシーブ（ワイヤロープの案内用として用いられる滑車）を通過する頻度が高い部分やエコライザシーブ（Equalizer Sheave：ドラムにバランスよくワイヤロープを巻くための滑車）の周辺などを重点的に行う．図1.3-9参照.

(2) 不適切．潤滑油としてギヤ油を用いた減速機箱は，箱内が密封されていても，油の交換は適切な時期（半年に一回程度）に必要である.

(3) 不適切．軸受へのグリースの給油は，平軸受（滑り軸受）では毎日1回程度，転がり軸受では6か月に1回程度行う．記述が逆である.

(4) 不適切．ワイヤロープには，ロープ専用のグリース油を塗布する．マシン油は誤り.

(5) 適切．給油装置は，配管の穴あき，詰まりなどにより給油されないことがあるので，給油部分から古い油が押し出されていることなどの状態により，新油が給油されていることを確認する.

▶答 (5)

問題2 【令和2年春 問7】 

クレーンの給油及び点検に関する記述として，適切でないものは次のうちどれか.

(1) グリースカップ式の給油方法は，グリースカップから一定の圧力で自動的にグリースが圧送されるので，給油の手間がかからない.

(2) 減速機箱の油浴式給油装置の油が白く濁っている場合は，水分が多く混入しているおそれがある.

(3) ワイヤロープは，シーブ通過により繰り返し曲げを受ける部分，ロープ端部の取付け部分などに重点を置いて点検する.

(4) 給油装置は，配管の穴あき，詰まりなどにより給油されないことがあるので，給油部分から古い油が押し出されている状態などにより，新油が給油されていることを確認する.

(5) 軸受へのグリースの給油は，平軸受（滑り軸受）では毎日1回程度，転がり軸受では6か月に1回程度の間隔で行う.

解説 (1) 不適切．グリースカップ式の給油方法は，グリースカップから人力で軸受部などに給油するもので給油の手間がかかる．図1.7-1参照．

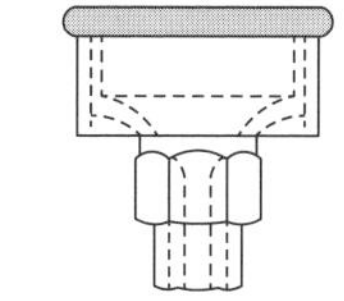

図1.7-1 グリースカップ

(2) 適切．減速機箱の油浴式給油装置の油が白く濁っている場合は，水分が多く混入しているおそれがある．

(3) 適切．ワイヤロープは，シーブ（sheave：ワイヤロープの案内用として用いる滑車）通過により繰り返し曲げを受ける部分，ロープ端部の取付け部分などに重点を置いて点検する．

(4) 適切．給油装置は，配管の穴あき，詰まりなどにより給油されないことがあるので，給油部分から古い油が押し出されている状態などにより，新油が給油されていることを確認する．

(5) 適切．軸受へのグリースの給油は，平軸受（滑り軸受）では毎日1回程度，転がり軸受では6か月に1回程度の間隔で行う．

▶答 (1)

問題3 【令和元年秋 問5】

クレーンの給油及び点検に関する記述として，適切なものは次のうちどれか.

(1) ワイヤロープの点検で直径を測定する場合は，フックブロックのシーブを通過する頻度が高い部分を避け，エコライザシーブの下方1m程度の位置で行う.

(2) 潤滑油としてギヤ油を用いた減速機箱は，箱内が密封されているので，油の交換は不要である.

(3) 軸受へのグリースの給油は，転がり軸受では毎日1回程度，平軸受（滑り軸受）では6か月に1回程度行う.

(4) ワイヤロープには，ロープ専用のマシン油を塗布する.

(5) 給油装置は，配管の穴あき，詰まりなどにより給油されないことがあるので，給油部分から古い油が押し出されていることなどの状態により，新油が給油されていることを確認する.

解説 (1) 不適切．エコライザシーブの下方1m程度の位置で行う．ワイヤロープの点検で直径を測定する場合は，フックブロックのシーブ（ワイヤロープの案内用として用いられる滑車）を通過する頻度が高い部分やエコライザシーブ（Equalizer Sheave：ドラムにバランスよくワイヤロープを巻くための滑車）の周辺などを重点的に行う．図1.3-9参照．

(2) 不適切．潤滑油としてギヤ油を用いた減速機箱は，箱内が密封されていても，油の交換は適切な時期（6か月に1回程度）に必要である．

(3) 不適切．軸受へのグリースの給油は，平軸受（滑り軸受）では毎日1回程度，転がり軸受では6か月に1回程度行う．記述が逆である．

(4) 不適切．ワイヤロープには，ロープ専用のグリース油を塗布する．マシン油は誤り．

(5) 適切．給油装置は，配管の穴あき，詰まりなどにより給油されないことがあるので，給油部分から古い油が押し出されていることなどの状態により，新油が給油されていることを確認する．

▶答 (5)

問題4 【令和元年春 問7】

クレーンの給油及び点検に関する記述として，適切なものは次のうちどれか．

(1) グリースカップ式の給油方法は，グリースカップから一定の圧力で自動的にグリースが圧送されるので，給油の手間がかからない．

(2) 潤滑油としてギヤ油を用いた減速機箱は，箱内が密封されているので，油の交換は不要である．

(3) ワイヤロープの点検で直径を測定する場合は，フックブロックのシーブを通過する頻度が高い部分を避け，エコライザシーブの下方1m程度の位置で行う．

(4) 軸受へのグリースの給油は，平軸受（滑り軸受）では毎日1回程度，転がり軸受では6か月に1回程度の間隔で行う．

(5) ワイヤロープの心綱には，素線の摩耗を防ぐために油を含ませてあるが，長時間使用しているうちに油が絞り出されて少なくなり素線の摩耗が増加するので，適宜，ロープ専用のマシン油を塗布し補給する．

解説 (1) 不適切．グリースカップ式の給油方法は，グリースカップから人力で軸受部などに給油するもので給油の手間がかかる．図1.7-1参照．

(2) 不適切．潤滑油としてギヤ油を用いた減速機箱は，箱内が密封されていても，油の交換は適切な時期（6か月に1回程度）に必要である．

(3) 不適切．ワイヤロープの点検で直径を測定する場合は，フックブロックのシーブ（ワイヤロープの案内用として用いられる滑車）を通過する頻度が高い部分やエコライザシーブ（Equalizer Sheave：ドラムにバランスよくワイヤロープを巻くための滑車）

の周辺などを重点に行う．図 1.3-9 参照．

(4) 適切．軸受へのグリースの給油は，平軸受（滑り軸受）では毎日 1 回程度，転がり軸受では 6 か月に 1 回程度の間隔で行う．

(5) 不適切．ワイヤロープの心綱には，素線の摩耗を防ぐために油を含ませてあるが，長時間使用しているうちに油が絞り出されて少なくなり素線の摩耗が増加するので，適宜，ロープ専用のグリース油を塗布する．マシン油は誤り． ▶答 (4)

問題 5 【平成 30 年秋 問 7】

クレーンの給油及び点検に関する記述として，適切なものは次のうちどれか．

(1) ワイヤロープの点検で直径を測定する場合は，フックブロックのシーブを通過する頻度が高い部分を避け，エコライザシーブの下方 1 m 程度の位置で行う．

(2) 潤滑油としてギヤ油を用いた減速機箱は，箱内が密封されているので，油の交換は不要である．

(3) 軸受へのグリースの給油は，転がり軸受では毎日 1 回程度，平軸受（滑り軸受）では 6 か月に 1 回程度行う．

(4) ワイヤロープには，ロープ専用のマシン油を塗布する．

(5) 給油装置は，配管の穴あき，詰まりなどにより給油されないことがあるので，給油部分から古い油が押し出されていることなどの状態により，新油が給油されていることを確認する．

解説 (1) 不適切．ワイヤロープの点検で直径を測定する場合は，フックブロックのシーブ（ワイヤロープの案内用として用いられる滑車）を通過する頻度が高い部分やエコライザシーブ（Equalizer Sheave：ドラムにバランスよくワイヤロープを巻くための滑車）の周辺などを重点的に行う．図 1.3-9 参照．

(2) 不適切．潤滑油としてギヤ油を用いた減速機箱は，箱内が密封されていても，油の交換は適切な時期（6 か月に 1 回程度）に必要である．

(3) 不適切．軸受へのグリースの給油は，平軸受（滑り軸受）では毎日 1 回程度，転がり軸受では 6 か月に 1 回程度行う．記述が逆である．

(4) 不適切．ワイヤロープには，ロープ専用のグリース油を塗布する．マシン油は誤り．

(5) 適切．給油装置は，配管の穴あき，詰まりなどにより給油されないことがあるので，給油部分から古い油が押し出されていることなどの状態により，新油が給油されていることを確認する． ▶答 (5)

問題 6 【平成 30 年春 問 7】

クレーンの給油及び点検に関する記述として，適切なものは次のうちどれか．

(1) ワイヤロープの点検で直径を測定する場合は，フックブロックのシーブを通過する頻度が高い部分を避け，エコライザシーブの下方1m程度の位置で行う.
(2) 集中給油式は，ポンプから給油管，分配管及び分配弁を通じて，各給油箇所に一定量の給油を行う.
(3) 潤滑油としてギヤ油を用いた減速機箱は，箱内が密封されているので油の交換は不要である.
(4) 軸受へのグリースの給油は，転がり軸受では毎日1回程度，平軸受（滑り軸受）では6か月に1回程度行う.
(5) ワイヤロープには，ロープ専用のギヤ油を塗布する.

解説 (1) 不適切．ワイヤロープの点検で直径を測定する場合は，フックブロックのシーブ（ワイヤロープの案内用として用いられる滑車）を通過する頻度が高い部分やエコライザシーブ（Equalizer Sheave：ドラムにバランスよくワイヤロープを巻くための滑車）の周辺などを重点に行う．図1.3-9参照.

(2) 適切．集中給油式は，ポンプから給油管，分配管及び分配弁を通じて，各給油箇所に一定量の給油を行う.

(3) 不適切．潤滑油としてギヤ油を用いた減速機箱は，箱内が密封されていても，油の交換は適切な時期（6か月に1回程度）に必要である.

(4) 不適切．軸受へのグリースの給油は，平軸受（滑り軸受）では毎日1回程度，転がり軸受では6か月に1回程度行う．記述が逆である.

(5) 不適切．ワイヤロープには，ロープ専用のグリース油を塗布する．ギヤ油は誤り.

▶答（2）

問題7 【平成29年秋 問7】

クレーンの給油及び点検に関する記述として，適切なものは次のうちどれか.

(1) ワイヤロープの点検で直径を測定する場合は，フックブロックのシーブを通過する頻度が高い部分を避け，エコライザシーブの下方1m程度の位置で行う.
(2) 集中給油式は，ポンプから給油管，分配管及び分配弁を通じて，各給油箇所に一定量の給油を行う.
(3) 潤滑油としてギヤ油を用いた減速機箱は，箱内が密封されているので油の交換は不要である.
(4) 軸受にグリースを給油する間隔は，転がり軸受では毎日1回程度，平軸受（滑り軸受）では6か月に1回程度を目安とする.
(5) ワイヤロープには，ロープ専用のギヤ油を塗布する.

解説 (1) 不適切．エコライザシーブの下方1m程度の位置で行う．ワイヤロープの点検で直径を測定する場合は，フックブロックのシーブ（ワイヤロープの案内用として用いられる滑車）を通過する頻度が高い部分やエコライザシーブ（Equalizer Sheave：ドラムにバランスよくワイヤロープを巻くための滑車）の周辺などを重点に行う．図1.3-9参照．

(2) 適切．集中給油式は，ポンプから給油管，分配管及び分配弁を通じて，各給油箇所に一定量の給油を行う．

(3) 不適切．潤滑油としてギヤ油を用いた減速機箱は，箱内が密封されていても，油の交換は適切な時期（6か月に1回程度）に必要である．

(4) 不適切．軸受にグリースを給油する間隔は，平軸受（滑り軸受）では毎日1回程度，転がり軸受では6か月に1回程度行う．記述が逆である．

(5) 不適切．ワイヤロープには，ロープ専用のグリース油を塗布する．ギヤ油は誤り．

▶答 (2)

問題8 【平成29年春 問7】

クレーンの給油及び点検の記述に関し，適切でないものは次のうちどれか．

(1) 減速機箱の油浴式給油装置の油が白く濁っている場合は，水分が多く混入しているおそれがある．

(2) ワイヤロープは，シーブ通過により繰り返し曲げを受ける部分，ロープ端部の取付け部分などに重点を置いて点検する．

(3) 軸受にグリースを給油する間隔は，平軸受（滑り軸受）では毎日1回程度，転がり軸受では6か月に1回程度を目安とする．

(4) ワイヤロープには，ロープ専用のグリースを塗布する．

(5) グリースカップ式の給油方法は，グリースカップから一定の圧力で自動的にグリースが圧送されるので，給油の手間がかからない．

解説 (1) 適切．減速機箱の油浴式給油装置の油が白く濁っている場合は，水分が多く混入しているおそれがある．

(2) 適切．ワイヤロープは，シーブ（sheave：ワイヤロープの案内用として用いる滑車）通過により繰り返し曲げを受ける部分，ロープ端部の取付け部分などに重点を置いて点検する．図1.3-9及び図1.3-11参照．

(3) 適切．軸受にグリースを給油する間隔は，平軸受（滑り軸受）では毎日1回程度，転がり軸受では6か月に1回程度を目安とする．

(4) 適切．ワイヤロープには，ロープ専用のグリースを塗布する．

(5) 不適切．グリースカップ式の給油方法は，グリースカップから人力で軸受部などに

給油するもので給油の手間がかかる．図 1.7-1 参照．　▶答（5）

問題 9　【平成 28 年秋 問 5】

クレーンの給油及び点検に関し，誤っているものは次のうちどれか．

（1）集中給油式給油装置の給油状態は，給油部分から押し出された古い油の状態などで確認する．

（2）軸受にグリースを給油する間隔は，転がり軸受では毎日 1 回程度，平軸受（滑り軸受）では 6 か月に 1 回程度を目安とする．

（3）減速機箱の油浴式給油装置の油が白く濁っている場合は，水分が多く混入している．

（4）ワイヤロープは，シーブ通過による繰り返し曲げを受ける部分，ロープ端部の取付け部分などに重点をおいて点検する．

（5）ワイヤロープには，ロープ専用のグリースを塗布する．

解説（1）正しい．集中給油式給油装置の給油状態は，給油部分から押し出された古い油の状態などで確認する．

（2）誤り．軸受へのグリースの給油は，転がり軸受では 6 か月に 1 回程度，平軸受（滑り軸受）では毎日 1 回程度行う．記述が逆である．

（3）正しい．減速機箱の油浴式給油装置の油が白く濁っている場合は，水分が多く混入している．

（4）正しい．ワイヤロープは，シーブ通過による繰り返し曲げを受ける部分，ロープ端部の取付け部分などに重点をおいて点検する．

（5）正しい．ワイヤロープには，ロープ専用のグリースを塗布する．　▶答（2）

問題 10　【平成 28 年春 問 2】

クレーンの給油及び点検に関し，誤っているものは次のうちどれか．

（1）グリースの給油方法には，グリースカップ式，グリースガン式，集中給油式などがある．

（2）クレーンに使用する潤滑油には，グリースやギヤ油があり，軸受部にはギヤ油が用いられる．

（3）ワイヤロープは，シーブ通過による繰り返し曲げを受ける部分，ロープ端部の取付け部分などに重点をおいて点検する．

（4）ワイヤロープには，摩耗や腐食を防ぐため，ロープ専用のグリースを塗付する．

（5）集中給油式は，手動又は電動ポンプから給油管，分配管，分配弁を通じて各軸受に一定量の給油を行う．

解説 (1) 正しい．グリースの給油方法には，グリースカップ式，グリースガン式，集中給油式などがある．

(2) 誤り．クレーンに使用する潤滑油には，グリースやギヤ油があり，軸受部にはグリースが用いられる．

(3) 正しい．ワイヤロープは，シーブ通過による繰り返し曲げを受ける部分，ロープ端部の取付け部分などに重点をおいて点検する．

(4) 正しい．ワイヤロープには，摩耗や腐食を防ぐため，ロープ専用のグリースを塗付する．

(5) 正しい．集中給油式は，手動又は電動ポンプから給油管，分配管，分配弁を通じて各軸受に一定量の給油を行う．

▶答 (2)

1.8 クレーンの種類，型式及び用途

問題1 【令和2年秋 問8】 

クレーンの種類，型式及び用途に関する記述として，適切でないものは次のうちどれか．

(1) 橋形クレーンは，クレーンガーダに脚部を設けたクレーンで，一般に，地上又は床上に設けたレール上を移動するが，作業範囲を広げるためクレーンガーダにスイングレバーと呼ばれる張出し部を設け，走行レールの外側につり荷が移動できるようにしたものもある．

(2) スタッカー式クレーンは，直立したガイドフレームに沿って上下するフォークなどを有するクレーンで，昇降（荷の上下），走行などの運動により，倉庫の棚などの荷の出し入れを行う．

(3) クライミング式ジブクレーンのクライミング方法には，マストクライミング方式とフロアークライミング方式がある．

(4) レードルクレーンは，製鋼関係の工場で用いられる特殊な構造の天井クレーンである．

(5) テルハは，通常，工場，倉庫などの天井に取り付けられたレールであるI形鋼の下フランジに，電気ホイスト又は電動チェーンブロックをつり下げたクレーンで，荷の巻上げ，巻下げとレールに沿った横行のみを行う．

解説 (1) 不適切．橋形クレーンは，クレーンガーダに脚部を設けたクレーンで，一般に，地上又は床上に設けたレール上を移動するが，作業範囲を広げるためクレーン

ガーダにカンチレバー（1.2 節の図 1.2-9 参照）と呼ばれる張出し部を設け，走行レールの外側につり荷が移動できるようにしたものもある．なお，スイングレバーは，引込みクレーン（つり荷を上下なしで水平に移動するクレーン）に設置されるもので，旋回体上部にジブと連動スイングレバーを設け，起伏のときスイングレバーが回転することで，ワイヤロープが繰り出されて荷はほぼ水平移動する．図 1.8-1 参照．

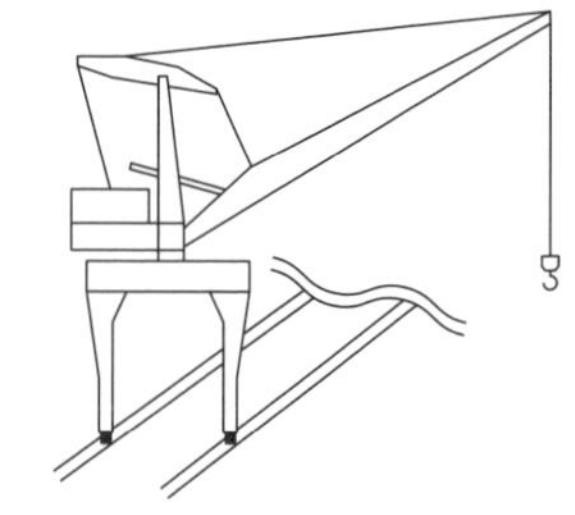

図 1.8-1　スイングレバー式引込みクレーン

(2) 適切．スタッカー式クレーンは，直立したガイドフレームに沿って上下するフォークなどを有するクレーンで，昇降（荷の上下），走行などの運動により，倉庫の棚などの荷の出し入れを行う（図 1.8-2 参照）．なお，スタッカー（stacker）とは，積み上げる装置をいう．

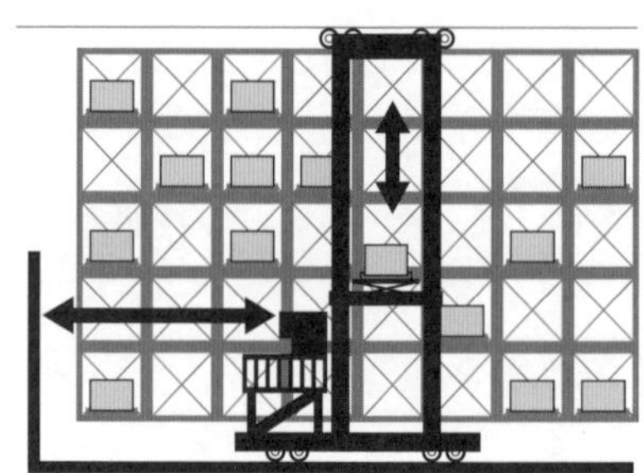

図 1.8-2　荷昇降式床上型スタッカー式クレーン

(3) 適切．クライミング式ジブクレーンのクライミング方法には，マストクライミング方式（図 1.8-3 参照：マストを継ぎ足して旋回体をせり上げる方式）とフロアークライミング方式（一定の長さのマストを工事の進捗に伴い引き上げ躯体を固定し次に旋回体を最上部まで引き上げる方式）がある．

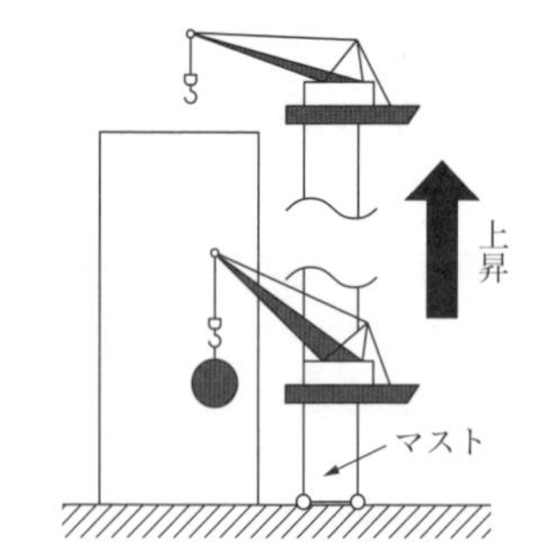

図 1.8-3　マストクライミング式ジブクレーン

(4) 適切．レードルクレーン（ladle crane：溶鉱炉より送られてきた溶銑鍋を転炉内に流し込むクレーン）は，製鋼関係の工場で用いられる特殊な構造の天井クレーンである．なお，レードル（ladle）とは高温で溶けた鉄を入れる大鍋である．図 1.8-4 参照．

(5) 適切．テルハ（telpher）は，通常，工場，倉庫などの天井に取り付けられたレールである I 形鋼の下フランジ（図 1.8-5 参照）に，電気ホイスト又は電動チェーンブロック（チェーンで巻き取る方式）をつり下げたクレーンで，荷の巻上げ，巻下げとレールに沿った横行のみを行う．図 1.8-6 参照．

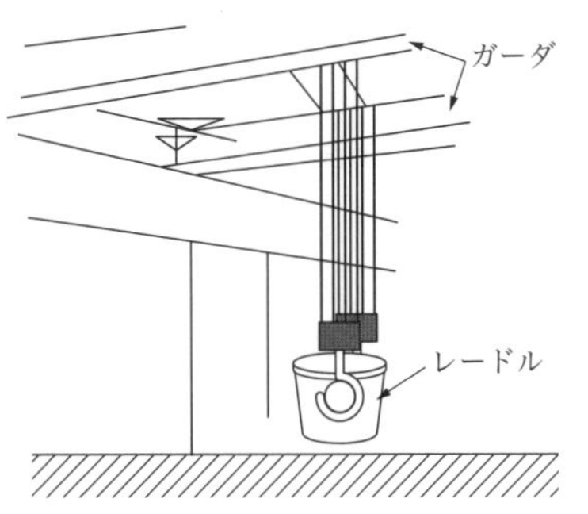

図 1.8-4　レードルクレーン

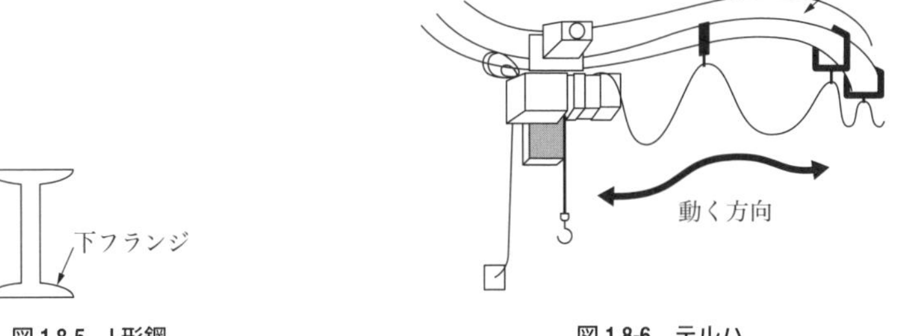

図 1.8-5　I 形鋼

図 1.8-6　テルハ

▶答（1）

問題 2

【令和 2 年春 問 8】 

クレーンの種類，型式及び用途に関する記述として，適切でないものは次のうちどれか．

(1) クライミング式ジブクレーンのクライミング方法には，マストクライミング方式とフロアークライミング方式がある．

(2) 埠頭などにおいて陸揚げされたコンテナの運搬に使用される橋形クレーンには，タイヤ付きのものがある．

(3) ポスト形ジブクレーンは，固定された柱の周りをジブが旋回する簡単なもので，傾斜ジブを備えジブが起伏するものや，水平ジブに沿ってトロリが横行するものがある．

(4) レードルクレーンは，主に造船所で使用される特殊な構造のクレーンで，ジブの水平引込みができる．

(5) 建屋の天井に取り付けられたレールから懸垂されて走行する天井クレーンは，クレーンガーダを走行レールスパンの外側へオーバーハングさせることができるので，作業範囲を大きくできる特長がある．

解説 (1) 適切．クライミング式ジブクレーンのクライミング（climbing：よじ登ること）方法には，マストクライミング方式（図 1.8-3 参照：マストを継ぎ足して旋回体をせり上げる方式）とフロアークライミング方式（一定の長さのマストを工事の進捗に伴い引き上げ躯体を固定し次に旋回体を最上部まで引き上げる方式）がある．

(2) 適切．埠（ふ）頭などにおいて陸揚げされたコンテナの運搬に使用される橋形クレーンには，タイヤ付きのものがある．図 1.8-7 参照．

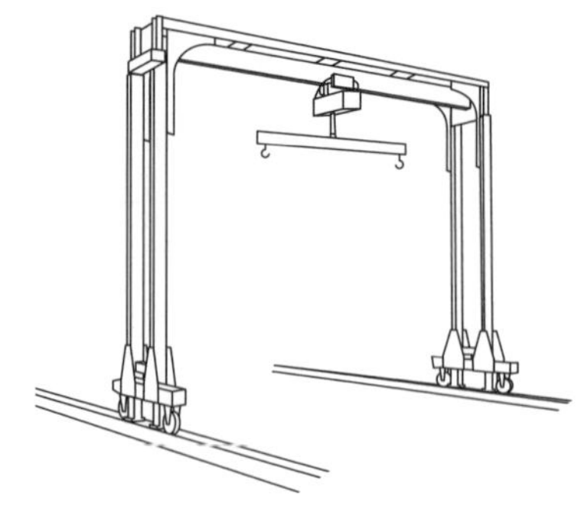

図 1.8-7　タイヤ付き橋形クレーン

(3) 適切．ポスト形ジブクレーンは，固定された柱（ポスト）の周りをジブが旋回する簡単なもので，傾斜ジブを備えジブが起伏するものや，水平ジブに沿ってトロリが横行するものがある．図 1.8-8 参照．

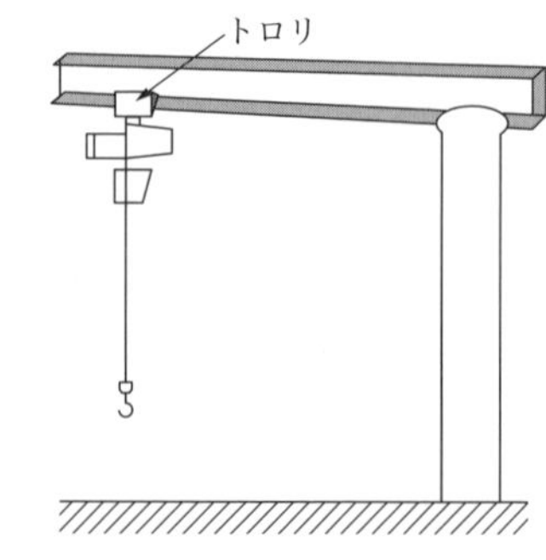

図 1.8-8　ポスト形ジブクレーン

(4) 不適切．レードルクレーンは，製鋼関係の工場で用いられる特殊な構造の天井クレーンである．なお，レードル（ladle）とは高温で溶けた鉄を入れる大鍋である．図 1.8-4 参照．

(5) 適切．建屋の天井に取り付けられたレールから懸垂されて走行する天井クレーンは，クレーンガーダを走行レールスパンの外側へオーバーハング（張り出し）させることができるので，作業範囲を大きくできる特長がある．　▶答（4）

問題 3　【令和元年秋 問 9】 

クレーンの種類，型式及び用途に関する記述として，適切でないものは次のうちどれか．

(1) 橋形クレーンは，クレーンガーダに脚部を設けたクレーンで，一般に，地上又は床上に設けたレール上を移動するが，作業範囲を広げるためクレーンガーダにスイングレバーと呼ばれる張り出し部を設け，走行レールの外側につり荷が移動できるようにしたものもある．

(2) スタッカー式クレーンは，直立したガイドフレームに沿って上下するフォークなどを有するクレーンで，倉庫などの棚への荷の出し入れに使用される．

(3) クライミング式ジブクレーンのクライミング方法には，マストクライミング方式とフロアークライミング方式がある．

(4) レードルクレーンは，製鋼関係の工場で用いられる特殊な構造の天井クレーンである．

(5) テルハは，通常，工場，倉庫などの天井に取り付けられたレールであるI形鋼の下フランジに，電気ホイスト又は電動チェーンブロックをつり下げたクレーンで，荷の巻上げ・巻下げとレールに沿った横行のみを行う．

解説 (1) 不適切．橋形クレーン（図1.8-7参照）は，クレーンガーダに脚部を設けたクレーンで，一般に，地上又は床上に設けたレール上を移動するが，作業範囲を広げるためクレーンガーダにカンチレバーと呼ばれる張り出し部を設け，走行レールの外側につり荷が移動できるようにしたものもある（1.2節の図1.2-9参照）．なお，スイングレバー式クレーンは，ジブと連動するスイングレバーを旋回体上部に取り付け，巻上用ワイヤロープをスイングレバー後部のシーブを介してジブ先端のシーブに掛けた構造で，スイングレバーの働きにより，引込みでは巻上用ワイヤロープが繰り出されて荷を水平に移動させることができる．主に船台ブロックの運搬や組立に使用されている．図1.8-1参照．

(2) 適切．スタッカー式クレーンは，直立したガイドフレームに沿って上下するフォークなどを有するクレーンで，倉庫などの棚への荷の出し入れに使用される（図1.8-2参照）．なお，スタッカー（stacker）とは，積み上げる装置をいう．

(3) 適切．クライミング式ジブクレーンのクライミング方法には，マストクライミング方式（図1.8-3参照：マストを継ぎ足して旋回体をせり上げる方式）とフロアークライミング方式（一定の長さのマストを工事の進捗に伴い引き上げ躯体を固定し次に旋回体を最上部まで引き上げる方式）がある．

(4) 適切．レードルクレーン（ladle crane：溶鉱炉より送られてきた溶銑鍋を転炉内に流し込むクレーン）は，製鋼関係の工場で用いられる特殊な構造の天井クレーンである．図1.8-4参照．

(5) 適切．テルハ（telpher）は，通常，工場，倉庫などの天井に取り付けられたレールであるI形鋼の下フランジ（図1.8-5参照）に，電気ホイスト又は電動チェーンブロック（チェーンで巻き取る方式）をつり下げたクレーンで，荷の巻上げ，巻下げとレールに沿った横行のみを行う．図1.8-6参照．

▶答 (1)

問題4 【令和元年春 問8】

クレーンの種類，型式及び用途に関する記述として，適切でないものは次のうちどれか．

(1) 橋形クレーンは，クレーンガーダに脚部を設けたクレーンで，一般に，地上又は床上に設けたレール上を移動するが，作業範囲を広げるためクレーンガーダにスイングレバーと呼ばれる張り出し部を設け，走行レールの外側につり荷が移動できるようにしたものもある．

(2) スタッカー式クレーンは，直立したガイドフレームに沿って上下するフォークなどを有するクレーンで，倉庫などの棚への荷の出し入れに使用される．

(3) クライミング式ジブクレーンのクライミング方法には，マストクライミング方式とフロアークライミング方式がある．

(4) レードルクレーンは，製鋼関係の工場で用いられる特殊な構造の天井クレーンである．

(5) テルハは，通常，工場，倉庫などの天井に取り付けられたレールであるI形鋼の下フランジに，電気ホイスト又は電動チェーンブロックをつり下げたクレーンで，荷の巻上げ・巻下げとレールに沿った横行のみを行う．

解説 (1) 不適切．橋形クレーン（図1.8-7参照）は，クレーンガーダに脚部を設けたクレーンで，一般に，地上又は床上に設けたレール上を移動するが，作業範囲を広げるためクレーンガーダにカンチレバーと呼ばれる張り出し部を設け，走行レールの外側につり荷が移動できるようにしたものもある（1.2節の図1.2-9参照）．なお，スイングレバー式クレーンは，ジブと連動するスイングレバーを旋回体上部に取り付け，巻上用ワイヤロープをスイングレバー後部のシーブを介してジブ先端のシーブに掛けた構造で，スイングレバーの働きにより，引込みでは巻上用ワイヤロープが繰り出されて荷を水平に移動させることができる．主に船台ブロックの運搬や組立に使用されている．図1.8-1参照．

(2) 適切．スタッカー式クレーンは，直立したガイドフレームに沿って上下するフォークなどを有するクレーンで，倉庫などの棚への荷の出し入れに使用される（図1.8-2参照）．なお，スタッカー（stacker）とは，積み上げる装置をいう．

(3) 適切．クライミング式ジブクレーンのクライミング方法には，マストクライミング方式（図1.8-3参照：マストを継ぎ足して旋回体をせり上げる方式）とフロアークライミング方式（一定の長さのマストを工事の進捗に伴い引き上げ躯体を固定し次に旋回体を最上部まで引き上げる方式）がある．

(4) 適切．レードルクレーン（ladle crane：溶鉱炉より送られてきた溶銑鍋を転炉内に流し込むクレーン）は，製鋼関係の工場で用いられる特殊な構造の天井クレーンである．図1.8-4参照．

(5) 適切．テルハ（telpher）は，通常，工場，倉庫などの天井に取り付けられたレールであるI形鋼の下フランジ（図1.8-5参照）に，電気ホイスト又は電動チェーンブロック（チェーンで巻き取る方式）をつり下げたクレーンで，荷の巻上げ，巻下げとレール

に沿った横行のみを行う．図 1.8-6 参照． ▶答（1）

問題 5 【平成 30 年秋 問 9】

クレーンの種類，型式及び用途に関する記述として，適切でないものは次のうちどれか．

(1) 天井クレーンは，一般に，建屋の両側の壁に沿って設けられたランウェイ上を走行するクレーンで，工場での機械や部品の運搬などに使用される．

(2) スタッカー式クレーンは，直立したガイドフレームに沿って上下するフォークなどを有するクレーンで，倉庫の棚などへの荷の出し入れに使用される．

(3) クライミング式ジブクレーンは，工事の進行に伴い，必要に応じてマストを継ぎ足し，旋回体をせり上げる装置を備えたクレーンである．

(4) 橋形クレーンは，クレーンガーダに脚部を設けたクレーンで，一般に，地上又は床上に設けたレール上を移動するが，作業範囲を広げるためクレーンガーダにスイングレバーと呼ばれる張り出し部を設け，走行レールの外側につり荷が移動できるようにしたものもある．

(5) コンテナクレーンは，埠頭においてコンテナをスプレッダでつり上げて，陸揚げ及び積込みを行うクレーンである．

解説 (1) 適切．天井クレーンは，一般に，建屋の両側の壁に沿って設けられたランウェイ（runway：走路）上を走行するクレーンで，工場での機械や部品の運搬などに使用される．1.1 節の図 1.1-1 参照．

(2) 適切．スタッカー式クレーンは，直立したガイドフレームに沿って上下するフォークなどを有するクレーンで，倉庫の棚などへの荷の出し入れに使用される（図 1.8-2 参照）．なお，スタッカー（stacker）とは，積み上げる装置をいう．

(3) 適切．クライミング式ジブクレーン（図 1.8-3 参照）は，工事の進行に伴い，必要に応じてマストを継ぎ足し，旋回体をせり上げる装置を備えたクレーンである．

(4) 不適切．橋形クレーン（図 1.8-7 参照）は，クレーンガーダに脚部を設けたクレーンで，一般に，地上又は床上に設けたレール上を移動するが，作業範囲を広げるためクレーンガーダにカンチレバーと呼ばれる張り出し部を設け，走行レールの外側につり荷が移動できるようにしたものもある（1.2 節の図 1.2-9 参照）．なお，スイングレバー式クレーンは，ジブと連動するスイングレバーを旋回体上部に取り付け，巻上用ワイヤロープをスイングレバー後部のシーブを介してジブ先端のシーブに掛けた構造で，スイングレバーの働きにより，引込みでは巻上用ワイヤロープが繰り出されて荷を水平に移動させることができる．主に船台ブロックの運搬や組立に使用されている．図 1.8-1 参照．

(5) 適切．コンテナクレーンは，埠頭においてコンテナをスプレッダ（spreader：コンテナ専用のつり具）でつり上げて，陸揚げ及び積込みを行うクレーンである．図 1.8-9 参照．

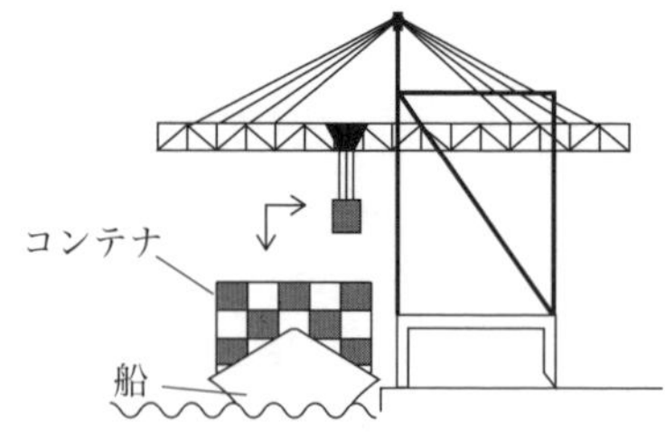

図 1.8-9　コンテナクレーン

▶答（4）

問題 6　【平成 30 年春 問 9】

クレーンの種類，形式及び用途に関する記述として，適切なものは次のうちどれか．

(1) 橋形クレーンは，ガーダに脚部を設けたクレーンで，一般に，地上又は床上に設けたレール上を移動するが，作業範囲を広げるためクレーンガーダにスイングレバーと呼ばれる張り出し部を設け，走行レールの外側につり荷が移動できるようにしたものもある．

(2) 引込みクレーンの水平引込みをさせるための機構には，ロープトロリ式及びマントロリ式がある．

(3) クライミング式ジブクレーンのクライミング方法には，マストクライミング方式とフロアークライミング方式がある．

(4) レードルクレーンは，主に造船所で使用される特殊な構造のクレーンで，ジブの水平引き込みができる．

(5) アンローダは，コンテナの陸揚げ・積込み用としてコンテナ専用のつり具を備えたクレーンである．

解説 (1) 不適切．橋形クレーン（図 1.8-7 参照）は，クレーンガーダに脚部を設けたクレーンで，一般に，地上又は床上に設けたレール上を移動するが，作業範囲を広げるためクレーンガーダにカンチレバー（1.2 節の図 1.2-9 参照）と呼ばれる張出し部を設け，走行レールの外側につり荷が移動できるようにしたものもある．なお，スイングレバーは，引込みクレーン（つり荷を上下なしで水平に移動するクレーン）に設置されるもので，旋回体上部にジブと連動スイングレバーを設け，起伏のときスイングレバーが回転することで，ワイヤロープが繰り出されて荷はほぼ水平移動する．図 1.8-1 参照．

(2) 不適切．引込みクレーン（ジブクレーンに分類）の水平引込みをさせるための機構には，ダブルリンク式（3 つのジブを組み合わせたリンク機構により水平を確保する仕組み），スイングレバー式（旋回体上部にジブと連動するスイングレバーを設けスイングレバーの回転でワイヤロープが繰りだされる仕組み)，ロープバランス式（ジブの起伏に応じて巻上げワイヤロープを繰り出す仕組み)，テンションロープ（先端ジブ後部を特殊な曲線加工し，これに支持ロープを掛けて荷を水平移動させる仕組み）などがある．なお，ロープトロリ式（トロリをロープを介して操作するもの）及びマントロリ式（トロリに運転室があるもの）は，引込みクレーンの水平引込みには用いられない．

(3) 適切．クライミング式ジブクレーンのクライミング方法には，マストクライミング方式（図1.8-3参照：マストを継ぎ足して旋回体をせり上げる方式）とフロアークライミング方式（一定の長さのマストを工事の進捗に伴い引き上げ躯体を固定し次に旋回体を最上部まで引き上げる方式）がある．

(4) 不適切．レードルクレーンは，製鋼関係の工場で用いられる特殊な構造の天井クレーンである．なお，レードル（ladle）とは高温で溶けた鉄を入れる大鍋である．なお，造船所では主にジブクレーン（高脚，片脚，低床など）が使用される．図1.8-4参照．

(5) 不適切．アンローダは，船から鉄鉱石や石炭等のばら物をグラブバケットを用いて陸揚げする専用のクレーンである（図1.8-10参照）．なお，コンテナの陸揚げ・積込み用としてコンテナ専用のつり具を備えたクレーンは，コンテナクレーンである．

図1.8-10　クラブトロリ式アンローダ

▶答 (3)

問題7　【平成29年秋 問1】

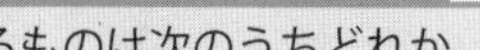

クレーンの種類，形式及び用途に関し，誤っているものは次のうちどれか．

(1) テルハは，通常，工場，倉庫などの天井に取り付けられたI形鋼の下フランジに，電気ホイスト又は電動チェーンブロックをつり下げたクレーンである．

(2) スタッカー式クレーンは，直立したガイドフレームに沿って上下するフォークなどを有するクレーンで，倉庫の棚などの荷の出し入れに使用される．

(3) つち形クレーンは，トロリの形式によりホイスト式，クラブトロリ式及びロープトロリ式に分けられる．

(4) レードルクレーンは，製鋼関係の工場で用いられる特殊な構造の天井クレーンである．

(5) アンローダは，コンテナの陸揚げ・積込み用としてコンテナ専用のつり具を備えたクレーンである．

解説 (1) 正しい．テルハ（telpher：モノレールホイスト）は，通常，工場，倉庫などの天井に取り付けられたI形鋼の下フランジ（図1.8-5）に，電気ホイスト又は電動チェーンブロックをつり下げたクレーンで，荷の巻上げ，巻下げとレールに沿った横行のみを行う．図1.8-6参照．

(2) 正しい．スタッカー式クレーンは，直立したガイドフレームに沿って上下するフォークなどを有するクレーンで，倉庫の棚などの荷の出し入れに使用される（図1.8-2参照）．なお，スタッカー（stacker）とは，積み上げる装置をいう．

(3) 正しい．つち形クレーン（ハンマーヘッドクレーン）は，水平ジブに沿って横行するトロリの形式によりホイスト式，クラブトロリ式及びロープトロリ式に分けられる．全体がハンマーの形をしているところからこの名称がある．図1.8-11参照．

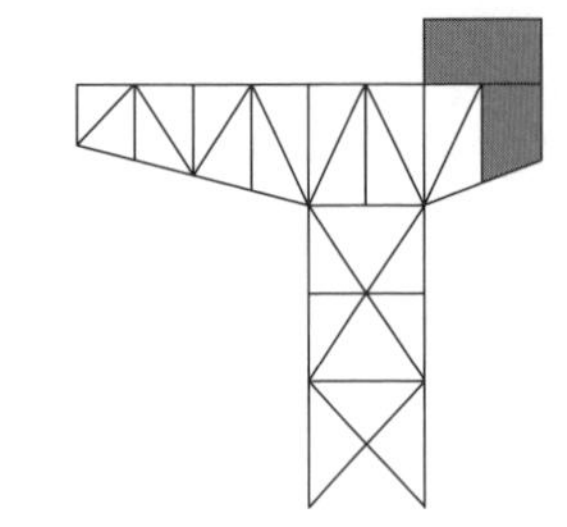

図1.8-11　つち形クレーン（ハンマーヘッドクレーン）

(4) 正しい．レードルクレーン（ladle crane：溶鉱炉より送られてきた溶銑鍋を転炉内に流し込むクレーン）は，製鋼関係の工場で用いられる特殊な構造の天井クレーンである．図1.8-4参照．

(5) 誤り．アンローダは，船から鉄鉱石や石炭等のばら物をグラブバケットを用いて陸揚げする専用のクレーンである（図1.8-10参照）．なお，コンテナの陸揚げ・積込み用としてコンテナ専用のつり具を備えたクレーンは，コンテナクレーンである．

▶答（5）

問題8　【平成29年春 問8】

クレーンの種類，形式及び用途に関し，正しいものは次のうちどれか．

(1) 建屋の天井に取り付けられたレールから懸垂されて走行する天井クレーンは，クレーンガーダを走行レールの外側へオーバーハングさせることができるので，作業範囲を大きくできる特徴がある．

(2) アンローダは，コンテナの陸揚げ・積込み用としてコンテナ専用のつり具を備えたクレーンである．

(3) スタッカー式クレーンは，直立したガイドフレームに沿って荷とともに上下するマントロリを有するクレーンで，倉庫の棚などの荷の出し入れに使用される．

(4) レードルクレーンは，主に造船所で使用される特殊な構造のクレーンで，ジブの水平引き込みが出来る．

(5) 橋形クレーンは，クレーンガーダに脚部を設けたクレーンで，一般に地上又は床上に設けたレール上を移動するが，作業範囲を広げるため，走行レールの外側にスイングレバーを設けたものもある．

解説 (1) 正しい．建屋の天井に取り付けられたレールから懸垂されて走行する天井クレーンは，クレーンガーダを走行レールの外側へオーバーハング（張り出し）させることができるので，作業範囲を大きくできる特徴がある．

(2) 誤り．アンローダは，船から鉄鉱石や石炭等のばら物をグラブバケットを用いて陸揚げする専用のクレーンである（図 1.8-10 参照）．なお，コンテナの陸揚げ・積込み用としてコンテナ専用のつり具を備えたクレーンは，コンテナクレーンである．

(3) 誤り．スタッカー式クレーンは，直立したガイドフレームに沿って上下するフォークなどを有するクレーンで，倉庫の棚などへの荷の出し入れに使用される（図 1.8-2 参照）．なお，スタッカー（stacker）とは，積み上げる装置をいう．

(4) 誤り．レードルクレーンは，製鋼関係の工場で用いられる特殊な構造の天井クレーンである．レードル（ladle）とは高温で溶けた鉄を入れる大鍋である．なお，造船所では主にジブクレーン（高脚，片脚，低床など）が使用される．図 1.8-4 参照．

(5) 誤り．橋形クレーン（図 1.8-7 参照）は，クレーンガーダに脚部を設けたクレーンで，一般に，地上又は床上に設けたレール上を移動するが，作業範囲を広げるためクレーンガーダにカンチレバーと呼ばれる張り出し部を設け，走行レールの外側につり荷が移動できるようにしたものもある（1.2 節の図 1.2-9 参照）．なお，スイングレバー式クレーンは，ジブと連動するスイングレバーを旋回体上部に取り付け，巻上用ワイヤロープをスイングレバー後部のシーブを介してジブ先端のシーブに掛けた構造で，スイングレバーの働きにより，引込みでは巻上用ワイヤロープが繰り出されて荷を水平に移動させることができる．主に船台ブロックの運搬や組立に使用されている．図 1.8-1 参照．　▶答 (1)

問題 9　【平成 28 年秋 問 1】

クレーンの種類，形式及び用途に関し，正しいものは次のうちどれか．

(1) 橋形クレーンは，ガーダに脚部を設けたクレーンで，一般に地上又は床上に設けたレール上を移動するが，作業範囲を広げるため，走行レールの外側にスイングレバーを設けたものもある．

(2) スタッカー式クレーンは，巻上装置及び横行装置を備えたクラブがガーダ上を移動するクレーンである．

(3) クライミング式ジブクレーンは，工事の進捗に伴い，必要に応じてマストを継ぎ足し，旋回体をせり上げる装置を備えたクレーンである．

(4) レードルクレーンは，主に造船所で使用される特殊な構造のクレーンで，ジブの水平引き込みができる．

(5) アンローダは，コンテナの陸揚げ・積込み用としてコンテナ専用のつり具を備えたクレーンである．

解説 (1) 誤り．橋形クレーンは，クレーンガーダに脚部を設けたクレーンで，一般に，地上又は床上に設けたレール上を移動するが，作業範囲を広げるためクレーンガーダにカンチレバー（1.2 節の図 1.2-9 参照）と呼ばれる張出し部を設け，走行レールの外側につり荷が移動できるようにしたものもある．なお，スイングレバーは，引込みクレーン（つり荷を上下なしで水平に移動するクレーン）に設置されるもので，旋回体上部にジブと連動スイングレバーを設け，起伏のときスイングレバーが回転することで，ワイヤロープが繰り出されて荷はほぼ水平移動する．図 1.8-1 参照．

(2) 誤り．スタッカー式クレーンは，直立したガイドフレームに沿って上下するフォークなどを有するクレーンで，昇降（荷の上下），走行などの運動により，倉庫の棚などの荷の出し入れを行う（図 1.8-2 参照）．なお，スタッカー（stacker）とは，積み上げる装置をいう．

(3) 正しい．クライミング式ジブクレーン（図 1.8-3 参照）は，工事の進捗に伴い，必要に応じてマストを継ぎ足し，旋回体をせり上げる装置を備えたクレーンである．

(4) 誤り．レードルクレーンは，製鋼関係の工場で用いられる特殊な構造の天井クレーンである．なお，レードル（ladle）とは高温で溶けた鉄を入れる大鍋である．図 1.8-4 参照．

(5) 誤り．アンローダは，船から鉄鉱石や石炭等のばら物をグラブバケットを用いて陸揚げする専用のクレーンである（図 1.8-10 参照）．なお，コンテナの陸揚げ・積込み用としてコンテナ専用のつり具を備えたクレーンは，コンテナクレーンである． ▶答 (3)

問題 10 【平成 28 年春 問 9】

クレーンの種類，型式及び用途に関し，誤っているものは次のうちどれか．

(1) 壁クレーンは，建屋の壁や柱に取り付けられたクレーンで，水平ジブに沿ってトロリが移動するものが多い．

(2) 橋形クレーンは，ガーダに脚を設けたクレーンで，一般に地上又は床上に設けたレール上を移動する．

(3) 塔形ジブクレーンは，高い塔状の構造物の上に起伏するジブを設けたクレーンで，主に造船所での艤装に使用される．

(4) テルハは，走行，旋回及び起伏の運動を行うクレーンで，工場での材料や製品の運搬などに使用される．

(5) 引込みクレーンには，水平引込みをさせるための機構により，ダブルリンク式，スイングレバー式，ロープバランス式などがある．

解説 (1) 正しい．壁クレーンは，建屋の壁や柱に取り付けられたクレーンで，水平ジブに沿ってトロリが移動するものが多い．

(2) 正しい．橋形クレーンは，ガーダに脚を設けたクレーンで，一般に地上又は床上に設けたレール上を移動する．

(3) 正しい．塔形ジブクレーンは，高い塔状の構造物の上に起伏するジブを設けたクレーンで，主に造船所での艤装（船に必要な装備を施すこと）に使用される．

(4) 誤り．テルハ（図1.8-6参照）は，工場建屋や倉庫等の天井に取り付けられたレールに沿って移動（横行）するクレーンで，工場等での材料や製品の運搬などに使用される．走行，旋回及び起伏の運動は行わない．

(5) 正しい．引込みクレーンには，水平引込みをさせるための機構により，ダブルリンク式（3つのジブを組み合わせたリンク機構により水平を確保する仕組み），スイングレバー式（旋回体上部にジブと連動するスイングレバーを設けスイングレバーの回転でワイヤロープが繰りだされる仕組み），ロープバランス式（ジブの起伏に応じて巻上げワイヤロープを繰り出す仕組み），テンションロープ（先端ジブ後部を特殊な曲線加工し，これに支持ロープを掛けて荷を水平移動させる仕組み）などがある．図1.8-1参照．

▶答（4）

1.9 クレーンのトロリ及び作動装置

問題1 【令和2年秋 問9】

クレーンのトロリ及び作動装置に関する記述として，適切でないものは次のうちどれか．

(1) 巻上装置に主巻と補巻を設ける場合，定格荷重の大きい方を主巻，小さい方を補巻と呼び，一般的には巻上速度は，補巻の方が速い．

(2) ワイヤロープ式のホイストには，トップランニング式と呼ばれるダブルレール形ホイストとサスペンション式と呼ばれる普通形ホイストがある．

(3) クラブトロリの横行装置には，電磁ブレーキや電動油圧押上機ブレーキが用いられるが，屋内に設置される横行速度の遅いものなどでは，ブレーキを設けないものもある．

(4) ジブクレーンのジブなどが取り付けられた構造部分を回転運動させるための装置を旋回装置といい，電動機，減速機，固定歯車，ピニオンなどで構成されている．

(5) 天井クレーンの一電動機式走行装置は，片側のサドルに電動機と減速装置を備え，電動機側の走行車輪のみを駆動する．

解説 (1) 適切．巻上装置に主巻と補巻を設ける場合，定格荷重の大きい方を主巻，小さい方を補巻と呼び，一般的には巻上速度は，補巻の方が速い．図 1.9-1 参照．

(2) 適切．ワイヤロープ式のホイスト（hoist：巻き上げること）には，トップランニング式（レールの上に載せる方式）と呼ばれるダブルレール形ホイスト（図 1.9-2 参照）とサスペンション式（吊り下げる方式）と呼ばれる普通形ホイスト（図 1.9-3 参照）がある．

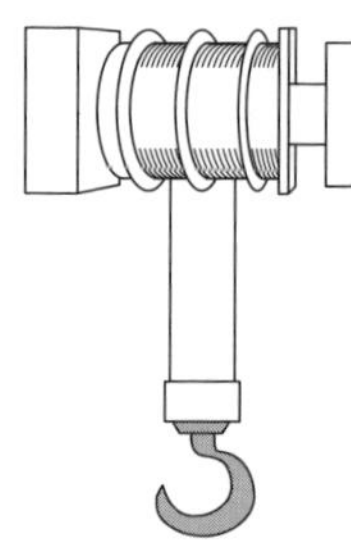

図 1.9-1　巻上装置

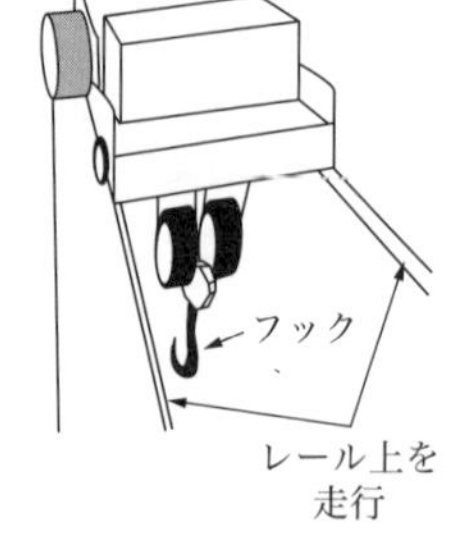

図 1.9-2　ワイヤロープ式ホイスト
（トップランニング式）

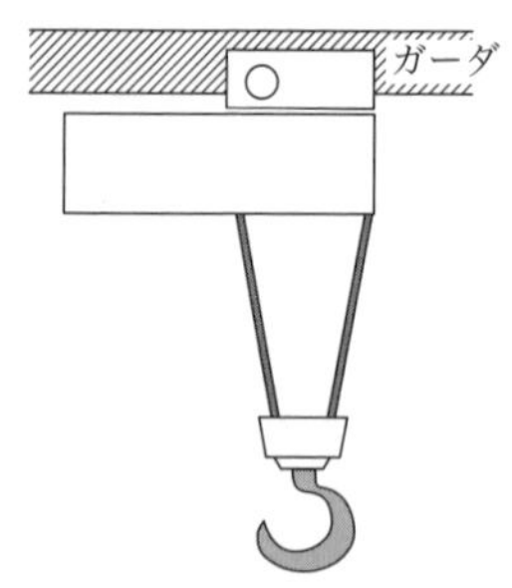

図 1.9-3　普通形式ホイスト
（サスペンション式）

(3) 適切．クラブトロリの横行装置（図 1.9-4 参照）には，電磁ブレーキ（ブレーキばねでブレーキディスクを押し付けて制動していたものが通電によってアーマチュア（armature：回転子）が吸引され電動機が回転する．図 1.9-5 参照）や電動油圧押上機ブレーキ（1.6 節の図 1.6-1 参照：油圧の押し上げで掛けてあるブレーキを開放し電動機が回転する）が用いられるが，屋内に設置される横行速度の遅いものなどでは，ブレーキを設けないものもある．

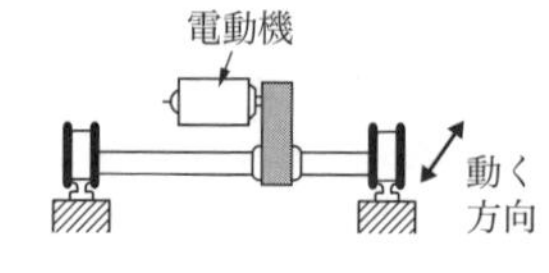

図 1.9-4　横行装置

(4) 適切．ジブクレーンのジブ（jib：起重機の腕）などが取り付けられた構造部分を回転運動させるための装置を旋回装置といい，電動機，減速機，固定歯車，ピニオン（一対の歯車のうち，歯数の少ない小歯車）などで構成されている．

(5) 不適切．天井クレーンの一電動機式走行装置（図 1.9-6 参照）は，クレーンガーダのほぼ中央に電動機と減速装置を備え，減速機に連結された走行長軸及びピニオンとギアを介して両車輪（駆動輪）を駆動する．

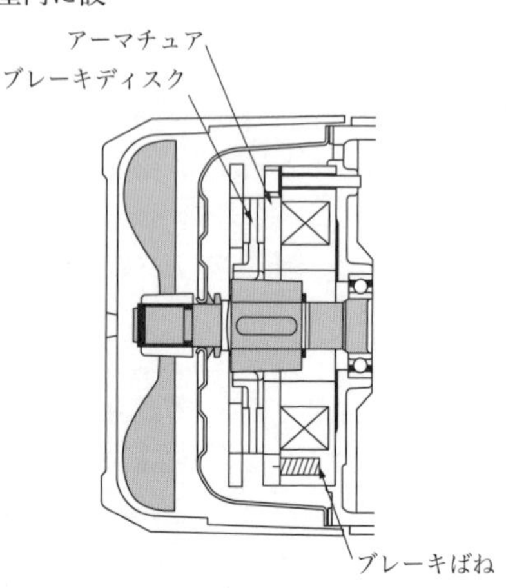

図 1.9-5　電磁ブレーキ（部分）

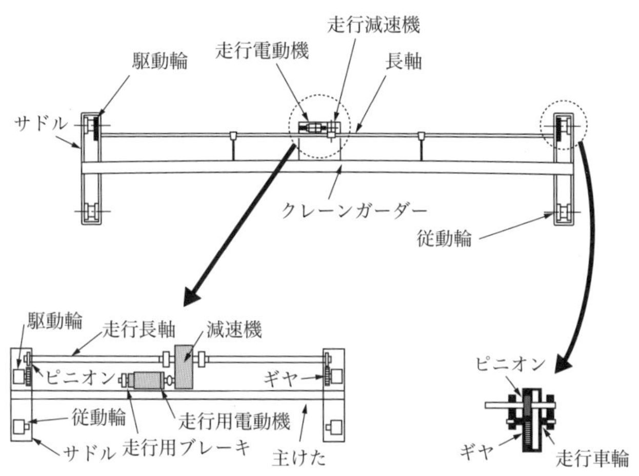

図 1.9-6　走行装置（1 電動機式）

▶答（5）

問題 2　【令和 2 年春 問 9】

クレーンのトロリ及び作動装置に関する記述として，適切でないものは次のうちどれか．

(1) 巻上装置に主巻と補巻を設ける場合，定格荷重の大きい方を主巻，小さい方を補巻と呼び，一般的には巻上速度は，補巻の方が速い．

(2) ワイヤロープ式のホイストには，トップランニング式と呼ばれるダブルレール形ホイストとサスペンション式と呼ばれる普通形ホイストがある．

(3) クラブトロリの横行装置には，電磁ブレーキや電動油圧押上機ブレーキが用いられるが，屋内に設置される横行速度の遅いものなどでは，ブレーキを設けないものもある．

(4) 旋回装置は，ジブクレーンにおいて，中心軸の周りでジブなどを回転させる装置で，電動機，減速装置，固定歯車，ピニオンなどで構成されている．

(5) 天井クレーンの一電動機式走行装置は，片側のサドルに電動機と減速装置を備え，電動機側の走行車輪のみを駆動する．

解説　(1) 適切．巻上装置に主巻と補巻を設ける場合，定格荷重の大きい方を主巻，小さい方を補巻と呼び，一般的には巻上速度は，補巻の方が速い．

(2) 適切．ワイヤロープ式のホイスト（hoist：巻き上げること）には，トップランニング式（レールの上に載せる方式）と呼ばれるダブルレール形ホイスト（図 1.9-2 参照）とサスペンション式（吊り下げる方式）と呼ばれる普通形ホイスト（図 1.9-3 参照）がある．

(3) 適切．クラブトロリの横行装置（図 1.9-4 参照）には，電磁ブレーキ（通電によってブレーキディスクを押し付けていたアーマチュアが吸引され電動機が回転する．図 1.9-5 参照）や電動油圧押上機ブレーキ（1.6 節の図 1.6-1 参照：油圧の押し上げで掛けてあるブレーキを開放し電動機が回転する）が用いられるが，屋内に設置される横行速度の遅いものなどでは，ブレーキを設けないものもある．

(4) 適切．旋回装置は，ジブクレーンにおいて，中心軸の周りでジブなどを回転させる装置で，電動機，減速装置，固定歯車，ピニオン（一対の歯車のうち，歯数の少ない小歯車）などで構成されている．

(5) 不適切．天井クレーンの一電動機式走行装置（図 1.9-6 参照）は，クレーンガーダのほぼ中央に電動機と減速装置を備え，減速機に連結された走行長軸及びピニオンとギアを介して両車輪（駆動輪）を駆動する． ▶答（5）

問題 3 【令和元年秋 問 1】

クレーンのトロリ及び作動装置に関する記述として，適切でないものは次のうちどれか．

(1) クラブトロリの横行装置には，電磁ブレーキや電動油圧押上機ブレーキが用いられるが，屋内に設置される横行速度の遅いものなどでは，ブレーキを設けないものもある．

(2) 天井クレーンの一電動機式走行装置は，片側のサドルに電動機と減速装置を備え，電動機側の走行車輪のみを駆動する．

(3) ジブクレーンの起伏装置には，ジブが安全・確実に保持されるよう，電動機軸又はドラム外周に，制動用又は保持用ブレーキが取り付けられている．

(4) ジブクレーンなどの旋回装置の旋回方式には，センターポスト方式，旋回環方式などがある．

(5) ホイストは，電動機，減速装置，巻上げドラム，ブレーキなどを小型のケーシング内に収めたもので，巻上装置と横行装置が一体化されている．

解説 (1) 適切．クラブトロリ（2 本のレール上を自走する巻上げと横行装置のある台車）の横行装置（1.1 節の図 1.1-5 参照）には，電磁ブレーキ（図 1.9-5 参照）や電動油圧押上機ブレーキ（1.6 節の図 1.6-1 参照）が用いられるが，屋内に設置される横行速度の遅いものなどでは，ブレーキを設けないものもある．いずれも通電するとばねで押し付けていたブレーキを開放して電動機が回転する．

(2) 不適切．天井クレーンの一電動機式走行装置（図 1.9-6 参照）は，クレーンガーダのほぼ中央に電動機と減速装置を備え，減速機に連結された走行長軸及びピニオン（一対の歯車のうち，歯数の少ない小歯車）とギアを介して両車輪（駆動輪）を駆動する．

(3) 適切．ジブクレーンの起伏装置には，ジブが安全・確実に保持されるよう，電動機軸又はドラム外周に，制動用又は保持用ブレーキが取り付けられている．

(4) 適切．ジブクレーンなどの旋回装置の旋回方式には，センターポスト方式（図 1.9-7 参照），旋回環方式（図 1.9-8 参照）などがある．センターポスト方式は，固定歯車の外周に沿ってピニオンが回転し移動する方式である．旋回環方式は固定歯車の代わりに歯車付旋回環（旋回軸受）を用いるものである．

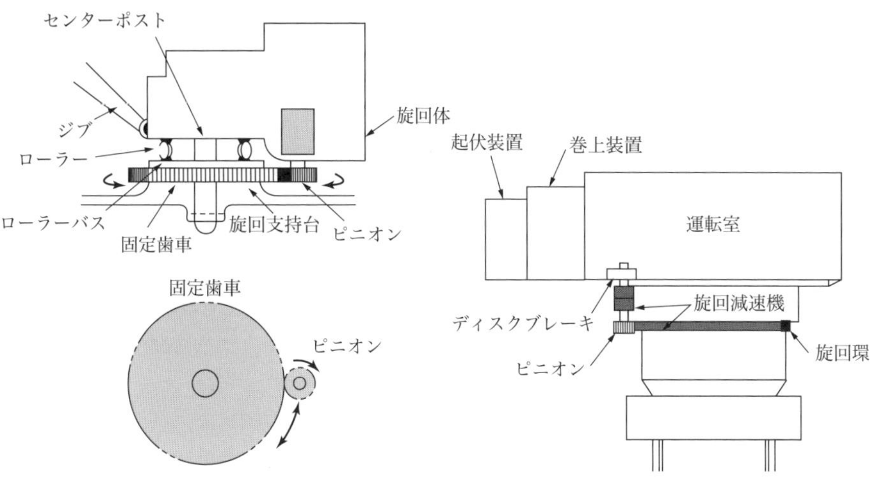

図 1.9-7　センターポスト方式旋回装置

図 1.9-8　旋回装置（歯車付旋回環）

(5) 適切．ホイスト（hoist：巻き上げ装置）は，電動機，減速装置，巻上げドラム，ブレーキなどを小型のケーシング内に収めたもので，巻上装置と横行装置が一体化されている．図 1.9-2，図 1.9-3，及び図 1.9-9 参照．

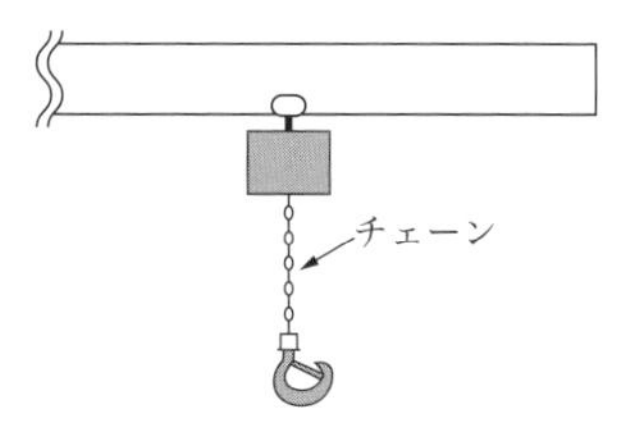

図 1.9-9　チェーン式ホイスト

▶答（2）

問題 4　【令和元年春 問 9】

クレーンのトロリ及び作動装置に関する記述として，適切なものは次のうちどれか．

(1) クラブとは，トロリフレーム上に巻上装置と走行装置を備え，2 本のレール上を自走するトロリをいう．

(2) マントロリは，トロリに運転室が取り付けられ，荷とともに運転室が昇降するものである.

(3) 電動機，制動用ブレーキ，減速機及びドラムなどにより構成される巻上装置では，巻下げの際，荷により電動機が回されようとするので，電動機軸に速度制御用ブレーキを取り付け，速度の制御を行うものが多い.

(4) 天井クレーンの一電動機式走行装置は，片側のサドルに電動機と減速装置を備え，電動機側の走行車輪のみを駆動する.

(5) ワイヤロープ式のホイストには，トップランニング式と呼ばれる普通形ホイストとサスペンション式と呼ばれるダブルレール形ホイストがある.

解説 (1) 不適切．クラブ（crab）とは，トロリフレーム上に巻上装置と横行装置を備え，2本のレール上を自走するトロリをいう．クラブトロリ（crab trolley）ともいう．「走行装置」が誤り．

(2) 不適切．マントロリ（man trolley）は，トロリに運転室が取り付けられ，トロリとともに運転室が移動するものである．

(3) 適切．電動機，制動用ブレーキ，減速機及びドラムなどにより構成される巻上装置では，巻下げの際，荷により電動機が回されようとするので，電動機軸に速度制御用ブレーキを取り付け，速度の制御を行うものが多い．

(4) 不適切．天井クレーンの一電動機式走行装置（図 1.9-6 参照）は，クレーンガーダのほぼ中央に電動機と減速装置を備え，減速機に連結された走行長軸及びピニオンとギアを介して両車輪（駆動輪）を駆動する．

(5) 不適切．ワイヤロープ式のホイスト（hoist：巻き上げること）には，トップランニング式（レールの上に載せる方式）と呼ばれるダブルレール形ホイスト（図 1.9-2 参照）とサスペンション式（吊り下げる方式）と呼ばれる普通形ホイスト（図 1.9-3 参照）がある．記述が逆である．

▶答 (3)

問題5 【平成30年秋 問2】

クレーンのトロリ及び作動装置に関する記述として，適切でないものは次のうちどれか.

(1) 巻上装置に主巻と補巻を設ける場合，定格荷重の大きい方を主巻，小さい方を補巻と呼び，一般的には巻上速度は補巻の方が速い.

(2) ワイヤロープ式のホイストには，トップランニング式と呼ばれるダブルレール形ホイストとサスペンション式と呼ばれる普通形ホイストがある.

(3) クラブトロリの横行装置には，電磁ブレーキや電動油圧押上機ブレーキが用いられるが，屋内に設置される横行速度の遅いものなどでは，ブレーキを設けないものもある.

(4) 旋回装置は，ジブクレーンにおいて，中心軸の周りでジブなどを回転させる装置で，電動機，減速装置，固定歯車，ピニオンなどで構成されている.

(5) 天井クレーンの一電動機式走行装置は，片側のサドルに電動機と減速装置を備え，電動機側の走行車輪のみを駆動する.

解説 (1) 適切．巻上装置に主巻と補巻を設ける場合，定格荷重の大きい方を主巻，小さい方を補巻と呼び，一般的には巻上速度は，補巻の方が速い.

(2) 適切．ワイヤロープ式のホイスト（hoist：巻き上げること）には，トップランニング式（レールの上に載せる方式）と呼ばれるダブルレール形ホイスト（図 1.9-2 参照）とサスペンション式（吊り下げる方式）と呼ばれる普通形ホイスト（図 1.9-3 参照）がある.

(3) 適切．クラブトロリの横行装置（図 1.9-4 参照）には，電磁ブレーキ（通電によってブレーキディスクを押し付けていたアーマチュア（回転子）が吸引され電動機が回転する．図 1.9-5 参照）や電動油圧押上機ブレーキ（1.6 節の図 1.6-1 参照：油圧の押し上げで掛けてあるブレーキを開放し電動機が回転する）が用いられるが，屋内に設置される横行速度の遅いものなどでは，ブレーキを設けないものもある.

(4) 適切．旋回装置は，ジブクレーンにおいて，中心軸の周りでジブなどを回転させる装置で，電動機，減速装置，固定歯車，ピニオン（一対の歯車のうち，歯数の少ない小歯車）などで構成されている.

(5) 不適切．天井クレーンの一電動機式走行装置（図 1.9-6 参照）は，クレーンガーダのほぼ中央に電動機と減速装置を備え，減速機に連結された走行長軸及びピニオンとギアを介して両車輪（駆動輪）を駆動する.

▶答 (5)

問題6 【平成30年春 問10】

クレーンのトロリ及び作動装置に関する記述として，適切でないものは次のうちどれか.

(1) 巻上装置に主巻と補巻を設ける場合，定格荷重の大きい方を主巻，小さい方を補巻と呼び，一般的には巻上速度は補巻の方が速い.

(2) ワイヤロープ式のホイストには，トップランニング式と呼ばれるダブルレール形ホイストとサスペンション式と呼ばれる普通形ホイストがある.

(3) クラブトロリの横行装置には，電磁ブレーキや電動油圧押上機ブレーキが用いられるが，屋内に設置される横行速度の遅いものなどでは，ブレーキを設けないものもある.

(4) 旋回装置は，ジブクレーンにおいて，中心軸の周りでジブなどを回転させる装置で，電動機，減速装置，固定歯車，ピニオンなどで構成されている．
(5) 天井クレーンの1電動機式走行装置は，片側のサドルに電動機と減速装置を備え，電動機側の走行車輪のみを駆動する．

解説 (1) 適切．巻上装置に主巻と補巻を設ける場合，定格荷重の大きい方を主巻，小さい方を補巻と呼び，一般的には巻上速度は補巻の方が速い．
(2) 適切．ワイヤロープ式のホイスト（hoist：巻き上げること）には，トップランニング式（レールの上に載せる方式）と呼ばれるダブルレール形ホイスト（図1.9-2参照）とサスペンション式（吊り下げる方式）と呼ばれる普通形ホイスト（図1.9-3参照）がある．
(3) 適切．クラブトロリの横行装置には，電磁ブレーキや電動油圧押上機ブレーキが用いられるが，屋内に設置される横行速度の遅いものなどでは，ブレーキを設けないものもある．
(4) 適切．旋回装置は，ジブクレーンにおいて，中心軸の周りでジブなどを回転させる装置で，電動機，減速装置，固定歯車，ピニオン（一対の歯車のうち，歯数の少ない小歯車）などで構成されている．
(5) 不適切．天井クレーンの一電動機式走行装置（図1.9-6参照）は，クレーンガーダのほぼ中央に電動機と減速装置を備え，減速機に連結された走行長軸及びピニオンとギアを介して両車輪（駆動輪）を駆動する．

▶答 (5)

問題7 【平成29年秋 問9】

クレーンのトロリ及び作動装置に関し，誤っているものは次のうちどれか．
(1) クラブとは，トロリフレーム上に巻上装置と走行装置を備え，2本のレール上を自走するトロリをいう．
(2) ホイストは，電動機，減速装置，巻上げドラム，ブレーキなどを小型のケーシング内に収めたもので，巻上装置と横行装置が一体化されている．
(3) ジブクレーンの起伏装置には，ジブが安全・確実に保持されるよう，電動機軸又はドラム外周に，制動用又は保持用ブレーキが取り付けられている．
(4) 巻上装置に主巻と補巻を設ける場合，一般に主巻の巻上げ速度は，補巻より遅い．
(5) ロープトロリは，つり具をつり下げた台車を，ガーダ上などに設置した巻上装置と横行装置により，ロープを介して操作するものである．

解説 (1) 誤り．クラブとは，トロリフレーム上に巻上装置と横行装置を備え，2本のレール上を自走するトロリをいう．「走行装置」が誤り．
(2) 正しい．ホイストは，電動機，減速装置，巻上げドラム，ブレーキなどを小型のケーシング内に収めたもので，巻上装置と横行装置が一体化されている．

(3) 正しい．ジブクレーンの起伏装置には，ジブが安全・確実に保持されるよう，電動機軸又はドラム外周に，制動用又は保持用ブレーキが取り付けられている．

(4) 正しい．巻上装置に主巻と補巻を設ける場合，一般に主巻の巻上げ速度は，補巻より遅い．

(5) 正しい．ロープトロリ（図 1.9-10 参照）は，つり具をつり下げた台車を，ガーダ上などに設置した巻上装置と横行装置により，ロープを介して操作するものである．

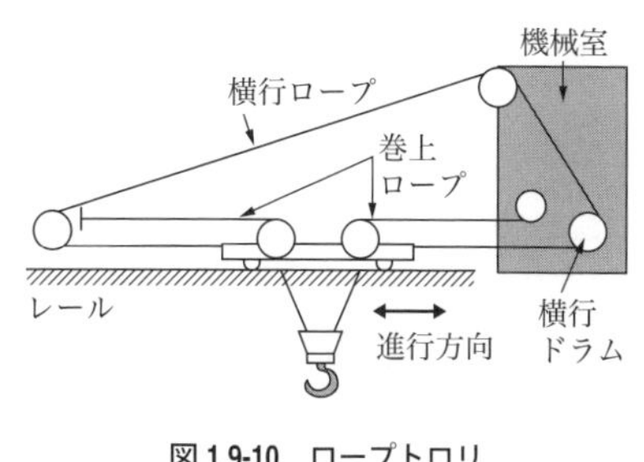

図 1.9-10　ロープトロリ

▶答 (1)

**題 8**　【平成 29 年春 問 3】

クレーンのトロリ及び作動装置に関し，正しいものは次のうちどれか．

(1) クラブとは，トロリフレーム上に巻上装置と走行装置を備え，2 本のレール上を自走するトロリをいう．

(2) マントロリは，トロリに運転室が取り付けられ，荷とともに運転室が昇降するものである．

(3) 電動機，制動用ブレーキ，減速機，ドラムなどからなる巻上装置では，巻下げの際，荷により電動機が回されようとするので，電動機軸に速度制御用ブレーキを取り付け，速度の制御を行うものが多い．

(4) 天井クレーンの一電動機式走行装置は，片側のサドルに電動機と減速装置を備え，電動機側の走行車輪のみを駆動する．

(5) ワイヤロープ式のホイストには，トップランニング式と呼ばれる普通形ホイストとサスペンション式と呼ばれるダブルレール形ホイストがある．

解説 (1) 誤り．クラブとは，トロリフレーム上に巻上装置と横行装置を備え，2 本のレール上を自走するトロリをいう．クラブトロリともいう．「走行装置」が誤り．

(2) 誤り．マントロリ（man trolley）は，トロリに運転室が取り付けられ，トロリとともに運転室が移動するものである．

(3) 正しい．電動機，制動用ブレーキ，減速機，ドラムなどからなる巻上装置では，巻下げの際，荷により電動機が回されようとするので，電動機軸に速度制御用ブレーキを取り付け，速度の制御を行うものが多い．

(4) 誤り．天井クレーンの一電動機式走行装置（図 1.9-6 参照）は，クレーンガーダのほぼ中央に電動機と減速装置を備え，減速機に連結された走行長軸及びピニオンとギアを介して両車輪（駆動輪）を駆動する．

(5) 誤り．ワイヤロープ式のホイスト（hoist：巻き上げること）には，トップランニング式（レールの上に載せる方式）と呼ばれるダブルレール形ホイスト（図1.9-2参照）とサスペンション式（吊り下げる方式）と呼ばれる普通形ホイスト（図1.9-3参照）がある．

▶答（3）

問題9　【平成28年秋 問4】

クレーンのトロリ及び作動装置に関し，誤っているものは次のうちどれか．

(1) 巻上装置に主巻と補巻を設ける場合，定格荷重の大きい方を主巻，小さい方を補巻と呼び，一般的には巻上速度は補巻の方が速い．

(2) ワイヤロープ式のホイストには，トップランニング式と呼ばれるダブルレール型ホイストとサスペンション式と呼ばれる普通型ホイストがある．

(3) クラブトロリの横行装置には，電磁ブレーキや電動油圧押上機ブレーキが用いられるが，屋内に設置される横行速度の遅いものなどでは，ブレーキを設けないものもある．

(4) 旋回装置は，ジブクレーンにおいて，中心軸の周りでジブなどを回転させる装置で，電動機，減速装置，固定歯車，ピニオンなどで構成されている．

(5) 天井クレーンの一電動機式走行装置は，片側のサドルに電動機と減速装置を備え，走行装置側の走行車輪のみを駆動する．

解説 (1) 正しい．巻上装置に主巻と補巻を設ける場合，定格荷重の大きい方を主巻，小さい方を補巻と呼び，一般的には巻上速度は補巻の方が速い．

(2) 正しい．ワイヤロープ式のホイスト（hoist：巻き上げること）には，トップランニング式（レールの上に載せる方式）と呼ばれるダブルレール形ホイスト（図1.9-2参照）とサスペンション式（吊り下げる方式）と呼ばれる普通形ホイスト（図1.9-3参照）がある．

(3) 正しい．クラブトロリの横行装置（図1.9-4参照）には，電磁ブレーキ（通電によってブレーキディスクを押し付けていたアーマチュアが吸引され電動機が回転する．図1.9-5参照）や電動油圧押上機ブレーキ（1.6節の図1.6-1参照：油圧の押し上げで掛けてあるブレーキを開放し電動機が回転する）が用いられるが，屋内に設置される横行速度の遅いものなどでは，ブレーキを設けないものもある．

(4) 正しい．ジブクレーンのジブ（jib：起重機の腕）などが取り付けられた構造部分を回転運動させるための装置を旋回装置といい，電動機，減速機，固定歯車，ピニオン（一対の歯車のうち，歯数の少ない小歯車）などで構成されている．

(5) 誤り．天井クレーンの一電動機式走行装置（図1.9-6参照）は，クレーンガーダのほぼ中央に電動機と減速装置を備え，減速機に連結された走行長軸及びピニオンとギアを介して両車輪（駆動輪）を駆動する．

▶答（5）

問題10 【平成28年春 問7】

クレーンのトロリ及び作動装置に関し，誤っているものは次のうちどれか．

(1) ジブクレーンの起伏装置，旋回装置などの減速機には，ウォームギヤが用いられることがある．

(2) 天井クレーンの走行装置の電動機は，一電動機式ではガーダのほぼ中央に取り付けられている．

(3) ロープトロリは，トロリフレーム上に巻上装置と横行装置を備え，ロープを介して横行位置を制御するものである．

(4) 引込み装置には，ジブとのつり合いを保つためのバランスウエイトを備えて動力を小さくするようにしているものもある．

(5) マントロリは，クラブトロリ，ロープトロリなどのトロリに運転室が取り付けられ，トロリとともに運転室が移動するものである．

解説 (1) 正しい．ジブクレーンの起伏装置，旋回装置などの減速機には，ウォームギヤが用いられることがある．1.4節の図1.4-12参照．

(2) 正しい．天井クレーンの走行装置の電動機は，一電動機式ではガーダのほぼ中央に取り付けられている．図1.9-6参照．

(3) 誤り．ロープトロリ（図1.9-10参照）は，つり具を下げた台車をクレーンガーダ上に設置した巻上げ装置と横行装置によってワイヤロープを介して操作する構造である．トロリフレーム上に巻上装置と横行装置を備えるものは，クラブトロリである．

(4) 正しい．引込み装置には，ジブとのつり合いを保つためのバランスウェイトを備えて動力を小さくするようにしているものもある．

(5) 正しい．マントロリは，クラブトロリ，ロープトロリなどのトロリに運転室が取り付けられ，トロリとともに運転室が移動するものである．

▶答（3）

1.10 クレーンの運転時の取扱い方及び注意事項

問題1 【令和2年秋 問10】

クレーンの運転時の取扱い方法及び注意事項に関する記述として，適切なものは次のうちどれか．

（1）床上操作式クレーンでつり荷を移動させるときは，つり荷の運搬経路及び荷下ろし位置の安全確認のため，つり荷の前方に立ち，つり荷とともに歩くようにする．
（2）無線操作方式のクレーンで，運転者自身が玉掛け作業を行うときは，必要な運転作業に迅速に対応できるよう，制御器は電源スイッチを「入」にした状態で，他の者が操作できない場所に置いておく．
（3）巻上げ操作による荷の横引きを行うときは，周囲に人がいないことを確認してから行う．
（4）ジブクレーンで荷をつるときは，マストやジブのたわみにより作業半径が大きくなるので，定格荷重に近い質量の荷をつる場合には，つり荷の質量が，たわみにより大きくなったときの作業半径における定格荷重を超えないことを確認する．
（5）停止時の荷振れを防止するために行う追いノッチは，移動を続けるつり荷が目標位置の少し手前まで来たときに移動の操作を一旦停止し，慣性で移動を続けるつり荷が振り切れた後，ホイストの真下に戻ってきたときに再び移動のスイッチを入れ，その直後に停止する手順で行う．

解説 （1）不適切．床上操作式クレーンでつり荷を移動させるときは，運転士は常につり荷の後方又は横の位置からつり荷とともに歩くようにする．つり荷の先に立ち，つり荷とともに歩いてはならない．

（2）不適切．無線操作方式のクレーンで，運転者自身が玉掛け作業を行うときは，わずかな時間でもクレーンから離れるので制御器の電源スイッチを「切」にした状態で，他の者が操作できない場所に置いておく．

（3）不適切．つり荷が大きく揺れる危険となるため巻上げ操作による荷の横引きを行ってはならない．

（4）適切．ジブクレーンで荷をつるときは，マストやジブのたわみにより作業半径が大きくなるので，定格荷重に近い質量の荷をつる場合には，つり荷の質量が，たわみにより大きくなったときの作業半径における定格荷重を超えないことを確認する．図1.10-1参照．

（5）不適切．停止時の荷振れを防止するために行う追いノッチは，移動を続けるつり荷が目標位置の少し手前まで来たときに移動の操作を一旦停止し，慣性で移動を続けるつり荷が振り切れる直前に再び移動のスイッチを入れ，その直後に停止する手順で行う．図1.10-2参照．

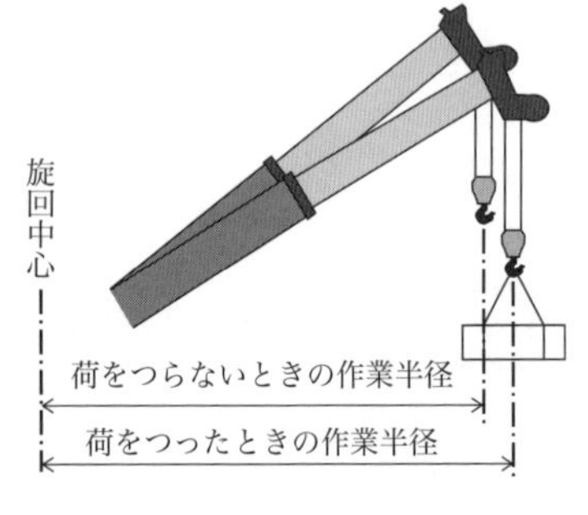

図1.10-1　ジブのたわみと作業半径

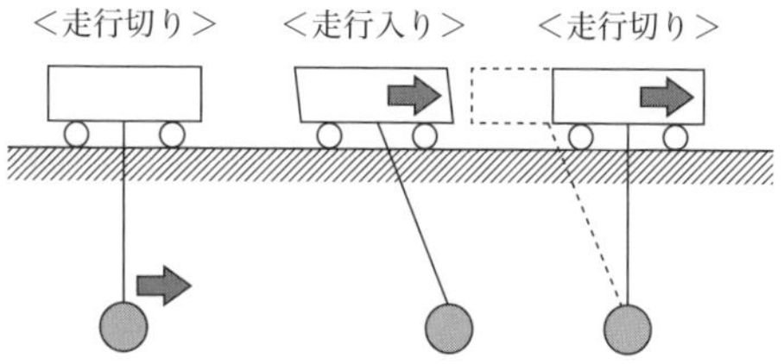

図 1.10-2　停止時の荷振れ防止

▶答（4）

題 2　【令和 2 年春 問 10】

クレーンの運転時の取扱い方法及び注意事項に関する記述として，適切でないものは次のうちどれか．

(1) 床上操作式クレーンでは，運転者はつり荷の後方又は横の位置から，つり荷について歩くようにする．

(2) 無線操作方式のクレーンが複数設置されている作業場では，無線運転の表示ランプの見える位置で制御器のキースイッチを入れ，表示ランプの点灯・消灯により，これから操作するクレーンであることを確認する．

(3) つり荷を下ろしたときに玉掛け用ワイヤロープが挟まり，手で抜けなくなった場合は，周囲に人がいないことを確認してから，クレーンのフックの巻上げによって荷から引き抜く．

(4) 停止時の荷振れを防止するために行う追いノッチは，移動を続けるつり荷が目標位置の少し手前まで来たときに移動の操作を一旦停止し，慣性で移動を続けるつり荷が振り切れる直前に再び移動のスイッチを入れ，その直後に移動のスイッチを切り，つり荷を停止させる手順で行う．

(5) 天井クレーンでつり荷を移動させる場合，走行，横行などの加速，減速が大きいほど，荷振れが起きたときの振れ幅は大きくなる．

解説　(1) 適切．床上操作式クレーンでは，運転者はつり荷の後方又は横の位置から，つり荷について歩くようにする．つり荷の前方に立ってはならない．

(2) 適切．無線操作方式のクレーンが複数設置されている作業場では，無線運転の表示ランプの見える位置で制御器のキースイッチを入れ，表示ランプの点灯・消灯により，これから操作するクレーンであることを確認する．

(3) 不適切．つり荷を下ろしたときに玉掛け用ワイヤロープが挟まり，手で抜けなくなった場合，周囲に人がいないことを確認しても，荷崩れのおそれがあるためクレーンのフックの巻上げによって荷から引き抜いてはならない．

(4) 適切．停止時の荷振れを防止するために行う追いノッチは，移動を続けるつり荷が目標位置の少し手前まで来たときに移動の操作を一旦停止し，慣性で移動を続けるつり荷が振り切れる直前に再び移動のスイッチを入れ，その直後に移動のスイッチを切り，つり荷を真下で停止させる手順で行う．図 1.10-2 参照．

(5) 適切．天井クレーンでつり荷を移動させる場合，走行，横行などの加速，減速が大きいほど，荷振れが起きたときの振れ幅は大きくなる．　▶答 (3)

問題3　【令和元年秋 問10】

クレーンの運転時の取扱い方法及び注意事項に関する記述として，適切でないものは次のうちどれか．

(1) インバーター制御のクレーンは，低速から高速まで無段階に精度の高い速度制御ができるので，インチング動作をせずに微速運転で位置を合わせることができる．

(2) 巻下げ過ぎ防止装置のないクレーンのフックを巻き下げ続けると，逆巻きになるおそれがある．

(3) ジブクレーンで荷をつるときは，マストやジブのたわみにより作業半径が大きくなるので，つり荷の質量が定格荷重に近い場合には，たわみにより大きくなったときの作業半径における定格荷重を超えないことを確認する．

(4) 停止時の荷振れを防止するために行う追いノッチは，移動を続けるつり荷が目標位置の少し手前まで来たときに移動の操作を一旦停止し，慣性で移動を続けるつり荷が振り切れた後，ホイストの真下に戻ってきたときに再び移動のスイッチを入れ，その直後に移動のスイッチを切り，つり荷を停止させる手順で行う．

(5) 無線操作方式のクレーンで，運転者自身が玉掛け作業を行うときは，制御器の操作スイッチなどへの接触による誤動作を防止するため，制御器の電源スイッチを切っておく．

解説 (1) 適切．インバーター制御（inverter：周波数制御）のクレーンは，低速から高速まで無段階に精度の高い速度制御ができるので，インチング動作（コントローラや押しボタンスイッチを断続的に操作して巻上げや横行等を寸動させる操作）をせずに微速運転で位置を合わせることができる．

(2) 適切．巻下げ過ぎ防止装置のないクレーンのフックを巻き下げ続けると，図 1.10-3 のようにC（巻き下げが止まらなかった場合）はA（正常な巻き方）と異なってワイヤロープの巻き方が，逆巻きになるおそれがある．

(3) 適切．ジブクレーンで荷をつるときは，マストやジブのたわみにより作業半径が大きくなるので，つり荷の質量が定格荷重に近い場合には，たわみにより大きくなったときの作業半径における定格荷重を超えないことを確認する．

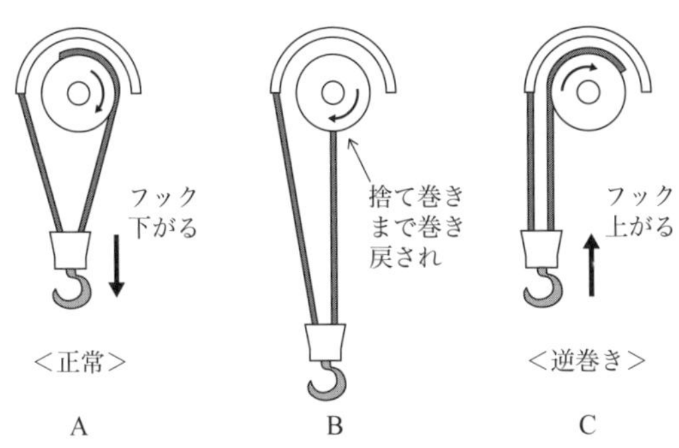

図 1.10-3　巻上げ用ワイヤロープの逆巻き

(4) 不適切．停止時の荷振れを防止するために行う追いノッチは，移動を続けるつり荷が目標位置の少し手前まで来たときに，一旦移動のスイッチを切ると，クレーンは停止しようとするが，慣性で移動を続けるつり荷が振り切る直前に，再び移動のスイッチを入れ，クレーン等が移動して荷が真下になったとき移動のスイッチを切り，つり荷を停止させる手順で行う．図 1.10-2 参照．

(5) 適切．無線操作方式のクレーンで，運転者自身が玉掛け作業を行うときは，制御器の操作スイッチなどへの接触による誤動作を防止するため，制御器の電源スイッチを切っておく．

▶答 (4)

問題 4　【令和元年春 問 10】

クレーンの運転時の取扱い方法及び注意事項に関する記述として，適切でないものは次のうちどれか．

(1) ジブクレーンで荷をつるときは，マストやジブのたわみにより作業半径が大きくなるので，つり荷の質量が定格荷重に近い場合には，たわみにより大きくなったときの作業半径における定格荷重を超えないことを確認する．

(2) 巻下げ過ぎ防止装置のないクレーンのフックを巻き下げ続けると，逆巻きになるおそれがある．

(3) 停止時の荷振れを防止するために行う追いノッチは，移動を続けるつり荷が目標位置の少し手前まで来たときに移動の操作を一旦停止し，慣性で移動を続けるつり荷が振り切れる直前に再び移動のスイッチを入れ，その直後に移動のスイッチを切り，つり荷を停止させる手順で行う．

(4) インバーター制御のクレーンは，低速から高速まで無段階に精度の高い速度制御ができるので，インチング動作をせずに微速運転で位置を合わせることができる．

(5) つり荷を下ろしたときに玉掛用ワイヤロープが挟まり手で抜けなくなった場合は，周囲に人がいないことを確認してから，クレーンのフックの巻上げによって荷から引き抜く.

解説 (1) 適切. ジブクレーンで荷をつるときは, マストやジブのたわみにより作業半径が大きくなるので, つり荷の質量が定格荷重に近い場合には, たわみにより大きくなったときの作業半径における定格荷重を超えないことを確認する. 図1.10-1参照.

(2) 適切. 巻下げ過ぎ防止装置のないクレーンのフックを巻き下げ続けると, 図1.10-3のようにC (巻き下げが止まらなかった場合) はA (正常な巻き方) と異なってワイヤロープの巻き方が, 逆巻きになるおそれがある.

(3) 適切. 停止時の荷振れを防止するために行う追いノッチは, 移動を続けるつり荷が目標位置の少し手前まで来たときに移動の操作を一旦停止し, 慣性で移動を続けるつり荷が振り切れる直前に再び移動のスイッチを入れ, その直後に移動のスイッチを切り, つり荷を停止させる手順で行う. 図1.10-2参照.

(4) 適切. インバーター制御のクレーンは, 低速から高速まで無段階に精度の高い速度制御ができるので, インチング動作をせずに微速運転で位置を合わせることができる.

(5) 不適切. つり荷を下ろしたときに玉掛用ワイヤロープが挟まり手で抜けなくなった場合は, 周囲に人がいないことを確認しても, 荷崩れを起こすおそれがあるためクレーンのフックの巻上げによって荷から引き抜いてはならない.

▶答 (5)

問題5 【平成30年秋 問10】

クレーンの運転時の取扱い方法及び注意事項に関する記述として, 適切なものは次のうちどれか.

(1) インバーター制御のクレーンは, 低速から高速まで無段階に精度の高い速度制御ができるので, インチング動作をせずに微速運転で位置を合わせることができる.

(2) 床上操作式クレーンでつり荷を移動させるときは, つり荷の運搬経路及び荷下ろし位置の安全確認のため, つり荷の前方に立ち, つり荷とともに歩くようにする.

(3) つり荷を下ろしたときに玉掛用ワイヤロープが挟まり手で抜けなくなった場合は, 周囲に人がいないことを確認してから, クレーンのフックの巻上げによって荷から引き抜く.

(4) 停止時の荷振れを防止するために行う追いノッチは, 移動を続けるつり荷が目標位置の少し手前まで来たときに移動の操作を一旦停止し, 慣性で移動を続けるつり荷が振り切れた後, ホイストの真下に戻ってきたときに再び移動のスイッチを入れ, その直後に移動のスイッチを切り, つり荷を停止させる手順で行う.

(5) 無線操作式クレーンで, 運転者自身が玉掛作業を行うときは, 必要な運転作業に迅速に対応できるよう, 制御器は電源スイッチを「入」にした状態で, 他の者が操作できない場所に置いておく.

解説 (1) 適切．インバーター制御（inverter：周波数制御）のクレーンは，低速から高速まで無段階に精度の高い速度制御ができるので，インチング動作をせずに微速運転で位置を合わせることができる．

(2) 不適切．床上操作式クレーンでつり荷を移動させるときは，運転士は常につり荷の後方又は横の位置からつり荷とともに歩くようにする．つり荷の先に立ち，つり荷とともに歩いてはならない．

(3) 不適切．つり荷を下ろしたときに玉掛用ワイヤロープが挟まり手で抜けなくなった場合，周囲に人がいないことを確認しても，荷崩れのおそれがあるため，クレーンのフックの巻上げによって荷から引き抜いてならない．

(4) 不適切．停止時の荷振れを防止するために行う追いノッチは，移動を続けるつり荷が目標位置の少し手前まで来たときに移動の操作を一旦停止し，慣性で移動を続けるつり荷が振り切れる直前に再び移動のスイッチを入れ，その直後に停止する手順で行う．図 1.10-2 参照．

(5) 不適切．無線操作方式のクレーンで，運転者自身が玉掛け作業を行うときは，わずかな時間でもクレーンから離れるので制御器の電源スイッチを「切」にした状態で，他の者が操作できない場所に置いておく．

▶答 (1)

問題 6 【平成 30 年春 問 6】

クレーンの運転時の注意事項として，適切でないものは次のうちどれか．

(1) ジブクレーンで荷をつるときは，マストやジブのたわみにより作業半径が大きくなるので，つり荷の質量が定格荷重に近い場合には，たわみにより大きくなったときの作業半径における定格荷重を超えないことを確認する．

(2) 巻下げ過ぎ防止装置のないクレーンのフックを巻き下げ続けると，逆巻きになるおそれがある．

(3) 停止時の荷振れを防止するために行う追いノッチは，移動を続けるつり荷が目標位置の少し手前まで来たときに移動の操作を一旦停止し，慣性で移動を続けるつり荷が振り切れる直前に再び移動のスイッチを入れ，その直後に移動のスイッチを切り，つり荷を停止させる手順で行う．

(4) インバーター制御のクレーンは，低速から高速までの無段階の速度制御により，スムーズな加速・減速や微速運転ができるので，つり荷の荷振れが抑えられるため，インチングを行わなくても位置合わせができる．

(5) つり荷を降ろしたときに玉掛用ワイヤロープが挟まり手で抜けなくなった場合は，周囲に人がいないことを確認してから，クレーンのフックの巻上げによって荷から引き抜く．

解説 (1) 適切．ジブクレーンで荷をつるときは，マストやジブのたわみにより作業半径が大きくなるので，つり荷の質量が定格荷重に近い場合には，たわみにより大きくなったときの作業半径における定格荷重を超えないことを確認する．

(2) 適切．巻下げ過ぎ防止装置のないクレーンのフックを巻き下げ続けると，図1.10-3のようにC（巻き下げが止まらなかった場合）はA（正常な巻き方）と異なってワイヤロープの巻き方が，逆巻きになるおそれがある．

(3) 適切．停止時の荷振れを防止するために行う追いノッチは，移動を続けるつり荷が目標位置の少し手前まで来たときに，一旦移動のスイッチを切ると，クレーンは停止しようとするが，慣性で移動を続けるつり荷が振り切る直前に，再び移動のスイッチを入れ，クレーン等が移動して荷が真下になったとき移動のスイッチを切り，つり荷を停止させる手順で行う．図1.10-2参照．

(4) 適切．インバーター制御のクレーンは，低速から高速まで無段階に精度の高い速度制御ができるので，インチング動作（コントローラや押しボタンスイッチを断続的に操作して巻上げや横行等を寸動させる操作）をせずに微速運転で位置を合わせることができる．

(5) 不適切．つり荷を下ろしたときに玉掛け用ワイヤロープが挟まり，手で抜けなくなった場合，周囲に人がいないことを確認しても，荷崩れのおそれがあるためクレーンのフックの巻上げによって荷から引き抜いてはならない．

▶答 (5)

1.10 クレーンの運転時の取扱い方及び注意事項

問題7 【平成29年秋 問10】

クレーンの運転時の注意事項に関する記述として，適切でないものは次のうちどれか．

(1) インバーター制御のクレーンは，低速から高速までの無段階の速度制御により，スムーズな加速・減速や微速運転ができるので，つり荷の荷振れが抑えられるため，インチングを行わなくても位置合わせができる．

(2) 巻下げ過ぎ防止装置のないクレーンのフックを巻き下げ続けると，逆巻きになるおそれがある．

(3) ジブクレーンで荷をつるときは，マストやジブのたわみにより作業半径が大きくなるので，つり荷の質量が定格荷重に近い場合には，たわみにより大きくなったときの作業半径における定格荷重を超えないことを確認する．

(4) 停止時の荷振れを防止するために行う追いノッチは，移動を続けるつり荷が目標位置の少し手前まで来たときに移動の操作を一旦停止し，慣性で移動を続けるつり荷が振り切れた後，ホイストの真下に戻ってきたときに再び移動のスイッチを入れ，その直後に移動のスイッチを切り，つり荷を停止させる手順で行う．

(5) 無線操作式クレーンで，運転者自身が玉掛作業を行うときは，制御器の操作スイッチなどへの接触による誤動作を防止するため，制御器の電源スイッチを切っておく．

解説 (1) 適切．インバーター制御（inverter：周波数制御）のクレーンは，低速から高速まで無段階に精度の高い速度制御ができるので，インチング動作（コントローラや押しボタンスイッチを断続的に操作して巻上げや横行等を寸動させる操作）をせずに微速運転で位置を合わせることができる．

(2) 適切．巻下げ過ぎ防止装置のないクレーンのフックを巻き下げ続けると，図1.10-3のようにC（巻き下げが止まらなかった場合）はA（正常な巻き方）と異なってワイヤロープの巻き方が，逆巻きになるおそれがある．

(3) 適切．ジブクレーンで荷をつるときは，マストやジブのたわみにより作業半径が大きくなるので，つり荷の質量が定格荷重に近い場合には，たわみにより大きくなったときの作業半径における定格荷重を超えないことを確認する．

(4) 不適切．停止時の荷振れを防止するために行う追いノッチは，移動を続けるつり荷が目標位置の少し手前まで来たときに，一旦移動のスイッチを切ると，クレーンは停止しようとするが，慣性で移動を続けるつり荷が振り切る直前に，再び移動のスイッチを入れ，クレーン等が移動して荷が真下になったとき移動のスイッチを切り，つり荷を停止させる手順で行う．図1.10-2参照．

(5) 適切．無線操作方式のクレーンで，運転者自身が玉掛け作業を行うときは，制御器の操作スイッチなどへの接触による誤動作を防止するため，制御器の電源スイッチを切っておく．

▶答 (4)

問題8 【平成29年春 問10】 

クレーンの運転時の注意事項として，適切なものは次のうちどれか．

(1) 床上操作式クレーンでつり荷を移動させるときは，つり荷の運搬経路及び荷降ろし位置の安全確認のため，つり荷の前方に立ち，つり荷とともに歩くようにする．

(2) 無線操作式クレーンで，運転者自身が玉掛作業を行うときは，必要な運転作業に迅速に対応できるよう，制御器は電源スイッチを「入」にした状態で，他の者が操作できない場所に置いておく．

(3) 巻上げ操作による荷の横引きを行うときは，周囲に人がいないことを確認してから行う．

(4) ジブクレーンで荷をつるときは，マストやジブのたわみにより作業半径が大きくなるので，つり荷の質量が定格荷重に近い場合は，たわみにより作業半径が大きくなっても定格荷重を超えないことを確認する．

(5) 停止時の荷振れを防止するため，目標位置の少し手前で移動の操作を一旦停止し，慣性で移動を続けるつり荷が振り切れた後，ホイストの真下に戻ってきたときに再び移動のスイッチを入れ，荷を停止させる追いノッチを行う．

解説 (1) 不適切．床上操作式クレーンでつり荷を移動させるときは，運転士は常につり荷の後方又は横の位置からつり荷とともに歩くようにする．つり荷の先に立ち，つり荷とともに歩いてはならない．

(2) 不適切．無線操作方式のクレーンで，運転者自身が玉掛け作業を行うときは，わずかな時間でもクレーンから離れるので制御器の電源スイッチを「切」にした状態で，他の者が操作できない場所に置いておく．

(3) 不適切．つり荷が大きく揺れる危険となるため巻上げ操作による荷の横引きを行ってはならない．

(4) 適切．ジブクレーンで荷をつるときは，マストやジブのたわみにより作業半径が大きくなるので，定格荷重に近い質量の荷をつる場合には，つり荷の質量が，たわみにより大きくなったときの作業半径における定格荷重を超えないことを確認する．図1.10-1参照．

(5) 不適切．停止時の荷振れを防止するために行う追いノッチは，移動を続けるつり荷が目標位置の少し手前まで来たときに移動の操作を一旦停止し，慣性で移動を続けるつり荷が振り切れる直前に再び移動のスイッチを入れ，その直後に停止する手順で行う．図1.10-2参照．

▶答 (4)

問題9 【平成28年秋 問8】

クレーンの運転時の注意事項として，誤っているものは次のうちどれか．

(1) 床上操作式クレーンでつり荷を移動させるときは，つり荷の運搬経路及び荷降ろし位置の安全確認のため，つり荷の前方に立ち，つり荷とともに歩くようにする．

(2) つり荷の地切り時は，玉掛け用ワイヤロープが張った位置で一旦止め，フックの中心がつり荷の重心の真上にあることなどを確認してから地切りする．

(3) 追いノッチにより停止時の荷振れを防止するには目標位置の少し手前で移動の操作を一旦停止し，慣性で移動を続けるつり荷が振り切る直前にスイッチを入れて，その直後に停止する．

(4) ジブクレーンで荷をつるときは，マストやジブのたわみにより作業半径が大きくなるので，つり荷の質量が定格荷重に近い場合は，たわみにより作業半径が大きくなっても定格荷重を超えないことを確認する．

(5) 無線操作式クレーンで，運転者自身が玉掛作業を行うときは，制御器の操作スイッチなどへの接触による誤動作を防止するため，制御器の電源スイッチを切っておく．

解説 (1) 誤り．床上操作式クレーンでつり荷を移動させるときは，運転士は常につり荷の後方又は横の位置からつり荷とともに歩くようにする．つり荷の先に立ち，つり荷とともに歩いてはならない．

(2) 正しい．つり荷の地切り時は，玉掛け用ワイヤロープが張った位置で一旦止め，フックの中心がつり荷の重心の真上にあることなどを確認してから地切りする．なお，地切りとは，巻上げにより，つり荷をまくら等からわずかに離すことをいう．

(3) 正しい．追いノッチにより停止時の荷振れを防止するには目標位置の少し手前で移動の操作を一旦停止し，慣性で移動を続けるつり荷が振り切る直前にスイッチを入れて，その直後に停止する．図1.10-2参照．

(4) 正しい．ジブクレーンで荷をつるときは，マストやジブのたわみにより作業半径が大きくなるので，つり荷の質量が定格荷重に近い場合は，たわみにより作業半径が大きくなっても定格荷重を超えないことを確認する．

(5) 正しい．無線操作式クレーンで，運転者自身が玉掛作業を行うときは，制御器の操作スイッチなどへの接触による誤動作を防止するため，制御器の電源スイッチを切っておく．

▶答 (1)

問題10 【平成28年春 問8】

クレーンの運転時の注意事項として，誤っているものは次のうちどれか．

(1) ワイヤロープなどの玉掛用具を，クレーンのフックの巻上げ操作によって荷から引き抜かない．

(2) 無線操作式クレーンでは，運転中につり荷が死角に入りそうなときは，一旦停止し，つり荷の見える位置に立つか又は合図者の合図により運転する．

(3) 追いノッチによる停止時の荷振れ防止では，目標位置の少し手前でコントローラーを一旦切りにし，慣性で移動を続けるつり荷が振り切る直前に，瞬時入りにして停止する．

(4) 安全通路，車両通路などを横断するときは，徐行するとともに，警報を鳴らすなどにより，周囲の作業者の注意を促す．

(5) 揚程が少しだけ足りないときは，巻過防止用のリミットスイッチを外して慎重に巻上げ操作を行う．

解説 (1) 正しい．ワイヤロープなどの玉掛用具を，クレーンのフックの巻上げ操作によって荷から荷崩れが起こる可能性があるため引き抜かない．

(2) 正しい．無線操作式クレーンでは，運転中につり荷が死角に入りそうなときは，一旦停止し，つり荷の見える位置に立つか又は合図者の合図により運転する．

(3) 正しい．追いノッチによる停止時の荷振れ防止では，目標位置の少し手前でコントローラーを一旦切りにし，慣性で移動を続けるつり荷が振り切る直前に，瞬時入りにして停止する．図 1.10-2 参照．

(4) 正しい．安全通路，車両通路などを横断するときは，徐行するとともに，警報を鳴らすなどにより，周囲の作業者の注意を促す．

(5) 誤り．揚程が少しだけ足りないときでも，巻過防止用のリミットスイッチを外してはならない．

▶答 (5)

第 2 章

関係法令

2.1 建設物の内部に設置する走行クレーン

問題1 【令和2年秋 問11】

建設物の内部に設置する走行クレーン（以下，本問において「クレーン」という.）に関する記述として，法令上，違反となるものは次のうちどれか.

(1) クレーンガーダの歩道と当該歩道の上方にある建設物のはりとの間隔が1.7mであるため，当該歩道上に当該歩道からの高さが1.4mの天がいを設けている.

(2) クレーンの運転室の端から労働者が墜落するおそれがあるため，当該運転室の端と運転室に通ずる歩道の端との間隔を0.2mとしている.

(3) クレーンガーダの歩道と当該歩道の上方にある建設物のはりとの間隔を2.5mとし，当該クレーンの集電装置の部分を除いた最高部と，当該クレーンの上方にある建設物のはりとの間隔を0.5mとしている.

(4) クレーンガーダに歩道を有しないクレーンの集電装置の部分を除いた最高部と，当該クレーンの上方にある建設物のはりとの間隔を0.3mとしている.

(5) クレーンと建設物との間の歩道の幅を，柱に接する部分は0.5mとし，それ以外の部分は0.7mとしている.

解説 (1) 違反．クレーンガーダの歩道と当該歩道の上方にある建設物のはりとの間隔が1.7m（天がいがなければ1.8m以上必要）であるが，天がいがあるので当該歩道上に当該歩道から天がいまでの高さが1.5m以上（設問では1.4m）でなければならない．クレ規則第13条（走行クレーンと建設物等との間隔）本文ただし書及び第二号参照．図2.1-1参照.

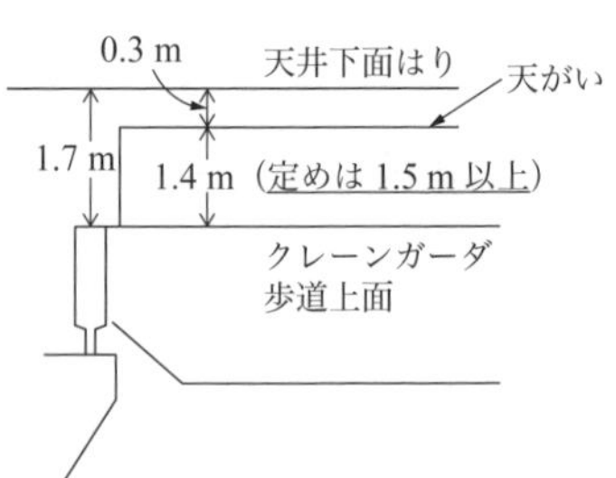

図2.1-1　設問の図示

(2) 違反しない．クレーンの運転室の端から労働者が墜落するおそれがあるため，当該運転室の端と運転室に通ずる歩道の端との間隔を0.3m以下（設問では0.2m）とする．クレ規則第15条（運転室等と歩道との間隔）参照．図2.1-2参照.

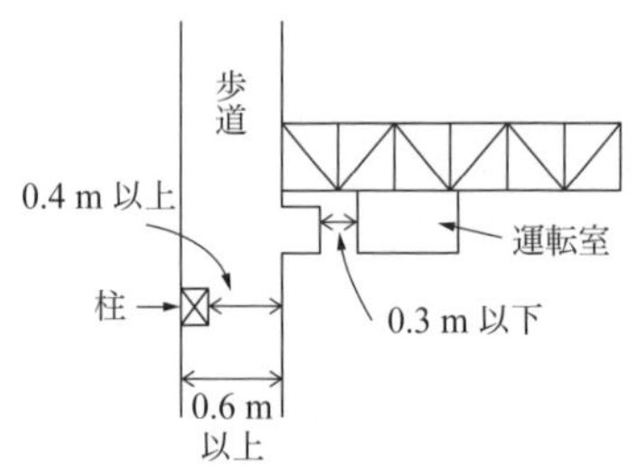

図2.1-2　クレ規則の図示

(3) 違反しない．クレーンガーダの歩道と当該歩道の上方にある建設物のはりとの間隔を1.8m以上（設問では2.5m）とし，当該クレーンの集電装置の部分を除いた最高部と，当該クレーンの上方にある建設物のはりとの間隔を0.4m以上（設問では0.5m）とする．なお，天がいがある場合，天がいはクレーンの最高部とみなさない．クレ規則第13条（走行クレーンと建設物等との間隔）第一号及び第二号参照．図2.1-3参照．

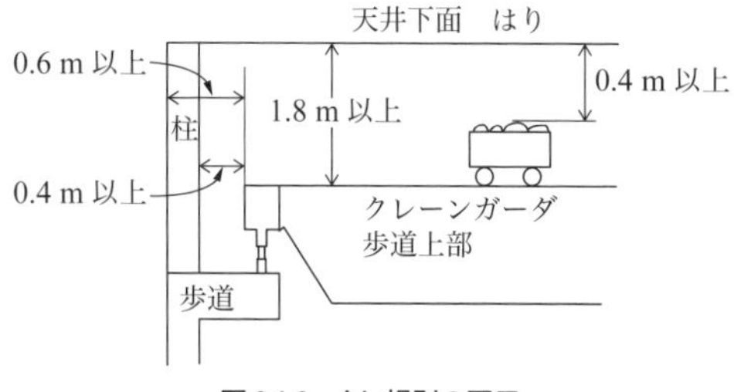

図2.1-3　クレ規則の図示

(4) 違反しない．クレーンガーダに歩道を有しないクレーンの集電装置の部分を除いた最高部と，当該クレーンの上方にある建設物のはりとの間隔は特に規定はないが本問では0.3mとしている．クレ規則第13条（走行クレーンと建設物等との間隔）かっこ書及び第一号参照．

(5) 違反しない．クレーンと建設物との間の歩道の幅を，柱に接する部分は0.4m以上（設問では0.5m）とし，それ以外の部分は0.6m以上（設問では0.7m）とする．クレ規則第14条（建設物等との間の歩道）参照．図2.1-2及び図2.1-3参照．　▶答（1）

問題2　【令和2年春 問11】

建設物の内部に設置する走行クレーンに関する記述として，法令上，違反となるものは次のうちどれか．

(1) クレーンガーダの歩道と当該歩道の上方にある建設物のはりとの間隔が1.7mであるため，当該歩道上に当該歩道からの高さが1.6mの天がいを設けている．

(2) クレーンの運転室の端から労働者が墜落するおそれがあるため，当該運転室の端と運転室に通ずる歩道の端との間隔を0.4mとしている．

(3) クレーンと建設物との間の歩道のうち，建設物の柱に接する部分の歩道の幅を0.5mとしている．

(4) クレーンと建設物との間の歩道のうち，建設物の柱に接する部分以外の歩道の幅を0.7mとしている．

(5) クレーンガーダに歩道を有しないクレーンの集電装置の部分を除いた最高部と，当該クレーンの上方にある建設物のはりとの間隔を0.3mとしている．

解説　(1) 違反しない．クレーンガーダの歩道と当該歩道の上方にある建設物のはりとの間隔が1.7m（天がいがなければ1.8m以上必要）であるが，天がいがあるので当該歩道上に当該歩道から天がいまでの高さが1.5m以上（設問では1.6m）でなければならない．クレ規則第13条（走行クレーンと建設物等との間隔）本文ただし書及び第二号参照．図2.1-1参照．

(2) 違反．クレーンの運転室の端から労働者が墜落するおそれがあるため，当該運転室の端と運転室に通ずる歩道の端との間隔を0.3m以下（設問では0.4m）とする．クレ規則第15条（運転室等と歩道との間隔）参照．図2.1-2参照．

(3) 違反しない．クレーンと建設物との間の歩道のうち，建設物の柱に接する部分の歩道の幅を0.4m以上（設問では0.5m）とする．クレ規則第14条（建築物等との間の歩道）ただし書参照．図2.1-2及び図2.1-3参照．

(4) 違反しない．クレーンと建設物との間の歩道のうち，建設物の柱に接する部分以外の歩道の幅を0.6m以上（設問では0.7m）とする．クレ規則第14条（建築物等との間の歩道）参照．図2.1-2及び図2.1-3参照．

(5) 違反しない．クレーンガーダに歩道を有しないクレーンの集電装置の部分を除いた最高部と，当該クレーンの上方にある建設物のはりとの間隔は特に規定はないが本問では0.3mとしている．クレ規則第13条（走行クレーンと建設物等との間隔）かっこ書及び第一号参照．

▶答（2）

問題3 【令和元年秋 問14】

建設物の内部に設置する走行クレーンに関する記述として，法令上，違反となるものは次のうちどれか．

(1) クレーンガーダに歩道を有するクレーンの集電装置の部分を除いた最高部と，その上方にある建設物のはりとの間隔を0.5mとしている．

(2) 走行クレーンと建設物との間の歩道のうち，建設物の柱に接する部分の歩道の幅を0.3mとしている．

(3) 走行クレーンと建設物との間の歩道のうち，建設物の柱に接する部分以外の歩道の幅を0.7mとしている．

(4) クレーンガーダの歩道と当該歩道の上方にある建設物のはりとの間隔が1.7mであるため，当該歩道上に当該歩道からの高さが1.6mの天がいを設けている．

(5) クレーンの運転室の端から労働者が墜落するおそれがあるため，当該運転室の端と運転室に通ずる歩道の端との間隔を0.2mとしている．

解説 (1) 違反しない．クレーンガーダに歩道を有するクレーンの集電装置の部分を除いた最高部と，その上方にある建設物のはりとの間隔を0.4m以上（設問では0.5m）と定められている．クレ規則第13条（走行クレーンと建設物等との間隔）本文及び第一号参照．図2.1-3参照．

(2) 違反．走行クレーンと建設物との間の歩道のうち，建設物の柱に接する部分の歩道の幅を0.4m以上（設問では0.3m）と定められている．クレ規則第14条（建設物等との間の歩道）ただし書参照．図2.1-2及び図2.1-3参照．

(3) 違反しない．走行クレーンと建設物との間の歩道のうち，建設物の柱に接する部分以外の歩道の幅を 0.6 m 以上（設問では 0.7 m）と定められている．クレ規則第 14 条（建設物等との間の歩道）参照．

(4) 違反しない．クレーンガーダの歩道と当該歩道の上方にある建設物のはりとの間隔が 1.7 m（天がいがなければ 1.8 m 以上必要）であるが，天がいがある場合，当該歩道から天がいまでの間隔は 1.5 m 以上（設問では 1.6 m）と定められている．クレ規則第 13 条（走行クレーンと建設物等との間隔）本文ただし書及び第二号参照．

(5) 違反しない．クレーンの運転室の端から労働者が墜落するおそれがあるため，当該運転室の端と運転室に通ずる歩道の端との間隔を 0.3 m 以下（設問では 0.2 m）と定められている．クレ規則第 15 条（運転室等と歩道との間隔）参照．図 2.1-2 参照．

▶答（2）

問題 4

【令和元年春 問 11】

建設物の内部に設置する走行クレーンに関する記述として，法令上，違反となるものは次のうちどれか．

(1) クレーンガーダの歩道と当該歩道の上方にある建設物のはりとの間隔が 1.7 m であるため，当該クレーンガーダの歩道上に歩道からの高さが 1.6 m の天がいを設けている．

(2) クレーンガーダに歩道を有するクレーンの集電装置の部分を除いた最高部と，その上方にある建設物のはりとの間隔を 0.3 m としている．

(3) 走行クレーンと建設物との間の歩道のうち，建設物の柱に接する部分の歩道の幅を 0.5 m としている．

(4) 走行クレーンと建設物との間の歩道のうち，建設物の柱に接する部分以外の歩道の幅を 0.7 m としている．

(5) クレーンの運転室の端から労働者が墜落するおそれがあるため，当該運転室の端と運転室に通ずる歩道の端との間隔を 0.2 m としている．

解説 (1) 違反しない．クレーンガーダの歩道と当該歩道の上方にある建設物のはりとの間隔が 1.7 m（天がいがなければ 1.8 m 以上必要）であるが，天がいがある場合，当該歩道から天がいまでの間隔は 1.5 m 以上（設問では 1.6 m）と定められている．クレ規則第 13 条（走行クレーンと建設物等との間隔）本文ただし書及び第二号参照．

(2) 違反．クレーンガーダに歩道を有するクレーンの集電装置の部分を除いた最高部と，その上方にある建設物のはりとの間隔を 0.4 m 以上（設問では 0.3 m）と定められている．クレ規則第 13 条（走行クレーンと建設物等との間隔）本文及び第一号参照．図 2.1-3 参照．

(3) 違反しない．走行クレーンと建設物との間の歩道のうち，建設物の柱に接する部分の歩道の幅を0.4m以上（設問では0.5m）と定められている．クレ規則第14条（建設物等との間の歩道）ただし書参照．図2.1-2及び図2.1-3参照．

(4) 違反しない．走行クレーンと建設物との間の歩道のうち，建設物の柱に接する部分以外の歩道の幅を0.6m以上（設問では0.7m）と定められている．クレ規則第14条（建設物等との間の歩道）参照．

(5) 違反しない．クレーンの運転室の端から労働者が墜落するおそれがあるため，当該運転室の端と運転室に通ずる歩道の端との間隔を0.3m以下（設問では0.2m）と定められている．クレ規則第15条（運転室等と歩道との間隔）参照．図2.1-2参照．

▶答（2）

問題5

【平成30年秋 問11】 

建設物の内部に設置する走行クレーンに関する記述として，法令上，違反となるものは次のうちどれか．

(1) クレーンガーダの歩道と当該歩道の上方にある建設物のはりとの間隔が1.7mであるため，当該歩道上に歩道からの高さが1.4mの天がいを設けている．

(2) クレーンの運転室の端から労働者が墜落するおそれがあるため，当該運転室の端と運転室に通ずる歩道の端との間隔を0.2mとしている．

(3) クレーンガーダの歩道と当該歩道の上方にある建設物のはりとの間隔を2.5mとし，当該走行クレーンの集電装置の部分を除いた最高部と，当該走行クレーンの上方にある建設物のはりとの間隔を0.5mとしている．

(4) クレーンガーダに歩道を有しない走行クレーンの集電装置の部分を除いた最高部と，当該走行クレーンの上方にある建設物のはりとの間隔を0.3mとしている．

(5) 走行クレーンと建設物との間の歩道の幅を，柱に接する部分は0.5mとし，それ以外の部分は0.7mとしている．

解説 (1) 違反．クレーンガーダの歩道と当該歩道の上方にある建設物のはりとの間隔が1.7m（天がいがなければ1.8m以上）であるが，天がいがあるので当該歩道上に当該歩道から天がいまでの高さが1.5m以上（設問では1.4m）でなければならない．クレ規則第13条（走行クレーンと建設物等との間隔）本文ただし書及び第二号参照．図2.1-1参照．

(2) 違反しない．クレーンの運転室の端から労働者が墜落するおそれがあるため，当該運転室の端と運転室に通ずる歩道の端との間隔を0.3m以下（設問では0.2m）とする．クレ規則第15条（運転室等と歩道との間隔）参照．図2.1-2参照．

(3) 違反しない．クレーンガーダの歩道と当該歩道の上方にある建設物のはりとの間隔を天がいがないので1.8m以上（設問では2.5m）とし，当該クレーンの集電装置の部分を除いた最高部と，当該クレーンの上方にある建設物のはりとの間隔を0.4m以上（設問では0.5m）とする．クレ規則第13条（走行クレーンと建設物等との間隔）第一号及び第二号参照．図2.1-3参照．

(4) 違反しない．クレーンガーダに歩道を有しないクレーンの集電装置の部分を除いた最高部と，当該クレーンの上方にある建設物のはりとの間隔は特に規定はないが本問では0.3mとしている．クレ規則第13条（走行クレーンと建設物等との間隔）かっこ書及び第一号参照．

(5) 違反しない．クレーンと建設物との間の歩道の幅を，柱に接する部分は0.4m以上（設問では0.5m）とし，それ以外の部分は0.6m以上（設問では0.7m）とする．クレ規則第14条（建設物等との間の歩道）参照．

▶答 (1)

問題6 【平成30年春 問11】

建設物の内部に設置する走行クレーンに関する記述として，法令上，違反とならないものは次のうちどれか．

(1) クレーンガーダの歩道と当該歩道の上方にある建設物のはりとの間隔が1.7mであるため，当該クレーンガーダの歩道上に歩道からの高さが1.4mの天がいを設けている．

(2) クレーンの運転室の端から労働者が墜落するおそれがあるため，当該運転室の端と運転室に通ずる歩道の端との間隔を0.2mとしている．

(3) 走行クレーンと建設物との間の歩道のうち，建設物の柱に接する部分の歩道の幅を0.3mとしている．

(4) 走行クレーンと建設物との間の歩道のうち，建設物の柱に接する部分以外の歩道の幅を0.5mとしている．

(5) クレーンガーダに歩道を有するクレーンの集電装置の部分を除いた最高部と，その上方にある建設物のはりとの間隔を0.3mとしている．

解説 (1) 違反．クレーンガーダの歩道と当該歩道の上方にある建設物のはりとの間隔が1.7m（天がいがなければ1.8m以上）であるが，天がいがあるので当該歩道上に当該歩道から天がいまでの高さが1.5m以上（設問では1.4m）でなければならない．クレ規則第13条（走行クレーンと建設物等との間隔）本文ただし書及び第二号参照．図2.1-1参照．

(2) 違反しない．クレーンの運転室の端から労働者が墜落するおそれがあるため，当該運転室の端と運転室に通ずる歩道の端との間隔を0.3m以下（設問では0.2m）とする．クレ規則第15条（運転室等と歩道との間隔）参照．図2.1-2参照．

(3) 違反．クレーンと建設物との間の歩道のうち，建設物の柱に接する部分の歩道の幅を0.4m以上（設問では0.3m）とする．クレ規則第14条（建築物等との間の歩道）ただし書参照．図2.1-2及び図2.1-3参照．

(4) 違反．クレーンと建設物との間の歩道のうち，建設物の柱に接する部分以外の歩道の幅を0.6m以上（設問では0.5m）とする．クレ規則第14条（建築物等との間の歩道）参照．図2.1-2及び図2.1-3参照．

(5) 違反．クレーンガーダに歩道を有するクレーンの集電装置の部分を除いた最高部と，その上方にある建設物のはりとの間隔を0.4m以上（設問では0.3m）と定められている．クレ規則第13条（走行クレーンと建設物等との間隔）本文及び第一号参照．図2.1-3参照．

▶答 (2)

問題7

【平成29年秋 問11】 

建設物の内部に設置する走行クレーンに関し，法令上，違反となるものは次のうちどれか．

(1) クレーンガーダの歩道と当該歩道の上方にある建設物のはりとの間隔が1.7mであるため，当該歩道上に歩道からの高さが1.4mの天がいを設けている．

(2) クレーンの運転室の端から労働者が墜落するおそれがあるため，当該運転室の端と運転室に通ずる歩道の端との間隔を0.2mとしている．

(3) クレーンガーダの歩道と当該歩道の上方にある建設物のはりとの間隔を2.5mとし，当該走行クレーンの集電装置の部分を除いた最高部と，当該走行クレーンの上方にある建設物のはりとの間隔を0.4mとしている．

(4) クレーンガーダに歩道を有しない走行クレーンの集電装置の部分を除いた最高部と，当該走行クレーンの上方にある建設物のはりとの間隔を0.3mとしている．

(5) 走行クレーンと建設物との間の歩道の幅を，柱に接する部分は0.4mとし，それ以外の部分は0.6mとしている．

解説 (1) 違反．クレーンガーダの歩道と当該歩道の上方にある建設物のはりとの間隔が1.7m（天がいがなければ1.8m以上）であるが，天がいがあるので当該歩道上に当該歩道から天がいまでの高さが1.5m以上（設問では1.4m）でなければならない．クレ規則第13条（走行クレーンと建設物等との間隔）本文ただし書及び第二号参照．図2.1-1参照．

(2) 違反しない．クレーンの運転室の端から労働者が墜落するおそれがあるため，当該運転室の端と運転室に通ずる歩道の端との間隔を0.3m以下（設問では0.2m）とする．クレ規則第15条（運転室等と歩道との間隔）参照．図2.1-2参照．

(3) 違反しない．クレーンガーダの歩道と当該歩道の上方にある建設物のはりとの間隔を天がいがないので1.8m以上（設問では2.5m）とし，当該クレーンの集電装置の部分を除いた最高部と，当該クレーンの上方にある建設物のはりとの間隔を0.4m以上（設問では0.4m）とする．クレ規則第13条（走行クレーンと建設物等との間隔）第一号及び第二号参照．図2.1-3参照．

(4) 違反しない．クレーンガーダに歩道を有しないクレーンの集電装置の部分を除いた最高部と，当該クレーンの上方にある建設物のはりとの間隔は特に規定はないが本問では0.3mとしている．クレ規則第13条（走行クレーンと建設物等との間隔）かっこ書及び第一号参照．

(5) 違反しない．クレーンと建設物との間の歩道の幅を，柱に接する部分は0.4m以上（設問では0.4m）とし，それ以外の部分は0.6m以上（設問では0.6m）とする．クレ規則第14条（建設物等との間の歩道）参照．

▶答 (1)

第2章 関係法令

問題8 【平成29年春 問11】

建設物の内部に設置する走行クレーンに関し，法令上，違反とならないものは次のうちどれか．

(1) 走行クレーンと建設物との間の歩道の幅を，柱に接する部分は0.4mとし，それ以外の部分は0.5mとしている．

(2) クレーンの運転室の端から墜落するおそれがあるため，当該運転室の端と運転室に通ずる歩道の端との間隔を0.4mとしている．

(3) クレーンガーダに歩道を有しないクレーンの集電装置の部分を除いた最高部とその上方にある建設物のはりとの間隔を0.3mとしている．

(4) クレーンガーダの歩道と当該歩道の上方にある建設物のはりとの間隔が1.7mであるため，歩道からの高さが1.4mの天がいを設けている．

(5) クレーンのクラブトロリの最高部とはり下に設置された照明との間隔が0.3mであるため，クレーンガーダの歩道と建設物のはりとの間隔を1.5mとしている．

解説 (1) 違反．クレーンと建設物との間の歩道の幅を，柱に接する部分は0.4m以上（設問では0.4m）とし，それ以外の部分は0.6m以上（設問では0.5m）とする．クレ規則第14条（建設物等との間の歩道）参照．

(2) 違反．クレーンの運転室の端から労働者が墜落するおそれがあるため，当該運転室の端と運転室に通ずる歩道の端との間隔を0.3m以下（設問では0.4m）とする．クレ規則第15条（運転室等と歩道との間隔）参照．図2.1-2参照．

(3) 違反しない．クレーンガーダに歩道を有しないクレーンの集電装置の部分を除いた最高部と，当該クレーンの上方にある建設物のはりとの間隔は特に規定はないが本問では0.3mとしている．クレ規則第13条（走行クレーンと建設物等との間隔）かっこ書及び第一号参照.

(4) 違反. クレーンガーダの歩道と当該歩道の上方にある建設物のはりとの間隔が1.7m（天がいがなければ1.8m以上）であるが，天がいがあるので当該歩道上に当該歩道から天がいまでの高さが1.5m以上（設問では1.4m）でなければならない. クレ規則第13条（走行クレーンと建設物等との間隔）本文ただし書及び第二号参照. 図2.1-1参照.

(5) 違反. クレーンのクラブトロリの集電装置の部分を除いた最高部と，当該クレーンの上方にある建設物のはり下に設置された照明との間隔を0.4m以上（設問では0.3m）とし，クレーンガーダの歩道と当該歩道の上方にある建設物のはりとの間隔を天がいがないので1.8m以上（設問では1.5m）とする. クレ規則第13条（走行クレーンと建設物等との間隔）第一号及び第二号参照.

▶答（3）

問題9 【平成28年秋 問17】

建設物の内部に設置する走行クレーンに関し，法令上，違反となるものは次のうちどれか.

(1) クレーンガーダの歩道と建屋のはりとの間隔が1.7mであるため，歩道からの高さが1.4mの天がいを設けている.

(2) クレーンの運転室の端と当該運転室に通ずる歩道の端との間隔を0.2mとしている.

(3) クレーンガーダの歩道と建屋のはりとの間隔は2.5mであるが，クレーンのクラブトロリの最高部とはり下に設置された照明との間隔を0.4mとしている.

(4) クレーンガーダに歩道のないクレーンの最高部と，その上方にある建屋のはりとの間隔を0.3mとしている.

(5) 走行クレーンと建設物との間の歩道の幅は，柱に接する部分は0.4mとし，それ以外の部分は0.6mとしている.

解説 (1) 違反. クレーンガーダの歩道と建屋のはりとの間隔が1.8m以上（設問では1.7m）での規定であるが，クレーンガーダの歩道に天がいがある場合，歩道から天がいの高さは1.5m（設問では1.4m）以上あれば，1.8m以上の適用は除外されている. 図2.1-1参照. クレ規則第13条（走行クレーンと建設物等との間隔）本文ただし書及び第二号参照.

(2) 違反しない. クレーンの運転室の端と当該運転室に通ずる歩道の端との間隔を0.3m以下（設問では0.2m）と定められている. クレ規則第15条（運転室等と歩道との間隔）参照. 図2.1-2参照.

(3) 違反しない. クレーンガーダの歩道と建屋のはりとの間隔は天がいがない場合，1.8m以上（設問では2.5m）であるが，クレーンのクラブトロリの最高部とはり下に設置された照明との間隔を0.4m以上（設問では0.4m）と定められている．クレ規則第13条（走行クレーンと建設物等との間隔）第一号及び第二号参照．図2.1-3参照．

(4) 違反しない．クレーンガーダに歩道のないクレーンの最高部と，その上方にある建屋のはりとの間隔は規定がないため，0.3mとしていることは違反しない．クレ規則第13条（走行クレーンと建設物等との間隔）本文かっこ書及び第一号参照．

(5) 違反しない．走行クレーンと建設物との間の歩道の幅は，柱に接する部分は0.4m以上（設問では0.4m）とし，それ以外の部分は0.6m以上（設問では0.6m）と定められている．クレ規則第14条（建築物等との間の歩道）参照．　▶答（1）

問題10　【平成28年春 問16】

建設物の内部に設置する走行クレーンに関し，法令上，誤っているものは次のうちどれか．

(1) クレーンガーダに歩道のないクレーンの最高部とその上方にあるはり等との間隔は，0.4m以上としなくてもよい．

(2) クレーンガーダの歩道の端と当該歩道に通ずる歩道の端との間隔は，0.4m以下としなければならない．

(3) クレーンと建設物との間に設ける歩道の幅は，柱に接する部分を除き0.6m以上としなければならない．

(4) クレーンと建設物との間に設ける歩道のうち，柱に接する部分の幅は，0.4m以上としなければならない．

(5) クレーンガーダの歩道の上に，歩道からの高さが1.5mの天がいがある場合は，歩道とその上方にあるはり等との間隔は，1.8m以上としなくてもよい．

解説 (1) 正しい．クレーンガーダに歩道のないクレーンの最高部と，その上方にある建屋のはりとの間隔は規定がないため，0.4mとしていることは違反しない．クレ規則第13条（走行クレーンと建設物等との間隔）本文かっこ書及び第一号参照．

(2) 誤り．クレーンの運転室の端と当該運転室に通ずる歩道の端との間隔を0.3m以下（設問では0.4m以下）と定められている．図2.1-2参照．クレ規則第15条（運転室等と歩道との間隔）参照．

(3) 正しい．クレーンと建設物との間に設ける歩道の幅は，柱に接する部分を除き0.6m以上（設問では0.6m以上）としなければならない．クレ規則第14条（建設物等との間の歩道）参照．

(4) 正しい．クレーンと建設物との間に設ける歩道のうち，柱に接する部分の幅は，0.4m以上（設問では0.4m以上）としなければならない．クレ規則第14条（建設物等との間の歩道）ただし書参照．

(5) 正しい．クレーンガーダの歩道の上に，歩道から天がいまでの高さが1.5m以上（設問では1.5m）の天がいがある場合は，歩道とその上方にあるはり等との間隔は，規定が適用されないので1.8m以上としなくてもよい．クレ規則第13条（走行クレーンと建設物等との間隔）本文ただし書中のかっこ内及び第二号参照．　▶答（2）

2.2 クレーンの運転及び玉掛けの業務

問題1　【令和2年秋 問12】 

クレーンの運転の業務に関する記述として，法令上，誤っているものは次のうちどれか．

(1) クレーンの運転の業務に係る特別の教育の受講で，つり上げ荷重4tの機上で運転する方式の天井クレーンの運転の業務に就くことができる．

(2) 床上操作式クレーン運転技能講習の修了で，つり上げ荷重10tの床上操作式クレーンである橋形クレーンの運転の業務に就くことができる．

(3) 床上運転式クレーンに限定したクレーン・デリック運転士免許で，つり上げ荷重10tの無線操作方式の天井クレーンの運転の業務に就くことができる．

(4) クレーンに限定したクレーン・デリック運転士免許で，つり上げ荷重20tのクライミング式ジブクレーンの運転の業務に就くことができる．

(5) 限定なしのクレーン・デリック運転士免許で，つり上げ荷重15tのケーブルクレーンの運転の業務に就くことができる．

解説　(1) 正しい．クレーンの運転の業務に係る特別の教育の受講で，つり上げ荷重5t未満（設問では4t）の機上で運転する方式の天井クレーンの運転の業務に就くことができる．表2.2-1参照．安衛則第36条（特別教育を必要とする業務）第十五号イ及びクレ規則第21条（特別の教育）第1項第一号参照．

(2) 正しい．床上操作式クレーン運転技能講習の修了で，つり上げ荷重5t以上（設問では10t）の床上操作式クレーンである橋形クレーンの運転の業務に就くことができる．安衛令第20条（就業制限に係る業務）第六号及びクレ規則第22条（就業制限）ただし書参照．

(3) 誤り．床上運転式クレーン（通達で無線操作方式は除外）に限定したクレーン・デリック運転士免許で，つり上げ荷重5t以上（設問では10t）の天井クレーンの運転の業務に就くことができるが，無線操作方式の天井クレーンの運転業務に就くことはできない．安衛令第20条（就業制限に係る業務）第六号及びクレ規則第22条（就業制限)，クレ規則第224条の4（限定免許）第1項及び基発第65号（平成10年2月5日）参照.

表2.2-1　クレーンの運転の資格の区分

（出典：クレーン・デリック運転士教本，p1）

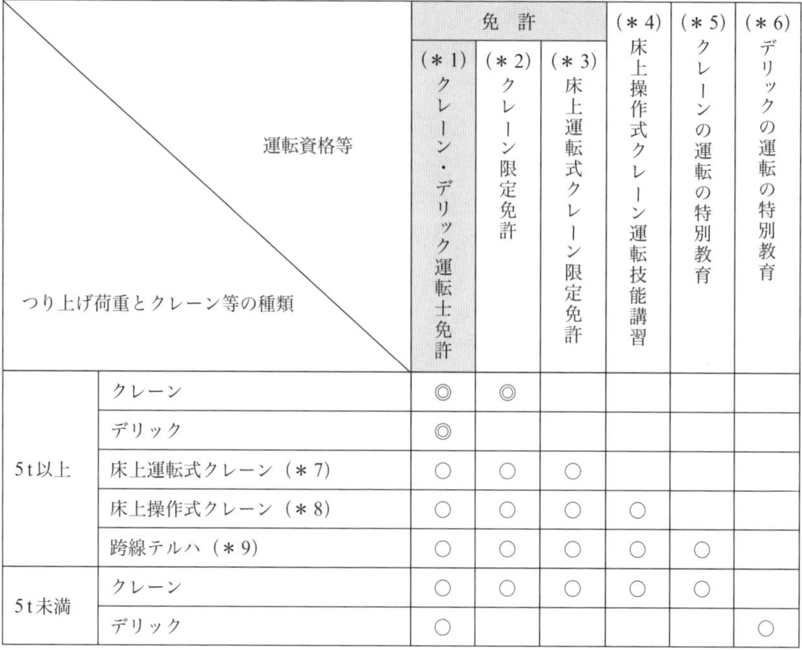

つり上げ荷重とクレーン等の種類 ＼ 運転資格等		免許			(＊4) 床上操作式クレーン運転技能講習	(＊5) クレーンの運転の特別教育	(＊6) デリックの運転の特別教育
		(＊1) クレーン・デリック運転士免許	(＊2) クレーン限定免許	(＊3) 床上運転式クレーン限定免許			
5t以上	クレーン	◎	◎				
	デリック	◎					
	床上運転式クレーン（＊7）	○	○	○			
	床上操作式クレーン（＊8）	○	○	○	○		
	跨線テルハ（＊9）	○	○	○	○	○	
5t未満	クレーン	○	○	○	○	○	
	デリック	○					○

◎印：無線操作方式を含む.

（＊1）クレ規則第22条（就業制限）

（＊2）クレ規則第224条の4（限定免許）第2項

（＊3）クレ規則第224条の4（限定免許）第1項

（＊4）クレ規則第22条（就業制限）ただし書

（＊5）クレ規則第21条（特別の教育）

（＊6）クレ規則第107条（特別の教育）

（＊7）床上で運転し，かつ，当該運転をする者がクレーンの走行とともに移動する方式のクレーン（床上操作式クレーンを除く）

（＊8）床上で操作し，かつ，当該運転をする者が荷の移動とともに移動する方式のクレーン

（＊9）鉄道において荷をつり上げ，線路を越えて使用されるテルハ

(4) 正しい．クレーンに限定したクレーン・デリック運転士免許で，つり上げ荷重5t以上（設問では20t）のクライミング式ジブクレーンは，限定したクレーンの範囲内であるから運転の業務に就くことができる．安衛令第20条（就業制限に係る業務）第六号，クレ規則第22条（就業制限）及びクレ規則第224条の4（限定免許）第2項参照.

(5) 正しい．限定なしのクレーン・デリック運転士免許で，つり上げ荷重5t以上（設問では15t）のケーブルクレーンの運転の業務に就くことができる．安衛令第20条（就業制限に係る業務）第六号及びクレ規則第22条（就業制限）参照． ▶答（3）

問題2 【令和2年春 問19】

クレーンの運転の業務に関する記述として，法令上，正しいものは次のうちどれか．

(1) クレーンの運転の業務に係る特別の教育の受講では，つり上げ荷重4tの床上操作式クレーンである橋形クレーンの運転の業務に就くことができない．

(2) 床上運転式クレーンに限定したクレーン・デリック運転士免許で，つり上げ荷重8tの無線操作方式の橋形クレーンの運転の業務に就くことができる．

(3) クレーンに限定したクレーン・デリック運転士免許では，つり上げ荷重10tのケーブルクレーンの運転の業務に就くことができない．

(4) 床上操作式クレーン運転技能講習の修了で，つり上げ荷重6tの床上運転式クレーンである天井クレーンの運転の業務に就くことができる．

(5) 限定なしのクレーン・デリック運転士免許で，つり上げ荷重7tの機上で運転する方式の天井クレーンの運転の業務に就くことができる．

解説 (1) 誤り．クレーンの運転の業務に係る特別の教育の受講で，つり上げ荷重5t未満（設問では4t）の床上操作式クレーンである橋形クレーンの運転の業務に就くことができる．なお，5t以上では免許又は技能講習会を修了した者で業務に就くことができる．クレ規則第21条（特別の教育）第1項本文及び第一号，第22条（就業制限）本文及びただし書参照．

(2) 誤り．床上運転式クレーン（通達で無線操作方式は除外）に限定したクレーン・デリック運転士免許で，つり上げ荷重5t以上（設問では8t）の無線操作方式のない橋形クレーンの運転の業務に就くことができる．クレ規則第22条（就業制限）及び基発（労働基準局長名で発する通達）第65号（平成10年2月25日）参照．

(3) 誤り．クレーンに限定したクレーン・デリック運転士免許では，つり上げ荷重5t以上（設問では10t）のケーブルクレーンの運転の業務に就くことができる．なお，無線操作方式であっても運転業務に就くことができる．クレ規則第22条（就業制限）参照．

(4) 誤り．床上操作式クレーン運転技能講習の修了で，つり上げ荷重6tの床上操作式クレーンである天井クレーンの運転の業務に就くことができる．誤りは「床上運転式クレーン」である．クレ規則第22条（就業制限）ただし書参照．

(5) 正しい．限定なしのクレーン・デリック運転士免許で，つり上げ荷重5t以上（設問では7t）の機上で運転する方式の天井クレーンの運転の業務に就くことができる．クレ規則第22条（就業制限）参照． ▶答（5）

問題3 【令和元年秋 問19】

クレーンの運転及び玉掛けの業務に関する記述として，法令上，誤っているものは次のうちどれか．

(1) クレーンの運転の業務に係る特別の教育の受講で，つり上げ荷重4tの機上で運転する方式の天井クレーンの運転の業務に就くことができる．

(2) 床上運転式クレーンに限定したクレーン・デリック運転士免許で，つり上げ荷重8tの無線操作方式の橋形クレーンの運転の業務に就くことができる．

(3) 床上操作式クレーン運転技能講習の修了では，つり上げ荷重12tの床上運転式クレーンである天井クレーンの運転の業務に就くことができない．

(4) クレーンに限定したクレーン・デリック運転士免許で，つり上げ荷重15tのケーブルクレーンの運転の業務に就くことができる．

(5) 玉掛けの業務に係る特別の教育の受講では，つり上げ荷重2tのポスト形ジブクレーンで行う0.5tの荷の玉掛けの業務に就くことができない．

解説 (1) 正しい．クレーンの運転の業務に係る特別の教育の受講で，つり上げ荷重5t未満（設問では4t）の機上で運転する方式の天井クレーンの運転の業務に就くことができる．クレ規則第21条（特別教育）第1項第一号参照．表2.2-1参照．

(2) 誤り．床上運転式クレーン（通達で無線操作方式は除外）に限定したクレーン・デリック運転士免許で，つり上げ荷重5t以上（設問では8t）の天井クレーンの運転の業務に就くことができるが，無線操作方式の橋形クレーンの運転業務に就くことはできない．安衛令第20条（就業制限に係る業務）第六号，クレ規則第22条（就業制限），クレ規則第224条の4（限定免許）第1項及び基発第65号（平成10年2月5日）参照．

(3) 正しい．床上操作式クレーン運転技能講習の修了では，つり上げ荷重5t以上（設問では12t）の床上運転式クレーンである天井クレーンの運転の業務に就くことができない．クレ規則第22条（就業制限），表2.2-1参照．

(4) 正しい．クレーンに限定したクレーン・デリック運転士免許で，つり上げ荷重5t以上（設問では15t）のケーブルクレーンの運転の業務に就くことができる．クレ規則第22条（就業制限），表2.2-1参照．

(5) 正しい．玉掛けの業務に係る特別の教育の受講では，つり上げ荷重1t未満のクレーンに限定されているから，2tのポスト形ジブクレーンで行う0.5tの荷であっても玉掛けの業務に就くことができない．なお，玉掛け技能講習を修了した者は1トン以上の玉掛けの業務に就くことができる．クレ規則第221条（就業制限）第一号及び第222条（特別の教育）第1項参照．なお，ポストとは，固定した柱のことで，ポスト形ジブクレーン（1.8節 図1.8-8参照）とはポストの周りを旋回するクレーンをいう．クレ規則

第221条（就業制限）第一号及び第222条（特別教育）第1項参照．　▶答（2）

問題4　【令和元年春 問19】

クレーンの運転及び玉掛けの業務に関する記述として，法令上，誤っているものは次のうちどれか．

(1) クレーンの運転の業務に係る特別の教育の受講で，つり上げ荷重4tの機上で運転する方式の天井クレーンの運転の業務に就くことができる．

(2) 床上運転式クレーンに限定したクレーン・デリック運転士免許で，つり上げ荷重8tの無線操作方式の橋形クレーンの運転の業務に就くことができる．

(3) 床上操作式クレーン運転技能講習の修了では，つり上げ荷重12tの床上運転式天井クレーンの運転の業務に就くことができない．

(4) クレーンに限定したクレーン・デリック運転士免許で，つり上げ荷重15tのケーブルクレーンの運転の業務に就くことができる．

(5) 玉掛けの業務に係る特別の教育の受講では，つり上げ荷重2tのポスト形ジブクレーンで行う0.5tの荷の玉掛けの業務に就くことができない．

解説 (1) 正しい．クレーンの運転の業務に係る特別の教育の受講で，つり上げ荷重5t未満（設問では4t）の機上で運転する方式の天井クレーンの運転の業務に就くことができる．クレ規則第21条（特別教育）第1項第一号参照．表2.2-1参照．

(2) 誤り．床上運転式クレーン（通達で無線操作方式は除外）に限定したクレーン・デリック運転士免許で，つり上げ荷重5t以上（設問では8t）の天井クレーンの運転の業務に就くことができるが，無線操作方式の橋形クレーンの運転業務に就くことはできない．安衛令第20条（就業制限に係る業務）第六号，クレ規則第22条（就業制限），クレ規則第224条の4（限定免許）第1項及び基発第65号（平成10年2月5日）参照．

(3) 正しい．床上操作式クレーン運転技能講習の修了では，つり上げ荷重5t以上（設問では12t）の床上運転式クレーンである天井クレーンの運転の業務に就くことができない．クレ規則第22条（就業制限），表2.2-1参照．

(4) 正しい．クレーンに限定したクレーン・デリック運転士免許で，つり上げ荷重5t以上（設問では15t）のケーブルクレーンの運転の業務に就くことができる．クレ規則第22条（就業制限），表2.2-1参照．

(5) 正しい．玉掛けの業務に係る特別の教育の受講では，つり上げ荷重1t未満のクレーンに限定されているから，2tのポスト形ジブクレーン（1.8節 図1.8-8参照）で行う0.5tの荷であっても玉掛けの業務に就くことができない．玉掛け技能講習を修了すれば可能である．クレ規則第221条（就業制限）第一号及び第222条（特別の教育）第1項参照．　▶答（2）

2.2 クレーンの運転及び玉掛けの業務

問題5 【平成30年春 問19】

クレーンの運転及び玉掛けの業務に関する記述として，法令上，誤っているものは次のうちどれか．

(1) 床上運転式クレーンに限定したクレーン・デリック運転士免許における床上運転式クレーンとは，床上で運転し，かつ，当該運転をする者がクレーンの走行とともに移動する方式のクレーンをいい，床上操作式クレーンを除くものである．

(2) クレーンの運転の業務に係る特別の教育の受講で，つり上げ荷重4tの機上運転式天井クレーンの運転の業務に就くことができる．

(3) 床上操作式クレーン運転技能講習の修了で，つり上げ荷重6tの無線操作式橋形クレーンの運転の業務に就くことができる．

(4) 玉掛けの業務に係る特別の教育の受講では，つり上げ荷重2tのポスト形ジブクレーンで行う0.9tの荷の玉掛けの業務に就くことができない．

(5) クレーンに限定したクレーン・デリック運転士免許で，つり上げ荷重30tのアンローダーの運転の業務に就くことができる．

解説 (1) 正しい．床上運転式クレーン（無線操作方式は通達で除外）に限定したクレーン・デリック運転士免許における床上運転式クレーンとは，床上で運転し，かつ，当該運転をする者がクレーンの走行とともに移動する方式のクレーンをいい，床上操作式クレーン（無線操作方式は通達で除外）を除くものである．クレ規則第224条の4（限定免許）第1項及び基発第65号（平成10年2月5日）参照．

(2) 正しい．クレーンの運転の業務に係る特別の教育の受講で，つり上げ荷重5t未満（設問では4t）の機上運転式天井クレーンの運転の業務に就くことができる．クレ規則第21条（特別教育）第1項第一号参照．表2.2-1参照．

(3) 誤り．床上操作式クレーンは，無線操作方式が除外されているので，床上操作式クレーン運転技能講習の修了をしても，つり上げ荷重6tの無線操作方式の橋形クレーンの運転の業務に就くことができない．表2.2-1参照．クレ規則第22条（就業制限），安衛令第20条（就業制限に係る業務）第六号及び基発第583号（平成2年9月26日）参照．

(4) 正しい．玉掛けの業務に係る特別の教育の受講では，つり上げ荷重1t未満のクレーンに限定されているから，2tのポスト形ジブクレーン（1.8節 図1.8-8参照）で行う0.9tの荷であっても玉掛けの業務に就くことができない．玉掛け技能講習を修了すれば可能である．クレ規則第222条（特別の教育）第1項参照．

(5) 正しい．クレーンに限定したクレーン・デリック運転士免許で，つり上げ荷重30tのアンローダー（クレーンの一種）の運転の業務に就くことができる．表2.2-1参照．クレ規則第224条の4（限定免許）第2項参照．

▶答 (3)

問題6 【平成29年秋 問12】

クレーンの運転及び玉掛けの業務に関し，法令上，誤っているものは次のうちどれか.

(1) クレーンの運転の業務に係る特別の教育の受講で，つり上げ荷重4tの機上で運転する方式の天井クレーンの運転の業務に就くことができる.

(2) 床上操作式クレーン運転技能講習の修了で，つり上げ荷重6tの床上運転式の天井クレーンの運転の業務に就くことができる.

(3) 玉掛け技能講習の修了で，つり上げ荷重10tの床上操作式橋形クレーンで行う3tの荷の玉掛けの業務に就くことができる.

(4) 床上運転式クレーンに限定したクレーン・デリック運転士免許では，つり上げ荷重8tの無線操作式の橋形クレーンの運転の業務に就くことができない.

(5) 玉掛けの業務に係る特別の教育の受講では，つり上げ荷重2tのポスト形ジブクレーンで行う0.9tの荷の玉掛けの業務に就くことができない.

解説 (1) 正しい．クレーンの運転の業務に係る特別の教育の受講で，つり上げ荷重5t未満（設問では4t）の機上で運転する方式の天井クレーンの運転の業務に就くことができる．クレ規則第21条（特別教育）第1項第一号参照．表2.2-1参照．つり上げ荷重4tの機上で運転する方式の天井クレーンの運転の業務に就くことができる．

(2) 誤り．床上操作式クレーン運転技能講習の修了で，つり上げ荷重5t以上（設問では6t）の床上運転式の天井クレーンの運転の業務に就くことができない．床上操作式クレーン運転のみである．クレ規則第22条（就業制限）ただし書，安衛令第20条（就業制限に係る業務）第六号及びクレ規則第224条の4（限定免許）第1項参照．

(3) 正しい．玉掛け技能講習の修了で，つり上げ荷重1t以上（設問では10t）の床上操作式橋形クレーンで行う3tの荷の玉掛けの業務に就くことができる．クレ規則第221条（就業制限）第一号及び安衛令第20条（就業制限に係る業務）第十六号参照．

(4) 正しい．床上運転式クレーン（無線操作式は除外されている）に限定したクレーン・デリック運転士免許では，つり上げ荷重5t以上（設問では8t）の無線操作式の橋形クレーンの運転の業務に就くことができない．クレ規則第224条の4第1項及び基発第65号（平成10年2月25日）参照．

(5) 正しい．玉掛けの業務に係る特別の教育の受講では，つり上げ荷重1t未満のクレーンに限定されているから，2tのポスト形ジブクレーンで行う0.9tの荷であっても玉掛けの業務に就くことができない．玉掛け技能講習を修了すれば可能である．クレ規則第222条（特別の教育）第1項参照．なお，ポストとは，固定した柱のことで，ポスト形ジブクレーン（1.8節 図1.8-8参照）とはポストの周りを旋回するクレーンをいう．ク

レ規則第221条（就業制限）第一号及び第222条（特別教育）第1項参照．　▶答（2）

問題7　【平成29年春 問19】 

クレーンの運転及び玉掛けの業務に関し，法令上，正しいものは次のうちどれか．

(1) 玉掛けの業務に係る特別の教育の受講では，つり上げ荷重2tのポスト形ジブクレーンで行う0.9tの荷の玉掛けの業務に就くことができない．

(2) クレーンの運転の業務に係る特別の教育の受講で，つり上げ荷重5tの床上操作式天井クレーンの運転の業務に就くことができる．

(3) 玉掛け技能講習の修了では，つり上げ荷重10tの床上操作式橋形クレーンで行う3tの荷の玉掛けの業務に就くことができない．

(4) 床上運転式クレーンに限定したクレーン・デリック運転士免許で，つり上げ荷重10tの無線操作式の天井クレーンの運転の業務に就くことができる．

(5) 限定なしのクレーン・デリック運転士免許では，つり上げ荷重10tのテルハの運転の業務に就くことができない．

解説　(1) 正しい．玉掛けの業務に係る特別の教育の受講では，つり上げ荷重1t未満のクレーンに限定されているから，2tのポスト形ジブクレーンで行う0.9tの荷であっても玉掛けの業務に就くことができない．クレ規則第222条（特別の教育）第1項参照．なお，ポストとは，固定した柱のことで，ポスト形ジブクレーンとはポストの周りを旋回するクレーンをいう．クレ規則第222条（特別教育）第1項参照．

(2) 誤り．クレーンの運転の業務に係る特別の教育の受講では，つり上げ荷重5t以上（設問では5t）の床上操作式天井クレーンの運転の業務に就くことができない．クレ規則第21条（特別教育）第1項第一号参照．

(3) 誤り．玉掛け技能講習の修了では，つり上げ荷重1t以上（設問では10t）の床上操作式橋形クレーンで行う3tの荷の玉掛けの業務に就くことができる．クレ規則第221条（就業制限）第一号及びクレ規則第222条（特別教育）第1項参照．

(4) 誤り．床上運転式クレーン（無線操作式は通達で除外）に限定したクレーン・デリック運転士免許で，つり上げ荷重5t以上（設問では10t）の無線操作式の天井クレーンの運転の業務に就くことができない．クレ規則第22条（就業制限），クレ規則第224条の4（限定免許）第1項及び基発第65号（平成10年2月5日）参照．表2.2-1参照．

(5) 誤り．限定なしのクレーン・デリック運転士免許では，つり上げ荷重5t以上（設問では10t）のテルハの運転の業務に就くことができる．クレ規則第22条（就業制限）及びクレ規則第224条の4（限定免許）第2項参照．表2.2-1参照．　▶答（1）

2.3 クレーンの組立時，点検時又は悪天候時の措置

問題1 【令和2年秋 問13】

クレーンの組立て時，点検時又は悪天候時の措置に関する記述として，法令上，誤っているものは次のうちどれか．

(1) クレーンの組立ての作業を行うときは，作業を指揮する者を選任して，組立作業を行う区域へ関係労働者以外の労働者を立ち入らせる場合には，当該作業を指揮する者に，当該関係労働者以外の労働者の作業状況を監視させなければならない．

(2) 大雨のため，クレーンの組立ての作業の実施について危険が予想されるときは，当該作業に労働者を従事させてはならない．

(3) 屋外に設置されているクレーンを用いて瞬間風速が毎秒30mをこえる風が吹いた後に作業を行うときは，あらかじめ，クレーンの各部分の異常の有無について点検を行わなければならない．

(4) 天井クレーンのクレーンガーダの上で当該天井クレーンの点検の作業を行うときは，原則として，当該天井クレーンの運転を禁止するとともに，当該天井クレーンの操作部分に運転を禁止する旨の表示をしなければならない．

(5) 同一のランウェイに並置されている走行クレーンの点検の作業を行うときは，監視人をおくこと，ランウェイの上にストッパーを設けること等，労働者の危険を防止するための措置を講じなければならない．

解説 (1) 誤り．クレーンの組立ての作業を行うときは，作業を指揮する者を選任するが，組立作業を行う区域へ関係労働者以外の労働者を立ち入らせてはならない．なお，立入禁止を見やすい箇所に表示することが必要である．クレ規則第33条（組み立て等の作業）第1項第一号及び第二号参照．

(2) 正しい．大雨のため，クレーンの組立ての作業の実施について危険が予想されるときは，当該作業に労働者を従事させてはならない．クレ規則第33条（組み立て等の作業）第1項第三号参照．

(3) 正しい．屋外に設置されているクレーンを用いて瞬間風速が毎秒30mをこえる風が吹いた後に作業を行うときは，あらかじめ，クレーンの各部分の異常の有無について点検を行わなければならない．クレ規則第37条（暴風後等の点検）参照．

(4) 正しい．天井クレーンのクレーンガーダの上で当該天井クレーンの点検の作業を行うときは，原則として，当該天井クレーンの運転を禁止するとともに，当該天井クレーンの操作部分に運転を禁止する旨の表示をしなければならない．クレ規則第30条の2（運転禁止等）参照．

(5) 正しい．同一のランウェイ（runway：レール固定用ボルト等で構成されたクレーンの走行軌道）に並置されている走行クレーンの点検の作業を行うときは，監視人をおくこと，ランウェイの上にストッパーを設けること等，労働者の危険を防止するための措置を講じなければならない．クレ規則第30条（並置クレーンの修理等の作業）参照．

▶答（1）

問題2 【令和2年春 問15】

クレーンの組立て時，点検時又は悪天候時の措置に関する記述として，法令上，正しいものは次のうちどれか．

(1) クレーンの組立ての作業を行うときは，作業を指揮する者を選任して，当該組立作業中に組立作業を行う区域へ関係労働者以外の労働者を立ち入らせる際には，当該作業を指揮する者に，当該立ち入らせる労働者の作業状況を監視させなければならない．

(2) 大雨のため，クレーンの組立ての作業の実施について危険が予想されるときは，組立作業を行う区域に関係労働者以外の労働者が立ち入ることを禁止し，かつ，その旨を見やすい箇所に表示した上で当該作業に労働者を従事させなければならない．

(3) 屋外に設置されているクレーンを用いて瞬間風速が毎秒30mをこえる風が吹いた後に作業を行うときのクレーンの各部分の異常の有無についての点検は，当該クレーンに係る作業の開始後，遅滞なく行わなければならない．

(4) 同一のランウェイに並置されている走行クレーンの点検の作業を行うときは，監視人をおくこと，ランウェイの上にストッパーを設けること等，労働者の危険を防止するための措置を講じなければならない．

(5) 屋外に設置されているジブクレーンについて，クレーンに係る作業中，強風のため，作業の実施について危険が予想されることとなったときは，作業を指揮する者を選任して，当該作業中，その者に，ジブの損壊により危険が及ぶ範囲に立ち入る労働者の作業状況を監視させなければならない．

解説 (1) 誤り．クレーンの組立ての作業を行うときは，作業を指揮する者を選任して，当該組立作業中に組立作業を行う区域へ関係労働者以外の労働者を立ち入らせてはならない．クレ規則第33条（組み立て等の作業）第1項第一号及び第二号参照．

(2) 誤り．大雨のため，クレーンの組立ての作業の実施について危険が予想されるときは，当該作業を労働者に従事させてはならない．クレ規則第33条（組み立て等の作業）第1項第三号参照．

(3) 誤り．屋外に設置されているクレーンを用いて瞬間風速が毎秒30mをこえる風が吹いた後に作業を行うときのクレーンの各部分の異常の有無についての点検は，あらかじめ行わなければならない．クレ規則第37条（暴風後等の点検）参照．

(4) 正しい．同一のランウェイ（走行軌道）に並置されている走行クレーンの点検の作業を行うときは，監視人をおくこと，ランウェイの上にストッパーを設けること等，労働者の危険を防止するための措置を講じなければならない．クレ規則第30条（並置クレーンの修理等の作業）参照．

(5) 誤り．屋外に設置されているジブクレーンについて，クレーンに係る作業中，強風のため，作業の実施について危険が予想されることとなったときは，事業者は作業を中止させなければならない．誤りは「指揮する者を選任して，当該作業中，その者に，ジブの損壊により危険が及ぶ範囲に立ち入る労働者の作業状況を監視させなければならない．」である．クレ規則第31条の2（強風時の作業中止）参照．　▶答 (4)

問題3　【令和元年秋 問15】

クレーンの組立て時，点検時，悪天候時等の措置に関する記述として，法令上，誤っているものは次のうちどれか．

(1) 同一のランウェイに並置されている走行クレーンの点検の作業を行うときは，監視人をおくこと，ランウェイの上にストッパーを設けること等，労働者の危険を防止するための措置を講じなければならない．

(2) 天井クレーンのクレーンガーダの上において当該天井クレーンに近接する建物の補修の作業を行うときは，原則として，当該天井クレーンの運転を禁止するとともに，当該天井クレーンの操作部分に運転を禁止する旨の表示をしなければならない．

(3) 屋外に設置されているクレーンを用いて瞬間風速が毎秒30mをこえる風が吹いた後に作業を行うときは，あらかじめ，クレーンの各部分の異常の有無について点検を行わなければならない．

(4) 大雨のため，クレーンの組立ての作業の実施について危険が予想されるときは，労働者の危険を防止するため，作業を指揮する者を選任して，その者の指揮のもとで当該作業に労働者を従事させなければならない．

(5) 強風のため，クレーンに係る作業の実施について危険が予想されるときは，当該作業を中止しなければならない．

解説 (1) 正しい．同一のランウェイ（走行軌道）に並置されている走行クレーンの点検の作業を行うときは，監視人をおくこと，ランウェイの上にストッパーを設けること等，労働者の危険を防止するための措置を講じなければならない．クレ規則第30条（並置クレーンの修理等の作業）参照．

(2) 正しい．天井クレーンのクレーンガーダの上において当該天井クレーンに近接する建物の補修の作業を行うときは，原則として，当該天井クレーンの運転を禁止するとともに，当該天井クレーンの操作部分に運転を禁止する旨の表示をしなければならない．クレ規則第30条の2（運転禁止等）参照．

(3) 正しい．屋外に設置されているクレーンを用いて瞬間風速が毎秒30mをこえる風が吹いた後に作業を行うときは，あらかじめ，クレーンの各部分の異常の有無について点検を行わなければならない．クレ規則第37条（暴風後等の点検）参照．

(4) 誤り．大雨のため，クレーンの組立ての作業の実施について危険が予想されるときは，当該作業に労働者を従事させてはならない．クレ規則第33条（組み立て等の作業）第1項第三号参照．

(5) 正しい．強風のため，クレーンに係る作業の実施について危険が予想されるときは，当該作業を中止しなければならない．クレ規則第31条の2（強風時の作業中止）参照．

▶答 (4)

問題4 【令和元年春 問14】

クレーンの組立て時，点検時又は悪天候時の措置に関する記述として，法令上，誤っているものは次のうちどれか．

(1) 屋外に設置されている走行クレーンについては，瞬間風速が毎秒30mをこえる風が吹くおそれのあるときは，逸走防止装置を作用させる等その逸走を防止するための措置を講じなければならない．

(2) 天井クレーンのクレーンガーダの上において当該天井クレーンの点検の作業を行うときは，原則として，当該天井クレーンの運転を禁止するとともに，当該天井クレーンの操作部分に運転を禁止する旨の表示をしなければならない．

(3) 同一のランウェイに並置されている走行クレーンの点検の作業を行うときは，監視人をおくこと，ランウェイの上にストッパーを設けること等労働者の危険を防止するための措置を講じなければならない．

(4) 大雨のため，クレーンの組立ての作業の実施について危険が予想されるときは，労働者の危険を防止するため，作業を指揮する者を選任して，その者の指揮のもとで当該作業に労働者を従事させなければならない．

(5) 強風のため，クレーンに係る作業の実施について危険が予想されるときは，当該作業を中止しなければならない．

解説 (1) 正しい．屋外に設置されているクレーンを用いて瞬間風速が毎秒30mをこえる風が吹くおそれのあるときは，逸走防止装置を作用させる等その逸走を防止するための措置を講じなければならない．クレ規則第31条（暴風時における逸走の防止）参照．

(2) 正しい．天井クレーンのクレーンガーダの上において当該天井クレーンの点検の作業を行うときは，原則として，当該天井クレーンの運転を禁止するとともに，当該天井クレーンの操作部分に運転を禁止する旨の表示をしなければならない．クレ規則第30条の2（運転禁止等）参照．

(3) 正しい．同一のランウェイ（走路）に並置されている走行クレーンの点検の作業を行うときは，監視人をおくこと，ランウェイの上にストッパーを設けること等，労働者の危険を防止するための措置を講じなければならない．クレ規則第30条（並置クレーンの修理等の作業）参照．

(4) 誤り．大雨のため，クレーンの組立ての作業の実施について危険が予想されるときは，当該作業に労働者を従事させてはならない．クレ規則第33条（組み立て等の作業）第1項第三号参照．

(5) 正しい．強風のため，クレーンに係る作業の実施について危険が予想されるときは，当該作業を中止しなければならない．クレ規則第31条の2（強風時の作業中止）参照．

▶答（4）

問題5 【平成30年秋 問15】

クレーンの組立て時，点検時，悪天候時等の措置に関する記述として，法令上，誤っているものは次のうちどれか．

(1) 同一のランウェイに並置されている走行クレーンの点検の作業を行うときは，監視人をおくこと，ランウェイの上にストッパーを設けること等，労働者の危険を防止するための措置を講じなければならない．

(2) 天井クレーンのクレーンガーダの上において当該天井クレーンに近接する建物の補修の作業を行うときは，原則として，当該天井クレーンの運転を禁止するとともに，当該天井クレーンの操作部分に運転を禁止する旨の表示をしなければならない．

(3) 屋外に設置されているクレーンを用いて瞬間風速が毎秒30mをこえる風が吹いた後に作業を行うときは，あらかじめ，クレーンの各部分の異常の有無について点検を行わなければならない．

(4) 大雨のため，クレーンの組立ての作業の実施について危険が予想されるときは，労働者の危険を防止するため，作業を指揮する者を選任して，その者の指揮のもとで当該作業に労働者を従事させなければならない．

(5) 強風のため，クレーンに係る作業の実施について危険が予想されるときは，当該作業を中止しなければならない．

解説 (1) 正しい．同一のランウェイ（走路）に並置されている走行クレーンの点検の作業を行うときは，監視人をおくこと，ランウェイの上にストッパーを設けること等，労働者の危険を防止するための措置を講じなければならない．クレ規則第30条（並置クレーンの修理等の作業）参照.

(2) 正しい．天井クレーンのクレーンガーダの上において当該天井クレーンに近接する建物の補修の作業を行うときは，原則として，当該天井クレーンの運転を禁止するとともに，当該天井クレーンの操作部分に運転を禁止する旨の表示をしなければならない．クレ規則第30条の2（運転禁止等）参照.

(3) 正しい．屋外に設置されているクレーンを用いて瞬間風速が毎秒30 mをこえる風が吹いた後に作業を行うときは，あらかじめ，クレーンの各部分の異常の有無について点検を行わなければならない．クレ規則第37条（暴風後等の点検）参照.

(4) 誤り．大雨のため，クレーンの組立ての作業の実施について危険が予想されるときは，労働者を従事させてはならない．クレ規則第33条（組み立て等の作業）第1項第三号参照.

(5) 正しい．強風のため，クレーンに係る作業の実施について危険が予想されるときは，当該作業を中止しなければならない．クレ規則第31条の2（強風時の作業中止）参照.

▶答（4）

問題6 【平成30年春 問14】

クレーンの組立て時，点検時又は悪天候時に講じなければならない措置に関する記述として，法令上，誤っているものは次のうちどれか.

(1) クレーンの組立ての作業を行うときは，作業を指揮する者を選任して，その者の指揮のもとに作業を実施させなければならない.

(2) 天井クレーンのクレーンガーダの上で点検の作業を行うときは，原則として，当該天井クレーンの運転を禁止し，かつ，当該天井クレーンの操作部分に運転を禁止する旨の表示をしなければならない.

(3) 同一のランウェイに並置されている走行クレーンの点検の作業を行うときは，監視人をおくこと，ストッパーを設けること等労働者の危険を防止するための措置を講じなければならない.

(4) 屋外に設置されているクレーンを用いて，瞬間風速が毎秒30 mをこえる風が吹いた後に作業を行うときは，あらかじめ，クレーンの各部分の異常の有無について点検を行わなければならない.

(5) 大雨のため，クレーンの組立ての作業の実施について危険が予想されるときは，組立作業を行う区域に関係労働者以外の労働者が立ち入ることを禁止し，かつ，その旨を見やすい箇所に表示した上で当該作業に労働者を従事させなければならない.

解説 (1) 正しい．クレーンの組立ての作業を行うときは，作業を指揮する者を選任して，その者の指揮のもとに作業を実施させなければならない．クレ規則第33条（組み立て等の作業）第1項第一号参照．

(2) 正しい．天井クレーンのクレーンガーダの上で点検の作業を行うときは，原則として，当該天井クレーンの運転を禁止し，かつ，当該天井クレーンの操作部分に運転を禁止する旨の表示をしなければならない．クレ規則第30条の2（運転禁止等）参照．

(3) 正しい．同一のランウェイに並置されている走行クレーンの点検の作業を行うときは，監視人をおくこと，ストッパーを設けること等労働者の危険を防止するための措置を講じなければならない．クレ規則第30条（並置クレーンの修理等の作業）参照．

(4) 正しい．屋外に設置されているクレーンを用いて，瞬間風速が毎秒30mをこえる風が吹いた後に作業を行うときは，あらかじめ，クレーンの各部分の異常の有無について点検を行わなければならない．クレ規則第37条（暴風後等の点検）参照．

(5) 誤り．大雨のため，クレーンの組立ての作業の実施について危険が予想されるときは，労働者を従事させてはならない．クレ規則第33条（組み立て等の作業）第1項第三号参照．

▶答 (5)

問題7 【平成29年秋 問16】

クレーンの組立て時，点検時又は悪天候時に講じなければならない措置として，法令に定められているものは次のうちどれか．

(1) 同一のランウェイに並置されている走行クレーンの点検の作業を行うときは，監視人をおくこと，ランウェイの上にストッパーを設けること等労働者の危険を防止するための措置を講じなければならない．

(2) クレーンの組立ての作業を行うときは，作業を指揮する者を選任し，作業を行う区域に関係労働者以外の労働者が立ち入る際は，当該労働者を監視させなければならない．

(3) 大雨のため，クレーンの組立ての作業の実施について危険が予想されるときは，作業を行う区域に関係労働者以外の労働者が立ち入ることを禁止し，かつ，その旨を見やすい箇所に表示した上で作業を実施しなければならない．

(4) 屋外に設置されているジブクレーンについては，強風によりジブが損壊するおそれがある場合にあっては，ジブの損壊により労働者に危険が及ぶ範囲に労働者が立ち入るときは，作業を指揮する者を選任し，当該労働者を監視させなければならない．

(5) 屋外に設置されているクレーンを用いて，瞬間風速が毎秒30mをこえる風が吹いた後に作業を行うときは，作業を開始した後，遅滞なく，クレーンの各部分について点検を行わなければならない．

解説 (1) 定めあり．同一のランウェイに並置されている走行クレーンの点検の作業を行うときは，監視人をおくこと，ランウェイの上にストッパーを設けること等労働者の危険を防止するための措置を講じなければならない．クレ規則第30条（並置クレーンの修理等の作業）参照．

(2) 定めなし．クレーンの組立ての作業を行うときは，作業を指揮する者を選任する必要があるが，作業を行う区域に関係労働者以外の労働者が立ち入る際，当該労働者を監視させる事項は定められていない．クレ規則第33条（組み立て等の作業）参照．

(3) 定めなし．大雨のため，クレーンの組立ての作業の実施について危険が予想されるときは，当該作業に労働者を従事させてはならない．クレ規則第33条（組み立て等の作業）第1項第三号参照．

(4) 定めなし．屋外に設置されているジブクレーンについては，強風によりジブが損壊するおそれがある場合，危険が予想されるときは，当該作業を中止しなければならない．クレ規則第31条の2（強風時の作業中止）参照．

(5) 定めなし．屋外に設置されているクレーンを用いて，瞬間風速が毎秒30mをこえる風が吹いた後に作業を行うときは，あらかじめ，クレーンの各部分の異常の有無について点検を行わなければならない．クレ規則第37条（暴風後等の点検）参照．　▶答（1）

問題8 【平成29年春 問14】

クレーンの組立て時，点検時，悪天候時及び地震発生時に講じなければならない措置として，法令上，定められているものは次のうちどれか．

(1) クレーンの組立ての作業を行うときは，作業を指揮する者を選任し，その者に作業を行う区域への関係労働者以外の労働者の立ち入りを監視させなければならない．

(2) 天井クレーンのクレーンガーダの上で点検の作業を行うときは，原則として，当該クレーンの運転を禁止し，クレーンの操作部分に運転禁止の表示をしなければならない．

(3) 屋外に設置されているジブクレーンについては，瞬間風速が毎秒30mをこえる風が吹くおそれがあるときは，作業を指揮する者を選任し，その者にジブの損壊により労働者に危険が及ぶ範囲への労働者の立入りを監視させなければならない．

(4) 大雨のため，クレーンの組立ての作業の実施について危険が予想されるときは，作業を行う区域に関係労働者以外の労働者が立ち入ることを禁止し，かつその旨を見やすい箇所に表示しなければならない．

(5) 中震以上の震度の地震が発生した後にクレーンを用いて作業を行うときは，作業再開後，遅滞なく，クレーンの各部分について点検を行わなければならない．

解説 (1) 定めなし．クレーンの組立ての作業を行うときは，作業を指揮する者を選任し，その者の指揮のもとに作業を実施するが，その者に作業を行う区域への関係労働者以外の労働者の立ち入りを監視させなければならない定めはない．クレ規則第33条

（組み立て等の作業）第1項第一号及び第二号参照．

(2) 定めあり．天井クレーンのクレーンガーダの上で点検の作業を行うときは，原則として，当該クレーンの運転を禁止し，クレーンの操作部分に運転禁止の表示をしなければならない．クレ規則第30条の2（運転禁止等）参照．

(3) 定めなし．屋外に設置されているジブクレーンについては，瞬間風速が毎秒30 mをこえる風が吹くおそれがあるときは，当該作業に労働者を従事させてはならない．クレ規則第33条（組立て等の作業）第1項第三号参照．

(4) 定めなし．大雨のため，クレーンの組立ての作業の実施について危険が予想されるときは，当該作業に労働者を従事させてはならない．「作業を行う区域に関係労働者以外の労働者が立ち入ることを禁止し，かつその旨を見やすい箇所に表示しなければならない．」の定めはない．クレ規則第33条（組立て等の作業）第1項第三号参照．

(5) 定めなし．中震以上の震度の地震が発生した後にクレーンを用いて作業を行うときは，あらかじめ，クレーンの各部分の異常の有無について点検を行わなければならない．なお，風速30 mを超える風が吹いた後の作業の場合も同様である．クレ規則第37条（暴風後の点検）参照．

▶答 (2)

問題9 【平成28年秋 問12】

クレーンの組立て時，点検時，悪天候時及び地震発生時の措置に関し，法令上，誤っているものは次のうちどれか．

(1) 地震が発生した後にクレーンを用いて作業を行うときは，弱震及び中震の震度の場合を除き，クレーンの各部分の異常の有無について点検を行い，その結果を記録しなければならない．

(2) 大雨のため，クレーンの組立ての作業の実施について危険が予想されるときは，当該作業に労働者を従事させてはならない．

(3) クレーンの組立ての作業を行うときは，作業を行う区域に関係労働者以外の労働者が立ち入ることを禁止しなければならない．

(4) 運転を禁止せずに，天井クレーンのクレーンガーダの上で当該クレーンの点検作業を行うときは，作業指揮者を定め，その者の指揮のもとに連絡及び合図の方法を定めて行わなければならない．

(5) 屋外に設置されている走行クレーンについては，瞬間風速が毎秒30 mをこえる風が吹くおそれがあるときは，逸走防止装置を作用させる等逸走防止のための措置を講じなければならない．

解説 (1) 誤り．中震以上の震度の地震が発生した後にクレーンを用いて作業を行うときは，あらかじめ，クレーンの各部分の異常の有無について点検を行い，その結果を記録し3年間保存しなければならない．なお，風速30mを超える風が吹いた後の作業の場合も同様である．クレ規則第37条（暴風後の点検）及び第38条（自主検査等の記録）参照．

(2) 正しい．大雨のため，クレーンの組立ての作業の実施について危険が予想されるときは，当該作業を労働者に従事させてはならない．クレ規則第33条（組み立て等の作業）第1項第三号参照．

(3) 正しい．クレーンの組立ての作業を行うときは，作業を行う区域に関係労働者以外の労働者が立ち入ることを禁止しなければならない．クレ規則第33条（組み立て等の作業）第1項第二号参照．

(4) 正しい．運転を禁止せずに，天井クレーンのクレーンガーダの上で当該クレーンの点検作業を行うときは，作業指揮者を定め，その者の指揮のもとに連絡及び合図の方法を定めて行わなければならない．クレ規則第30条の2（運転禁止等）ただし書参照．

(5) 正しい．屋外に設置されている走行クレーンについては，瞬間風速が毎秒30mをこえる風が吹くおそれがあるときは，逸走防止装置を作用させる等逸走防止のための措置を講じなければならない．クレ規則第31条（暴風時における逸走の防止）参照．

▶答 (1)

問題10 【平成28年春 問11】

クレーンの組立て作業を行うときに講じなければならない措置として，法令に定められていないものは次のうちどれか．

(1) 作業を指揮する者に，作業の方法及び労働者の配置を決定させること．
(2) 作業を指揮する者に，作業中，安全帯等及び保護帽の使用状況を監視させること．
(3) 作業を指揮する者に，作業の内容及び従事した労働者の氏名を記録させること．
(4) 作業を行う区域に関係労働者以外の労働者が立ち入ることを禁止すること．
(5) 強風等の悪天候のため，作業の実施について危険が予想されるときは，当該作業に労働者を従事させないこと．

解説 (1) 定めあり．作業を指揮する者に，作業の方法及び労働者の配置を決定させること．クレ規則第33条（組立て等の作業）第1項第一号及び第2項第一号参照．

(2) 定めあり．作業を指揮する者に，作業中，安全帯等及び保護帽の使用状況を監視させること．クレ規則第33条（組立て等の作業）第2項第一号参照．

(3) 定めなし．作業を指揮する者に，作業の内容及び従事した労働者の氏名を記録させることは定められていない．クレ規則第33条（組立て等の作業）参照．

(4) 定めあり．作業を行う区域に関係労働者以外の労働者が立ち入ることを禁止すること．クレ規則第33条（組立て等の作業）第1項第二号参照．

(5) 定めあり．強風等の悪天候のため，作業の実施について危険が予想されるときは，当該作業に労働者を従事させないこと．クレ規則第33条（組立て等の作業）第1項第三号参照．　▶答（3）

2.4 つり荷又はつり具の下に労働者の立入禁止

問題1　【令和2年秋 問14】

クレーンに係る作業を行う場合において，法令上，つり上げられている荷又はつり具の下に労働者を立ち入らせることが禁止されていないものは，次のうちどれか．

(1) 陰圧により吸着させるつり具を用いて玉掛けをした荷がつり上げられているとき．

(2) つりクランプ1個を用いて玉掛けをした荷がつり上げられているとき．

(3) ハッカー2個を用いて玉掛けをした荷がつり上げられているとき．

(4) 動力下降の方法によってつり具を下降させるとき．

(5) 荷に設けられた穴又はアイボルトにつりチェーンを通さず1箇所に玉掛けをした荷がつり上げられているとき．

解説 (1) 禁止．陰圧により吸着させるつり具を用いて玉掛けをした荷がつり上げられているときは，吊具又は荷の下に労働者を立ち入らせてはならない．クレ規則第29条（立入禁止）第五号参照．

(2) 禁止．つりクランプ1個を用いて玉掛けをした荷がつり上げられているとき，同様に労働者を立ち入らせてはならない．クレ規則第29条（立入禁止）第二号参照．図2.4-1参照．

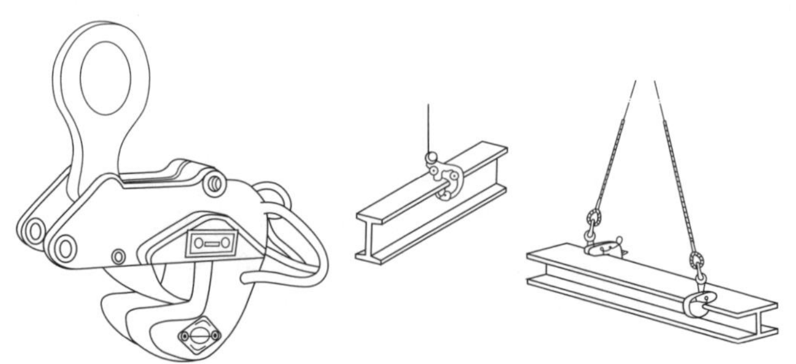

図2.4-1　クランプ（横づり用）とその使用方法
（出典：「クレーン等安全規則」解説，p102）

(3) 禁止．ハッカー（通常ワイヤーロープと組み合わせて用いる爪状の吊り具）を用いて玉掛けをした荷がつり上げられているとき．同様にハッカーの使用個数に関係なく，労働者を立ち入らせてはならない．図2.4-2参照．クレ規則第29条（立入禁止）第一号参照．

(4) 禁止無し．動力下降の方法によってつり具を下降させるときは，禁止されていない．なお，動力下降以外による方法は，禁止されている．クレ規則第29条（立入禁止）第六号参照．

(5) 禁止．荷に設けられた穴又はアイボルト（eye bolt）につりチェーンを通さず1箇所に玉掛けをした荷がつり上げられているときは，同様に禁止されている．なお，アイボルトとは，図2.4-3のように丸棒の一端をリング状，他端をボルト状にし，荷に取り付けてフック及びワイヤロープ等を掛けやすくする用具である．クレ規則第29条（立入禁止）第三号参照．

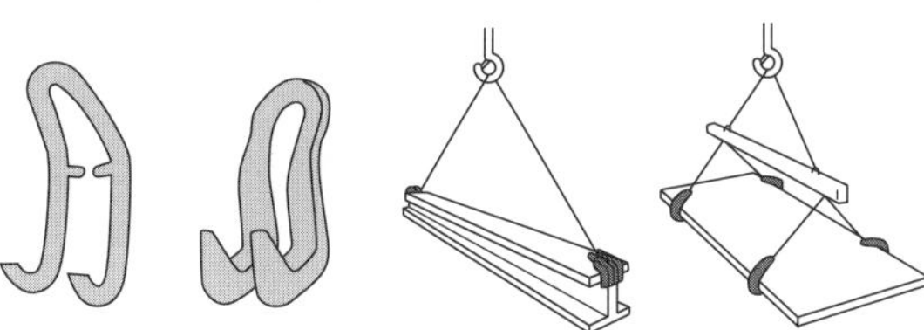

図 2.4-2　ハッカーとその使用方法
（出典：「クレーン等安全規則」解説，p101）

図 2.4-3　アイボルト

▶答（4）

問題2　【令和2年春 問12】

クレーンに係る作業を行う場合において，法令上，つり上げられている荷の下に労働者を立ち入らせることが禁止されていないものは，次のうちどれか．

(1) 複数の荷が一度につり上げられている場合であって，当該複数の荷が結束され，箱に入れられる等により固定されていないとき．

(2) つりクランプ1個を用いて玉掛けをした荷がつり上げられているとき．

(3) つりチェーンを用いて荷に設けられた穴又はアイボルトを通さず1箇所に玉掛けをした荷がつり上げられているとき．

(4) ハッカー2個を用いて玉掛けをした荷がつり上げられているとき．

(5) 繊維ベルトを用いて2箇所に玉掛けをした荷がつり上げられているとき．

解説 (1) 禁止．複数の荷が一度につり上げられている場合であって，当該複数の荷が結束され，箱に入れられる等により固定されていないとき，労働者の立ち入りは禁止されている．クレ規則第29条（立入禁止）第四号参照．

(2) 禁止．つりクランプ1個を用いて玉掛けをした荷がつり上げられているとき，労働者の立ち入りは禁止されている．クレ規則第29条（立入禁止）第二号参照．

(3) 禁止．つりチェーンを用いて荷に設けられた穴又はアイボルトを通さず1箇所に玉掛けをした荷がつり上げられているとき，労働者の立ち入りは禁止されている．クレ規則第29条（立入禁止）第三号参照．

(4) 禁止．ハッカー（通常ワイヤーロープと組み合わせて用いる爪状の吊り具）を用いて玉掛けをした荷がつり上げられているとき，労働者の立ち入りは禁止されている．同様にハッカーの使用個数に関係なく，労働者の立ち入りは禁止されている．図2.4-2参照．クレ規則第29条（立入禁止）第一号参照．

(5) 禁止無し．繊維ベルトを用いて2箇所に玉掛けをした荷がつり上げられているとき，労働者の立ち入りは禁止されていない．なお，繊維ベルトを用いて1箇所に玉掛けをした荷がつり上げられているときは，禁止されている．クレ規則第29条（立入禁止）第三号参照．

▶答 (5)

問題3 【令和元年秋 問16】

クレーンに係る作業を行う場合における労働者の立入禁止に関する記述として，法令上，正しいものは次のうちどれか．

(1) つりチェーンを用いて2箇所に玉掛けをした荷がつり上げられているときは，つり上げられている荷の下への労働者の立ち入りは禁止されていない．

(2) つりクランプ1個を用いて玉掛けをした荷がつり上げられているときは，つり上げられている荷の下への労働者の立ち入りは禁止されていない．

(3) ハッカー2個を用いて玉掛けをした荷がつり上げられているときは，つり上げられている荷の下への労働者の立ち入りは禁止されていない．

(4) 動力下降以外の方法によって荷を下降させるときは，つり上げられている荷の下への労働者の立ち入りは禁止されていない．

(5) 複数の荷が一度につり上げられている場合であって，当該複数の荷が結束され，箱に入れられる等により固定されていないときは，つり上げられている荷の下への労働者の立ち入りは禁止されていない．

解説 (1) 正しい．つりチェーンを用いて2箇所に玉掛けをした荷がつり上げられているときは，つり上げられている荷の下への労働者の立ち入りは禁止されていない．クレ規則第29条（立入禁止）第三号参照．

(2) 誤り．つりクランプ1個を用いて玉掛けをした荷がつり上げられているときは，つり上げられている荷の下への労働者の立ち入りは禁止されている．クレ規則第29条（立入禁止）第二号参照．

(3) 誤り．ハッカーを用いて玉掛けをした荷がつり上げられているときは，つり上げられている荷の下への労働者の立ち入りは禁止されている．ハッカーの使用個数に無関係に禁止されている．図 2.4-2 参照．クレ規則第 29 条（立入禁止）第一号参照．

(4) 誤り．動力下降以外の方法によって荷を下降させるときは，つり上げられている荷の下への労働者の立ち入りは禁止されている．クレ規則第 29 条（立入禁止）第六号参照．

(5) 誤り．複数の荷が一度につり上げられている場合であって，当該複数の荷が結束され，箱に入れられる等により固定されていないときは，つり上げられている荷の下への労働者の立ち入りは禁止されている．クレ規則第 29 条（立入禁止）第四号参照．

▶答 (1)

問題 4 【令和元年春 問 13】

クレーンを用いて作業を行う場合であって，法令上，つり荷の下に労働者を立ち入らせることが禁止されていないのは，次のうちどれか．

(1) 複数の荷が一度につり上げられている場合であって，当該複数の荷が結束され，箱に入れられる等により固定されていないとき．
(2) つりクランプ 1 個を用いて玉掛けをした荷がつり上げられているとき．
(3) つりチェーンを用いて荷に設けられた穴又はアイボルトを通さず 1 箇所に玉掛けをした荷がつり上げられているとき．
(4) ハッカー 2 個を用いて玉掛けをした荷がつり上げられているとき．
(5) 繊維ベルトを用いて 2 箇所に玉掛けをした荷がつり上げられているとき．

解説 (1) 禁止．複数の荷が一度につり上げられている場合であって，当該複数の荷が結束され，箱に入れられる等により固定されていないとき，労働者の立ち入りは禁止されている．クレ規則第 29 条（立入禁止）第四号参照．

(2) 禁止．つりクランプ 1 個を用いて玉掛けをした荷がつり上げられているとき，労働者の立ち入りは禁止されている．クレ規則第 29 条（立入禁止）第二号参照．

(3) 禁止．つりチェーンを用いて荷に設けられた穴又はアイボルトを通さず 1 箇所に玉掛けをした荷がつり上げられているとき，労働者の立ち入りは禁止されている．クレ規則第 29 条（立入禁止）第三号参照．

(4) 禁止．ハッカー（通常ワイヤロープと組み合わせて用いる爪状の吊り具）を用いて玉掛けをした荷がつり上げられているとき，ハッカーの使用個数に関係なく，労働者の立ち入りは禁止されている．図 2.4-2 参照．クレ規則第 29 条（立入禁止）第一号参照．

(5) 禁止無し．繊維ベルトを用いて 2 箇所に玉掛けをした荷がつり上げられているときは，禁止されていない．なお，繊維ベルトを用いて 1 箇所に玉掛けをした荷がつり上げられているときは，禁止されている．クレ規則第29条（立入禁止）第三号参照．

▶答（5）

問題5 【平成30年秋 問14】 

クレーンを用いて作業を行う場合であって，法令上，つり荷の下に労働者を立ち入らせることが禁止されていないのは，次のうちどれか．

(1) 陰圧により吸着させるつり具を用いて玉掛けをした荷がつり上げられているとき．

(2) 複数の荷が一度につり上げられている場合であって，当該複数の荷が結束され，箱に入れられる等により固定されていないとき．

(3) つりクランプ1個を用いて玉掛けをした荷がつり上げられているとき．

(4) 繊維ベルトを用いて2箇所に玉掛けをした荷がつり上げられているとき．

(5) ハッカー2個を用いて玉掛けをした荷がつり上げられているとき．

解説 (1) 禁止．陰圧により吸着させるつり具を用いて玉掛けをした荷がつり上げられているときは，吊具又は荷の下に労働者を立ち入らせてはならない．クレ規則第29条（立入禁止）第五号参照．

(2) 禁止．複数の荷が一度につり上げられている場合であって，当該複数の荷が結束され，箱に入れられる等により固定されていないときは，つり上げられている荷の下への労働者の立ち入りは禁止されている．クレ規則第29条（立入禁止）第四号参照．

(3) 禁止．つりクランプ1個を用いて玉掛けをした荷がつり上げられているとき，同様に労働者を立ち入らせてはならない．クレ規則第29条（立入禁止）第二号参照．

(4) 禁止無し．繊維ベルトを用いて2箇所に玉掛けをした荷がつり上げられているときは，禁止されていない．なお，繊維ベルトを用いて1箇所に玉掛けをした荷がつり上げられているときは，禁止されている．クレ規則第29条（立入禁止）第三号参照．

(5) 禁止．ハッカーを用いて玉掛けをした荷がつり上げられているときは，つり上げられている荷の下への労働者の立ち入りは禁止されている．ハッカーの使用個数に無関係に禁止されている．図2.4-2参照．クレ規則第29条（立入禁止）第一号参照． ▶答（4）

問題6 【平成30年春 問13】 

クレーンを用いて作業を行う場合であって，法令上，つり荷の下に労働者を立ち入らせることが禁止されていないのは，次のうちどれか．

(1) つりチェーンを用いて2箇所に玉掛けをした荷がつり上げられているとき．

(2) つりクランプ1個を用いて玉掛けをした荷がつり上げられているとき．

(3) 陰圧により吸着させるつり具を用いて玉掛けをした荷がつり上げられている

とき.
(4) 動力下降以外の方法によって荷を下降させるとき.
(5) 複数の荷が一度につり上げられている場合であって，当該複数の荷が結束され，箱に入れられる等により固定されていないとき.

解説 (1) 禁止無し．つりチェーンを用いて2箇所に玉掛けをした荷がつり上げられているときは，つり上げられている荷の下への労働者の立ち入りは禁止されていない．クレ規則第29条（立入禁止）第三号参照.
(2) 禁止．つりクランプ1個を用いて玉掛けをした荷がつり上げられているとき，つり上げられている荷の下への労働者の立ち入りは禁止されている．クレ規則第29条（立入禁止）第二号参照.
(3) 禁止．陰圧により吸着させるつり具を用いて玉掛けをした荷がつり上げられているとき，吊具又は荷の下に労働者を立ち入らせてはならない．クレ規則第29条（立入禁止）第五号参照.
(4) 禁止．動力下降以外の方法によって荷を下降させるときは，禁止されている．クレ規則第29条（立入禁止）第六号参照.
(5) 禁止．複数の荷が一度につり上げられている場合であって，当該複数の荷が結束され，箱に入れられる等により固定されていないとき，つり上げられている荷の下への労働者の立ち入りは禁止されている．クレ規則第29条（立入禁止）第四号参照．▶答 (1)

問題7 【平成29年秋 問15】

クレーンを用いて作業を行う場合であって，法令上，つり荷又はつり具の下に労働者を立ち入らせてはならないのは，次のうちどれか.
(1) 動力下降の方法によってつり具を下降させるとき.
(2) つりクランプ2個を用いて玉掛けをした荷がつり上げられているとき.
(3) つりチェーンを用いて2箇所に玉掛けをした荷がつり上げられているとき.
(4) 複数の荷が一度につり上げられている場合であって，当該複数の荷が結束され，箱に入れられる等により固定されているとき.
(5) 陰圧により吸着させるつり具を用いて玉掛けをした荷がつり上げられているとき.

解説 (1) 立入可能．動力下降の方法によって荷を下降させるときは，禁止されていない．動力下降以外の方法によって荷を下降させるときは，禁止されている．クレ規則第29条（立入禁止）第六号参照.
(2) 立入可能．つりクランプ2個を用いて玉掛けをした荷がつり上げられているとき，つり上げられている荷の下への労働者の立ち入りは禁止されていない．なお，クランプ1個を用いて玉掛けをするときは禁止されている．クレ規則第29条（立入禁止）第二号参照．

(3) 立入可能．つりチェーンを用いて2箇所に玉掛けをした荷がつり上げられているとき，つり上げられている荷の下への労働者の立ち入りは禁止されていない．クレ規則第29条（立入禁止）第三号参照．

(4) 立入可能．複数の荷が一度につり上げられている場合であって，当該複数の荷が結束され，箱に入れられる等により固定されているとき，つり上げられている荷の下への労働者の立ち入りは禁止されていない．クレ規則第29条（立入禁止）第四号参照．

(5) 立入禁止．陰圧により吸着させるつり具を用いて玉掛けをした荷がつり上げられているとき，吊具又は荷の下に労働者を立ち入らせてはならない．クレ規則第29条（立入禁止）第五号参照．

▶答（5）

問題8 【平成29年春 問12】

クレーンを用いて作業を行う場合であって，法令上，つり荷の下に労働者を立ち入らせることが禁止されているのは次のうちどれか．

(1) 荷に設けられた穴につりチェーンを通して1箇所に玉掛けをした荷がつり上げられているとき．
(2) つりクランプ2個を用いて玉掛けをした荷がつり上げられているとき．
(3) ハッカーを2個用いて玉掛けをした荷がつり上げられているとき．
(4) 複数の荷が一度につり上げられている場合であって，当該複数の荷が結束され，箱に入れられる等により固定されているとき．
(5) 動力下降の方法によって荷を下降させるとき．

解説 (1) 禁止無し．荷に設けられた穴につりチェーンを通して1箇所に玉掛けをした荷がつり上げられているときは，禁止されていない．クレ規則第29条（立入禁止）第三号かっこ書参照．

(2) 禁止無し．つりクランプ2個を用いて玉掛けをした荷がつり上げられているときは，禁止されていない．なお，クランプ1個を用いて玉掛けをする場合は禁止されている．クレ規則第29条（立入禁止）第二号参照．

(3) 禁止．ハッカーを2個用いて玉掛けをした荷がつり上げられているときは，ハッカーの使用個数に関係なく禁止されている．クレ規則第29条（立入禁止）第一号参照．

(4) 禁止無し．複数の荷が一度につり上げられている場合であって，当該複数の荷が結束され，箱に入れられる等により固定されているときは，禁止されていない．なお，箱に入れられる等により固定されていないときは禁止されている．クレ規則第29条（立入禁止）第四号参照．

(5) 禁止無し．動力下降の方法によって荷を下降させるときは，禁止されていない．なお，動力下降以外の方法で荷を下降させるときは禁止されている．クレ規則第29条（立入禁止）第六号参照．

▶答（3）

問題9 【平成28年秋 問11】

クレーンを用いて作業を行うときの立入禁止の措置に関し，法令上，誤っているものは次のうちどれか．

(1) 陰圧により吸着させるつり具を用いて玉掛けをした荷がつり上げられているときは，つり荷の下に労働者を立ち入らせることは禁止されている．

(2) つりクランプ1個を用いて玉掛けをした荷がつり上げられているときは，つり荷の下に労働者を立ち入らせることは禁止されている．

(3) ハッカーを2個用いて玉掛けをした荷がつり上げられているときは，つり荷の下に労働者を立ち入らせることは禁止されている．

(4) 動力下降の方法によってつり具を下降させるときは，つり具の下に労働者を立ち入らせることは禁止されている．

(5) 荷に設けられた穴又はアイボルトにつりチェーンを通さず1箇所に玉掛けをした荷がつり上げられているときは，つり荷の下に労働者を立ち入らせることは禁止されている．

解説 (1) 正しい．陰圧により吸着させるつり具を用いて玉掛けをした荷がつり上げられているときは，つり荷の下に労働者を立ち入らせることは禁止されている．クレ規則第29条（立入禁止）第五号参照．

(2) 正しい．つりクランプ（図2.4-1参照）1個を用いて玉掛けをした荷がつり上げられているときは，つり荷の下に労働者を立ち入らせることは禁止されている．クレ規則第29条（立入禁止）第二号参照．

(3) 正しい．ハッカー（図2.4-2参照）を用いて玉掛けをした荷がつり上げられているときは，つり荷の下に労働者を立ち入らせることは禁止されている．ハッカーの使用個数には無関係である．クレ規則第29条（立入禁止）第一号参照．

(4) 誤り．動力下降の方法によってつり具を下降させるときは，つり具の下に労働者を立ち入らせることは禁止されていない．動力下降以外の方法では禁止されている．

(5) 正しい．荷に設けられた穴又はアイボルト（図2.4-3参照）につりチェーンを通さず1箇所に玉掛けをした荷がつり上げられているときは，つり荷の下に労働者を立ち入らせることは禁止されている．

▶答（4）

問題10 【平成28年春 問14】 

クレーンを用いて作業を行うときの合図及び立入禁止の措置に関し，法令上，誤っているものは次のうちどれか.

(1) 動力下降以外の方法によって荷を下降させるときは，つり荷の下に労働者を立ち入らせてはならない.

(2) クレーン運転者と玉掛け作業者に作業を行わせるときは，運転について一定の合図を定めなければならない.

(3) 磁力により吸着させるつり具を用いて玉掛けをした荷がつり上げられているときは，つり荷の下に労働者を立ち入らせてはならない.

(4) クレーン運転者に単独で作業を行わせるときであっても，運転について一定の合図を定めなければならない.

(5) つりクランプ1個を用いて玉掛けをした荷がつり上げられているときは，つり荷の下に労働者を立ち入らせてはならない.

解説 (1) 正しい. 動力下降以外の方法によって荷を下降させるときは，つり荷の下に労働者を立ち入らせてはならない. クレ規則第29条（立入禁止）第六号参照.

(2) 正しい. クレーン運転者と玉掛け作業者に作業を行わせるときは，運転について一定の合図を定めなければならない. クレ規則第25条（運転の合図）第1項参照.

(3) 正しい. 磁力により吸着させるつり具を用いて玉掛けをした荷がつり上げられているときは，つり荷の下に労働者を立ち入らせてはならない. クレ規則第29条（立入禁止）第五号参照.

(4) 誤り. クレーン運転者に単独で作業を行わせるときは，運転について一定の合図を定める必要はない. クレ規則第25条（運転の合図）第1項ただし書参照.

(5) 正しい. つりクランプ1個を用いて玉掛けをした荷がつり上げられているときは，つり荷の下に労働者を立ち入らせてはならない. クレ規則第29条（立入禁止）第二号参照.

▶答 (4)

2.5 クレーンの玉掛用具として使用禁止

問題1 【令和2年秋 問15】 

次のうち，法令上，クレーンの玉掛用具として使用禁止とされていないものはどれか.

(1) ワイヤロープ1よりの間において素線（フィラ線を除く. 以下同じ.）の数の

11% の素線が切断したワイヤロープ
(2) 直径の減少が公称径の 8% のワイヤロープ
(3) 伸びが製造されたときの長さの 6% のつりチェーン
(4) 使用する際の安全係数が 4 となるフック
(5) リンクの断面の直径の減少が，製造されたときの当該直径の 9% のつりチェーン

解説 (1) 使用禁止．ワイヤロープ 1 よりの間において素線（フィラ線を除く．以下同じ）の数の 10% 以上（設問では 11%）の素線が切断したワイヤロープは，使用してはならない．なお，「ワイヤロープ 1 より」及び，「素線とフィラ線」について図 2.5-1 参照．クレ規則第 215 条（不適格なワイヤロープの使用禁止）第一号参照．

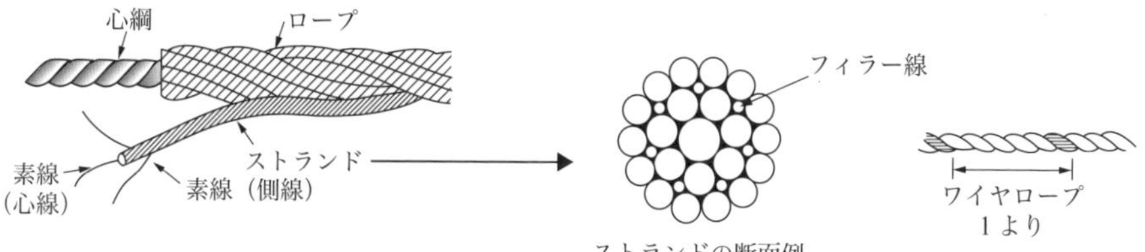

図 2.5-1 ワイヤロープの構造とワイヤロープ 1 より

(2) 使用禁止．直径の減少が公称径の 7% を超える（設問では 8%）のワイヤロープは，使用してはならない．クレ規則第 215 条（不適格なワイヤロープの使用禁止）第二号参照．

(3) 使用禁止．伸びが製造されたときの長さの 5% を超える（設問では 6%）つりチェーンは，使用してはならない．クレ規則第 216 条（不適格なつりチェーンの使用禁止）第一号参照．

(4) 使用禁止．使用する際の安全係数が 5 以上（設問では 4）でなければ，フックを使用してはならない．なお，安全係数とは，フックの切断荷重の値を，当該フックにかかる荷重の最大の値で除した値である．クレ規則第 214 条（玉掛け用フック等の安全係数）第 1 項及び第 2 項参照．

(5) 使用可．リンクの断面の直径の減少が，製造されたときの当該直径の 10% を超える（設問では 9%）つりチェーンは使用してはならない．クレ規則第 216 条（不適格なつりチェーンの使用禁止）第二号参照．

▶ **答 (5)**

問題 2 【令和 2 年春 問 13】

次のうち，法令上，クレーンの玉掛用具として使用禁止とされていないものはどれか．

(1) 伸びが製造されたときの長さの 4% のつりチェーン

(2) 直径の減少が公称径の9%のワイヤロープ
(3) リンクの断面の直径の減少が，製造されたときの当該直径の12%のつりチェーン
(4) 使用する際の安全係数が5となるワイヤロープ
(5) ワイヤロープ1よりの間において素線（フィラ線を除く．以下同じ.）の数の11%の素線が切断したワイヤロープ

解説 (1) 使用可．伸びが製造されたときの長さの5%を超える（設問では4%）つりチェーンは，使用してはならない．クレ規則第216条（不適格なつりチェーンの使用禁止）第一号参照.
(2) 使用禁止．直径の減少が公称径の7%を超える（設問では9%）のワイヤロープは，使用してはならない．クレ規則第215条（不適格なワイヤロープの使用禁止）第二号参照.
(3) 使用禁止．リンクの断面の直径の減少が，製造されたときの当該直径の10%を超える（設問では12%）つりチェーンは使用してはならない．クレ規則第216条（不適格なつりチェーンの使用禁止）第二号参照.
(4) 使用禁止．使用する際の安全係数が6以上（設問では5）となるワイヤロープでなければ，使用してはならない．なお，安全係数とは，ワイヤロープの切断荷重の値を，当該ワイヤロープにかかる荷重の最大の値で除した値である．クレ規則第213条（玉掛け用ワイヤロープの安全係数）第1項及び第2項参照.
(5) 使用禁止．ワイヤロープ1よりの間において素線（フィラ線を除く．以下同じ）の数の10%以上の素線（設問では11%）が切断したワイヤロープは，使用してはならない．なお，「ワイヤロープ1より」及び，「素線とフィラ線」について図2.5-1参照．クレ規則第215条（不適格なワイヤロープの使用禁止）第一号参照. ▶答 (1)

問題3 【令和元年秋 問11】

次のうち，法令上，クレーンの玉掛用具として使用禁止とされていないものはどれか.
(1) リンクの断面の直径の減少が，製造されたときの当該直径の11%のつりチェーン
(2) 直径の減少が公称径の8%のワイヤロープ
(3) 伸びが製造されたときの長さの6%のつりチェーン
(4) 使用する際の安全係数が4となるフック
(5) エンドレスでないワイヤロープで，その両端にフック，シャックル，リング又はアイを備えているもの

解説 (1) 使用禁止．リンクの断面の直径の減少が，製造されたときの当該直径の10%（設問では11%）を超えるつりチェーンは，使用してはならない．クレ規則第216条（不適格なつりチェーンの使用禁止）第二号参照．

(2) 使用禁止．直径の減少が公称径の7%（設問では8%）を超えるワイヤロープは，使用してはならない．クレ規則第215条（不適格なワイヤロープの使用禁止）第二号参照．

(3) 使用禁止．伸びが製造されたときの長さの5%を超える（設問では6%）つりチェーンは，使用してはならない．クレ規則第216条（不適格なつりチェーンの使用禁止）第一号参照．

(4) 使用禁止．使用する際の安全係数が5以上（設問では4）でないフック（又はシャックル）は，使用してはならない．なお，安全係数とは，フック（又はシャックル）の切断荷重の値をそれぞれ該当フック又はシャックルにかかる荷重の最大の値で除した値である．クレ規則第214条（玉掛け用フック等の安全係数）第1項及び第2項参照．

(5) 使用可．エンドレスでないワイヤロープで，その両端にフック，シャックル，リング又はアイを備えているものは，使用できる．図2.5-2参照．クレ規則第219条（リングの具備等）第1項参照．

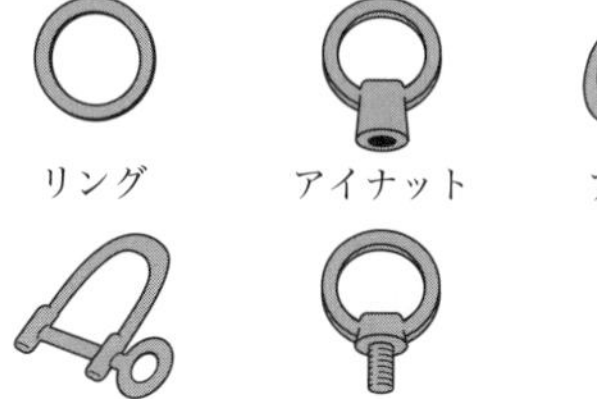

図 2.5-2　玉掛作業に使用できるワイヤロープ

▶答 (5)

第2章 関係法令

問題4 【令和元年春 問12】

次のうち，法令上，クレーンの玉掛用具として使用禁止とされていないものはどれか．

(1) ワイヤロープ1よりの間で素線（フィラ線を除く．以下同じ．）の数の9%の素線が切断したワイヤロープ
(2) 直径の減少が公称径の8%のワイヤロープ
(3) リンクの断面の直径の減少が，製造されたときの当該直径の11%のつりチェーン
(4) 使用する際の安全係数が5となるワイヤロープ
(5) 伸びが製造されたときの長さの6%のつりチェーン

解説 (1) 使用可．ワイヤロープ1よりの間において素線（フィラ線を除く．以下同じ）の数の10%以上（設問では9%）の素線が切断したワイヤロープは，使用してはならない．なお，「ワイヤロープ1より」及び，「素線とフィラ線」について図2.5-1参

照．クレ規則第215条（不適格なワイヤロープの使用禁止）第一号参照．

(2) 使用禁止．直径の減少が公称径の7%を超えるもの（設問では8%）のワイヤロープは使用してはならない．クレ規則第215条（不適格なワイヤロープの使用禁止）第二号参照．

(3) 使用禁止．リンクの断面の直径の減少が，製造されたときの当該直径の10%を超える（設問では11%）つりチェーンは使用してはならない．クレ規則第216条（不適格なつりチェーンの使用禁止）第二号参照．

(4) 使用禁止．使用する際の安全係数が6以上（設問では5）でなければワイヤロープは使用してはならない．なお，安全係数とは，ワイヤロープの切断荷重の値を，当該ワイヤロープにかかる荷重の最大の値で除した値である．クレ規則第213条（玉掛け用ワイヤロープの安全係数）第1項及び第2項参照．

(5) 使用禁止．伸びが製造されたときの長さの5%を超える（設問では6%）つりチェーンは，使用してはならない．クレ規則第216条（不適格なつりチェーンの使用禁止）第一号参照．

▶答 (1)

問題5 【平成30年秋 問13】

次のうち，法令上，クレーンの玉掛用具として使用禁止とされていないものはどれか．

(1) ワイヤロープ1よりの間において素線（フィラ線を除く．以下同じ．）の数の11%の素線が切断したワイヤロープ

(2) リンクの断面の直径の減少が，当該つりチェーンが製造されたときの当該リンクの断面の直径の9%のつりチェーン

(3) 直径の減少が公称径の8%のワイヤロープ

(4) 使用する際の安全係数が4となるフック

(5) エンドレスでないワイヤロープで，その両端にフック，シャックル，リング又はアイを備えていないもの

解説 (1) 使用禁止．ワイヤロープ1よりの間において素線（フィラ線を除く．以下同じ）の数の10%以上（設問では11%）の素線が切断したワイヤロープは，使用してはならない．なお，「ワイヤロープ1より」及び，「素線とフィラ線」について図2.5-1参照．クレ規則第215条（不適格なワイヤロープの使用禁止）第一号参照．

(2) 使用可．リンクの断面の直径の減少が，製造されたときの当該直径の10%を超える（設問では9%）つりチェーンは使用してはならない．クレ規則第216条（不適格なつりチェーンの使用禁止）第二号参照．

(3) 使用禁止．直径の減少が公称径の7%を超えるもの（設問では8%）のワイヤロープは

使用してはならない．クレ規則第215条（不適格なワイヤロープの使用禁止）第二号参照．

(4) 使用禁止．使用する際の安全係数が5以上（設問では4）でなければ，フックを使用してはならない．なお，安全係数とは，フックの切断荷重の値を，当該フックにかかる荷重の最大の値で除した値である．クレ規則第214条（玉掛け用フック等の安全係数）第1項及び第2項参照．

(5) 使用禁止．エンドレスでないワイヤロープで，その両端にフック，シャックル，リング又はアイを備えているものは，使用できる．図2.5-2参照．クレ規則第219条（リングの具備等）第1項参照．

▶答 (2)

問題6

【平成30年春 問12】 

次のうち，法令上，クレーンの玉掛用具として使用禁止とされているものはどれか．

(1) 直径の減少が公称径の6%のワイヤロープ

(2) 伸びが製造されたときの長さの4%のつりチェーン

(3) 使用する際の安全係数が6となるシャックル

(4) エンドレスでないワイヤロープで，その両端にフック，シャックル，リング又はアイを備えていないもの

(5) ワイヤロープ1よりの間において素線（フィラ線を除く．以下同じ．）の数の9%の素線が切断したワイヤロープ

解説 (1) 使用可．直径の減少が公称径の7%を超える（設問では6%）のワイヤロープは，使用禁止である．クレ規則第215条（不適格なワイヤロープの使用禁止）第二号参照．

(2) 使用可．伸びが製造されたときの長さの5%を超える（設問では4%）つりチェーンは，使用禁止である．クレ規則第216条（不適格なつりチェーンの使用禁止）第一号参照．

(3) 使用可．使用する際の安全係数が5以上（設問では6）でないシャックル（フックも同様）は，使用してはならない．なお，安全係数とは，シャックル又はフックの切断荷重の値をそれぞれ該当シャックル又はフックにかかる荷重の最大の値で除した値である．クレ規則第214条（玉掛け用フック等の安全係数）第1項及び第2項参照．

(4) 使用禁止．エンドレスでないワイヤロープで，その両端にフック，シャックル，リング又はアイを備えていないものは，使用禁止である．クレ規則第219条（リングの具備等）第1項参照．

(5) 使用可．ワイヤロープ1よりの間において素線（フィラ線を除く．以下同じ）の数の

10% 以上（設問では 9%）の素線が切断したワイヤロープは，使用してはならない．なお，「ワイヤロープ 1 より」及び，「素線とフィラ線」について図 2.5-1 参照．クレ規則第 215 条（不適格なワイヤロープの使用禁止）第一号参照．

▶答（4）

問題 7

【平成 29 年秋 問 13】

次のうち，法令上，クレーンの玉掛用具として使用禁止とされていないものはどれか．

(1) エンドレスでないワイヤロープで，その両端にフック，シャックル，リング又はアイのいずれも備えていないもの
(2) 直径の減少が公称径の 8% のワイヤロープ
(3) 伸びが製造されたときの長さの 6% のつりチェーン
(4) 安全係数が 5 のつりチェーン
(5) ワイヤロープ 1 よりの間において素線（フィラ線を除く．以下同じ．）の数の 10% の素線が切断したワイヤロープ

解説 (1) 使用禁止．エンドレスでないワイヤロープで，その両端にフック，シャックル，リング又はアイのいずれも備えていないものは，使用できない．図 2.5-2 参照．クレ規則第 219 条（リングの具備等）第 1 項参照．

(2) 使用禁止．直径の減少が公称径の 7%（設問では 8%）を超えるワイヤロープは，使用してはならない．クレ規則第 215 条（不適格なワイヤロープの使用禁止）第二号参照．

(3) 使用禁止．伸びが製造されたときの長さの 5% を超える（設問では 6%）つりチェーンは，使用してはならない．クレ規則第 216 条（不適格なつりチェーンの使用禁止）第一号参照．

(4) 使用可．安全係数が 5 以上（設問では 5）のつりチェーンを使用しなければならない．なお，安全係数とは，つりチェーンの切断荷重の値を当該つりチェーンにかかる荷重の最大値で除した値である．クレ規則第 213 条の 2（玉掛け用つりチェーンの安全係数）第 1 項第二号及び第 2 項参照．

(5) 使用禁止．ワイヤロープ 1 よりの間において素線（フィラ線を除く．以下同じ）の数の 10% 以上（設問では 10%）の素線が切断したワイヤロープは，使用してはならない．なお，「ワイヤロープ 1 より」については，図 2.5-1 に示すように 1 本のストランドがロープの周りを丁度 1 回転する箇所までをロープの中心軸に平行に測った長さをいう．図 2.5-1 参照．クレ規則第 215 条（不適格なワイヤロープの使用禁止）第一号参照．

▶答（4）

問題8

【平成29年春 問15】

次のうち，法令上，クレーンの玉掛用具として使用禁止とされているものはどれか．

(1) エンドレスでないワイヤロープで，その両端にフック，シャックル，リング又はアイのいずれも備えていないもの

(2) リンクの断面の直径の減少が，製造されたときの当該直径の9%のつりチェーン

(3) 直径の減少が公称径の6%のワイヤロープ

(4) 安全係数が6のワイヤロープ

(5) ワイヤロープ1よりの間において素線（フィラ線を除く．以下同じ.）の数の9%の素線が切断したワイヤロープ

解説 (1) 使用禁止．エンドレスでないワイヤロープで，その両端にフック，シャックル，リング又はアイのいずれも備えていないものは，使用禁止である．図2.5-2参照．クレ規則第219条（リングの具備等）第1項参照．

(2) 使用可．リンクの断面の直径の減少が，製造されたときの当該直径の10%を超える（設問では9%）つりチェーンは使用してはならない．クレ規則第216条（不適格なつりチェーンの使用禁止）第二号参照．

(3) 使用可．直径の減少が公称径の7%を超えるもの（設問では6%）のワイヤロープは使用してならない．クレ規則第215条（不適格なワイヤロープの使用禁止）第二号参照．

(4) 使用可．使用する際の安全係数が6以上（設問では6）でなければワイヤロープは使用してはならない．なお，安全係数とは，ワイヤロープの切断荷重の値を，当該ワイヤロープにかかる荷重の最大の値で除した値である．クレ規則第213条（玉掛け用ワイヤロープの安全係数）第1項及び第2項参照．

(5) 使用可．ワイヤロープ1よりの間において素線（フィラ線を除く．以下同じ）の数の10%以上（設問では9%）の素線が切断したワイヤロープは，使用してはならない．なお，「ワイヤロープ1より」及び，「素線とフィラ線」について図2.5-1参照．クレ規則第215条（不適格なワイヤロープの使用禁止）第一号参照．

▶答 (1)

問題9

【平成28年秋 問14】

次のうち，法令上，クレーンの玉掛用具として使用禁止とされているものはどれか．

(1) リンクの断面の直径の減少が，製造されたときの当該直径の9%のつりチェーン

(2) ワイヤロープ1よりの間で素線（フィラ線を除く．以下同じ.）数の8%の素線が切断したワイヤロープ

(3) 直径の減少が公称径の6%のワイヤロープ

(4) 安全係数が4のシャックル

(5) 伸びが製造されたときの長さの4%のつりチェーン

解説 (1) 使用可．リンクの断面の直径の減少が，製造されたときの当該直径の10%を超える（設問では9%）つりチェーンは使用してはならない．クレ規則第216条（不適格なつりチェーンの使用禁止）第二号参照．

(2) 使用可．ワイヤロープ1よりの間において素線（フィラ線を除く．以下同じ）の数の10%以上（設問では8%）の素線が切断したワイヤロープは，使用してはならない．なお，「ワイヤロープ1より」及び，「素線とフィラ線」について図2.5-1参照．クレ規則第215条（不適格なワイヤロープの使用禁止）第一号参照．

(3) 使用可．直径の減少が公称径の7%を超えるもの（設問では6%）のワイヤロープは使用してはならない．クレ規則第215条（不適格なワイヤロープの使用禁止）第二号参照．

(4) 使用禁止．使用する際の安全係数が5以上（設問では4）でなければシャックルは使用してはならない．なお，安全係数とは，シャックルの切断荷重の値を，当該シャックルにかかる荷重の最大の値で除した値である．クレ規則第214条（玉掛け用フック等の安全係数）第1項及び第2項参照．

(5) 使用可．伸びが製造されたときの長さの5%を超える（設問では4%）つりチェーンは，使用してはならない．クレ規則第216条（不適格なつりチェーンの使用禁止）第一号参照．

▶答 (4)

2.5 クレーンの玉掛用具として使用禁止

問題10 【平成28年春 問13】

次のうち，法令上，クレーンの玉掛用具として使用禁止とされていないものはどれか．

(1) リンクの断面の直径の減少が製造されたときの当該直径の11%のつりチェーン
(2) ワイヤロープ1よりの間で素線（フィラ線を除く．以下同じ.）数の11%の素線が切断したワイヤロープ
(3) 著しい形くずれがあるワイヤロープ
(4) 安全係数が4のフック
(5) 直径の減少が公称径の6%のワイヤロープ

解説 (1) 使用禁止．リンクの断面の直径の減少が，製造されたときの当該直径の10%を超える（設問では11%）つりチェーンは使用してはならない．クレ規則第216条（不適格なつりチェーンの使用禁止）第二号参照．

(2) 使用禁止．ワイヤロープ1よりの間において素線（フィラ線を除く．以下同じ）の数の10%以上（設問では11%）の素線が切断したワイヤロープは，使用してはならない．なお，「ワイヤロープ1より」及び，「素線とフィラ線」について図2.5-1参照．クレ規則第215条（不適格なワイヤロープの使用禁止）第一号参照．

(3) 使用禁止．著しい形くずれがあるワイヤロープは使用できない．クレ規則第215条（不適格なワイヤロープの使用禁止）第四号参照．

(4) 使用禁止．使用する際の安全係数が5以上（設問では4）でなければフックは使用してはならない．なお，安全係数とは，フックの切断荷重の値を，当該フックにかかる荷重の最大の値で除した値である．クレ規則第214条（玉掛け用フック等の安全係数）第1項及び第2項参照．

(5) 使用可．直径の減少が公称径の7%を超えるもの（設問では6%）のワイヤロープは使用してはならない．クレ規則第215条（不適格なワイヤロープの使用禁止）第二号参照．

▶答（5）

2.6 運転免許及び免許証

問題1 【令和2年秋 問16】

クレーン・デリック運転士免許及び免許証に関する記述として，法令上，違反とならないものは次のうちどれか．

(1) つり上げ荷重が10tの機上で運転する方式の天井クレーンの運転の業務に従事している者が，免許証の滅失が心配なため，免許証を携帯せずその写しを携帯している．

(2) クレーンの運転の業務に従事している者が，免許証を滅失したが，当該免許証の写し及び事業者による当該免許証の所持を証明する書面を携帯しているので，免許証の再交付を受けていない．

(3) クレーンの運転の業務に従事している者が，氏名を変更したが，他の技能講習修了証等で変更後の氏名を確認できるので，免許証の書替えを受けていない．

(4) クレーンの運転中に，重大な過失により労働災害を発生させたため，クレーン・デリック運転士免許の取消しの処分を受けた者が，免許証の免許の種類の欄にクレーン・デリック運転士免許に加えて，他の種類の免許に係る事項が記載されているので，クレーン・デリック運転士免許の取消しをした都道府県労働局長に免許証を返還していない．

(5) 免許証の書替えを受ける必要のある者が，免許証書替申請書を免許証を交付した都道府県労働局長ではなく，本人の住所を管轄する都道府県労働局長に提出した．

解説 (1) 違反．つり上げ荷重が10tの機上で運転する方式の天井クレーンの運転の業務に従事している者は，免許証を携帯していなければならない．写しを携帯してはならない．安衛法第61条（就業制限）第3項参照．

(2) 違反．クレーンの運転の業務に従事している者が，免許証を滅失したときは，免許証の再交付を受けなければならない．当該免許証の写し及び事業者による当該免許証の所持を証明する書面を携帯していても，免許証の再交付を受けていなければ業務に従事できない．安衛則第67条（免許証の再交付又は書替え）第1項参照．

(3) 違反．クレーンの運転の業務に従事している者が，氏名を変更したときは，免許証の書替えを受けなければならない．他の技能講習修了証等で変更後の氏名を確認できても，免許証の書替えを受けなければならない．安衛則第67条（免許証の再交付又は書替え）第2項参照．

(4) 違反．クレーンの運転中に，重大な過失により労働災害を発生させたため，クレーン・デリック運転士免許の取消しの処分を受けた者は，遅滞なくクレーン・デリック運転士免許の取消しをした都道府県労働局長に免許証を返還しなければならない．なお，クレーン・デリック運転士免許に係る事項を抹消した他の種類の免許証の再交付を受けることができる．安衛則第68条（免許証の返還）第1項参照．

(5) 違反無し．免許証の書替えを受ける必要のある者は，免許証書替申請書を免許証を交付した都道府県労働局長ではなく，本人の住所を管轄する都道府県労働局長に提出できる．なお，免許証書替申請書の提出は，免許証を交付した都道府県労働局長でもよい．安衛則第67条（免許証の再交付又は書替え）第1項参照．

▶答 (5)

問題2　【令和2年春 問17】

クレーン・デリック運転士免許及び免許証に関する記述として，法令上，誤っているものは次のうちどれか．

(1) 免許に係る業務に現に就いている者は，免許証を滅失したときは，免許証の再交付を受けなければならないが，当該免許証の写し及び事業者による当該免許証の所持を証明する書面を携帯するときは，この限りでない．

(2) 免許に係る業務に現に就いている者は，氏名を変更したときは，免許証の書替えを受けなければならない．

(3) 重大な過失により，免許に係る業務について重大な事故を発生させたときは，免許の取消し又は効力の一時停止の処分を受けることがある．

(4) 労働安全衛生法違反により免許を取り消され，その取消しの日から起算して1年を経過しない者は，免許を受けることができない．

(5) 免許の取消しの処分を受けた者は，遅滞なく，免許の取消しをした都道府県労働局長に免許証を返還しなければならない．

解説 (1) 誤り．免許に係る業務に現に就いている者は，免許証を滅失したときは，免許証の再交付を受けなければならない．当該免許証の写し及び事業者による当該免許証の所持を証明する書面を携帯しても業務に従事できない．安衛則第67条（免許証の再交付又は書替え）第1項参照．

(2) 正しい．免許に係る業務に現に就いている者は，氏名を変更したときは，免許証の書替えを受けなければならない．安衛則第67条（免許証の再交付又は書替え）第2項参照．

(3) 正しい．重大な過失により，免許に係る業務について重大な事故を発生させたときは，免許の取消し又は効力の一時停止の処分を受けることがある．安衛法第74条（免許の取消し等）第2項第一号参照．

(4) 正しい．労働安全衛生法違反により免許を取り消され，その取消しの日から起算して1年を経過しない者は，免許を受けることができない．安衛法第72条（免許）第2項第一号参照．

(5) 正しい．免許の取消しの処分を受けた者は，遅滞なく，免許の取消しをした都道府県労働局長に免許証を返還しなければならない．安衛則第68条（免許証の返還）第1項参照．

▶答 (1)

問題3 【令和元年秋 問17】

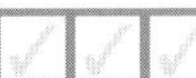

クレーン・デリック運転士免許及び免許証に関する記述として，法令上，正しいものは次のうちどれか．

(1) 免許に係る業務に現に就いている者は，氏名を変更したときは，免許証の書替えを受けなければならないが，変更後の氏名を確認することができる他の技能講習修了証等を携帯するときは，この限りでない．

(2) 免許に係る業務に現に就いている者は，免許証を滅失したときは，免許証の再交付を受けなければならないが，当該免許証の写し及び事業者による当該免許証の所持を証明する書面を携帯するときは，この限りでない．

(3) 故意により，免許に係る業務について重大な事故を発生させたときは，免許の取消し又は効力の一時停止の処分を受けることがある．

(4) 労働安全衛生法違反により免許の取消しの処分を受けた者は，処分を受けた日から起算して30日以内に，免許の取消しをした都道府県労働局長に免許証を返還しなければならない．

(5) 免許に係る業務に従事するときは，当該業務に係る免許証を携帯しなければならないが，屋外作業等，作業の性質上，免許証を滅失するおそれのある業務に従事するときは，免許証に代えてその写しを携帯することで差し支えない．

解説 (1) 誤り．免許に係る業務に現に従事している者が，氏名を変更したときは，免許証の書替えを受けなければならない．他の技能講習修了証等で変更後の氏名を確認できても，免許証の書替えを受けなければならない．安衛則第67条（免許証の再交付又は書替え）第2項参照．

(2) 誤り．免許に係る業務に現に就いている者は，免許証を滅失したときは，免許証の再交付を受けなければならない．当該免許証の写し及び事業者による当該免許証の所持を証明する書面を携帯していても，免許証の再交付を受けていなければ業務に従事できない．安衛則第67条（免許証の再交付又は書替え）第1項参照．

(3) 正しい．故意により，免許に係る業務について重大な事故を発生させたときは，免許の取消し又は効力の一時停止の処分を受けることがある．安衛法第74条（免許の取消し等）第2項第一号参照．

(4) 誤り．労働安全衛生法違反により免許の取消しの処分を受けた者は，遅滞なく，免許の取消しをした都道府県労働局長に免許証を返還しなければならない．安衛則第68条（免許証の返還）第1項参照．

(5) 誤り．免許に係る業務に従事するときは，当該業務に係る免許証を常に携帯しなければならない．屋外作業等，作業の性質上，免許証を滅失するおそれのある業務に従事するときであっても，免許証に代えてその写しを携帯することはできない．安衛法第61条（就業制限）第3項参照．

▶答 (3)

問題4 【令和元年春 問17】 

クレーン・デリック運転士免許及び免許証に関する記述として，法令上，正しいものは次のうちどれか．

(1) 免許に係る業務に現に就いている者は，氏名を変更したときは，免許証の書替えを受けなければならないが，変更後の氏名を確認することができる他の技能講習修了証等を携帯するときは，この限りでない．

(2) 免許に係る業務に現に就いている者は，免許証を滅失したときは，免許証の再交付を受けなければならないが，当該免許証の写し及び事業者による当該免許証の所持を証明する書面を携帯するときは，この限りでない．

(3) 故意により，免許に係る業務について重大な事故を発生させたときは，免許の取消し又は効力の一時停止の処分を受けることがある．

(4) 労働安全衛生法違反により免許の取消しの処分を受けた者は，処分を受けた日から起算して30日以内に，免許の取消しをした都道府県労働局長に免許証を返還しなければならない．

(5) 免許に係る業務に従事するときは，当該業務に係る免許証を携帯しなければならないが，屋外作業等，作業の性質上，免許証を滅失するおそれのある業務に従事するときは，免許証に代えてその写しを携帯することで差し支えない．

解説 (1) 誤り．免許に係る業務に現に就いている者は，氏名を変更したときは，免許証の書替えを受けなければならない．変更後の氏名を確認することができる他の技能講習修了証等を携帯しても，免許証の書替えを受けなければならない．安衛則第67条（免許証の再交付又は書替え）第2項参照．

(2) 誤り．免許に係る業務に現に就いている者は，免許証を滅失したときは，免許証の再交付を受けなければならない．当該免許証の写し及び事業者による当該免許証の所持を証明する書面を携帯していても，免許証の再交付を受けなければならない．安衛則第67条（免許証の再交付又は書替え）第1項参照．

(3) 正しい．故意により，免許に係る業務について重大な事故を発生させたときは，免許の取消し又は効力の一時停止の処分を受けることがある．安衛法第74条（免許の取消し等）第2項第一号参照．

(4) 誤り．労働安全衛生法違反により免許の取消しの処分を受けた者は，遅滞なく，免許の取消しをした都道府県労働局長に免許証を返還しなければならない．安衛則第68条（免許証の返還）第1項参照．

(5) 誤り．免許に係る業務に従事するときは，当該業務に係る免許証を常に携帯しなければならない．屋外作業等，作業の性質上，免許証を滅失するおそれのある業務に従事するときであっても，免許証に代えてその写しを携帯することはできない．安衛法第61条（就業制限）第3項参照．

▶答 (3)

問題5 【平成30年秋 問17】

クレーン・デリック運転士免許及び免許証に関する記述として，法令上，正しいものは次のうちどれか．

(1) 免許に係る業務に従事するときは，当該業務に係る免許証を携帯しなければならないが，屋外作業等，作業の性質上，免許証を滅失するおそれのある業務に従事するときは，免許証に代えてその写しを携帯することで差し支えない．

(2) 免許に係る業務に現に就いている者は，氏名を変更したときは，免許証の書替えを受けなければならないが，変更後の氏名を確認することができる他の技能講習修了証等を携帯するときは，この限りでない．

(3) 免許に係る業務に現に就いている者は，免許証を滅失したときは，免許証の再交付を受けなければならないが，当該免許証の写し及び事業者による当該免許証の所持を証明する書面を携帯するときは，この限りでない．

(4) 重大な過失により，免許に係る業務について重大な事故を発生させたときは，免許の取消し又は効力の一時停止の処分を受けることがある．

(5) 労働安全衛生法違反により免許の取消しの処分を受けた者は，処分を受けた日から起算して30日以内に，免許の取消しをした都道府県労働局長に免許証を返還しなければならない.

解説 (1) 誤り．免許に係る業務に従事するときは，当該業務に係る免許証を常に携帯しなければならない．屋外作業等，作業の性質上，免許証を滅失するおそれのある業務に従事するときであっても免許証に代えてその写しを携帯することはできない．安衛法第61条（就業制限）第3項参照.

(2) 誤り．免許に係る業務に現に就いている者は，氏名を変更したときは，免許証の書替えを受けなければならない．変更後の氏名を確認することができる他の技能講習修了証等を携帯しても，免許証の書替えを受けなければならない．安衛則第67条（免許証の再交付又は書替え）第2項参照.

(3) 誤り．免許に係る業務に現に就いている者は，免許証を滅失したときは，免許証の再交付を受けなければならない．当該免許証の写し及び事業者による当該免許証の所持を証明する書面を携帯していても，免許証の再交付を受けなければならない．安衛則第67条（免許証の再交付又は書替え）第1項参照.

(4) 正しい．重大な過失により，免許に係る業務について重大な事故を発生させたときは，免許の取消し又は効力の一時停止の処分を受けることがある．安衛法第74条（免許の取消し等）第2項第一号参照.

(5) 誤り．労働安全衛生法違反により免許の取消しの処分を受けた者は，遅滞なく，免許の取消しをした都道府県労働局長に免許証を返還しなければならない．安衛則第68条（免許証の返還）第1項参照.

▶答 (4)

問題6 【平成30年春 問17】

クレーン・デリック運転士免許及び免許証に関する記述として，法令上，違反とならないものは次のうちどれか.

(1) クレーンの運転の業務に従事している者が，免許証の滅失が心配なため，免許証を携帯せず，その写しを携帯している.

(2) 免許証の書替えを受ける必要がある者が，免許証書替申請書を免許証を交付した都道府県労働局長ではなく，本人の住所を管轄する都道府県労働局長に提出した.

(3) クレーンの運転中に，重大な過失により労働災害を発生させたため，クレーン・デリック運転士免許の取消しの処分を受けた者が，免許証の免許の種類の欄にクレーン・デリック運転士免許に加えて，他の種類の免許に係る事項が記載されているので，クレーン・デリック運転士免許の取消しをした都道府県労働局長に免許証を返還していない.

(4) クレーンの運転の業務に従事している者が，免許証を損傷し，免許証番号，免許の種類の欄及び写真が判読できなくなったが，氏名が判読できるので，免許証の再交付を受けていない．

(5) クレーンの運転の業務に従事している者が，氏名を変更したが，本人確認のため免許証とともに戸籍抄本を携帯しているので，免許証の書替えを受けていない．

解説 (1) 違反．クレーンの運転の業務に従事している者は，免許証の滅失の心配があっても，免許証を携帯しなければならず，その写しを携帯してはならない．安衛法第61条（就業制限）第3項参照．

(2) 違反無し．免許証の書替えを受ける必要がある者は，免許証書替申請書を免許証を交付した都道府県労働局長ではなく，本人の住所を管轄する都道府県労働局長に提出することができる．安衛則第67条（免許証の再交付又は書替え）第2項参照．

(3) 違反．クレーンの運転中に，重大な過失により労働災害を発生させたため，クレーン・デリック運転士免許の取消しの処分を受けた者は，遅滞なくクレーン・デリック運転士免許の取消しをした都道府県労働局長に免許証を返還しなければならない．安衛則第68条（免許証の返還）第1項参照．

(4) 違反．クレーンの運転の業務に従事している者が，免許証を損傷し，免許証番号，免許の種類の欄及び写真が判読できなくなった場合，氏名が判読できても，免許証の再交付を受けなければならない．安衛則第67条（免許証の再交付又は書替え）第1項参照．

(5) 違反．クレーンの運転の業務に従事している者が，氏名を変更した場合，本人確認のため免許証とともに戸籍抄本を携帯していても，免許証の書替えを受けなければならない．安衛則第67条（免許証の再交付又は書替え）第2項参照． ▶答 (2)

問題7 【平成29年秋 問14】

つり上げ荷重が10tの機上運転式の天井クレーンに係るクレーン・デリック運転士免許及び免許証に関し，法令上，違反とならないものは次のうちどれか．

(1) クレーンの運転の業務に従事している者が，免許証を損傷し，免許証番号，免許の種類の欄及び写真が判読できなくなったが，氏名が判読できるので，免許証の再交付を受けていない．

(2) クレーンの運転の業務に従事している者が，氏名を変更したが，本人確認のため免許証とともに戸籍抄本を携帯しているので，免許証の書替えを受けていない．

(3) 免許証の書替えを受ける必要があったので，免許証書替申請書を免許証を交付した都道府県労働局長ではなく，本人の住所を管轄する都道府県労働局長に提出した．

(4) クレーンの運転の業務に副担当者として従事しているが，主担当者が免許証を携帯しているので，免許証を携帯していない．

(5) クレーンの運転中に，重大な過失により労働災害を発生させたため，クレーン・デリック運転士免許の取消しの処分を受けた者が免許証の免許の種類の欄にクレーン・デリック運転士免許に加えて，移動式クレーン運転士免許に係る事項が記載されているので，移動式クレーンの運転の業務に就く際に免許証を携帯する必要があるため，クレーン・デリック運転士免許の取消しをした都道府県労働局長に免許証を返還していない．

解説 (1) 違反．クレーンの運転の業務に従事している者が，免許証を損傷し，免許証番号，免許の種類の欄及び写真が判読できなくなった場合，氏名が判読できても，免許証の再交付を受けなければならない．安衛則第67条（免許証の再交付又は書替え）第1項参照．

(2) 違反．クレーンの運転の業務に従事している者が，氏名を変更した場合，本人確認のため免許証とともに戸籍抄本を携帯していても，免許証の書替えを受けなければならない．安衛則第67条（免許証の再交付又は書替え）第2項参照．

(3) 違反無し．免許証の書替えを受ける必要がある場合，免許証書替申請書を免許証を交付した都道府県労働局長ではなく，本人の住所を管轄する都道府県労働局長に提出することができる．安衛則第67条（免許証の再交付又は書替え）第2項参照．

(4) 違反．クレーンの運転の業務に副担当者として従事している場合，主担当者が免許証を携帯していても，免許証を常に携帯していなければならない．安衛法第61条（就業制限）第3項参照．

(5) 違反．クレーンの運転中に，重大な過失により労働災害を発生させたため，クレーン・デリック運転士免許の取消しの処分を受けた者は，免許証に移動式クレーン運転士免許に係る事項が記載されても，遅滞なくクレーン・デリック運転士免許の取消しをした都道府県労働局長に免許証を返還しなければならない．安衛則第68条（免許証の返還）第1項参照．

▶答 (3)

問題 8 【平成29年春 問16】

クレーン・デリック運転士免許及び免許証に関し，法令上，違反となるものは次のうちどれか．

(1) クレーンの運転業務に従事している者が，住所を変更したが，氏名は変更していないため，本人確認が可能であるので，免許証の書替えを受けていない．

(2) クレーンの運転業務に従事している者が，免許証を損傷し，免許の種類の欄及び写真が判読できなくなったが，氏名が判読できるので，免許証の再交付を受けていない．

(3) クレーンの運転中に，重大な過失により労働災害を発生させたため，クレーン・デリック運転士免許の取消しの処分を受けた者が，取消し処分を受けた当該免許及びそれと異なる種類の免許に係る事項が免許証の免許の種類の欄に記載されているので，当該免許の取消しをした都道府県労働局長に免許証を返還し，クレーン・デリック運転士免許に係る事項を抹消した免許証の再交付を受けた.

(4) クレーンの運転の業務に従事している者が，免許証を滅失したため，免許証再交付申請書を本人の住所を管轄する都道府県労働局長に提出した.

(5) クレーンの運転の業務に従事している者が，免許証の滅失が心配なため，クレーンの運転の業務に従事するときだけ免許証を携帯している.

解説 (1) 違反無し．クレーンの運転業務に従事している者が，住所を変更したが，氏名（又は本籍）は変更していない場合は，免許証の書替えを受ける必要はない．住所変更は免許証の書替えの要件となっていない．安衛則第67条（免許証の再交付又は書替え）第2項参照.

(2) 違反．クレーンの運転業務に従事している者が，免許証を損傷し，免許の種類の欄及び写真が判読できなくなった場合，氏名が判読できても，免許証の再交付を受けなければならない．安衛則第67条（免許証の再交付又は書替え）第1項参照.

(3) 違反無し．クレーンの運転中に，重大な過失により労働災害を発生させたため，クレーン・デリック運転士免許の取消しの処分を受けた者は，取消し処分を受けた当該免許及びそれと異なる種類の免許に係る事項が免許証の免許の種類の欄に記載されているので，当該免許の取消しをした都道府県労働局長に免許証を返還しなければならない．なお，クレーン・デリック運転士免許に係る事項を抹消した異なる種類の免許証の再交付を受けることができる．安衛法第74条（免許の取消し等）第2項第一号，安衛則第68条（免許証の返還）第1項及び第2項参照.

(4) 違反無し．クレーンの運転の業務に従事している者が，免許証を滅失したとき，免許証再交付申請書を本人の住所を管轄する都道府県労働局長に提出しなければならない．安衛則第67条（免許証の再交付又は書替え）第1項参照.

(5) 違反無し．クレーンの運転の業務に従事している者が，免許証の滅失が心配なため，クレーンの運転の業務に従事するときだけ免許証を携帯していれば違反とはならない．安衛法第61条（就業制限）第3項参照.

▶答 (2)

問題9 【平成28年秋 問13】

クレーン・デリック運転士免許及び免許証に関し，法令上，違反とならないものは次のうちどれか.

(1) 免許証の書替えを受ける必要があったので，免許証書替申請書を免許証の交付を受けた都道府県労働局長に提出した．

(2) つり上げ荷重が10tの天井クレーンの運転の業務に副担当者として従事しているが，主担当者が免許証を携帯しているので，免許証を携帯していない．

(3) クレーンの運転業務に従事している者で，免許証を損傷し，氏名と写真が判読できないが，免許証を滅失していないので，免許証の再交付を受けていない．

(4) クレーンの運転中に，重大な過失により労働災害を発生させたため，免許の取消しの処分を受けたが，免許証にクレーン・デリック運転士免許と異なる種類の免許に係る事項が記載されているので，免許の取消しをした都道府県労働局長にはまだ免許証を返還していない．

(5) クレーンの運転業務に従事している者で，本籍を変更したが，氏名は変更していないため，本人確認が可能であるので，免許証の書替えを受けていない．

2.6 運転免許及び免許証

解説 (1) 違反無し．免許証の書替えを受ける必要がある場合，免許証書替申請書を免許証の交付を受けた都道府県労働局長に提出すれば違反にならない．安衛則第67条（免許証の再交付又は書替え）第2項参照．

(2) 違反．つり上げ荷重が10tの天井クレーンの運転の業務に副担当者として従事している場合，主担当者が免許証を携帯していても，免許証を携帯していなければならない．安衛法第61条（就業制限）第3項参照．

(3) 違反．クレーンの運転業務に従事している者で，免許証を損傷し，氏名と写真が判読できないとき，免許証を滅失していなくても，免許証の再交付を受けなければならない．安衛則第67条（免許証の再交付又は書替え）第1項参照．

(4) 違反．クレーンの運転中に，重大な過失により労働災害を発生させ，免許の取消しの処分を受けた場合，免許証にクレーン・デリック運転士免許と異なる種類の免許に係る事項が記載されていても，免許の取消しをした都道府県労働局長に免許証を返還しなければならない．なお，クレーン・デリック運転士免許に係る事項を抹消した免許証の再交付を受けることができる．安衛法第74条（免許の取消し等）第2項第一号，安衛則第68条（免許証の返還）第1項及び第2項参照．

(5) 違反．クレーンの運転業務に従事している者で，本籍を変更又は氏名を変更した場合，本人確認が可能であっても，免許証の書替えを受けなければならない．安衛則第67条（免許証の再交付又は書替え）第2項参照．

▶答 (1)

問題10　【平成28年春 問15】

クレーン・デリック運転士免許及び免許証に関し，法令上，誤っているものは次のうちどれか．

(1) 床上運転式クレーンでつり上げ荷重6tのものの運転の業務に従事するときは，

免許証を携帯しなければならない．

(2) 免許に係る業務に就こうとする者は，免許証を滅失したときは，免許証の再交付を受けなければならない．

(3) 免許証を他人に譲渡又は貸与したときは，免許の取消し又は効力の一時停止の処分を受けることがある．

(4) 労働安全衛生法違反により免許の取消しの処分を受けた者は，取消しの日から2年間は，免許を受けることができない．

(5) 免許に係る業務に現に就いている者は，本籍を変更したときは，免許証の書替えを受けなければならない．

解説 (1) 正しい．床上運転式クレーンでつり上げ荷重5t以上（設問では6t）のものの運転の業務に従事するときは，免許証を携帯しなければならない．安衛法第61条（就業制限）第3項，クレ規則第22条（就業規則）で準用する安衛令第20条第六号参照．

(2) 正しい．免許に係る業務に就こうとする者は，免許証を滅失したときは，免許証の再交付を受けなければならない．安衛則第67条（免許証の再交付又は書替え）第1項参照．

(3) 正しい．免許証を他人に譲渡又は貸与したときは，免許の取消し又は効力の一時停止の処分を受けることがある．安衛則第66条（免許の取消し等）第二号参照．

(4) 誤り．労働安全衛生法違反により免許の取消しの処分を受けた者は，取消しの日から1年間は，免許を受けることができない．安衛法第72条（免許）第2項第一号参照．

(5) 正しい．免許に係る業務に現に就いている者は，本籍を変更したときは，免許証の書替えを受けなければならない．安衛則第67条（免許証の再交付又は書替え）第2項参照．

▶答 (4)

2.7 廃止，変更，その他の届出

問題1 【令和2年秋 問17】

次の文中の [　　] 内に入れるAからCの語句の組合せとして，法令上，正しいものは（1）～（5）のうちどれか．

「つり上げ荷重3t以上（スタッカー式クレーンにあっては，1t以上）のクレーンを設置している者が，当該クレーンについて，その使用を [A] したとき，又はつり上げ荷重を3t未満（スタッカー式クレーンにあっては，1t未満）に変更したときは，その者は，［B］，クレーン検査証を所轄［C］に返還しなければならない.」

	A	B	C
(1)	休止	10日以内に	労働基準監督署長
(2)	廃止	遅滞なく	労働基準監督署長
(3)	廃止	10日以内に	都道府県労働局長
(4)	廃止	遅滞なく	都道府県労働局長
(5)	休止	10日以内に	都道府県労働局長

解説 A 「廃止」である.
B 「遅滞なく」である.
C 「労働基準監督署長」である.

「つり上げ荷重3t以上（スタッカー式クレーンにあっては，1t以上）のクレーンを設置している者が，当該クレーンについて，その使用を［A（廃止）］したとき，又はつり上げ荷重を3t未満（スタッカー式クレーンにあっては，1t未満）に変更したときは，その者は，［B（遅滞なく）］，クレーン検査証を所轄［C（労働基準監督署長）］に返還しなければならない.」

クレ規則第3条（製造許可）第1項かっこ書及び第52条（検査証の返還）参照.

以上から（2）が正解.　▶答（2）

問題2　【令和2年春 問16】

次の文中の［　］内に入れるAからCの数値又は語句の組合せとして，法令上，正しいものは（1）～（5）のうちどれか.

「つり上げ荷重［A］t以上（スタッカー式クレーンにあっては，1t以上）のクレーンを設置している者が，当該クレーンについて，その使用を［B］したとき，又はつり上げ荷重を［A］t未満（スタッカー式クレーンにあっては，1t未満）に変更したときは，その者は，［C］，クレーン検査証を所轄労働基準監督署長に返還しなければならない.」

	A	B	C
(1)	2	休止	7日以内に
(2)	3	廃止	遅滞なく
(3)	3	休止	10日以内に
(4)	5	廃止	遅滞なく
(5)	5	廃止	30日以内に

解説 A 「3」である．
B 「廃止」である．
C 「遅滞なく」である．

「つり上げ荷重［A（3）］t以上（スタッカー式クレーンにあっては，1t以上）のクレーンを設置している者が，当該クレーンについて，その使用を［B（廃止）］したとき，又はつり上げ荷重を［A（3）］t未満（スタッカー式クレーンにあっては，1t未満）に変更したときは，その者は，［C（遅滞なく）］，クレーン検査証を所轄労働基準監督署長に返還しなければならない．」

クレ規則第3条（製造許可）第1項かっこ書及び第52条（検査証の返還）参照．

以上から（2）が正解． ▶答（2）

2.8 クレーンの定期自主検査及び点検

問題1 【令和2年秋 問18】 

クレーンの自主検査及び点検に関する記述として，法令上，正しいものは次のうちどれか．

(1) 1か月以内ごとに1回行う定期自主検査においては，つり上げ荷重に相当する荷重の荷をつって行う荷重試験を実施しなければならない．
(2) 1か月以内ごとに1回行う定期自主検査においては，巻過防止装置その他の安全装置の異常の有無について検査を行わなければならない．
(3) 1か月をこえる期間使用せず，当該期間中に1か月以内ごとに1回行う定期自主検査を実施しなかったクレーンについては，その使用を再び開始した後30日以内に，所定の事項について自主検査を行わなければならない．
(4) 定期自主検査を行ったときは，当該自主検査結果をクレーン検査証に記録しなければならない．
(5) 1か月以内ごとに1回行う定期自主検査を実施し，異常を認めたときは，次回の定期自主検査までに補修しなければならない．

解説 (1) 誤り．1年以内ごとに1回行う定期自主検査においては，定格荷重に相当する荷重の荷をつって行う荷重試験を実施しなければならない．なお，1か月以内の定期自主検査は，主に部品の損傷検査である．クレ規則第34条（定期自主検査）第1項，第4項及び第35条参照．

(2) 正しい．1か月以内ごとに1回行う定期自主検査においては，巻過防止装置その他の安全装置の異常の有無について検査を行わなければならない．クレ規則第35条第1項第一号参照．

(3) 誤り．1か月をこえる期間使用せず，当該期間中に1か月以内ごとに1回行う定期自主検査を実施しなかったクレーンについては，その使用を再び開始する前に，所定の事項について自主検査を行わなければならない．クレ規則第35条第2項参照．

(4) 誤り．定期自主検査を行ったときは，当該自主検査結果を磁気ディスクなどに法定必要記載事項を備えて3年間記録しなければならない．「クレーン検査証」は誤り．クレ規則第38条（自主検査等の記録），第23条（過負荷の制限）第3項及び安衛法第103条第1項参照．

(5) 誤り．1か月以内ごとに1回行う定期自主検査を実施し，異常を認めたときは，直ちに補修しなければならない．クレ規則第39条（補修）参照．

▶答 (2)

問題2 【令和2年春 問18】

クレーンの自主検査及び点検に関する記述として，法令上，正しいものは次のうちどれか．

(1) 1年以内ごとに1回行う定期自主検査においては，つり上げ荷重に相当する荷重の荷をつって行う荷重試験を実施しなければならない．

(2) 1か月をこえる期間使用せず，当該期間中に1か月以内ごとに1回行う定期自主検査を実施しなかったクレーンについては，その使用を再び開始した後遅滞なく，所定の事項について自主検査を行わなければならない．

(3) 作業開始前の点検においては，ランウェイの上及びトロリが横行するレールの状態について点検を行わなければならない．

(4) 1か月以内ごとに1回行う定期自主検査を実施し，異常を認めたときは，次回の定期自主検査までに補修しなければならない．

(5) 定期自主検査を行ったときは，当該自主検査結果をクレーン検査証に記録しなければならない．

解説 (1) 誤り．1年以内ごとに1回行う定期自主検査においては，定格荷重に相当する荷重の荷をつって行う荷重試験を実施しなければならない．なお，1か月以内の定期自主検査は，主に部品の損傷検査である．クレ規則第34条（定期自主検査）第1項，第4項及び第35条参照．

(2) 誤り．1か月をこえる期間使用せず，当該期間中に1か月以内ごとに1回行う定期自主検査を実施しなかったクレーンについては，その使用を再び開始する前に，所定の事項について自主検査を行わなければならない．クレ規則第35条第2項参照．

(3) 正しい．作業開始前の点検においては，ランウェイの上及びトロリが横行するレールの状態について点検を行わなければならない．クレ規則第36条（作業開始前の点検）第二号参照．

(4) 誤り．1か月以内ごとに1回行う定期自主検査を実施し，異常を認めたときは，直ちに補修しなければならない．クレ規則第39条（補修）参照．

(5) 誤り．定期自主検査を行ったときは，当該自主検査結果を磁気ディスクなどに法定必要記載事項を備えて3年間記録しなければならない．「クレーン検査証」は誤り．クレ規則第38条（自主検査等の記録），第23条（過負荷の制限）第3項及び安衛法第103条第1項参照．

▶答（3）

問題3

【令和元年秋 問20】

クレーンの定期自主検査及び点検に関する記述として，法令上，正しいものは次のうちどれか．

(1) 1年以内ごとに1回行う定期自主検査においては，つり上げ荷重に相当する荷重の荷をつって行う荷重試験を実施しなければならない．

(2) 1か月をこえる期間使用せず，当該期間中に1か月以内ごとに1回行う定期自主検査を実施しなかったクレーンについては，その使用を再び開始した後遅滞なく，所定の事項について自主検査を行わなければならない．

(3) 作業開始前の点検においては，ワイヤロープが通っている箇所の状態について点検を行わなければならない．

(4) 1か月以内ごとに1回行う定期自主検査を実施し，異常を認めたときは，次回の定期自主検査までに補修しなければならない．

(5) 1年以内ごとに1回行う定期自主検査の結果の記録は3年間保存し，1か月以内ごとに1回行う定期自主検査の結果の記録は1年間保存しなければならない．

解説 (1) 誤り．1年以内ごとに1回行う定期自主検査においては，定格荷重に相当する荷重の荷をつって行う荷重試験を実施しなければならない．クレ規則第34条（定期自主検査）第1項，第4項及び第35条参照．

(2) 誤り．1か月をこえる期間使用せず，当該期間中に1か月以内ごとに1回行う定期自主検査を実施しなかったクレーンについては，その使用を再び開始する前に，所定の事項について自主検査を行わなければならない．クレ規則第35条第2項参照．

(3) 正しい．作業開始前の点検においては，ワイヤロープが通っている箇所の状態について点検を行わなければならない．クレ規則第36条（作業開始前の点検）第三号参照．

(4) 誤り．1か月以内ごとに1回行う定期自主検査を実施し，異常を認めたときは，直ちに補修しなければならない．クレ規則第39条（補修）参照．

(5) 誤り．1年以内ごとに1回行う定期自主検査の結果の記録は3年間保存し，1か月以内ごとに1回行う定期自主検査の結果の記録も3年間保存しなければならない．クレ規則第38条（自主検査等の記録）参照．
▶答（3）

問題4 【令和元年春 問15】

クレーンの定期自主検査及び点検に関する記述として，法令上，誤っているものは次のうちどれか．

（1）1年以内ごとに1回行う定期自主検査においては，原則として，定格荷重に相当する荷重の荷をつって行う荷重試験を実施しなければならない．

（2）1か月以内ごとに1回行う定期自主検査においては，フック，グラブバケット等のつり具の損傷の有無について検査を行わなければならない．

（3）作業開始前の点検においては，ランウェイの上及びトロリが横行するレールの状態について点検を行わなければならない．

（4）定期自主検査又は作業開始前の点検を行い，異常を認めたときは，直ちに補修しなければならない．

（5）1年以内ごとに1回行う定期自主検査の結果の記録は3年間保存し，1か月以内ごとに1回行う定期自主検査の結果の記録は1年間保存しなければならない．

解説 （1）正しい．1年以内ごとに1回行う定期自主検査においては，原則として，定格荷重に相当する荷重の荷をつって行う荷重試験を実施しなければならない．クレ規則第34条（定期自主検査）第1項，第4項及び第35条参照．

（2）正しい．1か月以内ごとに1回行う定期自主検査においては，フック，グラブバケット等のつり具の損傷の有無について検査を行わなければならない．クレ規則第35条第1項第三号参照．

（3）正しい．作業開始前の点検においては，ランウェイの上及びトロリが横行するレールの状態について点検を行わなければならない．クレ規則第36条（作業開始前の点検）第二号参照．

（4）正しい．定期自主検査又は作業開始前の点検を行い，異常を認めたときは，直ちに補修しなければならない．クレ規則第39条（補修）参照．

（5）誤り．1年以内ごとに1回行う定期自主検査の結果の記録は3年間保存し，1か月以内ごとに1回行う定期自主検査の結果の記録も3年間保存しなければならない．クレ規則第38条（自主検査等の記録）参照．
▶答（5）

問題5 【平成30年秋 問20】

クレーンの自主検査及び点検に関する記述として，法令上，誤っているものは次のうちどれか．

(1) 1年以内ごとに1回行う定期自主検査においては，原則として，定格荷重に相当する荷重の荷をつって行う荷重試験を実施しなければならない．
(2) 1か月以内ごとに1回行う定期自主検査においては，ワイヤロープ及びつりチェーンの損傷の有無について検査を行わなければならない．
(3) 定期自主検査又は作業開始前の点検を行い，異常を認めたときは，当該クレーンを用いて行う作業開始後，遅滞なく，補修しなければならない．
(4) 定期自主検査の結果の記録は，3年間保存しなければならない．
(5) 1か月をこえる期間使用せず，当該期間中に1か月以内ごとに1回行う定期自主検査を行わなかったクレーンについては，その使用を再び開始する際に，所定の事項について自主検査を行わなければならない．

解説 (1) 正しい．1年以内ごとに1回行う定期自主検査においては，原則として，定格荷重に相当する荷重の荷をつって行う荷重試験を実施しなければならない．クレ規則第34条（定期自主検査）第1項，第4項及び第35条参照．
(2) 正しい．1か月以内ごとに1回行う定期自主検査においては，ワイヤロープ及びつりチェーンの損傷の有無について検査を行わなければならない．クレ規則第35条第1項第二号参照．
(3) 誤り．定期自主検査又は作業開始前の点検を行い，異常を認めたときは，直ちに補修しなければならない．クレ規則第39条（補修）参照．
(4) 正しい．定期自主検査の結果の記録は，3年間保存しなければならない．クレ規則第38条（自主検査等の記録）参照．
(5) 正しい．1か月をこえる期間使用せず，当該期間中に1か月以内ごとに1回行う定期自主検査を行わなかったクレーンについては，その使用を再び開始する際に，所定の事項について自主検査を行わなければならない．クレ規則第35条第2項参照． ▶答 (3)

問題6 【平成30年春 問15】

クレーンの自主検査及び点検に関する記述として，法令上，誤っているものは次のうちどれか．
(1) 1年以内ごとに1回行う定期自主検査においては，原則として，定格荷重に相当する荷重の荷をつって行う荷重試験を実施しなければならない．
(2) 1か月以内ごとに1回行う定期自主検査においては，ワイヤロープ及びつりチェーンの損傷の有無について検査を行わなければならない．
(3) 定期自主検査又は作業開始前の点検を行い，異常を認めたとき，その補修は，作業開始後，遅滞なく行わなければならない．
(4) 定期自主検査の結果の記録は，3年間保存しなければならない．

(5) 1か月をこえる期間使用せず，当該期間中に1か月以内ごとに1回行う定期自主検査を行わなかったクレーンについては，その使用を再び開始する際に，所定の事項について自主検査を行わなければならない．

解説 (1) 正しい．1年以内ごとに1回行う定期自主検査においては，原則として，定格荷重に相当する荷重の荷をつって行う荷重試験を実施しなければならない．クレ規則第34条（定期自主検査）第1項，第4項及び第35条参照．

(2) 正しい．1か月以内ごとに1回行う定期自主検査においては，ワイヤロープ及びつりチェーンの損傷の有無について検査を行わなければならない．クレ規則第35条第1項第二号参照．

(3) 誤り．定期自主検査又は作業開始前の点検を行い，異常を認めたとき，直ちに補修しなければならない．クレ規則第39条（補修）参照．

(4) 正しい．定期自主検査の結果の記録は，3年間保存しなければならない．クレ規則第38条（自主検査等の記録）参照．

(5) 正しい．1か月をこえる期間使用せず，当該期間中に1か月以内ごとに1回行う定期自主検査を行わなかったクレーンについては，その使用を再び開始する際に，所定の事項について自主検査を行わなければならない．クレ規則第35条第2項参照．　▶答（3）

問題7 【平成29年秋 問18】

クレーンの定期自主検査及び点検に関する記述として，法令に定める内容と異なっているものは次のうちどれか．

(1) 1年以内ごとに1回行う定期自主検査においては，原則として，定格荷重に相当する荷重の荷をつって行う荷重試験を実施しなければならない．

(2) 1か月以内ごとに1回行う定期自主検査においてはブレーキの異常の有無について検査を行わなければならない．

(3) 作業開始前の点検においては，コントローラーの機能について点検を行わなければならない．

(4) 定期自主検査又は作業開始前の点検を行い，異常を認めたときは，作業開始後，遅滞なく補修しなければならない．

(5) 1か月をこえる期間使用せず，当該期間中に1か月以内ごとに1回行う定期自主検査を実施しなかったクレーンについては，その使用を再び開始する際に，所定の事項について自主検査を行わなければならない．

解説 (1) 正しい．1年以内ごとに1回行う定期自主検査においては，原則として，定格荷重に相当する荷重の荷をつって行う荷重試験を実施しなければならない．クレ規則

第34条（定期自主検査）第1項，第4項及び第35条参照．

(2) 正しい．1か月以内ごとに1回行う定期自主検査においてはブレーキの異常の有無について検査を行わなければならない．クレ規則第35条第1項第一号参照．

(3) 正しい．作業開始前の点検においては，①巻過ぎ防止装置，ブレーキ，クラッチ及びコントローラーの機能，②ランウェイの上及びトロリが横行するレールの状態，③ワイヤロープが通っている箇所の状態，について点検を行わなければならない．クレ規則第36条（作業開始前の点検）第一号〜第三号参照．

(4) 誤り．定期自主検査又は作業開始前の点検を行い，異常を認めたときは，直ちに補修しなければならない．クレ規則第39条（補修）参照．

(5) 正しい．1か月をこえる期間使用せず，当該期間中に1か月以内ごとに1回行う定期自主検査を実施しなかったクレーンについては，その使用を再び開始する際に，所定の事項について自主検査を行わなければならない．クレ規則第35条第2項参照．▶答（4）

問題8 【平成29年春 問13】

クレーンの定期自主検査及び点検に関し，法令上，正しいものは次のうちどれか．

(1) 1か月以内ごとに1回行う定期自主検査における荷重試験は，定格荷重に相当する荷重の荷をつって，つり上げ，走行等の作動を定格速度により行わなければならない．

(2) 1か月をこえる期間使用しなかったクレーンについては，その使用を再び開始した後1か月以内に，自主検査を行わなければならない．

(3) 定期自主検査又は作業開始前の点検を行い，異常を認めたときは，作業開始後，遅滞なく補修しなければならない．

(4) 定期自主検査を行ったときは，クレーン検査証にその結果を記載しなければならない．

(5) 作業開始前の点検においては，ランウェイの上及びトロリが横行するレールの状態について点検を行わなければならない．

解説 (1) 誤り．1年以内ごとに1回行う定期自主検査における荷重試験は，クレーンに定格荷重に相当する荷重の荷をつって，つり上げ，走行，旋回，トロリの横行等の作動を定格速度により行わなければならない．クレ規則第34条（定期自主検査）第1項，第4項及び第35条参照．

(2) 誤り．1か月をこえる期間使用せず，当該期間中に1か月以内ごとに1回行う定期自主検査を行わなかったクレーンについては，その使用を再び開始する際に，所定の事項について自主検査を行わなければならない．クレ規則第35条第2項参照．

(3) 誤り．定期自主検査又は作業開始前の点検を行い，異常を認めたとき，直ちに補修しなければならない．クレ規則第39条（補修）参照．

(4) 誤り．定期自主検査を行ったときは，当該自主検査結果を磁気ディスクなどに法定必要記載事項を備えて3年間記録しなければならない．「クレーン検査証」は誤り．クレ規則第38条（自主検査等の記録），第23条（過負荷の制限）第3項及び安衛法第103条第1項参照．

(5) 正しい．作業開始前の点検においては，ランウェイの上及びトロリが横行するレールの状態について点検を行わなければならない．クレ規則第36条（作業開始前の点検）第二号参照．

▶答（5）

問題9 【平成28年秋 問15】

クレーンの定期自主検査及び点検に関し，法令上，正しいものは次のうちどれか．

(1) 1年以内ごとに1回行う定期自主検査においては，つり上げ荷重に相当する荷重の荷をつって行う荷重試験を実施しなければならない．

(2) 作業開始前の点検においては，配線及び集電装置の異常の有無について点検を行わなければならない．

(3) 1か月以内ごとに1回行う定期自主検査においては，フック，グラブバケット等のつり具の損傷の有無について検査を行わなければならない．

(4) 1か月以内ごとに1回行う定期自主検査を実施し，異常を認めたときは，次回の定期自主検査までに補修しなければならない．

(5) 定期自主検査を行ったときは，クレーン検査証にその結果を記載しなければならない．

解説 (1) 誤り．1年以内ごとに1回行う定期自主検査においては，原則として，定格荷重に相当する荷重の荷をつって行う荷重試験を実施しなければならない．クレ規則第34条（定期自主検査）第1項，第4項及び第35条参照．

(2) 誤り．作業開始前の点検においては，①巻過ぎ防止装置，ブレーキ，クラッチ及びコントローラーの機能，②ランウェイの上及びトロリが横行するレールの状態，③ワイヤロープが通っている箇所の状態，について点検を行わなければならない．「配線及び集電装置の異常の有無について点検」の定めはない．クレ規則第36条（作業開始前の点検）第一号～第三号参照．

(3) 正しい．1か月以内ごとに1回行う定期自主検査においては，フック，グラブバケット等のつり具の損傷の有無について検査を行わなければならない．クレ規則第35条第1項第三号参照．

(4) 誤り．1か月以内ごとに1回行う定期自主検査を実施し，異常を認めたときは，直ちに補修しなければならない．クレ規則第39条（補修）参照．

(5) 誤り．定期自主検査を行ったときは，当該自主検査結果を磁気ディスクなどに法定必要記載事項を備えて3年間記録しなければならない．「クレーン検査証」は誤り．クレ規則第38条（自主検査等の記録），第23条（過負荷の制限）第3項及び安衛法第103条第1項参照．

▶答（3）

問題10

【平成28年春 問20】 

クレーンの定期自主検査及び点検に関し，法令上，誤っているものは次のうちどれか．

(1) 1年以内ごとに1回行う定期自主検査においては，原則として定格荷重に相当する荷重の荷をつって行う荷重試験を実施しなければならない．

(2) 1か月以内ごとに1回行う定期自主検査においては，フック，グラブバケット等のつり具の損傷の有無について検査を行わなければならない．

(3) 作業開始前の点検においては，ランウェイの上及びトロリが横行するレールの状態について点検を行わなければならない．

(4) 定期自主検査又は作業開始前の点検を行い，異常を認めたときは，直ちに補修しなければならない．

(5) 1年以内ごとに1回行う定期自主検査の結果の記録は3年間保存し，1か月以内ごとに1回行う定期自主検査の結果の記録は1年間保存しなければならない．

解説 (1) 正しい．1年以内ごとに1回行う定期自主検査においては，原則として定格荷重に相当する荷重の荷をつって行う荷重試験を実施しなければならない．クレ規則第34条（定期自主検査）第1項，第4項及び第35条参照．

(2) 正しい．1か月以内ごとに1回行う定期自主検査においては，フック，グラブバケット等のつり具の損傷の有無について検査を行わなければならない．クレ規則第35条第1項第三号参照．

(3) 正しい．作業開始前の点検においては，ランウェイの上及びトロリが横行するレールの状態について点検を行わなければならない．クレ規則第36条（作業開始前の点検）第二号参照．

(4) 正しい．定期自主検査又は作業開始前の点検を行い，異常を認めたときは，直ちに補修しなければならない．クレ規則第39条（補修）参照．

(5) 誤り．1年以内ごとに1回行う定期自主検査の結果の記録は3年間保存し，1か月以内ごとに1回行う定期自主検査の結果の記録も同様に3年間保存しなければならない．クレ規則第38条（自主検査等の記録）参照．

▶答（5）

2.9 クレーンに係る製造許可，落成検査，設置，検査及び検査証，使用再開検査

問題1 【令和2年秋 問19】

クレーンに係る設置，検査及び検査証に関する記述として，法令上，誤っているものは次のうちどれか．

ただし，計画届の免除認定を受けていない場合とする．

(1) つり上げ荷重4.9tの橋形クレーンを設置しようとする事業者は，当該工事の開始の日の30日前までに，クレーン設置届を所轄労働基準監督署長に提出しなければならない．

(2) クレーン設置届には，クレーン明細書，クレーンの組立図，構造部分の強度計算書等を添付しなければならない．

(3) つり上げ荷重0.9tのスタッカー式クレーンを設置しようとする事業者は，あらかじめ，クレーン設置報告書を所轄労働基準監督署長に提出しなければならない．

(4) つり上げ荷重2.9tの天井クレーンを設置した者は，所轄労働基準監督署長の落成検査を受けなければならない．

(5) クレーン検査証を受けたクレーンを設置している者に異動があったときは，クレーンを設置している者は，当該異動後10日以内に，クレーン検査証書替申請書にクレーン検査証を添えて，所轄労働基準監督署長に提出し，書替えを受けなければならない．

解説 (1) 正しい．つり上げ荷重3t以上（設問では4.9t）の橋形クレーンを設置しようとする事業者は，当該工事の開始の日の30日前までに，クレーン設置届を所轄労働基準監督署長に提出しなければならない．安衛法第88条（計画の届出等）第1項，クレ規則第5条（設置届）本文，クレ規則第3条（製造許可）第1項かっこ内及び安衛令第12条（特定機械等）第三号参照．

(2) 正しい．クレーン設置届には，クレーン明細書，クレーンの組立図，構造部分の強度計算書等を添付しなければならない．クレ規則第5条（設置届）本文参照．

(3) 正しい．つり上げ荷重0.5t以上1t未満（設問では0.9t）のスタッカー式クレーンを設置しようとする事業者は，あらかじめ，クレーン設置報告書を所轄労働基準監督署長に提出しなければならない．クレ規則第11条（設置報告書）及び安衛令第13条（厚生労働大臣が定める規格又は安全装置を具備すべき機械等）第3項第十四号参照．

(4) 誤り．つり上げ荷重3t以上の天井クレーンを設置した者は，所轄労働基準監督署長の落成検査を受けなければならない．設問では2.9tであるからつりあげ荷重の落成検

査は不必要である．安衛法第38条（製造時等検査等）第1項及びクレ規則第6条（落成検査）参照．

(5) 正しい．クレーン検査証を受けたクレーンを設置している者に異動があったときは，クレーンを設置している者は，当該異動後10日以内に，クレーン検査証書替申請書にクレーン検査証を添えて，所轄労働基準監督署長に提出し，書替えを受けなければならない．クレ規則第9条（クレーン検査証）第3項参照．　▶答 (4)

問題2　【令和2年春 問20】

クレーンに係る許可，設置，検査及び検査証に関する記述として，法令上，誤っているものは次のうちどれか．

ただし，計画届の免除認定を受けていない場合とする．

(1) つり上げ荷重5tのジブクレーンを製造しようとする者は，原則として，あらかじめ，所轄都道府県労働局長の製造許可を受けなければならない．

(2) つり上げ荷重4tの橋形クレーンを設置しようとする事業者は，当該工事の開始の日の30日前までにクレーン設置届を所轄労働基準監督署長に提出しなければならない．

(3) つり上げ荷重0.9tのスタッカー式クレーンを設置しようとする事業者は，あらかじめ，クレーン設置報告書を所轄労働基準監督署長に提出しなければならない．

(4) つり上げ荷重2tの天井クレーンを設置した者は，所轄労働基準監督署長の落成検査を受けなければならない．

(5) クレーン検査証を受けたクレーンを設置している者に異動があったときは，クレーンを設置している者は，当該異動後10日以内に，クレーン検査証書替申請書にクレーン検査証を添えて，所轄労働基準監督署長に提出し，書替えを受けなければならない．

解説 (1) 正しい．つり上げ荷重3t以上（設問では5t）のジブクレーンを製造しようとする者は，原則として，あらかじめ，所轄都道府県労働局長の製造許可を受けなければならない．安衛令第12条（特定機械等）第1項第三号及びクレ規則第3条（製造許可）第1項参照．

(2) 正しい．つり上げ荷重3t以上（設問では4t）の橋形クレーンを設置しようとする事業者は，当該工事の開始の日の30日前までにクレーン設置届を所轄労働基準監督署長に提出しなければならない．安衛法第88条（計画の届出等）第1項，クレ規則第5条（設置届）本文，クレ規則第3条（製造許可）第1項かっこ内及び安衛令第12条（特定機械等）第三号参照．

(3) 正しい．つり上げ荷重0.5t以上1t未満（設問では0.9t）のスタッカー式クレーンを設置しようとする事業者は，あらかじめ，クレーン設置報告書を所轄労働基準監督署長に提出しなければならない．クレ規則第11条（設置報告書）及び安衛令第13条（厚生労働大臣が定める規格又は安全装置を具備すべき機械等）第3項第十四号参照．

(4) 誤り．つり上げ荷重3t以上の天井クレーンを設置した者は，所轄労働基準監督署長の落成検査を受けなければならない．設問では2tであるからつりあげ荷重の落成検査は不必要である．安衛法第38条（製造時等検査等）第1項及びクレ規則第6条（落成検査）参照．

(5) 正しい．クレーン検査証を受けたクレーンを設置している者に異動があったときは，クレーンを設置している者は，当該異動後10日以内に，クレーン検査証書替申請書にクレーン検査証を添えて，所轄労働基準監督署長に提出し，書替えを受けなければならない．クレ規則第9条（クレーン検査証）第3項参照．

▶答 (4)

問題3 【令和元年秋 問18】

クレーンの設置，検査及び検査証に関する記述として，法令上，誤っているものは次のうちどれか．

ただし，計画届の免除認定を受けていない場合とする．

(1) つり上げ荷重5tの天井クレーンを設置しようとする事業者は，工事の開始の日の30日前までに，クレーン設置届を所轄労働基準監督署長に提出しなければならない．

(2) クレーン設置届には，クレーン明細書，クレーンの組立図，構造部分の強度計算書等を添付しなければならない．

(3) つり上げ荷重4tの橋形クレーンを設置した者は，所轄労働基準監督署長が検査の必要がないと認めたクレーンを除き，落成検査を受けなければならない．

(4) クレーン検査証の有効期間は，原則として2年であるが，所轄労働基準監督署長は，落成検査の結果により当該期間を2年未満とすることができる．

(5) つり上げ荷重0.9tのスタッカー式クレーンを設置した事業者は，設置後10日以内にクレーン設置報告書を提出しなければならない．

解説 (1) 正しい．つり上げ荷重3t（設問では5t）以上の天井クレーンを設置しようとする事業者は，工事の開始の日の30日前までに，クレーン設置届を所轄労働基準監督署長に提出しなければならない．安衛法第88条（計画の届出等）第1項，クレ規則第5条（設置届）参照．

(2) 正しい．クレーン設置届には，クレーン明細書，クレーンの組立図，構造部分の強度計算書等を添付しなければならない．クレ規則第5条（設置届）本文参照．

(3) 正しい．つり上げ荷重3t以上（設問では4t）の橋形クレーンを設置した者は，所轄労働基準監督署長が検査の必要がないと認めたクレーンを除き，落成検査を受けなければならない．安衛法第38条（製造時等検査等）第1項及びクレ規則第6条（落成検査）参照．

(4) 正しい．クレーン検査証の有効期間は，原則として2年であるが，所轄労働基準監督署長は，落成検査の結果により当該期間を2年未満とすることができる．クレ規則第10条（検査証の有効期間）参照．

(5) 誤り．つり上げ荷重0.5t以上1t未満（設問では0.9t）のスタッカー式クレーンを設置した事業者は，あらかじめクレーン設置報告書を提出しなければならない．クレ規則第11条（設置報告書）及び安衛令第13条（厚生労働大臣が定める規格又は安全装置を具備すべき機械等）第3項第十四号かっこ書参照．

▶答 (5)

問題4 【令和元年春 問18】

クレーンに係る設置，検査及び検査証に関する記述として，法令上，誤っているものは次のうちどれか．

ただし，計画届の免除認定を受けていない場合とする．

(1) つり上げ荷重4.9tの橋形クレーンを設置しようとする事業者は，工事の開始の日の30日前までに，クレーン設置届を所轄労働基準監督署長に提出しなければならない．

(2) クレーン設置届には，クレーン明細書，クレーンの組立図，構造部分の強度計算書等を添付しなければならない．

(3) つり上げ荷重0.9tのスタッカー式クレーンを設置しようとする事業者は，あらかじめ，クレーン設置報告書を所轄労働基準監督署長に提出しなければならない．

(4) つり上げ荷重2.9tの天井クレーンを設置した者は，所轄労働基準監督署長の落成検査を受けなければならない．

(5) クレーン検査証を受けたクレーンを設置している者に異動があったときは，クレーンを設置している者は，当該異動後10日以内に，クレーン検査証書替申請書にクレーン検査証を添えて，所轄労働基準監督署長に提出し，書替えを受けなければならない．

解説 (1) 正しい．つり上げ荷重3t以上（設問では4.9t）の橋形クレーンを設置しようとする事業者は，工事の開始の日の30日前までに，クレーン設置届を所轄労働基準監督署長に提出しなければならない．安衛法第88条（計画の届出等）第1項及びクレ規則第5条（設置届）参照．

(2) 正しい．クレーン設置届には，クレーン明細書，クレーンの組立図，構造部分の強度計算書等を添付しなければならない．クレ規則第5条（設置届）参照．

(3) 正しい．つり上げ荷重0.5t以上1t未満（設問では0.9t）のスタッカー式クレーンを設置しようとする事業者は，あらかじめ，クレーン設置報告書を所轄労働基準監督署長に提出しなければならない．クレ規則第11条（設置報告書）及び安衛令第13条（厚生労働大臣が定める規格又は安全装置を具備すべき機械等）第3項第十四号参照．

(4) 誤り．つり上げ荷重3t以上（設問では2.9t）の天井クレーンを設置した者は，所轄労働基準監督署長の落成検査を受けなければならない．しかし，設問のつり上げ荷重は2.9tであるから落成検査を受ける必要はない．安衛法第38条（製造時等検査等）第1項及びクレ規則第6条（落成検査）参照．

(5) 正しい．クレーン検査証を受けたクレーンを設置している者に異動があったときは，クレーンを設置している者は，当該異動後10日以内に，クレーン検査証書替申請書にクレーン検査証を添えて，所轄労働基準監督署長に提出し，書替えを受けなければならない．クレ規則第9条（クレーン検査証）第3項参照．

▶答（4）

問題5 【平成30年秋 問18】

クレーンに係る許可，設置，検査及び検査証に関する記述として，法令上，誤っているものは次のうちどれか．

ただし，計画届の免除認定を受けていない場合とする．

(1) つり上げ荷重0.9tのスタッカー式クレーンを設置した事業者は，設置後10日以内にクレーン設置報告書を所轄労働基準監督署長に提出しなければならない．

(2) つり上げ荷重4tのテルハを製造しようとする者は，原則として，あらかじめ，所轄都道府県労働局長の製造許可を受けなければならない．

(3) つり上げ荷重6tの橋形クレーンを設置しようとする事業者は，工事の開始の日の30日前までに，クレーン設置届を所轄労働基準監督署長に提出しなければならない．

(4) つり上げ荷重5tの天井クレーンを設置した者は，所轄労働基準監督署長が検査の必要がないと認めたクレーンを除き，落成検査を受けなければならない．

(5) つり上げ荷重7tのジブクレーンを設置している者に異動があったときは，クレーンを設置している者は，異動後10日以内に所轄労働基準監督署長に検査証の書替えを申請しなければならない．

解説 (1) 誤り．つり上げ荷重0.5t以上1t未満（設問では0.9t）のスタッカー式クレーンを設置しようとする事業者は，あらかじめ，クレーン設置報告書を所轄労働基準監督署長に提出しなければならない．クレ規則第11条（設置報告書）及び安衛令第13条（厚生労働大臣が定める規格又は安全装置を具備すべき機械等）第3項第十四号かっこ書参照．

(2) 正しい．つり上げ荷重3t以上（設問では4t）のテルハを製造しようとする者は，原則として，あらかじめ，所轄都道府県労働局長の製造許可を受けなければならない．クレ規則第3条（製造許可）第1項参照．

(3) 正しい．つり上げ荷重3t以上（設問では6t）の橋形クレーンを設置しようとする事業者は，工事の開始の日の30日前までに，クレーン設置届を所轄労働基準監督署長に提出しなければならない．安衛法第88条（計画の届出等）第1項及びクレ規則第5条（設置届）参照．

(4) 正しい．つり上げ荷重3t以上（設問では5t）の天井クレーンを設置した者は，所轄労働基準監督署長が検査の必要がないと認めたクレーンを除き，落成検査を受けなければならない．安衛法第38条（製造時等検査等）第1項及びクレ規則第6条（落成検査）参照．

(5) 正しい．つり上げ荷重7tのジブクレーンを設置している者に異動があったときは，クレーンを設置している者は，異動後10日以内に所轄労働基準監督署長に検査証の書替えを申請しなければならない．クレ規則第9条（クレーン検査証）第3項参照．

▶答（1）

問題6 【平成30年春 問18】

クレーンに係る設置，検査及び検査証に関する記述として，法令上，誤っているものは次のうちどれか．

ただし，計画届の免除認定を受けていない場合とする．

(1) つり上げ荷重4tの橋形クレーンを設置しようとする事業者は，工事の開始の日の30日前までに，クレーン設置届を所轄労働基準監督署長に提出しなければならない．

(2) クレーン設置届には，クレーン明細書，クレーンの組立図，構造部分の強度計算書等を添付しなければならない．

(3) つり上げ荷重0.6tのスタッカー式クレーンを設置しようとする事業者は，あらかじめ，クレーン設置報告書を所轄労働基準監督署長に提出しなければならない．

(4) つり上げ荷重2tの天井クレーンを設置した者は，所轄労働基準監督署長の落成検査を受けなければならない．

(5) クレーン検査証を受けたクレーンを設置している者に異動があったときは，クレーンを設置している者は，当該異動後10日以内に，クレーン検査証書替申請書にクレーン検査証を添えて，所轄労働基準監督署長に提出し，書替えを受けなければならない．

解説 (1) 正しい．つり上げ荷重3t以上（設問では4t）の橋形クレーンを設置しようとする事業者は，工事の開始の日の30日前までに，クレーン設置届を所轄労働基準監督署長に提出しなければならない．安衛法第88条（計画の届出等）第1項及びクレ規則第5条（設置届）参照．

(2) 正しい．クレーン設置届には，クレーン明細書，クレーンの組立図，構造部分の強度計算書等を添付しなければならない．クレ規則第5条（設置届）参照．

(3) 正しい．つり上げ荷重0.5t以上1t未満（設問では0.6t）のスタッカー式クレーンを設置しようとする事業者は，あらかじめ，クレーン設置報告書を所轄労働基準監督署長に提出しなければならない．クレ規則第11条（設置報告書）及び安衛令第13条（厚生労働大臣が定める規格又は安全装置を具備すべき機械等）第3項第十四号かっこ書参照．

(4) 誤り．つり上げ荷重3t以上（設問では2t）の天井クレーンを設置した者は，所轄労働基準監督署長の落成検査を受けなければならない．しかし，設問のつり上げ荷重は2tであるから落成検査を受ける必要はない．安衛法第38条（製造時等検査等）第1項及びクレ規則第6条（落成検査）参照．

(5) 正しい．クレーン検査証を受けたクレーンを設置している者に異動があったときは，クレーンを設置している者は，当該異動後10日以内に，クレーン検査証書替申請書にクレーン検査証を添えて，所轄労働基準監督署長に提出し，書替えを受けなければならない．クレ規則第9条（クレーン検査証）第3項参照．

▶答 (4)

問題7 【平成29年秋 問20】

クレーンの製造，設置，検査及び検査証に関し，法令上，誤っているものは次のうちどれか．

ただし，計画届の免除認定を受けていない場合とする．

(1) つり上げ荷重1tのスタッカー式クレーンを製造しようとする者は，原則として，あらかじめ，所轄都道府県労働局長の製造許可を受けなければならない．

(2) つり上げ荷重3tの天井クレーンを設置しようとする事業者は，工事の開始の日の30日前までにクレーン設置届を所轄労働基準監督署長に提出しなければならない．

(3) つり上げ荷重1tの橋形クレーンを設置しようとする事業者は，あらかじめ，クレーン設置報告書を所轄労働基準監督署長に提出しなければならない．

(4) クレーン検査証の有効期間は，原則として2年であるが，所轄労働基準監督署長は，落成検査の結果により当該期間を2年未満とすることができる．

(5) クレーン検査証を受けたクレーンを設置している者に異動があったときは，クレーンを設置している者は，当該異動後30日以内に，クレーン検査証書替申請書にクレーン検査証を添えて，所轄労働基準監督署長に提出し，書替えを受けなけばならない．

解説 (1) 正しい．つり上げ荷重1t以上（設問では1t）のスタッカー式クレーンを製造しようとする者は，原則として，あらかじめ，所轄都道府県労働局長の製造許可を受けなければならない．クレ規則第3条第1項及び安衛令第12条（特定機械等）第1項第三号かっこ書き参照．

(2) 正しい．つり上げ荷重3t以上（設問では3t）の天井クレーンを設置しようとする事業者は，工事の開始の日の30日前までにクレーン設置届を所轄労働基準監督署長に提出しなければならない．安衛法第88条（計画の届出等）第1項及びクレ規則第5条（設置届）参照．

(3) 正しい．つり上げ荷重0.5t以上3t未満（設問では1t）の橋形クレーンを設置しようとする事業者は，あらかじめ，クレーン設置報告書を所轄労働基準監督署長に提出しなければならない．クレ規則第11条（設置報告書）及び安衛令第13条（厚生労働大臣が定める規格又は安全装置を具備すべき機械等）第3項第十四号参照．

(4) 正しい．クレーン検査証の有効期間は，原則として2年であるが，所轄労働基準監督署長は，落成検査の結果により当該期間を2年未満とすることができる．クレ規則第10条（検査証の有効期間）参照．

(5) 誤り．クレーン検査証を受けたクレーンを設置している者に異動があったときは，クレーンを設置している者は，当該異動後10日以内（設問では30日以内）に，クレーン検査証書替申請書にクレーン検査証を添えて，所轄労働基準監督署長に提出し，書替えを受けなければならない．クレ規則第9条（クレーン検査証）第3項参照．

▶答（5）

問題8 【平成29年春 問18】

クレーンの設置，検査及び検査証に関し，法令上，誤っているものは次のうちどれか．

ただし，計画届の免除認定を受けていない場合とする．

(1) つり上げ荷重2tのスタッカー式クレーンを設置した者は，所轄労働基準監督署長が検査の必要がないと認めたクレーンを除き，落成検査を受けなければならない．

(2) クレーン設置届には，クレーン明細書，クレーンの組立図，構造部分の強度計算書等を添付しなければならない．

(3) つり上げ荷重1tの天井クレーンを設置しようとする事業者は，あらかじめ，クレーン設置報告書を所轄労働基準監督署長に提出しなければならない．

(4) つり上げ荷重3tの橋形クレーンを設置しようとする事業者は，工事開始の日の14日前までにクレーン設置届を所轄労働基準監督署長に提出しなければならない．

(5) クレーン検査証を受けたクレーンを設置している者に異動があったときは，クレーンを設置している者は，異動後10日以内に所轄労働基準監督署長に検査証の書替えを申請しなければならない.

解説 (1) 正しい. つり上げ荷重1t以上（設問では2t）のスタッカー式クレーンを設置した者は，所轄労働基準監督署長が検査の必要がないと認めたクレーンを除き，落成検査を受けなければならない. 安衛令第12条（特定機械等）第1項第三号かっこ書，クレ規則第6条（落成検査）第1項及び第2項参照.

(2) 正しい. クレーン設置届には，クレーン明細書，クレーンの組立図，構造部分の強度計算書等を添付しなければならない. クレ規則第5条（設置届）本文参照.

(3) 正しい. つり上げ荷重0.5t以上3t未満（設問では1t）の天井クレーンを設置しようとする事業者は，あらかじめ，クレーン設置報告書を所轄労働基準監督署長に提出しなければならない. クレ規則第11条（設置報告書）及び安衛令第13条（厚生労働大臣が定める規格又は安全装置を具備すべき機械等）第3項第十四号参照.

(4) 誤り. つり上げ荷重3t以上（設問では3t）の橋形クレーンを設置しようとする事業者は，工事の開始の日の30日前までにクレーン設置届を所轄労働基準監督署長に提出しなければならない. 安衛法第88条（計画の届出等）第1項及びクレ規則第5条（設置届）参照.

(5) 正しい. クレーン検査証を受けたクレーンを設置している者に異動があったときは，クレーンを設置している者は，異動後10日以内に所轄労働基準監督署長に検査証の書替えを申請しなければならない. クレ規則第9条（クレーン検査証）第3項参照.

▶答（4）

問題9 【平成28年秋 問18】

クレーンの製造，設置，検査及び検査証に関し，法令上，誤っているものは次のうちどれか.

ただし，計画届の免除認定を受けていない場合とする.

(1) つり上げ荷重4tのジブクレーンを製造しようとする者は，原則として，あらかじめ，所轄都道府県労働局長の製造許可を受けなければならない.

(2) クレーン検査証を受けたクレーンを設置している者に異動があったときは，クレーンを設置している者は，異動後10日以内に所轄労働基準監督署長に検査証の書替えを申請しなければならない.

(3) つり上げ荷重1tの橋形クレーンを設置しようとする事業者は，あらかじめ，クレーン設置報告書を所轄労働基準監管署長に提出しなければならない.

(4) つり上げ荷重2tのスタッカー式クレーンを設置した者は，所轄労働基準監督署長が検査の必要がないと認めたクレーンを除き，落成検査を受けなければならない.

(5) つり上げ荷重4tの天井クレーンを設置しようとする事業者は，工事開始の日の

14日前までにクレーン設置届を所轄労働基準監督署長に提出しなければならない.

解説 (1) 正しい. つり上げ荷重3t以上（設問では4t）のジブクレーンを製造しようとする者は，原則として，あらかじめ，所轄都道府県労働局長の製造許可を受けなければならない. クレ規則第3条第1項及び安衛令第12条（特定機械等）第1項第三号参照.

(2) 正しい. クレーン検査証を受けたクレーンを設置している者に異動があったときは，クレーンを設置している者は，異動後10日以内に所轄労働基準監督署長に検査証の書替えを申請しなければならない. クレ規則第9条（クレーン検査証）第3項参照.

(3) 正しい. つり上げ荷重0.5t以上3t未満（設問では1t）の橋形クレーンを設置しようとする事業者は，あらかじめ，クレーン設置報告書を所轄労働基準監督署長に提出しなければならない. クレ規則第11条（設置報告書）及び安衛令第13条（厚生労働大臣が定める規格又は安全装置を具備すべき機械等）第3項第十四号参照.

(4) 正しい. つり上げ荷重1t以上（設問では2t）のスタッカー式クレーンを設置した者は，所轄労働基準監督署長が検査の必要がないと認めたクレーンを除き，落成検査を受けなければならない. 安衛令第12条（特定機械等）第1項第三号かっこ書，クレ規則第6条（落成検査）第1項及び第2項参照.

(5) 誤り. つり上げ荷重3t以上（設問では4t）の天井クレーンを設置しようとする事業者は，工事の開始の日の30日前までにクレーン設置届を所轄労働基準監督署長に提出しなければならない. 安衛法第88条（計画の届出等）第1項及びクレ規則第5条（設置届）参照.

▶答 (5)

問題10 【平成28年春 問19】

クレーンの設置，検査及び検査証に関し，法令上，誤っているものは次のうちどれか.

ただし，計画届の免除認定を受けていない場合とする.

(1) つり上げ荷重5tの天井クレーンを設置しようとする事業者は，工事開始の日の30日前までにクレーン設置届を所轄労働基準監督署長に提出しなければならない.

(2) クレーン設置届には，クレーン明細書，クレーンの組立図，構造部分の強度計算書等を添付しなければならない.

(3) クレーン検査証を受けたクレーンを設置している者に異動があったときは，クレーンを設置している者は，異動後10日以内に所轄労働基準監督署長に検査証の書替えを申請しなければならない.

(4) つり上げ荷重4tの橋形クレーンを設置した者は，所轄労働基準監督署長が検査の必要がないと認めたクレーンを除き，落成検査を受けなければならない.

(5) つり上げ荷重0.9tのスタッカー式クレーンを設置した事業者は，設置後10日以内にクレーン設置報告書を提出しなければならない.

解説 (1) 正しい. つり上げ荷重3t以上（設問では5t）の天井クレーンを設置しようとする事業者は，工事の開始の日の30日前までに，クレーン設置届を所轄労働基準監督署長に提出しなければならない. 安衛法第88条（計画の届出等）第1項及びクレ規則第5条（設置届）参照.

(2) 正しい. クレーン設置届には，クレーン明細書，クレーンの組立図，構造部分の強度計算書等を添付しなければならない. クレ規則第5条（設置届）本文参照.

(3) 正しい. クレーン検査証を受けたクレーンを設置している者に異動があったときは，クレーンを設置している者は，異動後10日以内に所轄労働基準監督署長に検査証の書替えを申請しなければならない. クレ規則第9条（クレーン検査証）第3項参照.

(4) 正しい. つり上げ荷重3t以上（設問では4t）の橋形クレーンを設置した者は，所轄労働基準監督署長が検査の必要がないと認めたクレーンを除き，落成検査を受けなければならない. クレ規則第6条（落成検査）第1項及び安衛法第38条（製造時等検査等）第3項及び安衛令第12条（特定機械等）第1項第三号参照.

(5) 誤り. つり上げ荷重0.5t以上1t未満（設問では0.9t）のスタッカー式クレーンを設置しようとする事業者は，あらかじめ，クレーン設置報告書を所轄労働基準監督署長に提出しなければならない. クレ規則第11条（設置報告書）及び安衛令第13条（厚生労働大臣が定める規格又は安全装置を具備すべき機械等）第3項第十四号かっこ書参照.

▶答 (5)

2.10 転倒するおそれのあるクレーン10tの検査

問題1 【令和元年秋 問13】

つり上げ荷重10tの転倒するおそれのあるクレーンの検査に関する記述として，法令上，誤っているものは次のうちどれか.

(1) 性能検査においては，クレーンの各部分の構造及び機能について点検を行うほか，荷重試験及び安定度試験を行うものとする.

(2) クレーンのジブに変更を加えた者は，所轄労働基準監督署長が検査の必要がないと認めたものを除き，変更検査を受けなければならない.

(3) 所轄労働基準監督署長は，変更検査に合格したクレーンについて，当該クレーン検査証に検査期日，変更部分及び検査結果について裏書を行うものとする.

(4) クレーン検査証の有効期間をこえて使用を休止したクレーンを再び使用しよう

とする者は，使用再開検査を受けなければならない．
(5) 使用再開検査を受ける者は，当該検査に立ち会わなければならない．

解説 (1) 誤り．性能検査においては，クレーンの各部分の構造及び機能について点検を行うほか，荷重試験を行うものとする．「安定度試験」は含まれていない．クレ規則第40条（性能検査）第1項参照．

(2) 正しい．クレーンのジブに変更を加えた者は，所轄労働基準監督署長が検査の必要がないと認めたものを除き，変更検査を受けなければならない．クレ規則第44条（変更届）第一号参照．

(3) 正しい．所轄労働基準監督署長は，変更検査に合格したクレーンについて，当該クレーン検査証に検査期日，変更部分及び検査結果について裏書を行うものとする．クレ規則第47条（検査証の裏書）参照．

(4) 正しい．クレーン検査証の有効期間をこえて使用を休止したクレーンを再び使用しようとする者は，使用再開検査を受けなければならない．クレ規則第49条（使用再開検査）第1項参照．

(5) 正しい．使用再開検査を受ける者は，当該検査に立ち会わなければならない．クレ規則第50条（使用再開検査を受ける場合の措置）で準用するクレ規則第7条（落成検査を受ける場合の措置）第3項参照．

▶答 (1)

問題2 【令和元年春 問16】

つり上げ荷重10tの転倒するおそれのあるクレーンの検査に関する記述として，法令上，誤っているものは次のうちどれか．

(1) クレーン検査証の有効期間をこえて使用を休止したクレーンを再び使用しようとする者は，使用再開検査を受けなければならない．

(2) 性能検査においては，クレーンの各部分の構造及び機能について点検を行うほか，荷重試験を行うものとする．

(3) 使用再開検査における安定度試験は，定格荷重の1.27倍に相当する荷重の荷をつって，逸走防止装置を作用させ，安定に関し最も不利な条件で地切りすることにより行うものとする．

(4) 所轄労働基準監督署長は，変更検査のために必要があると認めるときは，当該検査に係るクレーンについて，当該検査を受ける者に塗装の一部をはがすことを命ずることができる．

(5) 所轄労働基準監督署長は，変更検査に合格したクレーンについて，当該クレーン検査証に検査期日，変更部分及び検査結果について裏書を行うものとする．

解説 (1) 正しい．クレーン検査証の有効期間をこえて使用を休止したクレーンを再び使用しようとする者は，使用再開検査を受けなければならない．クレ規則第49条（使用再開検査）第1項参照．

(2) 正しい．性能検査においては，クレーンの各部分の構造及び機能について点検を行うほか，荷重試験を行うものとする．クレ規則第40条（性能検査）第1項参照．

(3) 誤り．使用再開検査における安定度試験は，定格荷重の1.27倍に相当する荷重の荷をつって，当該クレーンの安定に関し最も不利な条件で地切りすることにより行うものとする．この場合において，逸走防止装置，レールクランプ等の装置は，作用させないものとする．クレ規則第49条（使用再開検査）第2項で準用するクレ規則第6条（落成検査）第4項参照．

(4) 正しい．所轄労働基準監督署長は，変更検査のために必要があると認めるときは，当該検査に係るクレーンについて，当該検査を受ける者に塗装の一部をはがすことを命ずることができる．クレ規則第46条（変更検査を受ける場合の措置）で準用するクレ規則第7条（落成検査を受ける場合の措置）第2項第二号参照．

(5) 正しい．所轄労働基準監督署長は，変更検査に合格したクレーンについて，当該クレーン検査証に検査期日，変更部分及び検査結果について裏書を行うものとする．クレ規則第47条（検査証の裏書）参照．

▶答 (3)

問題3 【平成30年秋 問16】

つり上げ荷重10tの天井クレーンの検査に関する記述として，法令上，誤っているものは次のうちどれか．

(1) クレーン検査証の有効期間の更新を受けようとする者は，原則として，登録性能検査機関が行う性能検査を受けなければならない．

(2) 性能検査においては，クレーンの各部分の構造及び機能について点検を行うほか，荷重試験を行うものとする．

(3) クレーンのつり上げ機構に変更を加えた者は，変更検査を受けなければならない．

(4) クレーン検査証の有効期間をこえて使用を休止したクレーンを再び使用しようとする者は，使用再開検査を受けなければならない．

(5) 所轄労働基準監督署長は，使用再開検査のために必要があると認めるときは，当該検査に係るクレーンについて，当該検査を受ける者に塗装の一部をはがすことを命ずることができる．

解説 (1) 正しい．クレーン検査証の有効期間の更新を受けようとする者は，原則として，登録性能検査機関が行う性能検査を受けなければならない．安衛法第41条（検査証の有効期間等）第2項参照.

(2) 正しい．性能検査においては，クレーンの各部分の構造及び機能について点検を行うほか，荷重試験を行うものとする．クレ規則第40条（性能検査）第1項参照.

(3) 誤り．クレーンのつり上げ機構は，クレーンガーダ，ジブ，脚，塔その他の構造部分ではないので変更後の検査を受ける必要がない．クレ規則第45条（変更検査）第1項及び準用するクレ規則第44条（変更届）第一号参照.

(4) 正しい．クレーン検査証の有効期間をこえて使用を休止したクレーンを再び使用しようとする者は，使用再開検査を受けなければならない．クレ規則第49条（使用再開検査）第1項参照.

(5) 正しい．所轄労働基準監督署長は，使用再開検査のために必要があると認めるときは，当該検査に係るクレーンについて，当該検査を受ける者に塗装の一部をはがすことを命ずることができる．クレ規則第46条（変更検査を受ける場合の措置）で準用するクレ規則第7条（落成検査を受ける場合の措置）第2項第二号参照.　▶答（3）

問題4　【平成30年春 問16】

つり上げ荷重10tの転倒するおそれのあるクレーンの検査に関する記述として，法令上，誤っているものは次のうちどれか.

(1) クレーンのジブに変更を加えた者は，所轄労働基準監督署長が検査の必要がないと認めたものを除き，変更検査を受けなければならない.

(2) 変更検査においては，クレーンの各部分の構造及び機能について点検を行うほか，荷重試験及び安定度試験を行うものとする.

(3) 使用再開検査における荷重試験は，つり上げ荷重に相当する荷重の荷をつって，つり上げ，走行，旋回等の作動を行うものとする.

(4) 使用再開検査を受ける者は，当該検査に立ち会わなければならない.

(5) 登録性能検査機関は，クレーンに係る性能検査に合格したクレーンについて，クレーン検査証の有効期間を原則として2年更新するものとするが，性能検査の結果により2年未満又は2年を超え3年以内の期間を定めて更新することができる.

解説 (1) 正しい．クレーンのジブに変更を加えた者は，所轄労働基準監督署長が検査の必要がないと認めたものを除き，変更検査を受けなければならない．クレ規則第44条（変更届）第一号参照.

(2) 正しい．変更検査においては，クレーンの各部分の構造及び機能について点検を行うほか，荷重試験及び安定度試験を行うものとする．クレ規則第45条（変更検査）第2項で準用するクレ規則第6条（落成検査）第2項参照.

(3) 誤り．使用再開検査における荷重試験は，クレーンに定格荷重の1.25倍に相当する荷重（定格荷重が200tを超える場合は，定格荷重に50tを加えた荷重）の荷をつって，つり上げ，走行，旋回等の作動を行うものとする．クレ規則第49条（使用再開検査）第2項で準用するクレ規則第6条（落成検査）第3項参照．

(4) 正しい．使用再開検査を受ける者は，当該検査に立ち会わなければならない．クレ規則第50条（使用再開検査を受ける場合の措置）で準用するクレ規則第7条（落成検査を受ける場合の措置）第3項参照．

(5) 正しい．登録性能検査機関は，クレーンに係る性能検査に合格したクレーンについて，クレーン検査証の有効期間を原則として2年更新するものとするが，性能検査の結果により2年未満又は2年を超え3年以内の期間を定めて更新することができる．クレ規則第43条（検査証の有効期間の更新）参照．

▶答 (3)

問題5　【平成29年秋 問17】

つり上げ荷重10tの転倒するおそれのあるクレーンの検査に関し，法令上，誤っているものは次のうちどれか．

(1) クレーン検査証の有効期間をこえて使用を休止したクレーンを再び使用しようとする者は，使用再開検査を受けなければならない．

(2) 性能検査においては，クレーンの各部分の構造及び機能について点検を行うほか，荷重試験を行うものとする．

(3) 使用再開検査における安定度試験は，定格荷重の1.27倍に相当する荷重の荷をつって，逸走防止装置を作用させ，安定に関し最も不利な条件で地切りすることにより行うものとする．

(4) 所轄労働基準監督署長は，変更検査のために必要があると認めるときは，当該検査に係るクレーンについて，当該検査を受ける者に塗装の一部をはがすことを命ずることができる．

(5) 所轄労働基準監督署長は，変更検査に合格したクレーンについて，当該クレーン検査証に検査期日，変更部分及び検査結果について裏書を行うものとする．

解説 (1) 正しい．クレーン検査証の有効期間をこえて使用を休止したクレーンを再び使用しようとする者は，使用再開検査を受けなければならない．クレ規則第49条（使用再開検査）第1項参照．

(2) 正しい．性能検査においては，クレーンの各部分の構造及び機能について点検を行うほか，荷重試験を行うものとする．クレ規則第40条（性能検査）第1項参照．

(3) 誤り．使用再開検査における安定度試験は，定格荷重の1.27倍に相当する荷重の荷をつって，当該クレーンの安定に関し最も不利な条件で地切りすることにより行うものとする．この場合において，逸走防止装置，レールクランプ等の装置は，作用させないものとする．クレ規則第49条（使用再開検査）第2項で準用するクレ規則第6条（落成検査）第4項参照．

(4) 正しい．所轄労働基準監督署長は，変更検査のために必要があると認めるときは，当該検査に係るクレーンについて，当該検査を受ける者に塗装の一部をはがすことを命ずることができる．クレ規則第7条（落成検査を受ける場合の措置）第2項第二号参照．

(5) 正しい．所轄労働基準監督署長は，変更検査に合格したクレーンについて，当該クレーン検査証に検査期日，変更部分及び検査結果について裏書を行うものとする．クレ規則第47条（検査証の裏書）参照．

▶答（3）

問題6

【平成29年春 問17】

つり上げ荷重10tの転倒するおそれのあるクレーンの検査に関し，法令上，正しいものは次のうちどれか．

(1) 性能検査においては，クレーンの各部分の構造及び機能について点検を行うほか，荷重試験及び安定度試験を行う．

(2) 性能検査における荷重試験は，定格荷重の1.25倍に相当する荷重の荷をつって，つり上げ，走行等の作動を定格速度により行う．

(3) 使用再開検査を受ける者は，当該検査に立ち会わなければならない．

(4) 使用再開検査における安定度試験は，定格荷重の1.27倍に相当する荷重の荷をつって，逸走防止装置を作用させ，安定に関し最も不利な条件で地切りすることにより行う．

(5) クレーンのブレーキに変更を加えた者は，変更検査を受けなければならない．

解説 (1) 誤り．性能検査においては，クレーンの各部分の構造及び機能について点検を行うほか，荷重試験を行うものとする．「安定度試験」は定められていない．クレ規則第40条（性能検査）第1項参照．

(2) 誤り．性能検査における荷重試験は，定格荷重に相当する荷重の荷をつって，つり上げ，走行等の作動を定格速度により行う．クレ規則第40条（性能検査）第2項で準用する第34条（定期自主検査）第4項参照．なお，「定格荷重の1.25倍に相当する荷重の荷をつって，つり上げ，走行，旋回，トロリの横行等の作動を行う」は，使用再開検査における荷重試験のことである．

(3) 正しい．使用再開検査を受ける者は，当該検査に立ち会わなければならない．クレ規則第50条（使用再開検査を受ける場合の措置）で準用するクレ規則第7条（落成検査を受ける場合の措置）第3項参照．

(4) 誤り．使用再開検査における安定度試験は，定格荷重の1.27倍に相当する荷重の荷をつって，逸走防止装置を作用させないで，安定に関し最も不利な条件で地切りすることにより行う．クレ規則第49条（使用再開検査）第2項で準用するクレ規則第6条（落成検査）第4項参照．

(5) 誤り．クレーンのブレーキに変更を加えた者は，変更検査を受ける必要はない．なお，変更届は必要である．クレ規則第45条（変更検査）第1項及びクレ規則第44条（変更届）第三号参照．

▶答 (3)

問題7 【平成28年秋 問16】

つり上げ荷重10tの転倒するおそれのあるクレーンの検査に関し，法令上，誤っているものは次のうちどれか．

(1) クレーンのジブに変更を加えた者は，所轄労働基準監督署長が検査の必要がないと認めたものを除き，変更検査を受けなければならない．

(2) 変更検査においては，クレーンの各部分の構造及び機能について点検を行うほか，荷重試験及び安定度試験を行う．

(3) 使用再開検査における荷重試験は，つり上げ荷重に相当する荷重の荷をつって，つり上げ，走行，旋回等の作動を行う．

(4) 変更検査を受ける者は，当該検査に立ち会わなければならない．

(5) 登録性能検査機関は，性能検査に合格したクレーンのクレーン検査証の有効期間を，検査の結果により2年未満又は2年を超え3年以内の期間を定めて更新することができる．

解説 (1) 正しい．クレーンのジブに変更を加えた者は，所轄労働基準監督署長が検査の必要がないと認めたものを除き，変更検査を受けなければならない．クレ規則第44条（変更届）第一号参照．

(2) 正しい．変更検査においては，クレーンの各部分の構造及び機能について点検を行うほか，荷重試験及び安定度試験を行う．クレ規則第45条（変更検査）第2項で準用するクレ規則第6条（落成検査）第2項参照．

(3) 誤り．使用再開検査における荷重試験は，定格荷重の1.25倍の荷重に相当する荷重の荷をつって，つり上げ，走行，旋回等の作動を行う．クレ規則第49条（使用再開検査）第2項で準用するクレ規則第6条（落成検査）第3項参照．

(4) 正しい．変更検査を受ける者は，当該検査に立ち会わなければならない．クレ規則第50条（使用再開検査を受ける場合の措置）で準用するクレ規則第7条（落成検査を受ける場合の措置）第3項参照．

(5) 正しい．登録性能検査機関は，性能検査に合格したクレーンのクレーン検査証の有効期間を，検査の結果により2年未満又は2年を超え3年以内の期間を定めて更新することができる．クレ規則第43条（検査証の有効期間の更新）参照．

▶答 (3)

問題8

【平成28年春 問18】 

つり上げ荷重10tの天井クレーンの検査に関し，法令上，誤っているものは次のうちどれか．

(1) クレーンのつり具に変更を加えても，変更検査を受ける必要はない．
(2) クレーンガーダに変更を加えた者は，原則として，変更検査を受けなければならない．
(3) 性能検査における荷重試験は，つり上げ荷重に相当する荷重の荷をつって，つり上げ，走行等の作動を定格速度により行う．
(4) クレーンの変更検査を受ける者は，荷重試験のための荷及び玉掛用具を準備しなければならない．
(5) 所轄労働基準監督署長は，使用再開検査のために必要があると認めるときは，検査を受ける者に安全装置を分解するよう命ずることができる．

解説 (1) 正しい．クレーンのつり具に変更を加えても，変更検査を受ける必要はない．クレ規則第45条（変更検査）第1項及びクレ規則第44条（変更届）第六号参照．

(2) 正しい．クレーンガーダに変更を加えた者は，原則として，変更検査を受けなければならない．クレ規則第45条（変更検査）第1項及びクレ規則第44条（変更届）第一号参照．

(3) 誤り．性能検査における荷重試験は，定格荷重に相当する荷重の荷をつって，つり上げ，走行等の作動を定格速度により行う．クレ規則第40条（性能検査）第2項で準用する第34条（定期自主検査）第4項参照．

(4) 正しい．クレーンの変更検査を受ける者は，荷重試験のための荷及び玉掛用具を準備しなければならない．クレ規則第40条（変更検査を受ける場合の措置）で準用する第7条（落成検査を受ける場合の措置）第1項参照．

(5) 正しい．所轄労働基準監督署長は，使用再開検査のために必要があると認めるときは，検査を受ける者に安全装置を分解するよう命ずることができる．クレ規則第50条（使用再開検査を受ける場合の措置）で準用するクレ規則第7条（落成検査を受ける場合の措置）第2項第一号参照．

▶答 (3)

2.11 クレーンの使用に関する事項

問題1

【令和2年秋 問20】 

クレーンの使用に関する記述として，法令上，誤っているものは次のうちどれか．

(1) クレーンを用いて作業を行うときは，クレーンの運転者及び玉掛けをする者が当該クレーンの定格荷重を常時知ることができるよう，表示その他の措置を講じなければならない.

(2) ジブクレーンについては，クレーン明細書に記載されているジブの傾斜角（つり上げ荷重が3t未満のジブクレーンにあっては，これを製造した者が指定したジブの傾斜角）の範囲をこえて使用してはならない.

(3) クレーンの直働式以外の巻過防止装置は，つり具の上面又は当該つり具の巻上げ用シーブの上面とドラムその他当該上面が接触するおそれのある物（傾斜したジブを除く.）の下面との間隔が0.05m以上となるように調整しておかなければならない.

(4) 油圧式のジブクレーンの安全弁は，原則として，最大の定格荷重に相当する荷重をかけたときの油圧に相当する圧力以下で作用するように調整しておかなければならない.

(5) フックに外れ止め装置を具備するクレーンを用いて荷をつり上げるときは，当該外れ止め装置を使用しなければならない.

解説 (1) 正しい．クレーンを用いて作業を行うときは，クレーンの運転者及び玉掛けをする者が当該クレーンの定格荷重を常時知ることができるよう，表示その他の措置を講じなければならない．クレ規則第24条の2（定格荷重の表示）参照.

(2) 正しい．ジブクレーンについては，クレーン明細書に記載されているジブの傾斜角（つり上げ荷重が3t未満のジブクレーンにあっては，これを製造した者が指定したジブの傾斜角）の範囲をこえて使用してはならない．クレ規則第24条（傾斜角の制限）参照.

(3) 誤り．クレーンの直働式以外の巻過防止装置は，つり具の上面又は当該つり具の巻上げ用シーブの上面とドラムその他当該上面が接触するおそれのある物（傾斜したジブを除く）の下面との間隔が0.25m以上となるように調整しておかなければならない．「0.05m」が誤り．なお，直働式では0.05m以上である．クレ規則第18条（巻過ぎの防止）参照.

(4) 正しい．油圧式のジブクレーンの安全弁は，原則として，最大の定格荷重に相当する荷重をかけたときの油圧に相当する圧力以下で作用するように調整しておかなければならない．クレ規則第20条（安全弁の調整）参照.

(5) 正しい．フックに外れ止め装置を具備するクレーンを用いて荷をつり上げるときは，当該外れ止め装置を使用しなければならない．クレ規則第20条の2（外れ止め装置の使用）参照.

▶答（3）

問題2 【令和2年春 問14】

クレーンの使用に関する記述として，法令上，誤っているものは次のうちどれか．

(1) クレーンの直働式以外の巻過防止装置は，つり具の上面又は当該つり具の巻上げ用シーブの上面とドラムその他当該上面が接触するおそれのある物（傾斜したジブを除く．）の下面との間隔が0.25 m以上となるように調整しておかなければならない．

(2) クレーン検査証を受けたクレーンを貸与するときは，クレーン検査証とともにするのでなければ，貸与してはならない．

(3) クレーンの運転者を，荷をつったままで，運転位置から離れさせてはならない．ただし，作業の性質上やむを得ない場合又は安全な作業の遂行上必要な場合に，電源を切り，かつ，ブレーキをかけるときは，この限りでない．

(4) 玉掛け用ワイヤロープ等がフックから外れることを防止するための外れ止め装置を具備するクレーンを用いて荷をつり上げるときは，当該外れ止め装置を使用しなければならない．

(5) クレーンを用いて作業を行うときは，クレーンの運転者及び玉掛けをする者が当該クレーンの定格荷重を常時知ることができるよう，表示その他の措置を講じなければならない．

解説 (1) 正しい．クレーンの直働式以外の巻過防止装置は，つり具の上面又は当該つり具の巻上げ用シーブの上面とドラムその他当該上面が接触するおそれのある物（傾斜したジブを除く）の下面との間隔が0.25 m以上となるように調整しておかなければならない．なお，直働式では0.05 m以上である．クレ規則第18条（巻過ぎの防止）参照．

(2) 正しい．クレーン検査証を受けたクレーンを貸与するときは，クレーン検査証とともにするのでなければ，貸与してはならない．クレ規則第16条（検査証の添付け）参照．

(3) 誤り．クレーンの運転者を，荷をつったままで，いかなる場合にも運転位置から離れさせてはならない．誤りは「ただし，作業の性質上やむを得ない場合又は安全な作業の遂行上必要な場合に，電源を切り，かつ，ブレーキをかけるときは，この限りでない．」である．クレ規則第32条（運転位置からの離脱の禁止）第1項及び第2項参照．

(4) 正しい．玉掛け用ワイヤロープ等がフックから外れることを防止するための外れ止め装置を具備するクレーンを用いて荷をつり上げるときは，当該外れ止め装置を使用しなければならない．クレ規則第20条の2（外れ止め装置の使用）参照．

(5) 正しい．クレーンを用いて作業を行うときは，クレーンの運転者及び玉掛けをする者が当該クレーンの定格荷重を常時知ることができるよう，表示その他の措置を講じなければならない．クレ規則第24条の2（定格荷重の表示等）参照．

▶答 (3)

問題3 【令和元年秋 問12】

クレーンの使用に関する記述として，法令上，誤っているものは次のうちどれか.

(1) クレーンを用いて作業を行うときは，クレーンの運転者及び玉掛けをする者が当該クレーンの定格荷重を常時知ることができるよう，表示その他の措置を講じなければならない.

(2) クレーンの運転者を，荷をつったままで，運転位置から離れさせてはならない.

(3) クレーンの直働式以外の巻過防止装置については，つり具の上面又は当該つり具の巻上げ用シーブの上面とドラムその他当該上面が接触するおそれのある物（傾斜したジブを除く.）の下面との間隔が0.25 m以上となるように調整しておかなければならない.

(4) 油圧を動力として用いるクレーンの安全弁については，つり上げ荷重に相当する荷重をかけたときの油圧に相当する圧力以下で作用するように調整しておかなければならない.

(5) 労働者からクレーンの安全装置の機能が失われている旨の申出があったときは，すみやかに，適当な措置を講じなければならない.

解説 (1) 正しい．クレーンを用いて作業を行うときは，クレーンの運転者及び玉掛けをする者が当該クレーンの定格荷重を常時知ることができるよう，表示その他の措置を講じなければならない．クレ規則第24条の2（定格荷重の表示）参照.

(2) 正しい．クレーンの運転者を，荷をつったままで，運転位置から離れさせてはならない．クレ規則第32条（運転位置からの離脱の禁止）第1項及び第2項参照.

(3) 正しい．クレーンの直働式以外の巻過防止装置は，つり具の上面又は当該つり具の巻上げ用シーブの上面とドラムその他当該上面が接触するおそれのある物（傾斜したジブを除く）の下面との間隔が0.25 m以上となるように調整しておかなければならない．なお，直働式では0.05 m以上である．クレ規則第18条（巻過ぎの防止）参照.

(4) 誤り．油圧を動力として用いるクレーンの安全弁については，最大の定格荷重に相当する荷重をかけたときの油圧に相当する圧力以下で作用するように調整しておかなければならない．クレ規則第20条（安全弁の調整）参照.

(5) 正しい．労働者からクレーンの安全装置の機能が失われている旨の申出があったときは，すみやかに，適当な措置を講じなければならない．安衛則第29条（安全装置等の有効保持）第2項参照.

▶答 (4)

問題4 【令和元年春 問20】

つり上げ荷重3 t以上のクレーンの使用に関する記述として，法令上，誤っているものは次のうちどれか.

(1) 油圧式のジブクレーンの安全弁は，原則として，最大の定格荷重に相当する荷重をかけたときの油圧に相当する圧力以下で作用するように調整しておかなければならない．
(2) クレーンを用いて作業を行うときは，クレーンの運転者及び玉掛けをする者が当該クレーンの定格荷重を常時知ることができるよう，表示その他の措置を講じなければならない．
(3) ジブクレーンについて，クレーン明細書に記載されているジブの傾斜角の範囲をこえて使用するときは，作業を指揮する者を選任して，その者の指揮のもとに作業を実施させなければならない．
(4) 労働者からクレーンの安全装置の機能が失われている旨の申出があったときは，すみやかに，適当な措置を講じなければならない．
(5) クレーンの直働式以外の巻過防止装置は，つり具の上面又は当該つり具の巻上用シーブの上面とドラムその他当該上面が接触するおそれのある物（傾斜したジブを除く.）の下面との間隔が0.25 m以上となるように調整しておかなければならない．

解説 (1) 正しい．油圧式のジブクレーンの安全弁は，原則として，最大の定格荷重に相当する荷重をかけたときの油圧に相当する圧力以下で作用するように調整しておかなければならない．クレ規則第20条（安全弁の調整）参照．
(2) 正しい．クレーンを用いて作業を行うときは，クレーンの運転者及び玉掛けをする者が当該クレーンの定格荷重を常時知ることができるよう，表示その他の措置を講じなければならない．クレ規則第24条の2（定格荷重の表示）参照．
(3) 誤り．ジブクレーンについて，クレーン明細書に記載されているジブの傾斜角の範囲をこえて使用してはならない．クレ規則第24条（傾斜角の制限）参照．
(4) 正しい．労働者からクレーンの安全装置の機能が失われている旨の申出があったときは，すみやかに，適当な措置を講じなければならない．安衛則第29条（安全装置等の有効保持）第2項参照．
(5) 正しい．クレーンの直働式以外の巻過防止装置は，つり具の上面又は当該つり具の巻上用シーブの上面とドラムその他当該上面が接触するおそれのある物（傾斜したジブを除く）の下面との間隔が0.25 m以上となるように調整しておかなければならない．なお，直働式では0.05 m以上である．クレ規則第18条（巻過ぎの防止）参照．

▶答 (3)

問題5 【平成30年秋 問12】

クレーンの使用に関する記述として，法令上，誤っているものは次のうちどれか．
(1) クレーンは，原則として，定格荷重をこえる荷重をかけて使用してはならない．

(2) 労働者からクレーンの安全装置の機能が失われている旨の申出があったときは，すみやかに，適当な措置を講じなければならない．
(3) フックに玉掛け用ワイヤロープ等の外れ止め装置を具備するクレーンを用いて荷をつり上げるときは，当該外れ止め装置を使用しなければならない．
(4) 油圧を動力として用いるジブクレーンの安全弁については，原則として，最大の定格荷重に相当する荷重をかけたときの油圧に相当する圧力以下で作用するように調整しておかなければならない．
(5) クレーンの直働式以外の巻過防止装置は，つり具の上面又は当該つり具の巻上用シーブの上面とドラムその他当該上面が接触するおそれのある物（傾斜したジブを除く．）の下面との間隔が0.05 m以上となるように調整しておかなければならない．

解説 (1) 正しい．クレーンは，原則として，定格荷重をこえる荷重をかけて使用してはならない．クレ規則第23条（過負荷の制限）第1項参照．

(2) 正しい．労働者からクレーンの安全装置の機能が失われている旨の申出があったときは，すみやかに，適当な措置を講じなければならない．安衛則第29条（安全装置等の有効保持）第2項参照．

(3) 正しい．フックに玉掛け用ワイヤロープ等の外れ止め装置を具備するクレーンを用いて荷をつり上げるときは，当該外れ止め装置を使用しなければならない．クレ規則第20条の2（外れ止め装置の使用）参照．

(4) 正しい．油圧を動力として用いるジブクレーンの安全弁については，原則として，最大の定格荷重に相当する荷重をかけたときの油圧に相当する圧力以下で作用するように調整しておかなければならない．クレ規則第20条（安全弁の調整）参照．

(5) 誤り．クレーンの直働式以外の巻過防止装置は，つり具の上面又は当該つり具の巻上げ用シーブの上面とドラムその他当該上面が接触するおそれのある物（傾斜したジブを除く）の下面との間隔が0.25 m以上（設問では0.05 m）となるように調整しておかなければならない．なお，直働式では0.05 m以上である．クレ規則第18条（巻過ぎの防止）参照．

▶答 (5)

問題6 【平成30年春 問20】

クレーンの使用に関する記述として，法令上，誤っているものは次のうちどれか．
(1) クレーンを用いて作業を行うときは，クレーンの運転者及び玉掛けをする者が当該クレーンのつり上げ荷重を常時知ることができるよう，表示等の措置を講じなければならない．
(2) ジブクレーンについては，クレーン明細書に記載されているジブの傾斜角（つり上げ荷重3t未満のジブクレーンにあっては，これを製造した者が指定したジブの傾斜角）の範囲をこえて使用してはならない．

(3) クレーンの直働式の巻過防止装置は，つり具の上面又は当該つり具の巻上げ用シーブの上面とドラムその他当該上面が接触するおそれのある物の下面との間隔が0.05 m以上となるように調整しておかなければならない．

(4) クレーン検査証を受けたクレーンを用いて作業を行うときは，当該作業を行う場所に，当該クレーンのクレーン検査証を備え付けておかなければならない．

(5) 労働者からクレーンの安全装置の機能が失われている旨の申出があったときは，すみやかに，適当な措置を講じなければならない．

解説 (1) 誤り．クレーンを用いて作業を行うときは，クレーンの運転者及び玉掛けをする者が当該クレーンの定格荷重を常時知ることができるよう，表示その他の措置を講じなければならない．「つり上げ荷重」が誤り．クレ規則第24条の2（定格荷重の表示）参照．

(2) 正しい．ジブクレーンについて，クレーン明細書に記載されているジブの傾斜角の範囲をこえて使用してはならない．クレ規則第24条（傾斜角の制限）参照．

(3) 正しい．クレーンの直働式の巻過防止装置は，つり具の上面又は当該つり具の巻上げ用シーブの上面とドラムその他当該上面が接触するおそれのある物の下面との間隔が0.05 m以上（設問では0.05 m）となるように調整しておかなければならない．クレ規則第18条（巻過ぎの防止）参照．

(4) 正しい．クレーン検査証を受けたクレーンを用いて作業を行うときは，当該作業を行う場所に，当該クレーンのクレーン検査証を備え付けておかなければならない．クレ規則第16条（検査証の備付け）参照．

(5) 正しい．労働者からクレーンの安全装置の機能が失われている旨の申出があったときは，すみやかに，適当な措置を講じなければならない．安衛則第29条（安全装置等の有効保持）第2項参照．

▶答 (1)

問題7 【平成29年秋 問19】

クレーンの使用に関する記述として，法令に定める内容と異なっているものは次のうちどれか．

(1) クレーンを用いて作業を行うときは，クレーンの運転者及び玉掛けをする者が当該クレーンの定格荷重を常時知ることができるよう，表示その他の措置を講じなければならない．

(2) 油圧式のクレーンの安全弁は，つり上げ荷重に相当する荷重をかけたときの油圧に相当する圧力以下で作用するように調整しておかなければならない．

(3) クレーンの直働式の巻過防止装置は，つり具等の上面とドラム等の下面との間隔が0.05m以上になるように調整しておかなければならない.

(4) クレーン検査証を受けたクレーンを用いて作業を行うときは，当該作業を行う場所に，当該クレーンのクレーン検査証を備え付けておかなければならない.

(5) 労働者からクレーンの安全装置の機能が失われている旨の申出があったときは，すみやかに，適当な措置を講じなければならない.

解説 (1) 正しい. クレーンを用いて作業を行うときは，クレーンの運転者及び玉掛けをする者が当該クレーンの定格荷重を常時知ることができるよう，表示その他の措置を講じなければならない. クレ規則第24条の2（定格荷重の表示）参照.

(2) 誤り. 油圧式のジブクレーンの安全弁は，原則として，最大の定格荷重に相当する荷重をかけたときの油圧に相当する圧力以下で作用するように調整しておかなければならない. クレ規則第20条（安全弁の調整）参照.

(3) 正しい. クレーンの直働式の巻過防止装置は，つり具等の上面とドラム等の下面との間隔が0.05m以上になるように調整しておかなければならない. なお，直働式以外では0.25m以上である. クレ規則第18条（巻過ぎの防止）参照.

(4) 正しい. クレーン検査証を受けたクレーンを用いて作業を行うときは，当該作業を行う場所に，当該クレーンのクレーン検査証を備え付けておかなければならない. クレ規則第16条（検査証の備付け）参照.

(5) 正しい. 労働者からクレーンの安全装置の機能が失われている旨の申出があったときは，すみやかに，適当な措置を講じなければならない. 安衛則第29条（安全装置等の有効保持）第2項参照.

▶答 (2)

問題8 【平成28年秋 問19】

クレーンの使用に関し，法令上，誤っているものは次のうちどれか.

(1) クレーンを用いて作業を行うときは，クレーンの運転者及び玉掛けをする者が当該クレーンの定格荷重を常時知ることができるよう，表示等の措置を講じなければならない.

(2) クレーンの運転者を，荷をつったままで運転位置から離れさせてはならない.

(3) クレーンの直働式以外の巻過防止装置は，つり具等の上面とドラム等の下面との間隔が0.25m以上になるように調整しておかなければならない.

(4) 油圧式のクレーンの安全弁は，つり上げ荷重に相当する荷重をかけたときの油圧に相当する圧力以下で作用するように調整しておかなければならない.

(5) 労働者からクレーンの安全装置の機能が失われている旨の申出があったときは，すみやかに，適当な措置を講じなければならない.

解説 (1) 正しい．クレーンを用いて作業を行うときは，クレーンの運転者及び玉掛けをする者が当該クレーンの定格荷重を常時知ることができるよう，表示等の措置を講じなければならない．クレ規則第24条の2（定格荷重の表示）参照．

(2) 正しい．クレーンの運転者を，荷をつったままで運転位置から離れさせてはならない．クレ規則第32条（運転位置からの離脱の禁止）第1項，第2項参照．

(3) 正しい．クレーンの直働式以外の巻過防止装置は，つり具の上面又は当該つり具の巻上げ用シーブの上面とドラムその他当該上面が接触するおそれのある物（傾斜したジブを除く）の下面との間隔が0.25 m以上となるように調整しておかなければならない．なお，直働式では0.05 m以上である．クレ規則第18条（巻過ぎの防止）参照．

(4) 誤り．油圧式のクレーンの安全弁は，最大の定格荷重に相当する荷重をかけたときの油圧に相当する圧力以下で作用するように調整しておかなければならない．クレ規則第20条（安全弁の調整）参照．

(5) 正しい．労働者からクレーンの安全装置の機能が失われている旨の申出があったときは，すみやかに，適当な措置を講じなければならない．安衛則第29条（安全装置等の有効保持）第2項参照．

▶答 (4)

2.12 クレーンの運転の業務に関する事項

問題1 【平成30年秋 問19】

クレーンの運転の業務に関する記述として，法令上，正しいものは次のうちどれか．

(1) 床上操作式クレーン運転技能講習の修了で，つり上げ荷重8 tの無線操作方式の橋形クレーンの運転の業務に就くことができる．

(2) クレーンの運転の業務に係る特別の教育の受講では，つり上げ荷重4 tの機上で運転する方式の天井クレーンの運転の業務に就くことができない．

(3) 床上運転式クレーンに限定したクレーン・デリック運転士免許で，つり上げ荷重10 tのマントロリ式橋形クレーンの運転の業務に就くことができる．

(4) 限定なしのクレーン・デリック運転士免許では，つり上げ荷重30 tのアンローダの運転の業務に就くことができない．

(5) クレーンに限定したクレーン・デリック運転士免許で，つり上げ荷重6 tの床上運転式天井クレーンの運転の業務に就くことができる．

解説 (1) 誤り．床上操作式クレーンは，無線操作方式が除外されているので，床上操作式クレーン運転技能講習の修了をしても，つり上げ荷重8 tの無線操作方式の橋形クレーンの運転の業務に就くことができない．表2.2-1参照．クレ規則第22条（就業制限），安衛令20条（就業制限に係る業務）第六号及び基発（労働基準局長名で発する通達）第583号（平成2年9月26日）参照．

(2) 誤り．クレーンの運転の業務に係る特別の教育の受講では，つり上げ荷重5t未満（設問では4t）の機上で運転する方式の天井クレーンの運転の業務に就くことができる．クレ規則第21条（特別の教育）第1項第一号参照．

(3) 誤り．床上運転式クレーンに限定したクレーン・デリック運転士免許で，つり上げ荷重5t以上（設問では10t）の床上運転式ではないためマントロリ式橋形クレーンの運転の業務に就くことができない．クレ規則第224条の4（限定免許）参照．

(4) 誤り．限定なしのクレーン・デリック運転士免許では，つり上げ荷重5t以上（設問では30t）のアンローダの運転の業務に就くことができる．クレ規則第22条（就業制限）参照．

(5) 正しい．クレーンに限定したクレーン・デリック運転士免許で，つり上げ荷重5t以上（設問では6t）の床上運転式天井クレーンの運転の業務に就くことができる．クレ規則第224条の4（限定免許）参照．

▶答（5）

問題2　【平成28年秋 問20】

クレーンの運転の業務に関し，法令上，正しいものは次のうちどれか．

(1) クレーン・デリック運転士免許を受けていないが，クレーンの運転の業務に係る特別の教育を受けた者は，当該教育の受講でつり上げ荷重7tの跨(こ)線テルハの運転の業務に就くことができる．

(2) 限定なしのクレーン・デリック運転士免許を受けていないが，床上運転式クレーンに限定したクレーン・デリック運転士免許を受けた者は，当該資格でつり上げ荷重8tの無線操作式の橋形クレーンの運転の業務に就くことができる．

(3) 床上操作式クレーン運転技能講習を修了した者は，当該資格でつり上げ荷重6tの床上運転式クレーンの運転の業務に就くことができる．

(4) 玉掛けの業務に係る特別の教育を受けた者は，当該教育の受講でつり上げ荷重4tの床上操作式天井クレーンで行う0.9tの荷の玉掛けの業務に就くことができる．

(5) クレーンの運転の業務に係る特別の教育を受けた者は，当該教育の受講でつり上げ荷重5tの機上で運転する方式のクレーンの運転の業務に就くことができる．

解説 (1) 正しい．クレーン・デリック運転士免許を受けていないが，クレーンの運転の業務に係る特別の教育を受けた者は，当該教育の受講でつり上げ荷重5t以上（設問では7t）の跨(こ)線テルハの運転の業務に就くことができる．表2.2-1参照．クレ規則第21条（特別の教育）第1項第二号参照．

2.12 クレーンの運転の業務に関する事項

(2) 誤り．限定なしのクレーン・デリック運転士免許を受けていないが，床上運転式クレーン（無線操作式は通達で除外）に限定したクレーン・デリック運転士免許を受けた者は，当該資格でつり上げ荷重5t以上（設問では8t）の無線操作式の橋形クレーンの運転の業務に就くことができない．クレ規則第22条（就業制限）及び基発第65号（平成10年2月25日）参照．

(3) 誤り．床上操作式クレーン運転技能講習を修了した者は，5t以上（設問では6t）の床上操作式の荷重の業務に就くことができるが，床上運転式クレーンの運転の業務に就くことができない．クレ規則第22条（就業制限）ただし書参照．

(4) 誤り．玉掛けの業務に係る特別の教育を受けた者は，当該教育の受講でつり上げ荷重1t未満のクレーンの業務に就くことができるが，つり上げ荷重4tの床上操作式天井クレーンでは，0.9tの荷であっても玉掛けの業務に就くことができない．クレ規則第222条（特別の教育）第1項参照．

(5) 誤り．クレーンの運転の業務に係る特別の教育を受けた者は，つり上げ荷重が5t未満のクレーンの業務に就くことができるが，荷重5tの機上で運転する方式のクレーンの運転の業務に就くことができない．クレ規則第21条（特別の教育）第1項第一号参照．

▶答（1）

問題3 【平成28年春 問17】 

クレーンの運転の業務に関し，法令上，誤っているものは次のうちどれか．

(1) クレーンの運転の業務に係る特別の教育を受けた者は，つり上げ荷重4tのクレーンの運転の業務に就くことができる．

(2) クレーンに限定したクレーン・デリック運転士免許を受けた者は，つり上げ荷重10tの機上で運転する方式のクレーンの運転の業務に就くことができる．

(3) 床上操作式クレーン運転技能講習を修了した者は，つり上げ荷重10tの床上操作式クレーンの運転の業務に就くことができる．

(4) 限定なしのクレーン・デリック運転士免許を受けた者は，つり上げ荷重6tの跨線テルハの運転の業務に就くことができる．

(5) 床上運転式クレーンに限定したクレーン・デリック運転士免許を受けた者は，つり上げ荷重10tの無線操作式のクレーンの運転の業務に就くことができる．

解説 (1) 正しい．クレーンの運転の業務に係る特別の教育を受けた者は，つり上げ荷重5t未満（設問では4t）のクレーンの運転の業務に就くことができる．クレ規則第21条（特別の教育）第1項第一号参照．表2.2-1参照．

(2) 正しい．クレーンに限定したクレーン・デリック運転士免許を受けた者は，つり上げ荷重5t以上（設問では10t）の機上で運転する方式のクレーンの運転の業務に就くことができる．クレ規則第22条（就業制限），安衛令第20条（就業制限に係る業務）第六号及び第224条の4（限定免許）第2項　表2.2-1参照．

(3) 正しい．床上操作式クレーン運転技能講習を修了した者は，つり上げ荷重10tの床上操作式クレーンの運転の業務に就くことができる．クレ規則第22条（就業制限）ただし書参照．表2.2-1参照．

(4) 正しい．限定なしのクレーン・デリック運転士免許を受けた者は，つり上げ荷重5t以上（設問では6t）の跨線テルハの運転の業務に就くことができる．クレ規則第22条（就業制限）参照．

(5) 誤り．床上運転式クレーン（無線操作式は通達で除外）に限定したクレーン・デリック運転士免許を受けた者は，つり上げ荷重5t以上（設問では10t）の無線操作式のクレーンの運転の業務に就くことができない．基発第65号（平成10年2月25日）参照．

▶答（5）

2.13 クレーンの巻過防止装置

問題1　【平成29年春 問20】

次の文中の［　　］内に入れるA及びBの数値の組合せとして，法令上，正しいものは（1）～（5）のうちどれか．

「クレーンの巻過防止装置については，フック，グラブバケット等のつり具の上面又は当該つり具の巻上げ用シーブの上面と，ドラム，シーブ等当該上面が接触するおそれのある物（傾斜したジブを除く．）の下面との間隔が［A］m以上（直働式の巻過防止装置にあっては，［B］m以上）となるように調整しておかなければならない．」

	A	B
(1)	0.05	0.15
(2)	0.05	0.25
(3)	0.15	0.25
(4)	0.25	0.05
(5)	0.25	0.15

解説　A「0.25」である．

B「0.05」である．

「クレーンの巻過防止装置については，フック，グラブバケット等のつり具の上面又は当該つり具の巻上げ用シーブの上面と，ドラム，シーブ等当該上面が接触するおそれのある物（傾斜したジブを除く）の下面との間隔が A (0.25) m以上（直働式の巻過防止装置にあっては，B (0.05) m以上）となるように調整しておかなければならない.」

クレ規則第18条（巻過ぎの防止）参照.

以上から（4）が正解.

▶答（4）

題2 【平成28年春 問12】

次の文中の ［　　］ 内に入れるA及びBの数字の組合せとして，法令上，正しいものは（1）～（5）のうちどれか.

「クレーンの巻過防止装置については，フック，グラブバケット等のつり具の上面又は当該つり具の巻上げ用シーブの上面と，ドラム，シーブ等当該上面が接触するおそれのある物（傾斜したジブを除く.）の下面との間隔が ［A］ m以上（直働式の巻過防止装置にあっては，［B］ m以上）となるように調整しておかなければならない.」

	A	B
(1)	0.05	0.15
(2)	0.05	0.25
(3)	0.15	0.25
(4)	0.25	0.05
(5)	0.25	0.15

解説 A「0.25」である.

B「0.05」である.

「クレーンの巻過防止装置については，フック，グラブバケット等のつり具の上面又は当該つり具の巻上げ用シーブの上面と，ドラム，シーブ等当該上面が接触するおそれのある物（傾斜したジブを除く）の下面との間隔が A (0.25) m以上（直働式の巻過防止装置にあっては B (0.05) m以上）となるように調整しておかなければならない.」

クレ規則第18条（巻過ぎの防止）参照.

以上から（4）が正解.

▶答（4）

第 3 章

原動機及び電気に関する知識

3.1 電気に関する事項

 題1 【令和2年秋 問21】 

電気に関する記述として，適切でないものは次のうちどれか.

(1) 交流は，整流器で直流に変換できるが，得られた直流は完全に平滑ではなく波が多少残るため，脈流と呼ばれる.

(2) 電動機は，電気エネルギーを機械力に変換する機能を持っている.

(3) 工場の動力用電源には，一般に，200V級又は400V級の三相交流が使用されている.

(4) 発電所から変電所までは，特別高圧で電力が送られている.

(5) 電力として配電される交流は，同一地域内であっても家庭用と工場の動力用では電圧及び周波数が異なっている.

解説 (1) 適切．交流は，整流器で直流に変換できるが，得られた直流は完全に平滑ではなく波が多少残るため，脈流と呼ばれる．図3.1-1参照.

図3.1-1 交流から直流へ

(2) 適切．電動機は，電気エネルギーを機械力に変換する機能を持っている.

(3) 適切．工場の動力用電源には，一般に，200V級又は400V級の三相交流が使用されている.

(4) 適切．発電所から変電所までは，特別高圧（2万ボルト以上）で電力が送られている.

(5) 不適切．電力として配電される交流は，同一地域内であっても家庭用と工場の動力用では電圧は異なるが，周波数は同一である.

▶答 (5)

問題2 【令和2年春 問21】 

電気に関する記述として，適切でないものは次のうちどれか.

(1) 単相交流三つを集め，電流及び電圧の大きさ並びに電流の方向が時間の経過に関係なく一定となるものを三相交流という.

(2) 発電所から消費地の変電所までの送電には，電力の損失を少なくするため，特別高圧の交流が使用されている.

(3) 直流はDC，交流はACと表される.

(4) 交流は，変圧器によって電圧を変えることができる.

(5) 交流は，整流器で直流に変換できるが，得られた直流は完全に平滑ではなく波が多少残るため，脈流と呼ばれる．

解説 (1) 不適切．単相交流三つを集め（図3.1-2参照），電流及び電圧の大きさ並びに電流の方向が時間とともに変化するものを三相交流という．

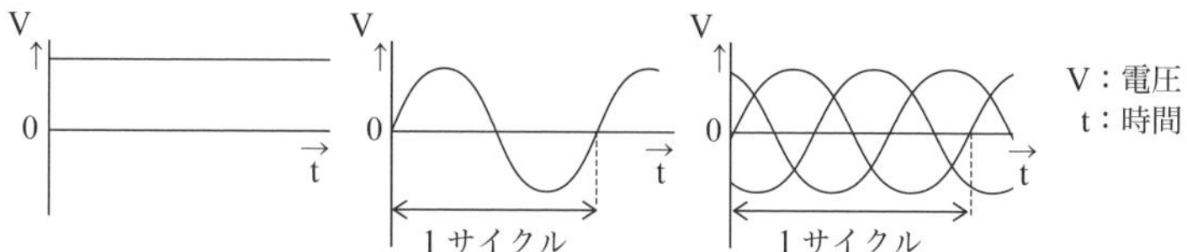

図3.1-2　直流・単相交流・三相交流

(2) 適切．発電所から消費地の変電所までの送電には，電力の損失を少なくするため，特別高圧の交流が使用されている．

(3) 適切．直流はDC（Direct Current），交流はAC（Alternating Current）と表される．

(4) 適切．交流は，変圧器によって電圧を変えることができる．

(5) 適切．交流は，整流器で直流に変換できるが，得られた直流は完全に平滑ではなく波が多少残るため，脈流と呼ばれる．図3.1-1参照．

▶答 (1)

問題3 【令和元年秋 問21】

電気に関する記述として，適切でないものは次のうちどれか．

(1) 交流は，整流器で直流に変換できるが，得られた直流は完全に平滑ではなく波が多少残るため，脈流と呼ばれる．

(2) 交流は，電流及び電圧の大きさ並びにそれらの方向が周期的に変化する．

(3) 工場の動力用電源には，一般に，200V級又は400V級の三相交流が使用されている．

(4) 直流は，変圧器によって容易に電圧を変えることができる．

(5) 発電所から消費地の変電所までの送電には，電力の損失を少なくするため，特別高圧の交流が使用されている．

解説 (1) 適切．交流は，整流器で直流に変換できるが，得られた直流は完全に平滑ではなく波が多少残るため，脈流と呼ばれる．図3.1-1参照．

(2) 適切．交流は，電流及び電圧の大きさ並びにそれらの方向が周期的に変化する．図3.1-2参照．

(3) 適切．工場の動力用電源には，一般に，200V級又は400V級の三相交流が使用されている．

(4) 不適切．直流は，これを交流に変換し，それを変圧器で電圧を下げ，さらに直流に変換しなければならないため，容易に電圧を変えることができない．

(5) 適切．発電所から消費地の変電所までの送電には，電力の損失を少なくするため，特別高圧の交流が使用されている．

▶答 (4)

問題4 【令和元年春 問21】

電気に関する記述として，適切でないものは次のうちどれか．

(1) 直流は，乾電池やバッテリーから得られるほか，シリコン整流器などにより交流を整流しても得られる．

(2) 交流は，変圧器によって電圧を変えることができる．

(3) 工場の動力用電源には，一般に，200V級又は400V級の単相交流が使用されている．

(4) 発電所から消費地の変電所までの送電には，電力の損失を少なくするため，特別高圧の交流が使用されている．

(5) 電力会社から供給される交流電力の周波数には，地域によって50Hzと60Hzがある．

解説 (1) 適切．直流は，乾電池やバッテリーから得られるほか，シリコン整流器などにより交流を整流しても得られる．

(2) 適切．交流は，変圧器によって電圧を変えることができる．

(3) 不適切．工場の動力用電源には，一般に，200V級又は400V級の三相交流が使用されている．「単相交流」が誤り．図3.1-2参照．

(4) 適切．発電所から消費地の変電所までの送電には，電力の損失を少なくするため，特別高圧の交流が使用されている．

(5) 適切．電力会社から供給される交流電力の周波数には，およそ，富士川（静岡県）と糸魚川（新潟県）を境に東側は50Hz（ヘルツ），西側が60Hzとなっている．

▶答 (3)

問題5 【平成30年秋 問21】

電気に関する記述として，適切でないものは次のうちどれか．

(1) 交流は，整流器で直流に変換できるが，得られた直流は完全に平滑ではなく波が多少残るため，脈流と呼ばれる．

(2) 交流は，電流及び電圧の大きさ並びにそれらの方向が周期的に変化する．

(3) 工場の動力用電源には，一般に，200V級又は400V級の単相交流が使用されている．

(4) 発電所から消費地の変電所までの送電には，電力の損失を少なくするため，特別高圧の交流が使用されている.

(5) 電力として配電される交流の周波数には，地域によって50 Hzと60 Hzがある.

解説 (1) 適切．交流は，整流器で直流に変換できるが，得られた直流は完全に平滑ではなく波が多少残るため，脈流と呼ばれる．図3.1-1参照.

(2) 適切．交流は，電流及び電圧の大きさ並びにそれらの方向が周期的に変化する．図3.1-2参照.

(3) 不適切．工場の動力用電源には，一般に，200 V級又は400 V級の三相交流が使用されている．「単相」が誤り.

(4) 適切．発電所から消費地の変電所までの送電には，電力の損失を少なくするため，特別高圧（2万ボルト以上）の交流が使用されている.

(5) 適切．電力会社から供給される交流電力の周波数には，およそ，富士川（静岡県）と糸魚川（新潟県）を境に東側は50 Hz（ヘルツ），西側が60 Hzとなっている.

▶答 (3)

 問題6 【平成30年春 問21】 

電気に関する記述として，適切でないものは次のうちどれか.

(1) 交流は，整流器で直流に変換できるが，得られた直流は完全に平滑ではなく波が多少残るため，脈流と呼ばれる.

(2) 交流は，電流及び電圧の大きさ並びにそれらの方向が周期的に変化する.

(3) 直流は，電流の方向と大きさが一定で，電圧を変圧器によって容易に変えることができる.

(4) 工場の動力用電源には，一般に200 V級又は400 V級の三相交流が使用されている.

(5) 発電所から消費地の変電所までの送電には，電力の損失を少なくするため，特別高圧の交流が使用されている.

解説 (1) 適切．交流は，整流器で直流に変換できるが，得られた直流は完全に平滑ではなく波が多少残るため，脈流と呼ばれる．図3.1-1参照.

(2) 適切．交流は，電流及び電圧の大きさ並びにそれらの方向が周期的に変化する．図3.1-2参照.

(3) 不適切．直流は，これを交流に変換し，それを変圧器で電圧を下げ，さらに直流に変換しなければならないため，容易に電圧を変えることができない.

(4) 適切．工場の動力用電源には，一般に200 V級又は400 V級の三相交流が使用されている.

(5) 適切．発電所から消費地の変電所までの送電には，電力の損失を少なくするため，特別高圧の交流が使用されている．

▶答 (3)

問題7

【平成29年秋 問21】

電気に関し，正しいものは次のうちどれか．

(1) 直流はAC，交流はDCと表される．

(2) 電力として工場の動力用に配電される交流は，地域によらず，60 Hzの周波数で供給されている．

(3) 交流用の電圧計や電流計の計測値は，電圧や電流の最大値を示している．

(4) 交流は，電流及び電圧の大きさ及び方向が周期的に変化する．

(5) 交流は，シリコン整流器を使って直流を整流しても得られる．

解説 (1) 誤り．直流はDC (Direct Current)，交流はAC (Alternating Current) と表される．記述が逆である．

(2) 誤り．電力会社から供給される交流電力の周波数には，およそ，富士川（静岡県）と糸魚川（新潟県）を境に東側は50 Hz（ヘルツ），西側が60 Hzとなっている．

(3) 誤り．交流用の電圧計や電流計の計測値は，電圧や電流の実効値を示している．なお，実効値とは，電圧や電流の最大値を$\sqrt{2}$ (≒ 1.414) で除した値である．

(4) 正しい．交流は，電流及び電圧の大きさ並びに電流の方向が周期的に変化する．図3.1-2参照．

(5) 誤り．直流は，シリコン整流器を使って交流を整流しても得られる．記述が逆である．

▶答 (4)

問題8

【平成29年春 問21】

電気などに関し，正しいものは次のうちどれか．

(1) 交流用の電圧計や電流計の計測値は，電圧や電流の最大値を示している．

(2) 直流は，変圧器によって容易に電圧を変えることができる．

(3) 交流は，整流器で直流に変換できるが，得られた直流は完全に平滑ではなく多少波が残るため脈流と呼ばれる．

(4) 油圧装置において油圧ポンプを駆動する電動機は，二次原動機である．

(5) 単相交流三つを集め，電流及び電圧の大きさ並びに電流の方向が時間の経過に関係なく一定となるものを三相交流という．

解説 (1) 誤り．交流用の電圧計や電流計の計測値は，電圧や電流の実効値（最大値を$\sqrt{2}$で除した値）を示している．

(2) 誤り．交流は，変圧器によって容易に電圧を変えることができる．直流は，一度交流にして電圧を変え，又それを直流に変換するので容易ではない．

(3) 正しい．交流は，整流器で直流に変換できるが，得られた直流は完全に平滑ではなく多少波が残るため脈流と呼ばれる．図 3.1-1 参照．

(4) 誤り．油圧装置において油圧ポンプを駆動する電動機は，一次原動機である．

(5) 誤り．単相交流三つを集め，電流及び電圧の大きさ並びに電流の方向が時間の経過とともに変化するものを三相交流という．図 3.1-2 参照．

▶答 (3)

問題 9 【平成 28 年秋 問 21】

電気に関し，正しいものは次のうちどれか．

(1) 直流は AC，交流は DC と表される．

(2) 交流は，電流及び電圧の大きさ及び方向が周期的に変化する．

(3) 電力として配電される交流は，家庭用と工場の動力用では電圧及び周波数が異なる．

(4) 交流用の電圧計や電流計の計測値は，電圧や電流の最大値を示している．

(5) 交流は，シリコン整流器を使って直流を整流しても得られる．

解説 (1) 誤り．直流は DC (Direct Current)，交流は AC (Alternating Current) と表される．記述が逆である．

(2) 正しい．交流は，電流及び電圧の大きさ並びに電流の方向が周期的に変化する．図 3.1-2 参照．

(3) 誤り．電力として配電される交流は，家庭用と工場の動力用では電圧は異なるが，周波数は同じである．ただし，周波数について，一部を除き日本ではおおむね東日本では 50 Hz (1 秒間に 50 サイクル)，西日本では 60 Hz となっている．

(4) 誤り．交流用の電圧計や電流計の計測値は，電圧や電流の実効値 (最大値 $\div \sqrt{2}$) を示している．

(5) 誤り．直流は，シリコン整流器を使って交流を整流しても得られる．記述が逆である．

▶答 (2)

問題 10 【平成 28 年春 問 28】

電気に関し，誤っているものは次のうちどれか．

(1) 直流は，乾電池やバッテリーから得られるほか，シリコン整流器などにより交流を整流しても得られる．

(2) 家庭の電灯や電化製品には，一般に単相交流が使用されている．

(3) 工場の動力用電源には，一般に 200 V 級又は 400 V 級の単相交流が使用されている．
(4) 発電所から変電所までは，特別高圧で電力が送られている．
(5) 電力会社から供給される交流電力の周波数には，50 Hz と 60 Hz がある．

解説 (1) 正しい．直流は，乾電池やバッテリーから得られるほか，シリコン整流器などにより交流を整流しても得られる．

(2) 正しい．家庭の電灯や電化製品には，一般に単相交流が使用されている．図 3.1-2 参照．

(3) 誤り．工場の動力用電源には，一般に 200 V 級又は 400 V 級の三相交流が使用されている．図 3.1-2 参照．

(4) 正しい．発電所から変電所までは，特別高圧で電力が送られている．

(5) 正しい．電力会社から供給される交流電力の周波数には，およそ，富士川（静岡県）と糸魚川（新潟県）を境に東側は 50 Hz（ヘルツ），西側が 60 Hz となっている．

▶答 (3)

3.2 回路の電圧，電流，抵抗，電力に関する事項

問題1 【令和2年秋 問22】

図のような回路について，AB 間の合成抵抗 R の値と，AB 間に 200 V の電圧をかけたときに流れる電流 I の値の組合せとして，正しいものは (1) ～ (5) のうちどれか．

	R	I
(1)	200 Ω	2.0 A
(2)	200 Ω	1.0 A
(3)	400 Ω	0.5 A
(4)	400 Ω	0.4 A
(5)	500 Ω	0.4 A

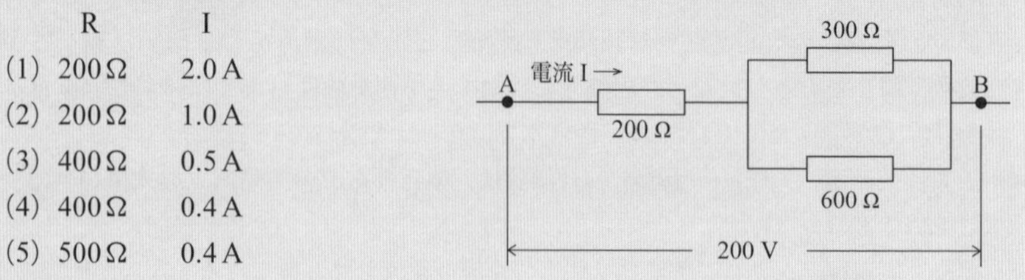

解説 並列に結線されている 300 Ω と 600 Ω の抵抗値 R' を求め，その抵抗値と 200 Ω の直列である AB 間の抵抗 R から電流 I を算出する．

並列結線の抵抗 R'

$$1/R' = 1/300 + 1/600 = 2/600 + 1/600 = 3/600$$

$$R' = 600/3 = 200\,\Omega$$

全体の抵抗 R

$$R = 200 + R' = 200 + 200 = 400\,\Omega$$

電流 I

$$I = 200\,\mathrm{V}/400\,\Omega = 0.5\,\mathrm{A}$$

以上から（3）が正解. ▶答（3）

問題2 【令和2年春 問22】

電圧，電流，抵抗及び電力に関する記述として，適切でないものは次のうちどれか.

(1) 抵抗を並列につないだときの合成抵抗の値は，個々の抵抗の値のどれよりも小さい.

(2) 導体でできた円形断面の電線の場合，断面の直径が同じまま長さが2倍になると抵抗の値は2倍になり，長さが同じまま断面の直径が2倍になると抵抗の値は4分の1になる.

(3) 抵抗の単位はオーム（Ω）で，1,000,000Ωは1MΩとも表す.

(4) 回路の抵抗が同じ場合，回路に流れる電流が大きいほど回路が消費する電力は小さくなる.

(5) 回路の抵抗は，回路にかかる電圧を回路に流れる電流で除して求められる.

解説 (1) 適切. 抵抗を並列につないだときの合成抵抗の値 R は，個々の抵抗の値（R_1，R_2，R_3）のどれよりも小さい.

$$\frac{1}{R} = \frac{1}{R_1} + \frac{1}{R_2} + \frac{1}{R_3},\quad R < R_1,\ R_2,\ R_3$$ 図3.2-1参照.

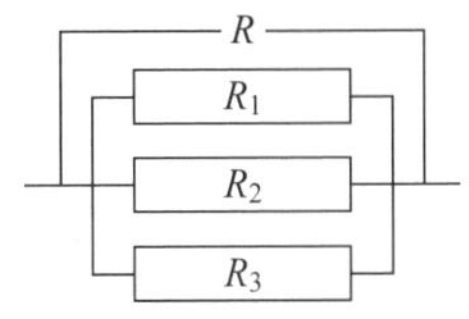

図3.2-1 並列

(2) 適切. 導体でできた円形断面の電線の場合，断面の直径 d が同じまま長さが2倍になると抵抗の値 R は2倍になり，長さ l が同じまま断面の直径が2倍になると抵抗の値は4分の1になる. すなわち，抵抗値 R は長さ l に比例し断面積（S）に反比例するため，直径の2乗に反比例する.

$$R = k \times l/S = k \times l/(\pi d^2/4) = 4k \times l/(\pi d^2)$$

(3) 適切. 抵抗の単位はオーム〔Ω〕で，1,000,000Ω = 10^6Ωは1MΩとも表す. なお，Mは単位に乗ずる倍数で 10^6 はメガという.

(4) 不適切. 回路の抵抗 R が同じ場合，回路に流れる電流 I が大きいほど回路が消費する電力 W は，$W = RI^2$ で表されるから，大きくなる.

(5) 適切. 回路の抵抗 R は，回路にかかる電圧 V を回路に流れる電流 I で除して，次のように求められる. $R = V/I$ ▶答（4）

問題3 【令和元年秋 問22】

図のような回路について，BC間の合成抵抗Rの値と，AC間に100Vの電圧をかけたときに流れる電流Iの値の組合せとして，正しいものは（1）～（5）のうちどれか.

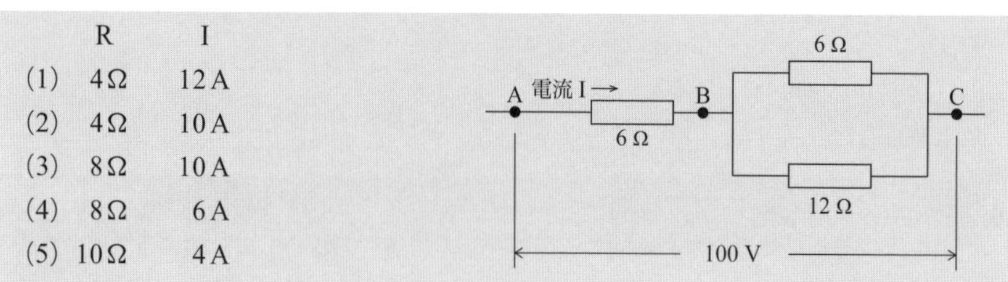

	R	I
(1)	4Ω	12 A
(2)	4Ω	10 A
(3)	8Ω	10 A
(4)	8Ω	6 A
(5)	10Ω	4 A

解説 BC間の並列である合成抵抗Rを求める．

$1/R = 1/6 + 1/12 = 2/12 + 1/12 = 3/12$

$R = 4\Omega$

AC間の直列である合成抵抗R_0を求める．

$R_0 = 6 + 4 = 10\Omega$

電流Iを算出する．

電流I = 電圧/抵抗 = 100 V/10 Ω = 10 A

以上から（2）が正解．

▶答（2）

問題 4 【令和元年春 問22】

電圧，電流，抵抗及び電力に関する記述として，適切でないものは次のうちどれか．

（1）抵抗を並列につないだときの合成抵抗の値は，個々の抵抗の値のどれよりも小さい．

（2）導体でできた円形断面の電線の場合，断面の直径が同じまま長さが2倍になると抵抗の値は2倍になり，長さが同じまま断面の直径が2倍になると抵抗の値は4分の1になる．

（3）抵抗の単位はオーム（Ω）で，1,000,000 Ωは1 MΩとも表す．

（4）回路の抵抗が同じ場合，回路に流れる電流が大きいほど回路が消費する電力は小さくなる．

（5）回路の抵抗は，回路にかかる電圧を回路に流れる電流で除して求められる．

解説 （1）適切．抵抗を並列（図3.2-1参照）につないだときの合成抵抗の値Rは，個々の抵抗の値（R_1，R_2，R_3）のどれよりも小さい．$R < R_1$，R_2，R_3

（2）適切．導体でできた円形断面の電線の場合，抵抗の値Rは，長さlに比例し断面積Sに反比例する．したがって，断面の直径dとすれば，$R = k \times l/S = k \times l/(\pi d^2/4) = 4k \times l/(\pi d^2)$となるから，断面の直径$d$が同じまま長さ$l$が2倍になると抵抗の値は2倍になり，長さ$l$が同じまま断面の直径$d$が2倍になると抵抗の値は4分の1になる．なお，$k$は比例定数である．

(3) 適切．抵抗の単位はオーム〔Ω〕で，1,000,000 Ω は 1×10^6 Ω で 1 MΩ とも表す．

(4) 不適切．回路の抵抗 R が同じ場合，回路に流れる電流 I が大きいほど回路が消費する電力 W は，$W = RI^2$ であるから，大きくなる．

(5) 適切．回路の抵抗 R は，次のように回路にかかる電圧 V を回路に流れる電流 I で除して求められる．$R = V/I$

▶答 (4)

問題 5 【平成 30 年秋 問 22】

電圧，電流，抵抗及び電力に関する記述として，適切でないものは次のうちどれか．

(1) 抵抗を並列につないだときの合成抵抗の値は，個々の抵抗の値のどれよりも小さい．

(2) 回路に流れる電流の大きさは，回路にかかる電圧に比例し，回路の抵抗に反比例する．

(3) 抵抗の単位はオーム（Ω）で，1,000,000 Ω は 1 MΩ とも表す．

(4) 回路が消費する電力は，回路にかかる電圧と回路に流れる電流の積で求められる．

(5) 同じ物質の導体の場合，抵抗の値は，長さに反比例し，断面積に比例する．

解説 (1) 適切．抵抗を並列（図 3.2-1 参照）につないだときの合成抵抗の値 R は，個々の抵抗の値（R_1，R_2，R_3）のどれよりも小さい．$R < R_1$，R_2，R_3

(2) 適切．回路に流れる電流の大きさ I は，回路にかかる電圧 V に比例し，回路の抵抗 R に反比例する．$I = V/R$

(3) 適切．抵抗の単位はオーム〔Ω〕で，1,000,000 Ω は 1×10^6 Ω であるから 1 MΩ とも表す．

(4) 適切．回路が消費する電力 W〔J〕は，回路にかかる電圧 V と回路に流れる電流 I の積で求められる．$W = V \times I$

(5) 不適切．同じ物質の導体の場合，抵抗の値 R は，長さ l に比例し，断面積 S に反比例する．$R = k \times l/S$　k は比例定数である．

▶答 (5)

問題 6 【平成 30 年春 問 22】 

電圧，電流，抵抗及び電力に関する記述として，適切でないものは次のうちどれか．

(1) 抵抗を並列につないだときの合成抵抗の値は，個々の抵抗の値のどれよりも小さい．

(2) 回路に流れる電流の大きさは，回路にかかる電圧に比例し，回路の抵抗に反比例する．

(3) 抵抗の単位はオーム（Ω）で，1,000,000 Ω は 1 MΩ とも表す．

(4) 回路が消費する電力は，回路にかかる電圧と回路に流れる電流の積で求められる．

（5）同じ物質の導体の場合，抵抗の値は，長さに反比例し，断面積に比例する．

解説 (1) 適切．抵抗を並列（図 3.2-1 参照）につないだときの合成抵抗の値 R は，個々の抵抗の値（R_1, R_2, R_3）のどれよりも小さい．$R < R_1, R_2, R_3$

(2) 適切．回路に流れる電流 I の大きさは，次式のように回路にかかる電圧 V に比例し，回路の抵抗 R に反比例する．$I = V/R$

(3) 適切．抵抗の単位はオーム〔Ω〕で，1,000,000 Ω は 1×10^6 Ω で，1 MΩ とも表す．なお，M は単位に乗ずる倍数で 10^6 はメガという．

(4) 適切．回路が消費する電力 W〔J〕は，次式のように回路にかかる電圧 V と回路に流れる電流 I の積で求められる．$W = VI$

(5) 不適切．同じ物質の導体の場合，抵抗の値 R は，次式のように長さ l に比例し，断面積 S に反比例する．$R = k \times l/S$　記述が逆である．

▶答（5）

問題 7 【平成 29 年秋 問 22】

図のような回路について，AB 間の合成抵抗 R の値と，AB 間に 200 V の電圧がかかるときに流れる電流 I の値の組合せとして，正しいものは（1）～（5）のうちどれか．

	R	I
(1)	200 Ω	2.0 A
(2)	200 Ω	1.0 A
(3)	400 Ω	0.5 A
(4)	400 Ω	0.4 A
(5)	500 Ω	0.4 A

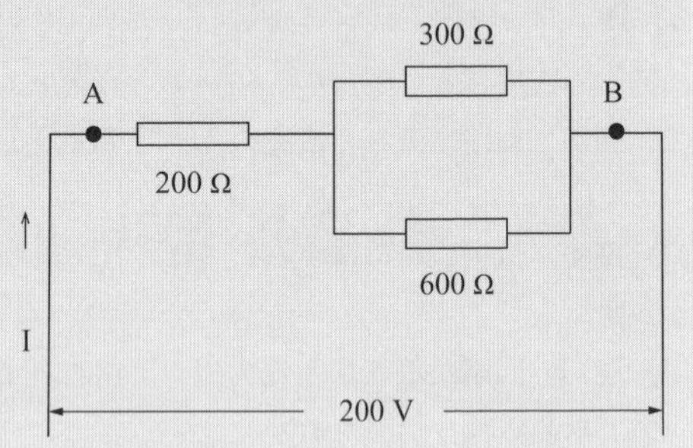

解説 図 3.2-2 のように BC 間の並列である合成抵抗 R を求める．

$$1/R = 1/300 + 1/600 = 2/600 + 1/600 = 3/600$$

$$R = 200\,\Omega$$

AB 間の合成抵抗 R_0 は，AC 間の抵抗（200 Ω）と R（200 Ω）が直列になるので，両者を合計すればよい．

$$R_0 = 200 + 200 = 400\,\Omega$$

電流 I を算出する．

$$電流 I = 電圧/抵抗 = 200\,\text{V}/400\,\Omega = 0.5\,\text{A}$$

以上から（3）が正解．

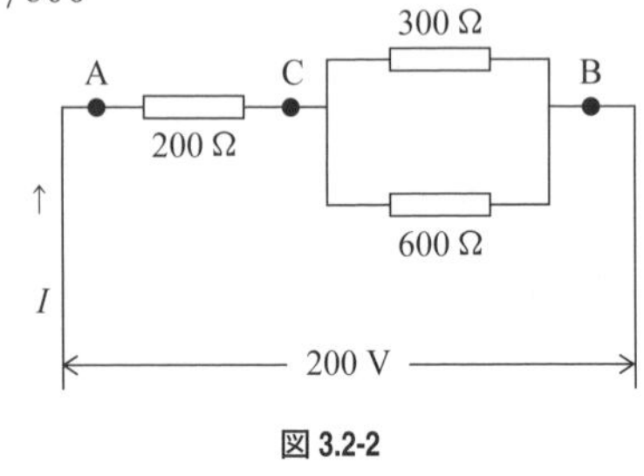

図 3.2-2

▶答（3）

問題 8 【平成29年春 問22】

電圧，電流，抵抗及び電力に関し，誤っているものは次のうちどれか．

(1) 抵抗を並列につないだときの合成抵抗の値は，個々の抵抗の値のどれよりも小さい．

(2) 導体でできた円形断面の電線の長さが2倍になると抵抗の値は2倍になり，断面の直径が2倍になると抵抗の値は1/4倍になる．

(3) 抵抗の単位はオーム（Ω）で，100,000 Ωは1 MΩとも表す．

(4) 回路の抵抗が同じ場合，回路にかかる電圧が大きいほど回路が消費する電力は大きくなる．

(5) 回路の抵抗は，回路にかかる電圧を回路に流れる電流で除して求められる．

解説 (1) 正しい．抵抗を並列（図3.2-1参照）につないだときの合成抵抗の値Rは，個々の抵抗の値（R_1，R_2，R_3）のどれよりも小さい．$R < R_1$，R_2，R_3

(2) 正しい．導体でできた円形断面の電線の場合，抵抗の値Rは，長さlに比例し断面積Sに反比例する．したがって，断面の直径dとすれば，$R = k \times l/S = k \times l/(\pi d^2/4) = 4k \times l/(\pi d^2)$となるから，断面の直径$d$が同じまま長さ$l$が2倍になると抵抗の値は2倍になり，長さ$l$が同じまま断面の直径$d$が2倍になると抵抗の値は4分の1になる．なお，$k$は比例定数である．

(3) 誤り．抵抗の単位はオーム〔Ω〕で，1,000,000 Ωは1×10^6 Ωで1 MΩとも表す．

(4) 正しい．回路の抵抗Rが同じ場合，回路にかかる電圧Vが大きいほど回路が消費する電力Wは，$W = IV = V \times V/R = V^2/R$と表されるため大きくなる．なお，$I$は電流である．

(5) 正しい．回路の抵抗Rは，次の式で示すように回路にかかる電圧Vを回路に流れる電流Iで除して求められる．$R = V/I$

▶答 (3)

問題 9 【平成28年秋 問22】

電圧，電流，抵抗及び電力に関し，正しいものは次のうちどれか．

(1) 抵抗の単位はオーム（Ω）で，100,000 Ωは1 MΩとも表す．

(2) 抵抗を並列につないだときの合成抵抗の値は，個々の抵抗の値のどれよりも大きい．

(3) 回路が消費する電力は，回路にかかる電圧と回路に流れる電流の積で求められる．

(4) 抵抗に電流が流れると，電力のほとんどが熱となるが，この時に発生する熱をアーク熱という．

(5) 導体でできた円形断面の電線の長さが2倍になると抵抗の値は2倍になり，断面の直径が2倍になると抵抗の値は1/2倍になる．

解説 (1) 誤り．抵抗の単位はオーム〔Ω〕で，100,000 Ω は 0.1×10^6 Ω で 0.1 MΩ とも表す．

(2) 誤り．抵抗を並列につないだときの合成抵抗の値は，個々の抵抗の値のどれよりも小さい．図 3.2-1 参照．

(3) 正しい．回路が消費する電力 W〔J〕は，次式のように回路にかかる電圧 V と回路に流れる電流 I の積で求められる．$W = V \times I$

(4) 誤り．抵抗に電流が流れると，電力のほとんどが熱となるが，この時に発生する熱をジュール熱という．なお，アーク放電とは高温度の陰極から熱電子が放出されることで維持される種類の放電をいい，1,000℃以上となり 3,500℃に達することもある．

(5) 誤り．導体でできた円形断面の電線の場合，断面の直径 d が同じまま長さが 2 倍になると抵抗の値 R は，比例するから 2 倍になり，長さ l が同じまま断面の直径が 2 倍になると抵抗の値は，反比例するから 4 分の 1 になる．式で表すと，抵抗値 R は長さ l に比例し断面積（S）に反比例するため，直径の 2 乗に反比例するから，

$R = k \times l/S = k \times l/(\pi d^2/4) = 4k \times l/(\pi d^2)$ となる．

▶答 (3)

問題 10 【平成 28 年春 問 24】

電圧，電流，抵抗及び電力に関し，誤っているものは次のうちどれか．

(1) 回路の抵抗が同じ場合，回路に流れる電流が大きいほど回路が消費する電力は大きくなる．

(2) 同じ物質の導体の場合，長さが 2 倍になると抵抗の値は 2 倍になり，断面積が 2 倍になると抵抗の値は 1/2 倍になる．

(3) 交流の電圧，電流の大きさは，通常，1 サイクル中の最大値ではなく，実効値で表される．

(4) 抵抗を並列につないだときの合成抵抗の値は，個々の抵抗の値のどれよりも大きい．

(5) 電動機の巻線に電流が流れたとき，巻線の抵抗により電力の一部が熱損失となって失われる．

解説 (1) 正しい．回路の抵抗 R が同じ場合，回路に流れる電流 I が大きいほど回路が消費する電力 W〔J〕は，$W = RI^2$ で表されるため大きくなる．

(2) 正しい．同じ物質の導体の場合，抵抗は長さに比例し断面積に反比例するため，長さ l が 2 倍になると抵抗の値 R は 2 倍になり，断面積 S が 2 倍になると抵抗の値は 1/2 倍になる．

(3) 正しい．交流の電圧，電流の大きさは，通常，1 サイクル中の最大値ではなく，実効値（最大値を $\sqrt{2}$ で除した値）で表される．

(4) 誤り．抵抗を並列につないだときの合成抵抗の値Rは，個々の抵抗の値（R_1，R_2，R_3）のどれよりも小さい．図3.2-1参照．

(5) 正しい．電動機の巻線に電流が流れたとき，巻線の抵抗により電力の一部が熱損失となって失われる．

▶答（4）

3.3 電動機，極数，周波数，同期速度

問題1 【令和2年秋 問23】 

電動機に関する記述として，適切でないものは次のうちどれか．

(1) 直流電動機では，回転子に給電するために整流子が使用される．

(2) 三相誘導電動機の回転子は，負荷がかかると同期速度より15～20%遅く回転する性質がある．

(3) 三相誘導電動機の同期速度は，周波数を一定とすれば，極数が少ないほど速くなる．

(4) かご形三相誘導電動機の回転子は，鉄心の周りに太い導線（バー）がかご形に配置された簡単な構造である．

(5) 巻線形三相誘導電動機は，固定子側も回転子側も巻線になっており，回転子側の巻線はスリップリングを通して外部抵抗と接続される．

解説 (1) 適切．直流電動機では，回転子に給電するために整流子（電動機又は発電機において回転子と外部回路の間で定期的に電流の方向を交替させる回転電気スイッチ）が使用される．図3.3-1参照．

(2) 不適切．三相誘導電動機の回転子は，負荷がかかると同期速度より2～5%遅く回転する性質がある．なお，この遅くなる割合を「滑り」という．「15～20%」は誤り．

(3) 適切．三相誘導電動機の同期速度N_0（回転磁界の回転数）は，次の関係があり，周波数fを一定とすれば，極数pが少ないほど速くなる．$N_0 = 120f/p$

(4) 適切．かご形三相誘導電動機の回転子は，鉄心の周りに太い導線（バー）がかご形に配置された簡単な構造である．図3.3-2参照．

(5) 適切．巻線形三相誘導電動機は，固定子側も回転子側も巻線になっており，回転子側の巻線はスリップリング（slip ring：回転体に対して同心円状に配置された環状の電路とブラシを介して電力や信号を伝達するための機構）を通して外部抵抗と接続される．起動時にはこの二次抵抗を順次短絡して起動電流を適当な値に制御しながら円滑に起動する．図3.3-3参照．

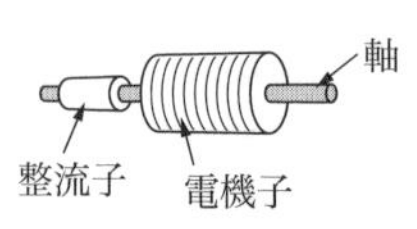

図 3.3-1　直流電動機

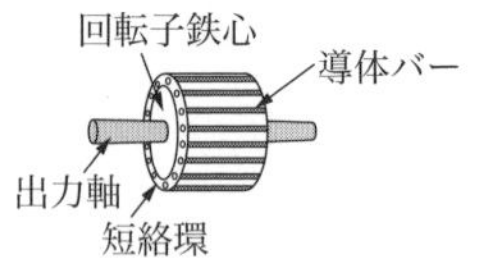

図 3.3-2　かご形回転子

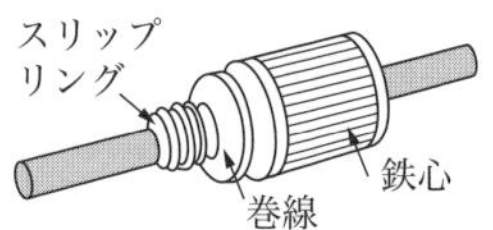

図 3.3-3　巻線形三相誘導電動機

▶ 答（2）

問題 2　【令和 2 年春 問 23】

電源の周波数が 50 Hz で運転したときの同期速度が 600 rpm の三相誘導電動機がある．この電動機の極数と，この電動機を 60 Hz で運転したときの同期速度の組合せとして，正しいものは（1）～（5）のうちどれか．

	極数	同期速度
(1)	8	900 rpm
(2)	10	720 rpm
(3)	10	600 rpm
(4)	12	600 rpm
(5)	12	500 rpm

解説　同期速度 N_0〔rpm〕，周波数 f〔Hz〕，極数 P とすれば，これらに次の関係がある．

同期速度 $N_0 = 120f/P$　①

同期速度が 600 rpm，周波数 50 Hz であるから式①から極数 P を求める．

$P = 120f/N_0 = 120 \times 50/600 = 10$　②

次に，60 Hz で運転したときの同期速度 N_0 を，式②を利用して算出する．

同期速度 $N_0 = 120 \times 60/10 = 720$ rpm　③

以上から（2）が正解．

▶ 答（2）

問題 3　【令和元年秋 問 23】

電動機に関する記述として，適切でないものは次のうちどれか．

（1）三相誘導電動機の回転子は，固定子の回転磁界により回転するが，負荷がかかると同期速度より 2 ～ 5% 遅く回転する性質がある．

（2）巻線形三相誘導電動機は，固定子側も回転子側も巻線になっており，回転子側の巻線はスリップリングを通して外部抵抗と接続される．

（3）かご形三相誘導電動機の回転子は，鉄心の周りに太い導体が，かご形に配置された簡単な構造である．

（4）三相誘導電動機の同期速度は，周波数を一定とすれば，極数が少ないほど遅くなる.

(5) 直流電動機は，一般に速度制御性能が優れているが，整流子及びブラシの保守が必要である.

解説 (1) 適切．三相誘導電動機の回転子は，固定子の回転磁界により回転するが，負荷がかかると同期速度（回転磁界の回転数）より2～5% 遅く回転する性質がある.

(2) 適切．巻線形三相誘導電動機は，固定子側も回転子側も巻線になっており，回転子側の巻線はスリップリング（slip ring：回転体に対して同心円状に配置された環状の電路とブラシを介して電力や信号を伝達するための機構）を通して外部抵抗と接続される．図 3.3-3 参照.

(3) 適切．かご形三相誘導電動機の回転子は，鉄心の周りに太い導体が，かご形に配置された簡単な構造である．図 3.3-2 参照.

(4) 不適切．三相誘導電動機の同期速度 N_0（回転磁界の回転数）は，次の関係があり，周波数 f を一定とすれば，極数 p が少ないほど速くなる．$N_0 = 120f/p$

(5) 適切．直流電動機は，一般に速度制御性能が優れているが，整流子及びブラシの保守が必要である．なお，整流子とは特定の種類の電動機又は発電機において回転子と外部回路の間で定期的に電流の方向を交替させる回転電気スイッチをいう．図 3.3-1 参照.

▶ 答 (4)

問題 4 【令和元年春 問 23】

電源の周波数が 50 Hz で運転したときの同期速度が 750 rpm の三相誘導電動機がある．この電動機の極数と，この電動機を 60 Hz で運転したときの同期速度の組合せとして，正しいものは (1) ～ (5) のうちどれか.

	極数	同期速度
(1)	6	900 rpm
(2)	8	900 rpm
(3)	8	720 rpm
(4)	10	720 rpm
(5)	10	600 rpm

解説 同期速度 N_0〔rpm〕，周波数 f〔Hz〕，極数 P とすれば，これらに次の関係がある.

同期速度 $N_0 = 120f/P$ ①

同期速度が 600 rpm，周波数 50 Hz であるから式①から極数 P を求める.

$P = 120f/N_0 = 120 \times 50/750 = 8$ ②

次に，60 Hz で運転したときの同期速度 N_0 を式②を利用して算出する.

同期速度 $N_0 = 120 \times 60/8 = 900$ rpm ③

以上から（2）が正解. ▶答（2）

題5 【平成30年秋 問23】

電動機に関する記述として，適切でないものは次のうちどれか.

(1) かご形三相誘導電動機は，回転子が鉄心の周りに太い導線をかご形に配置した簡単な構造になっているため，故障が少なく，取扱いも容易である.

(2) 巻線形三相誘導電動機は，固定子側も回転子側も巻線になっており，回転子側の巻線はスリップリングを通して外部抵抗と接続される.

(3) 三相誘導電動機の回転子は，固定子の回転磁界により回転するが，負荷がかかると同期速度より 15～20% 遅く回転する性質がある.

(4) 直流電動機では，固定子を界磁と呼ぶ.

(5) 直流電動機では，回転子に給電するために整流子が使用される.

解説 (1) 適切. かご形三相誘導電動機は，回転子が鉄心の周りに太い導線をかご形に配置した簡単な構造になっているため，故障が少なく，取扱いも容易である. 図 3.3-2 参照.

(2) 適切. 巻線形三相誘導電動機は，固定子側も回転子側も巻線になっており，回転子側の巻線はスリップリング（slip ring：回転体に対して同心円状に配置された環状の電路とブラシを介して電力や信号を伝達するための機構）を通して外部抵抗と接続される. 図 3.3-3 参照.

(3) 不適切. 三相誘導電動機の回転子は，負荷がかかると同期速度より 2～5% 遅く回転する性質がある. なお，この遅くなる割合を「滑り」という.「15～20%」は誤り.

(4) 適切. 直流電動機（図 3.3-1 参照）では，固定子を界磁（又はフィールド（field））と呼ぶ. なお，回転子を電機子（又はアーマチュア（armature））と呼ぶ.

(5) 適切. 直流電動機では，回転子に給電するために整流子（電動機又は発電機において回転子と外部回路の間で定期的に電流の方向を交替させる回転電気スイッチ）が使用される. 図 3.3-1 参照. ▶答（3）

問題6 【平成30年春 問23】

電源の周波数が 50 Hz で運転したときの同期速度が 750 rpm の三相誘導電動機がある. この電動機の極数と，この電動機を 60 Hz で運転したときの同期速度の組合せとして，正しいものは (1)～(5) のうちどれか.

	極数	同期速度
(1)	6	900 rpm

(2)	8	900 rpm
(3)	8	720 rpm
(4)	10	720 rpm
(5)	10	600 rpm

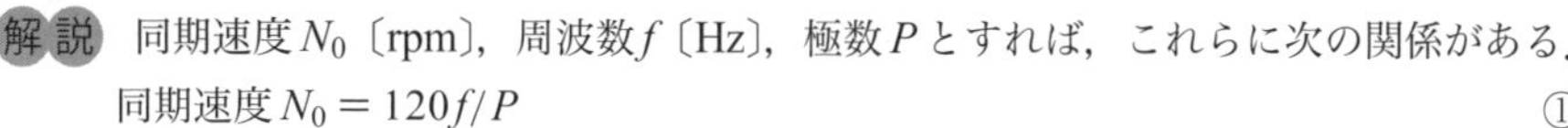

解説　同期速度 N_0〔rpm〕，周波数 f〔Hz〕，極数 P とすれば，これらに次の関係がある．

$$同期速度\ N_0 = 120f/P \qquad ①$$

周波数が 50 Hz で運転したときの同期速度が 750 rpm であるから式①から極数 P を求める．

$$P = 120f/N_0 = 120 \times 50/750 = 8 \qquad ②$$

次に，60 Hz で運転したときの同期速度 N_0 を式①と式②の値から算出する．

$$同期速度\ N_0 = 120 \times 60/8 = 900\ \text{rpm} \qquad ③$$

以上から（2）が正解．　▶答（2）

問題 7　【平成 29 年秋 問 23】

電動機に関し，誤っているものは次のうちどれか．

(1) かご形三相誘導電動機は，巻線形三相誘導電動機に比べ，構造が簡単で，取扱いも容易である．

(2) 巻線形三相誘導電動機では，回転子側を一次側，固定子側を二次側と呼ぶ．

(3) 直流電動機では，固定子を界磁，回転子を電機子と呼ぶ．

(4) 三相誘導電動機の同期速度は，極数が多いほど遅くなる．

(5) 巻線形三相誘導電動機は，固定子側も回転子側も巻線になっており，回転子側の巻線はスリップリングを通して外部抵抗と接続される．

解説　(1) 正しい．かご形三相誘導電動機（図 3.3-2 参照）は，鉄心の周りに太い導線（バー）がかご形に配置されているだけ，スリップリング（slip ring：回転機構の装置に外部から電源を伝えることができる回転機器）もない簡単な構造である．巻線形三相誘導電動機（図 3.3-3 参照）に比べ，構造が簡単で，取扱いも容易である．

(2) 誤り．巻線形三相誘導電動機では，図 3.3-3 に示すように回転子側を二次側，固定子側を一次側と呼ぶ．スリップリングを通して外部抵抗（二次抵抗）と接続するようになっている．

(3) 正しい．直流電動機では，固定子を界磁，回転子を電機子と呼ぶ．図 3.3-1 参照．

(4) 正しい．三相誘導電動機の同期速度（回転磁界の回転数：回転毎分又は rpm）N_0 は，電源の周波数を f とすれば，次式で表されるように極数 P が多いほど遅くなる．

$$N_0 = 120f/P$$

(5) 正しい．巻線形三相誘導電動機（図 3.3-3 参照）は，固定子側も回転子側も巻線になっており，回転子側の巻線はスリップリングを通して外部抵抗と接続される．

▶答 (2)

問題 8　【平成 29 年春 問 23】

電源の周波数が 60 Hz で運転したときの同期速度が 900 rpm の三相誘導電動機がある．この電動機の極数と，この電動機を 50 Hz で運転したときの同期速度の組合せとして，正しいものは次のうちどれか．

	極数	同期速度
(1)	4	1,500 rpm
(2)	6	1,200 rpm
(3)	6	1,000 rpm
(4)	8	800 rpm
(5)	8	750 rpm

解説 同期速度 N_0〔rpm〕，周波数 f〔Hz〕，極数 P とすれば，これらに次の関係がある．

同期速度 $N_0 = 120f/P$　①

同期速度が 900 rpm，周波数 60 Hz であるから式①から極数 P を求める．

$P = 120f/N_0 = 120 \times 60/900 = 8$　②

次に，50 Hz で運転したときの同期速度 N_0 を式②を利用して算出する．

同期速度 $N_0 = 120 \times 50/8 = 750$ rpm　③

以上から (5) が正解．

▶答 (5)

問題 9　【平成 28 年秋 問 23】

電動機に関し，誤っているものは次のうちどれか．

(1) クレーンのように始動，停止，正転及び逆転を頻繁に繰り返す用途には，巻線形三相誘導電動機が多く用いられている．

(2) 直流電動機は，一般に速度制御性能が優れているため，コンテナクレーン，アンローダなどに用いられている．

(3) 三相誘導電動機の回転子は，固定子の回転磁界により回転するが，同期速度より 15 ～ 20% 遅く回転する．

(4) 三相誘導電動機の同期速度は，極数が多いほど遅くなる．

(5) かご形三相誘導電動機は，巻線形三相誘導電動機に比べて，構造が簡単で，取扱いも容易である．

解説 (1) 正しい．クレーンのように始動，停止，正転及び逆転を頻繁に繰り返す用途には，巻線形三相誘導電動機（図3.3-3参照）が多く用いられている．

(2) 正しい．直流電動機は，一般に速度制御性能が優れているため，コンテナクレーン，アンローダ（船から鉄鉱石や石炭等のばら物をグラブバケットを用いて陸揚げするクレーン）などに用いられている．

(3) 誤り．三相誘導電動機の回転子は，固定子の回転磁界により回転するが，同期速度（回転磁界の回転数をいう）より2～5%遅く回転する．「15～20%」は誤り．

(4) 正しい．三相誘導電動機の同期速度 N_0（回転磁界の回転数）は，次の関係があり，周波数 f を一定とすれば，極数 p が少ないほど速くなる．$N_0 = 120f/p$

(5) 正しい．かご形三相誘導電動機（回転子について図3.3-2参照）は，巻線形三相誘導電動機に比べて，構造が簡単で，取扱いも容易である．

▶答 (3)

3.4 クレーンの電動機と付属機器

問題1 【令和2年秋 問24】

クレーンの電動機の付属機器に関する記述として，適切でないものは次のうちどれか．

(1) カム形間接制御器は，カム周辺に固定されたスイッチにより電磁接触器の操作回路を開閉する制御器である．

(2) クランクハンドル式 の制御器は，操作ハンドルを水平方向に回して操作する構造である．

(3) 無線操作用の制御器には，押しボタン式とハンドル操作式がある．

(4) ユニバーサル制御器は，1本の操作ハンドルを縦，横，斜めに操作することにより，3個の制御器を同時に又は単独で操作できる構造にしたものである．

(5) 巻線形三相誘導電動機又は直流電動機の速度制御に用いられる抵抗器には，特殊鉄板を打ち抜いたもの又は鋳鉄製の抵抗体を絶縁ロッドで締め付け，格子状に組み立てたものがある．

解説 (1) 適切．カム形間接制御器は，カム周辺に固定されたスイッチにより電磁接触器の操作回路を開閉する制御器である．図3.4-1参照．

(2) 適切．クランクハンドル式の制御器は，操作ハンドルを水平方向に回して操作する構造である．図3.4-2参照．

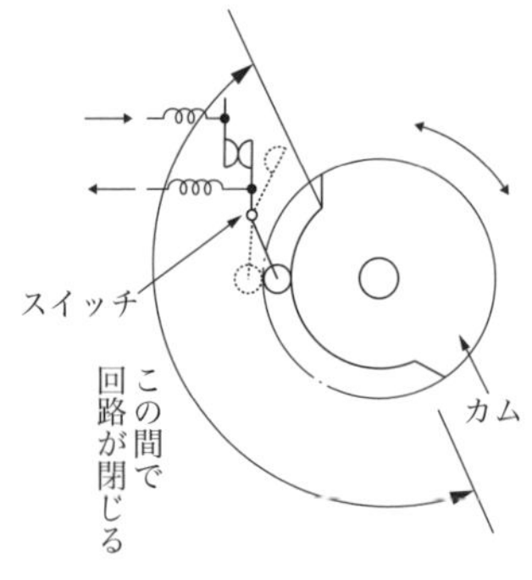

図 3.4-1　カム形間接制御器
（出典：クレーン・デリック運転士教本，p117）

図 3.4-2　クランクハンドル式制御器

(3) 適切．無線操作用の制御器には，押しボタン式とハンドル操作式がある．図 3.4-3 参照．

(4) 不適切．ユニバーサル制御器は，操作ハンドルを縦，横，斜めに操作することにより，2 個の制御器を同時に又は単独で操作できる構造にしたものである．図 3.4-4 参照．

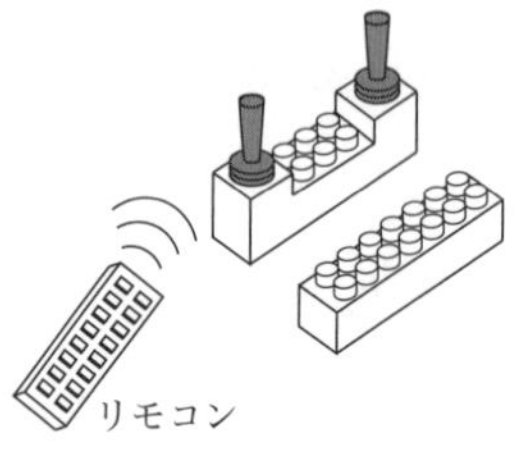

図 3.4-3　無線操作用制御器

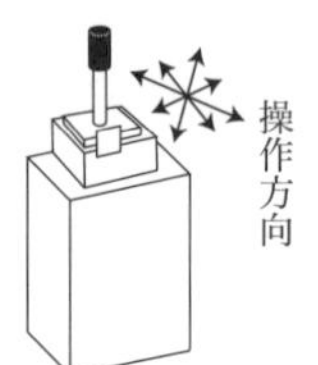

図 3.4-4　ユニバーサル制御器

(5) 適切．巻線形三相誘導電動機又は直流電動機の速度制御に用いられる抵抗器には，特殊鉄板を打ち抜いたもの又は鋳鉄製の抵抗体を絶縁ロッドで締め付け，格子状に組み立てたものがある．

▶答 (4)

問題 2　【令和 2 年春 問 24】

クレーンの電動機の付属機器に関する記述として，適切でないものは次のうちどれか．

(1) 制御器は，電動機に正転，停止，逆転及び制御速度の指令を与えるもので，制御の方式により直接制御器と間接制御器に大別され，さらに，両者の混合型である複合制御器がある．

(2) ユニバーサル制御器は，一つのハンドルを前後左右や斜めに操作できるようにし，二つの制御器を同時に又は単独で操作できる構造になっている．

(3) ドラム形直接制御器は，ハンドルで回される円弧状のセグメントと固定フィンガーにより，電動機の主回路を直接開閉する制御器である.
(4) 無線操作用の制御器には，切替え開閉器により，機上運転に切り替えることができる機能を持つものがある.
(5) エンコーダー型制御器は，ハンドル位置を連続的に検出し，電動機の主回路を直接開閉する直接制御器である.

解説 (1) 適切. 制御器は，電動機に正転，停止，逆転及び制御速度の指令を与えるもので，制御の方式により直接制御器と間接制御器に大別され，さらに，両者の混合型である複合制御器がある.
(2) 適切. ユニバーサル制御器は，一つのハンドルを前後左右や斜めに操作できるようにし，二つの制御器を同時に又は単独で操作できる構造になっている.
(3) 適切. ドラム形直接制御器（図 3.4-5 参照）は，ハンドルで回される円弧状のセグメントと固定フィンガーにより，電動機の主回路を直接開閉する制御器である.
(4) 適切. 無線操作用の制御器には，切替え開閉器により，機上運転に切り替えることができる機能を持つものがある.
(5) 不適切. エンコーダー型制御器は，ハンドル位置を連続的に検出し，電動機の主回路を間接開閉する間接制御器である. なお，エンコーダー（encoder）とは，回転及び水平移動する機器・装置の移動量や角度を検出し，電気信号を出力する機器をいう.

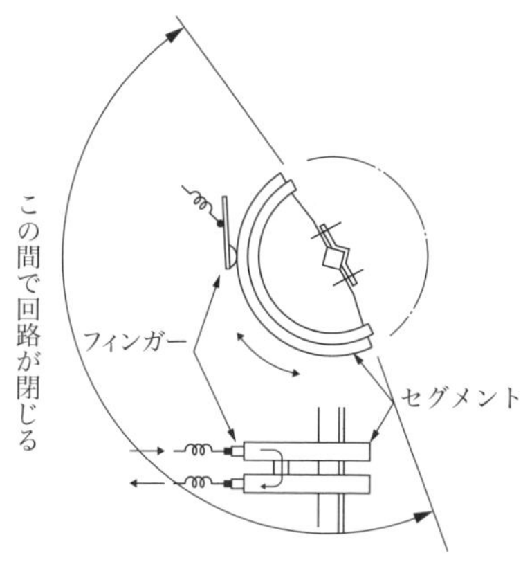

図 3.4-5　ドラム形直接制御器
（出典：クレーン・デリック運転士教本，p117）

▶ 答 (5)

問題 3　【令和元年秋 問 24】

クレーンの電動機の付属機器に関する記述として，適切でないものは次のうちどれか.
(1) 配線用遮断器は，通常の使用状態の電路の開閉のほか，過負荷，短絡などの際には，自動的に電路の遮断を行う機器である.
(2) ユニバーサル制御器は，一つのハンドルを前後左右や斜めに操作出来るようにし，二つの制御器を同時に又は単独で操作できる構造になっている.
(3) 巻線形三相誘導電動機又は直流電動機の速度制御に用いられる抵抗器には，特殊鉄板を打ち抜いたもの又は鋳鉄製の抵抗体を絶縁ロッドで締め付け，格子状に組み立てたものがある.

(4) 押しボタンスイッチは，電動機の正転と逆転のボタンを同時に押せない構造となっているものが多い.

(5) エンコーダー型制御器は，ハンドル位置を連続的に検出し，電動機の主回路を直接開閉する直接制御器である.

解説 (1) 適切．配線用遮断器は，通常の使用状態の電路の開閉のほか，過負荷，短絡などの際には，自動的に電路の遮断を行う機器である.

(2) 適切．ユニバーサル制御器は，一つのハンドルを前後左右や斜めに操作できるようにし，二つの制御器を同時に又は単独で操作できる構造になっている.

(3) 適切．巻線形三相誘導電動機又は直流電動機の速度制御に用いられる抵抗器には，特殊鉄板を打ち抜いたもの又は鋳鉄製の抵抗体を絶縁ロッドで締め付け，格子状に組み立てたものがある.

(4) 適切．押しボタンスイッチは，電動機の正転と逆転のボタンを同時に押せない構造となっているものが多い.

(5) 不適切．エンコーダー型制御器は，モーターと組み合わせてモーターの回転方向や位置，回転数を制御する間接制御器である．なお，エンコーダー（encoder）とは，回転及び水平移動する機器・装置の移動量や角度を検出し，電気信号を出力する機器をいう.

▶答（5）

問題4 【令和元年春 問24】

クレーンの電動機の付属機器に関する記述として，適切でないものは次のうちどれか.

(1) 配線用遮断器は，通常の使用状態の電路の開閉のほか，過負荷，短絡などの際には，自動的に電路の遮断を行う機器である.

(2) ユニバーサル制御器は，一つのハンドルを前後左右や斜めに操作出来るようにし，二つの制御器を同時に又は単独で操作できる構造になっている.

(3) 巻線形三相誘導電動機又は直流電動機の速度制御に用いられる抵抗器には，特殊鉄板を打ち抜いたもの又は鋳鉄製の抵抗体を絶縁ロッドで締め付け，格子状に組み立てたものがある.

(4) 押しボタンスイッチは，電動機の正転と逆転のボタンを同時に押せない構造となっているものが多い.

(5) エンコーダー型制御器は，ハンドル位置を連続的に検出し，電動機の主回路を直接開閉する直接制御器である.

解説 (1) 適切．配線用遮断器は，通常の使用状態の電路の開閉のほか，過負荷，短絡などの際には，自動的に電路の遮断を行う機器である．

(2) 適切．ユニバーサル制御器は，一つのハンドルを前後左右や斜めに操作できるようにし，二つの制御器を同時に又は単独で操作できる構造になっている．

(3) 適切．巻線形三相誘導電動機又は直流電動機の速度制御に用いられる抵抗器には，特殊鉄板を打ち抜いたもの又は鋳鉄製の抵抗体を絶縁ロッドで締め付け，格子状に組み立てたものがある．

(4) 適切．押しボタンスイッチは，電動機の正転と逆転のボタンを同時に押せない構造となっているものが多い．

(5) 不適切．エンコーダー型制御器は，モーターと組み合わせてモーターの回転方向や位置，回転数を制御する間接制御器である．なお，エンコーダー（encoder）とは，回転及び水平移動する機器・装置の移動量や角度を検出し，電気信号を出力する機器をいう．

▶答 (5)

問題5

【平成30年秋 問24】 

クレーンの電動機の付属機器に関する記述として，適切でないものは次のうちどれか．

(1) ユニバーサル制御器は，一つのハンドルを前後左右や斜めに操作できるようにし，二つの制御器を同時に又は単独で操作できる構造になっている．

(2) 配線用遮断器は，通常の使用状態の電路の開閉のほか，過負荷，短絡などの際には，自動的に電路の遮断を行う機器である．

(3) 巻線形三相誘導電動機又は直流電動機の速度制御に用いられる抵抗器には，特殊鉄板を打ち抜いたもの又は鋳鉄製の抵抗体を絶縁ロッドで締め付け，格子状に組み立てたものがある．

(4) 無線操作用の制御器には，切り替え開閉器により，機上運転に切り替えることができる機能を持つものがある．

(5) エンコーダー型制御器は，ハンドル位置を連続的に検出し，電動機の主回路を直接開閉する直接制御器である．

解説 (1) 適切．ユニバーサル制御器は，一つのハンドルを前後左右や斜めに操作できるようにし，二つの制御器を同時に又は単独で操作できる構造になっている．

(2) 適切．配線用遮断器は，通常の使用状態の電路の開閉のほか，過負荷，短絡などの際には，自動的に電路の遮断を行う機器である．

(3) 適切．巻線形三相誘導電動機又は直流電動機の速度制御に用いられる抵抗器には，特殊鉄板を打ち抜いたもの又は鋳鉄製の抵抗体を絶縁ロッドで締め付け，格子状に組み立てたものがある.

(4) 適切. 無線操作用の制御器には, 切り替え開閉器により, 機上運転に切り替えることができる機能を持つものがある.

(5) 不適切. エンコーダー型制御器は, モーターと組み合わせてモーターの回転方向や位置, 回転数を制御する間接制御器である. なお, エンコーダー (encoder) とは, 回転及び水平移動する機器・装置の移動量や角度を検出し, 電気信号を出力する機器をいう.

▶答 (5)

問題6

【平成29年秋 問24】

クレーンの電動機の付属機器に関する記述として, 適切でないものは次のうちどれか.

(1) カム形間接制御器は, カム周辺に固定されたスイッチにより電磁接触器の操作回路を開閉するものである.

(2) 押しボタン制御器は, 直接制御器の一種であり, 電動機の正転と逆転のボタンを同時に押せない構造となっている.

(3) 無線操作用の制御器には, 切り替え開閉器により, 機上運転に切り替えることができる機能を持つものがある.

(4) クランクハンドル式の制御器は, 操作ハンドルを水平方向に回して操作する構造である.

(5) 抵抗器は, 特殊鉄板を打ち抜いたもの又は鋳鉄製の抵抗体を絶縁ロッドで締め付け, 格子状に組み立てたものである.

解説 (1) 適切. カム形間接制御器は, カム周辺に固定されたスイッチにより電磁接触器の操作回路を開閉するものである. 図3.4-1参照.

(2) 不適切. 押しボタン制御器は, 間接制御器の一種であり, 電動機の正転と逆転や上下左右などの相反するボタンを同時に押せない構造となっている.

(3) 適切. 無線操作用の制御器には, 切り替え開閉器により, 機上運転に切り替えることができる機能を持つものがある.

(4) 適切. クランクハンドル式の制御器は, 操作ハンドル (図3.4-6参照) を水平方向に回して操作する構造である.

(5) 適切. 抵抗器は, 特殊鉄板を打ち抜いたもの又は鋳鉄製の抵抗体を絶縁ロッドで締め付け, 格子状に組み立てたものである.

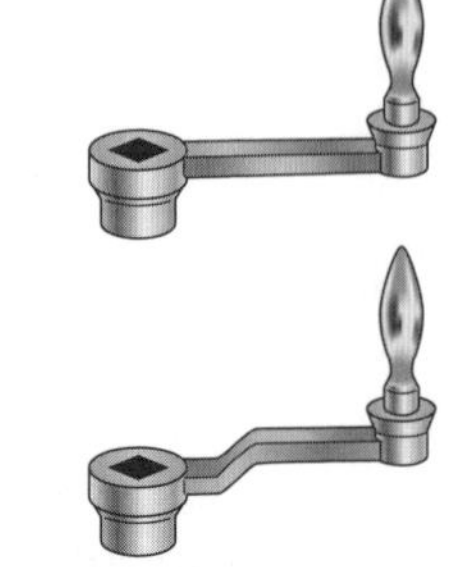

図3.4-6 クランクハンドル

▶答 (2)

問題7 【平成29年春 問24】

クレーンの電動機の付属機器に関し，正しいものは次のうちどれか．

(1) 複合制御器は，直接制御器と間接制御器の混合型で，半間接制御に使用される制御器である．

(2) カム形制御器は，カム周辺に固定されたスイッチにより操作回路を開閉する直接制御器である．

(3) 無線操作用の制御器には，押しボタン式とハンドル操作式があり，誤操作を防止するため，複数の操作を1回のスイッチ操作で行えるよう工夫されている．

(4) エンコーダー型制御器は，ハンドル位置を連続的に検出し，電動機の主回路を直接開閉する直接制御器である．

(5) 制御盤は，電磁接触器を備え，電動機の正転や逆転などの直接制御を行うものである．

解説 (1) 正しい．複合制御器は，直接制御器と間接制御器の混合型で，半間接制御に使用される制御器である．

(2) 誤り．カム形制御器は，ハンドルでカムを回し，カム周辺に固定されたスイッチ（カムスイッチ）により電動機の主回路を開閉する電磁接触器（マグネットコンタクター）の操作回路を開閉する間接制御器である．図3.4-1参照．

(3) 誤り．無線操作用の制御器には，押しボタン式とハンドル操作式があり，誤操作を防止するため，一操作を複数のスイッチ操作で行えるよう工夫されている．

(4) 誤り．エンコーダー型制御器は，ハンドル位置を連続的に検出し，電動機の主回路を間接開閉する間接制御器である．なお，エンコーダー（encoder）とは，回転及び水平移動する機器・装置の移動量や角度を検出し，電気信号を出力する機器をいう．

(5) 誤り．制御器は，電動機に正転，停止，逆転及び制御速度の指令を与えるもので，制御の方式により直接制御器と間接制御器に大別され，さらに，両者の混合型である複合制御器がある．

▶答 (1)

問題8 【平成28年秋 問24】

クレーンの電動機の付属機器に関し，誤っているものは次のうちどれか．

(1) ドラム形直接制御器は，ハンドルで回される円弧状のセグメントと固定フィンガーにより主回路を開閉する構造である．

(2) ヒューズは，過電流が流れたときに電気機器を保護するために使用されるものである．

(3) 押しボタンスイッチには，一段目で低速，二段目で高速運転ができるようにした二段押し込み式のものがある．

(4) 配線用遮断機は，通常の使用状態の回路の開閉のほか，過負荷，短絡などの際には，自動的に電流の遮断を行う機器である．

(5) レバーハンドル式の制御器は，操作ハンドルを水平方向に回して操作する構造である．

解説 (1) 正しい．ドラム形直接制御器は，ハンドルで回される円弧状のセグメントと固定フィンガーにより主回路（一次側，二次側とも）を開閉する構造である．図3.4-5参照．

(2) 正しい．ヒューズは，過電流が流れたときに電気機器を保護するために使用されるものである．

(3) 正しい．押しボタンスイッチには，一段目で低速，二段目で高速運転ができるようにした二段押し込み式のものがある．

(4) 正しい．配線用遮断機は，通常の使用状態の回路の開閉のほか，過負荷，短絡などの際には，自動的に電流の遮断を行う機器である．

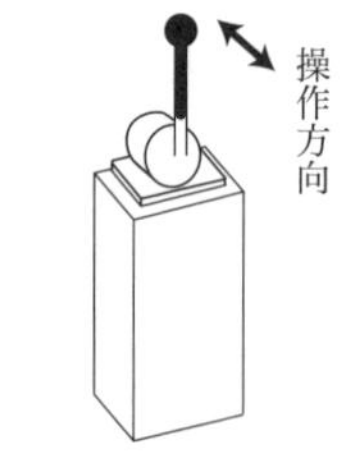

図 3.4-7　レバーハンドル式制御器

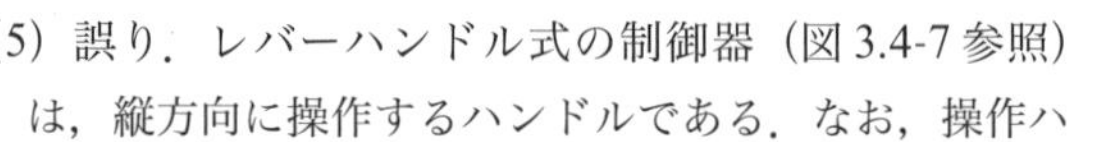

(5) 誤り．レバーハンドル式の制御器（図3.4-7参照）は，縦方向に操作するハンドルである．なお，操作ハンドルを水平方向に回して操作する構造は，クランクハンドル式制御器（図3.4-2参照）である．

▶答 (5)

問題9 【平成28年春 問22】

クレーンの電動機の付属機器に関し，誤っているものは次のうちどれか．

(1) ドラム形直接制御器は，ハンドルで回される円弧状のセグメントと固定フィンガーにより主回路を開閉する構造である．

(2) ヒューズは，過電流が流れたときに電気機器を保護するために使用されるものである．

(3) 押しボタン制御器を使用する回路の操作電圧は，クレーンの電源電圧をそのまま使用することが多い．

(4) 電磁接触器の主要部は，操作電磁石，回路を開閉する接点部及び電流遮断時にアークを消す消弧部で構成される．

(5) レバーハンドル式の制御器は，操作ハンドルを水平方向に回して操作する構造である．

解説 (1) 正しい．ドラム形直接制御器は，ハンドルで回される円弧状のセグメントと固定フィンガーにより主回路（一次側，二次側とも）を開閉する構造である．図3.4-5参照．

(2) 正しい．ヒューズは，過電流が流れたときに電気機器を保護するために使用されるものである．

(3) 正しい．押しボタン制御器を使用する回路の操作電圧は，クレーンの電源電圧をそのまま使用することが多い．

(4) 正しい．電磁接触器の主要部は，操作電磁石，回路を開閉する接点部及び電流遮断時にアークを消す消弧部で構成される．

(5) 誤り．レバーハンドル式の制御器（図3.4-7参照）は，縦方向に操作するハンドルである．なお，操作ハンドルを水平方向に回して操作する構造は，クランクハンドル式制御器（図3.4-2参照）である．

▶答（5）

問題10

【平成28年春 問26】 

電動機に関し，誤っているものは次のうちどれか．

(1) 三相誘導電動機は，広く一般産業用に用いられている．

(2) 同期速度が毎分1,000回転の三相誘導電動機の回転子は，滑りが5%のとき，毎分950回転で回転する．

(3) 三相誘導電動機では，固定子を界磁，回転子を電機子と呼ぶ．

(4) 巻線形三相誘導電動機は，固定子側も回転子側も巻線になっており，回転子側の巻線はスリップリングを通して外部抵抗と接続される．

(5) かご形三相誘導電動機の回転子は，鉄心の周りに太い導体が，かご形に配置された簡単な構造である．

解説 (1) 正しい．三相誘導電動機は，広く一般産業用に用いられている．

(2) 正しい．同期速度が毎分1,000回転の三相誘導電動機の回転子は，滑りが5%のとき，毎分950回転（$1{,}000 \times (1 - 5/100)$）で回転する．なお，滑りとは，同期速度（回転磁界の回転数）より遅くなる割合である．

(3) 誤り．直流電動機では，固定子を界磁（又はフィールド），回転子を電機子（又はアーマチュア）と呼ぶ．「三相誘導電動機」が誤り．

(4) 正しい．巻線形三相誘導電動機（図3.3-3参照）は，固定子側も回転子側も巻線になっており，回転子側の巻線はスリップリングを通して外部抵抗と接続される．

(5) 正しい．かご形三相誘導電動機の回転子（図3.3-2参照）は，鉄心の周りに太い導体が，かご形に配置された簡単な構造である．

▶答（3）

3.5 クレーンの給電装置及び配線

問題1　【令和2年秋 問25】 

クレーンの給電装置に関する記述として，適切でないものは次のうちどれか．

(1) すくい上げ式のトロリ線給電は，がいしでトロリ線を支え，集電子でトロリ線をすくい上げて集電する．

(2) キャブタイヤケーブル給電には，カーテン式，ケーブル巻取式，特殊チェーン式などがある．

(3) パンタグラフのホイール式やシュー式の集電子の材質には，磁器，砲金，特殊合金などが用いられる．

(4) トロリ線給電のうちトロリダクト方式のものは，ダクト内に平銅バーなどを絶縁物を介して取り付け，その内部をトロリシューが移動して集電する．

(5) スリップリング給電には，固定側のリングと回転側の集電子で構成されるものや，回転側のリングと固定側の集電子で構成されるものがある．

解説 (1) 適切．すくい上げ式のトロリ線給電は，がいしでトロリ線（trolley wire：高架線）を支え，集電子（ホイール）でトロリ線をすくい上げて集電する．図3.5-1参照．

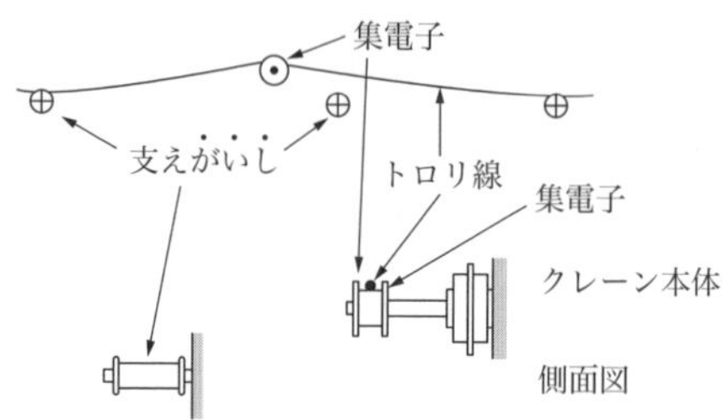

図3.5-1　すくい上げ式トロリ線給電

(2) 適切．キャブタイヤケーブル（cabtire cable：通電状態のまま移動可能なケーブル）給電には，カーテン式，ケーブル巻取式，特殊チェーン式などがある．図3.5-2，図3.5-3及び図3.5-4参照．

(3) 不適切．パンタグラフのホイール（wheel：輪）式やシュー（shoe）式の集電子の材質には，砲金，カーボン，黒鉛，特殊合金などが用いられる．磁器は電流が流れないため使用しない．図3.5-5及び図3.5-6参照．

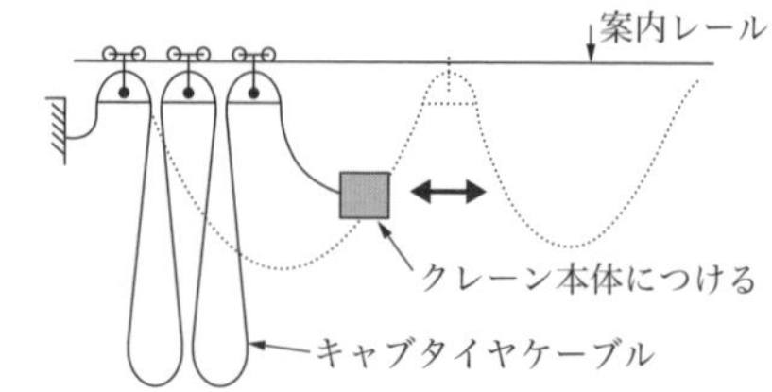

図3.5-2　カーテン式

(4) 適切．トロリ線給電のうちトロリダクト方式のものは，ダクト（duct：導管）内に平銅バーなどを絶縁物を介して取り付け，その内部をトロリシュー（集電子）が移動して集電する．図3.5-7参照．

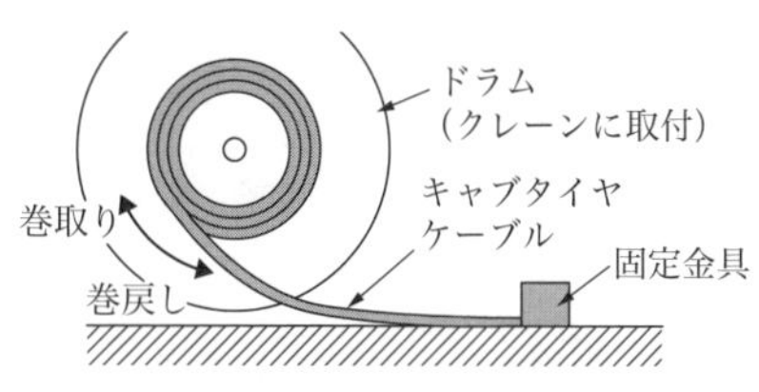

図 3.5-3　ケーブル巻取式

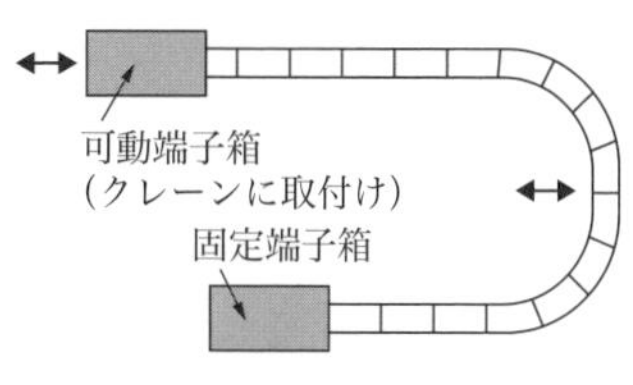

図 3.5-4　特殊チェーン式キャブタイヤケーブル給電

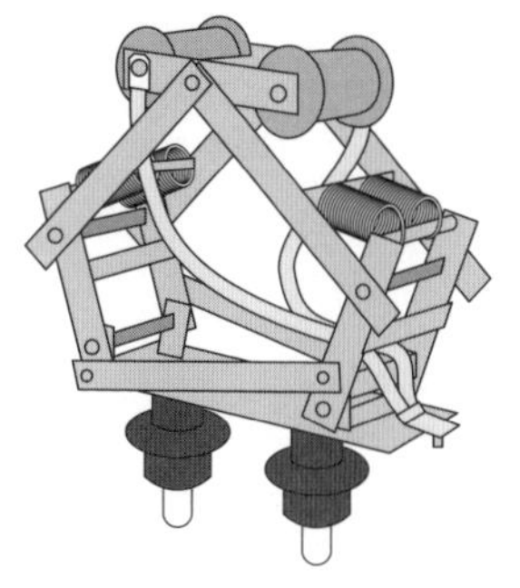

図 3.5-5　ホイール式パンタグラフ

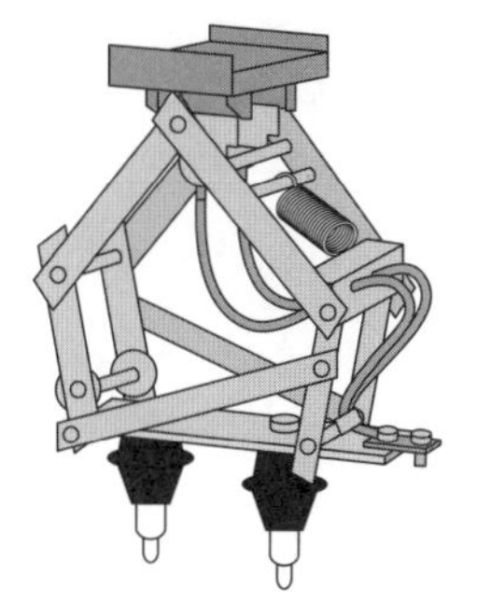

図 3.5-6　シュー式パンタグラフ

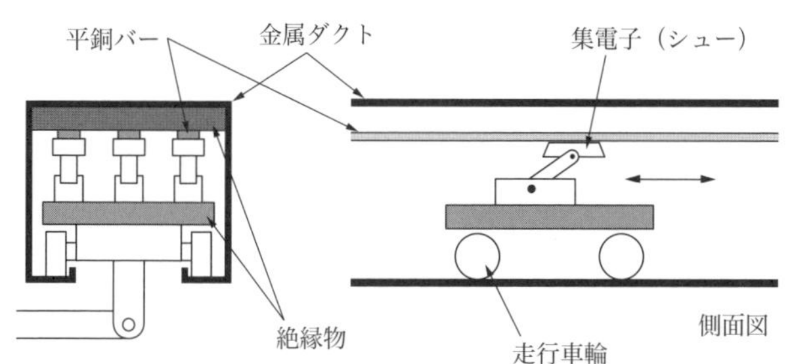

図 3.5-7　トロリダクト方式

(5) 適切．スリップリング（slip ring：旋回体やケーブルの巻取式のような回転する部分への給電装置）給電には，固定側のリングと回転側の集電子（集電ブラシ）で構成されるものや，回転側のリングと固定側の集電子で構成されるものがある．図 3.5-8 参照．

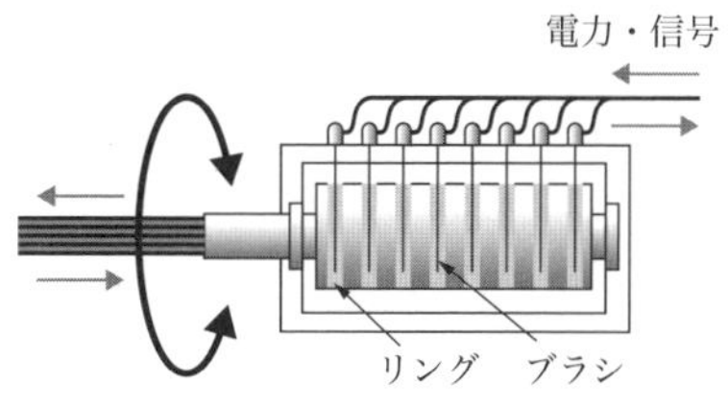

図 3.5-8　旋回体への給電（スリップリング）

▶答（3）

問題2

【令和2年春 問25】

クレーンの給電装置に関する記述として，適切でないものは次のうちどれか．

(1) イヤー式のトロリ線給電は，トロリ線の充電部が露出しており，設置する場所によっては感電する危険がある．

(2) 爆発性のガスや粉じんが発生するおそれのある場所では，キャブタイヤケーブルを用いた防爆構造の給電方式が採用される．

(3) パンタグラフのホイール式やシュー式の集電子の材質には，砲金，カーボン，特殊合金などが用いられる．

(4) トロリ線給電のうち絶縁トロリ線方式のものは，一本一本のトロリ線がすその開いた絶縁物で被覆されており，集電子はその間を摺(しゅう)動して集電する．

(5) 旋回体，ケーブル巻取式などの回転部分への給電には，トロリバーが用いられる．

解説 (1) 適切．イヤー（ear：支持金物）式のトロリ線給電（図3.5-9参照）は，トロリ線の充電部が露出しており，設置する場所によっては感電する危険がある．

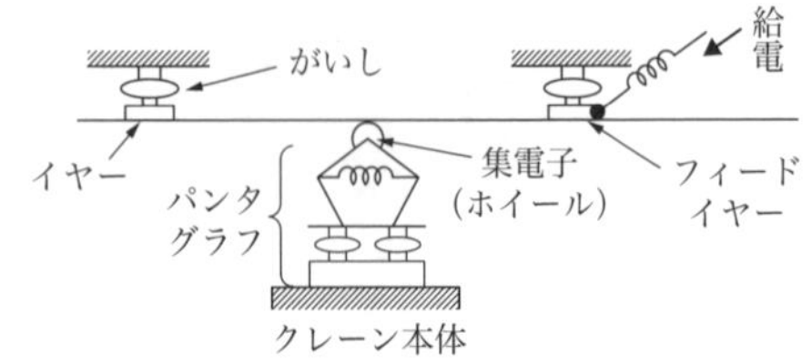

図3.5-9 イヤー式トロリ線給電

(2) 適切．爆発性のガスや粉じんが発生するおそれのある場所では，キャブタイヤケーブル（cabtire cable：通電状態のまま移動可能なケーブル）を用いた防爆構造の給電方式が採用される（図3.5-2参照）．

(3) 適切．パンタグラフのホイール式やシュー式の集電子の材質には，砲金，カーボン，特殊合金などが用いられる．絶縁体である磁器は使用されない．図3.5-5，図3.5-6及び図3.5-9参照．

(4) 適切．トロリ線給電のうち絶縁トロリ線方式のものは，一本一本のトロリ線がすその開いた絶縁物で被覆されており，集電子はその間を摺(しゅう)動（滑りながら動くこと）して集電する．図3.5-10参照．

(5) 不適切．旋回体やケーブルの巻取式のような回転する部分への給電には，スリップリングが使用される．スリップリング給電には，固定側のリングと回転側の集電子（集電ブラシ）で構成されるものや，回転側のリングと固定側の集電子で構成されるものがある．トロリバーは用いられない．図3.5-8参照．

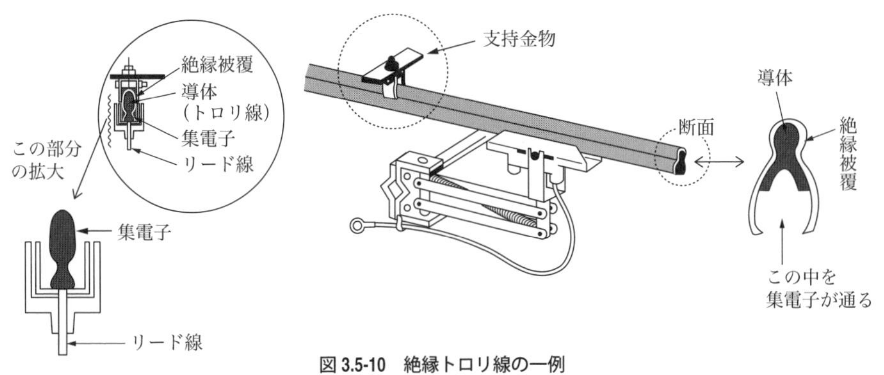

図 3.5-10　絶縁トロリ線の一例

▶答（5）

問題 3　【令和元年秋 問 25】

クレーンの給電装置に関する記述として，適切でないものは次のうちどれか.

(1) すくい上げ式のトロリ線給電は，がいしでトロリ線を支え，集電子でトロリ線をすくい上げて集電する.

(2) キャブタイヤケーブル給電には，カーテン式，ケーブル巻取式，特殊チェーン式などがある.

(3) パンタグラフのホイール式やシュー式の集電子の材質には，磁器，砲金，特殊合金などが用いられる.

(4) トロリ線給電のうちトロリダクト方式のものは，ダクト内に平銅バーなどを絶縁物を介して取り付け，その内部をトロリシューが移動して集電する.

(5) スリップリング給電には，固定側のリングと回転側の集電子で構成されるものや，回転側のリングと固定側の集電子で構成されるものがある.

解説 (1) 適切. すくい上げ式のトロリ線（trolley wire：高架線）給電は，がいしでトロリ線を支え，集電子でトロリ線をすくい上げて集電する. 図 3.5-1 参照.

(2) 適切. キャブタイヤケーブル給電には，カーテン式（図 3.5-2 参照），ケーブル巻取式（図 3.5-3 参照），特殊チェーン式（図 3.5-4 参照）などがある.

(3) 不適切. パンタグラフのホイール式やシュー式の集電子の材質には，砲金，カーボン，特殊合金などが用いられる. 絶縁体である磁器は使用されない. 図 3.5-5，図 3.5-6 及び図 3.5-9 参照.

(4) 適切. トロリ線給電のうちトロリダクト方式のものは，ダクト（duct：導管）内に平銅バーなどを絶縁物を介して取り付け，その内部をトロリシューが移動して集電する. 図 3.5-7 参照.

(5) 適切．スリップリング給電には，固定側のリングと回転側の集電子で構成されるものや，回転側のリングと固定側の集電子で構成されるものがある．なお，スリップリング（slip ring）とは，回転体に対して同心円状に配置された環状の電路とブラシを介して電力や信号を伝達するための部品で，ここを通して外部抵抗と接続される．図3.5-8参照．

▶答（3）

問題4

【令和元年春 問25】

クレーンの給電装置及び配線に関する記述として，適切でないものは次のうちどれか．

(1) イヤー式のトロリ線給電は，イヤーでトロリ線をつり下げ，パンタグラフを用いて集電子をトロリ線に押し付けて集電する方式である．

(2) キャブタイヤケーブル給電は，充電部が露出している部分が多いので，感電の危険性が高い．

(3) パンタグラフのホイールやシューの材質には，砲金，カーボン，特殊合金などが用いられる．

(4) 絶縁トロリ線方式の給電は，裸のトロリ線方式に比べ安全性が高い．

(5) スリップリングの機構には，集電子がリング面上を摺（しゅう）動して集電するものがある．

解説 (1) 適切．イヤー（ear：支持金物）式のトロリ線給電は，イヤーでトロリ線をつり下げ，パンタグラフを用いて集電子をトロリ線に押し付けて集電する方式である．図3.5-9参照．

(2) 不適切．キャブタイヤケーブル給電は，トロリ線給電に比べ露出した充電部が全くないので，感電の危険性が低い．図3.5-1及び図3.5-2参照．

(3) 適切．パンタグラフのホイール（wheel：輪）やシュー（shoe）の材質には，砲金，カーボン，特殊合金などが用いられる．図3.5-5及び図3.5-6参照．

(4) 適切．絶縁トロリ線方式の給電は，裸のトロリ線方式に比べ安全性が高い．

(5) 適切．スリップリング（slip ring）の機構には，集電子がリング面上を摺（しゅう）動して集電するものがある．なお，スリップリングとは，回転体に対して同心円状に配置された環状の電路とブラシを介して電力や信号を伝達するための部品で，ここを通して外部抵抗と接続される．図3.5-8参照．

▶答（2）

問題5

【平成30年秋 問25】

クレーンの給電装置及び配線に関する記述として，適切でないものは次のうちどれか．

(1) イヤー式のトロリ線給電は，イヤーでトロリ線をつり下げ，パンタグラフを用いて集電子をトロリ線に押し付けて集電する方式である.

(2) キャブタイヤケーブル給電は,充電部が露出している部分が多いので,感電の危険性が高い.

(3) パンタグラフのホイールやシューの材質には,砲金,カーボン,特殊合金などが用いられる.

(4) 絶縁トロリ線方式の給電は,裸のトロリ線方式に比べ安全性が高い.

(5) スリップリングの機構には,集電ブラシがリング面上を摺(しゅう)動して集電するものがある.

解説 (1) 適切.イヤー(ear:支持金物)式のトロリ線給電は,イヤーでトロリ線をつり下げ,パンタグラフを用いて集電子をトロリ線に押し付けて集電する方式である.図3.5-9参照.

(2) 不適切.キャブタイヤケーブル給電は,トロリ線給電に比べ露出した充電部が全くないので,感電の危険性が低い.図3.5-1及び図3.5-2参照.

(3) 適切.パンタグラフのホイールやシューの材質には,砲金,カーボン,特殊合金などが用いられる.図3.5-5及び図3.5-6参照.

(4) 適切.絶縁トロリ線方式の給電は,裸のトロリ線方式に比べ安全性が高い.

(5) 適切.スリップリング(slip ring)の機構には,集電子がリング面上を摺(しゅう)動して集電するものがある.なお,スリップリングとは,回転体に対して同心円状に配置された環状の電路とブラシを介して電力や信号を伝達するための部品で,ここを通して外部抵抗と接続される.図3.5-8参照.

▶答 (2)

問題6 【平成30年春 問25】

クレーンの給電装置及び配線に関する記述として,適切でないものは次のうちどれか.

(1) トロリ線に接触する集電子は,クレーン本体から絶縁する必要があるため,がいしなどの絶縁物を介してクレーン本体に取り付けられる.

(2) キャブタイヤケーブルは,導体に細い素線を使い,これを多数より合わせており,外装被覆も厚く丈夫に作られているので,引きずったり,屈曲を繰り返す用途に適している.

(3) 旋回体,ケーブル巻取式などの回転部分への給電には,トロリバーが用いられる.

(4) トロリ線給電のトロリ線取付方法には,イヤー式とすくい上げ式がある.

(5) 内部配線は,外部からの損傷や日光の直射を防ぐため,一般に,絶縁電線を金属管などの電線管又は金属ダクト内に収めている.

解説 (1) 適切．トロリ線（trolley wire：高架線）に接触する集電子は，クレーン本体から絶縁する必要があるため，がいしなどの絶縁物を介してクレーン本体に取り付けられる．図3.5-1参照．

(2) 適切．キャブタイヤケーブルは，導体に細い素線を使い，これを多数より合わせており，外装被覆も厚く丈夫に作られているので，引きずったり，屈曲を繰り返す用途に適している．図3.5-2にカーテン式を示す．

(3) 不適切．旋回体やケーブル巻取式のような回転する部分への給電には，スリップリングが使用される．スリップリング給電には，固定側のリングと回転側の集電子（集電ブラシ）で構成されるものや，回転側のリングと固定側の集電子で構成されるものがある．トロリバーは用いられない．図3.5-8参照．

(4) 適切．トロリ線給電のトロリ線取付方法には，イヤー式（図3.5-9参照）とすくい上げ式（図3.5-1参照）がある．

(5) 適切．内部配線は，外部からの損傷や日光の直射を防ぐため，一般に，絶縁電線を金属管などの電線管又は金属ダクト内に収めている．

▶答 (3)

問題7 【平成29年秋 問25】

クレーンの給電装置及び配線に関し，誤っているものは次のうちどれか．

(1) トロリ線の材料には，溝付硬銅トロリ線，平銅バー，レールなどが用いられる．

(2) キャブタイヤケーブル給電には，カーテン式，ケーブル巻取式，特殊チェーン式などがある．

(3) 旋回体への給電には，スリップリングを用いた給電方式が採用される．

(4) パンタグラフのホイールやシューの材質には，砲金，カーボン，特殊合金などが用いられる．

(5) すくい上げ式トロリ線給電は，支持金物を用いてトロリ線をつり下げ，パンタグラフを用いてトロリ線をすくい上げて集電する方式である．

解説 (1) 正しい．トロリ線の材料には，溝付硬銅トロリ線，平銅バー，レールなどが用いられる．

(2) 正しい．キャブタイヤケーブル給電には，カーテン式（図3.5-2），ケーブル巻取式（図3.5-3），特殊チェーン式（図3.5-4）などがある．

(3) 正しい．旋回体への給電には，スリップリング（電流を伝達するため回転体に対して同心円状に配置された環状の電路とブラシ）を用いた給電方式が採用される．図3.5-8参照．

(4) 正しい．パンタグラフのホイール（wheel：輪）やシュー（shoe）の材質には，砲金，カーボン，特殊合金などが用いられる．図3.5-5及び図3.5-6参照．

(5) 誤り．すくい上げ式トロリ線給電（図 3.5-1 参照）は，碍子（がいし）を用いてトロリ線を支え，集電子（ホイール）を用いてトロリ線をすくい上げて集電する方式である．

▶答（5）

問題 8 【平成 29 年春 問 25】

クレーンの給電装置に関し，正しいものは次のうちどれか．

(1) トロリ線給電には，トロリ線の取付方法によりカーテン式とすくい上げ式がある．

(2) トロリ線の材料には，溝付硬銅トロリ線，平鋼バー，レールなどが用いられる．

(3) すくい上げ式トロリ線給電は，がい子でトロリ線をつり下げ，パンタグラフを用いてトロリ線をすくい上げて集電する方式である．

(4) 爆発性のガスや粉じんが発生するおそれのある場所では，トロリダクトを用いた防爆構造の給電方式が採用される．

(5) パンタグラフの集電子には，ホイール式とスリップリング式の 2 種類がある．

解説 (1) 誤り．トロリ線給電には，トロリ線の取付方法によりイヤー式（ear：支持金物）（図 3.5-9 参照）とすくい上げ式（図 3.5-1 参照）がある．

(2) 正しい．トロリ線の材料には，溝付硬銅トロリ線，平鋼バー，レールなどが用いられる．

(3) 誤り．すくい上げ式トロリ線給電（図 3.5-1 参照）は，がい子でトロリ線をつり下げ，集電子（ホイール）を用いてトロリ線をすくい上げて集電する方式である．パンタグラフは使用しない．

(4) 誤り．爆発性のガスや粉じんが発生するおそれのある場所では，キャブタイヤケーブル（ゴム等で被覆し露出した充電部のないケーブル）を用いた防爆構造の給電方式が採用される．

(5) 誤り．パンタグラフの集電子には，ホイール式とシュー式の 2 種類がある．図 3.5-5 及び図 3.5-6 参照．

▶答（2）

問題 9 【平成 28 年秋 問 25】

クレーンの給電装置に関し，誤っているものは次のうちどれか．

(1) すくい上げ式トロリ線給電は，碍子（がいし）でトロリ線を支え，集電子でトロリ線をすくい上げて集電する方式である．

(2) キャブタイヤケーブル給電には，カーテン式，ケーブル巻取式，特殊チェーン式などがある．

(3) パンタグラフのホイールやシューの材質には，砲金，磁器，特殊合金などが用いられる．

(4) トロリダクト方式給電は，ダクト内に平銅バーなどを絶縁物を介して取り付け，その内部をトロリシューが移動して集電する方式である．

(5) スリップリング給電には，固定側のリングと回転側の集電ブラシで構成されるものや，回転側のリングと固定側の集電ブラシで構成されるものがある．

解説 (1) 正しい．すくい上げ式トロリ線給電は，碍子（がいし）でトロリ線を支え，集電子でトロリ線をすくい上げて集電する方式である．図 3.5-1 参照．

(2) 正しい．キャブタイヤケーブル（露出部分が全くないケーブル）給電には，カーテン式（図 3.5-2），ケーブル巻取式（図 3.5-3），特殊チェーン式（図 3.5-4）などがある．

(3) 誤り．パンタグラフのホイール（図 3.5-5）やシュー（図 3.5-6）の材質には，砲金，カーボン，黒鉛，特殊合金などが用いられる．「磁器」は絶縁体であるから使用できない．

(4) 正しい．トロリダクト方式給電（図 3.5-7）は，ダクト内に平銅バーなどを絶縁物を介して取り付け，その内部をトロリシューが移動して集電する方式である．

(5) 正しい．スリップリング給電（図 3.5-8）には，固定側のリングと回転側の集電ブラシで構成されるものや，回転側のリングと固定側の集電ブラシで構成されるものがある．

▶ 答 (3)

問題 10 【平成 28 年春 問 27】

クレーンの給電装置に関し，誤っているものは次のうちどれか．

(1) イヤー式トロリ線給電は，トロリ線の充電部が露出しており，設置する場所によっては感電する危険がある．

(2) 爆発性のガスや粉じんが発生するおそれのある場所では，キャブタイヤケーブルを用いた防爆構造の給電方式が採用される．

(3) パンタグラフのホイールやシューの材質には，砲金，カーボン，特殊合金などが用いられる．

(4) 絶縁トロリ線方式給電は，すその開いた絶縁物で被覆したトロリ線を用い，その間を集電子が摺動（しゅうどう）して集電する方式である．

(5) 旋回体やケーブル巻取式などの回転部分への給電には，トロリバーが用いられる．

解説 (1) 正しい．イヤー（支持金物）式トロリ線給電は，トロリ線の充電部が露出しており，設置する場所によっては感電する危険がある．図 3.5-9 参照．

(2) 正しい．爆発性のガスや粉じんが発生するおそれのある場所では，キャブタイヤケーブル（露出部分が全くないケーブル）を用いた防爆構造の給電方式が採用される．

(3) 正しい．パンタグラフのホイール（図 3.5-5 参照）やシュー（図 3.5-6 参照）の材質には，砲金，カーボン，特殊合金などが用いられる．

(4) 正しい．絶縁トロリ線方式給電は，すその開いた絶縁物で被覆したトロリ線を用い，その間を集電子が摺動して集電する方式である．図3.5-9参照．

(5) 誤り．旋回体やケーブル巻取式などの回転部分への給電には，スリップリングが用いられる．これは，集電子（集電ブラシ）が回転側（旋回体）に，リングが固定軸に取り付けられ，集電子がリング面上を摺動して集電する構造である．なお，トロリバーはトロリ線に使用される金属で，平銅バーやアングル銅バーなどがある．図3.5-11参照．

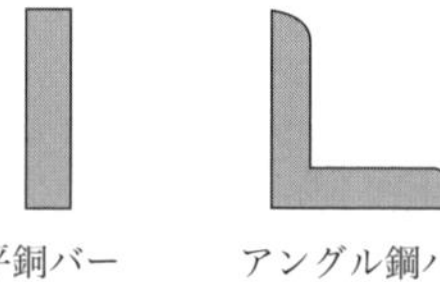

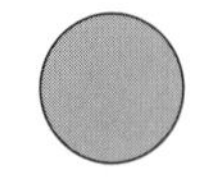

図3.5-11　各種トロリ線の断面
（出典：クレーン・デリック運転士教本，p123）

▶答（5）

3.6 電動機の制御

問題1　【令和2年秋 問26】 

電動機の制御に関する記述として，適切でないものは次のうちどれか．

(1) コースチングノッチは，制御器の第1ノッチとして設けられ，ブレーキにのみ通電してブレーキを緩めるようになっているノッチである．

(2) ゼロノッチインターロックは，各制御器のハンドルが停止位置になければ，主電磁接触器を投入できないようにしたものである．

(3) 直接制御は，間接制御に比べ，制御器は小型・軽量であるが，設備費が高い．

(4) 間接制御では，シーケンサーを使用することにより，様々な自動運転や速度制御が容易に行える．

(5) 巻線形三相誘導電動機の半間接制御は，電流の多い一次側を電磁接触器で間接制御し，電流の比較的少ない二次側を直接制御器で直接制御する方式である．

解説　(1) 適切．コースチングノッチ（coasting notch：惰性ノッチ）は，制御器の第1ノッチ（クレーンの操作ハンドルの刻み）として設けられ，ブレーキにのみ通電してブレーキを緩めるようになっているノッチである．横行や走行を止めるときにハンドルを1ノッチに戻せば，電動機への電源が切れ，ブレーキは緩んだままになるため，さらに0ノッチに戻せば，ブレーキがかかり静かにクレーンを停止させることができる．

(2) 適切．ゼロノッチインターロックは，各制御器のハンドルが停止位置になければ，主電磁接触器を投入できないようにしたものである．なお，インターロックとは誤操作など適正な手順以外の手順による操作が行われることを防止することをいう．

(3) 不適切．直接制御は，間接制御に比べ，制御器は小型・軽量ではないが，設備費は低い．図 3.6-1 及び図 3.6-2 参照．

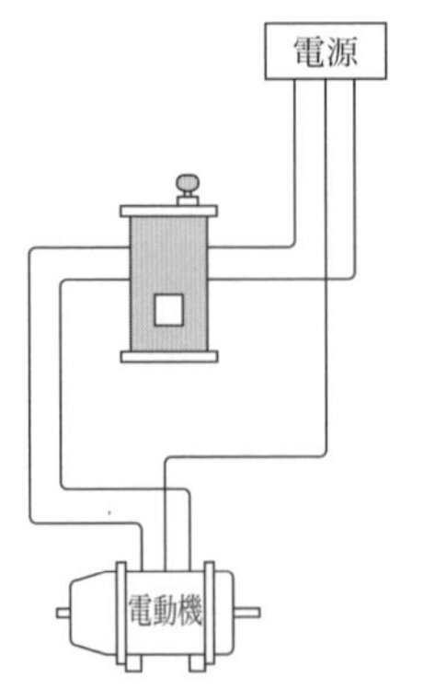

図 3.6-1　直接制御
（出典：クレーン・デリック運転士教本，p128）

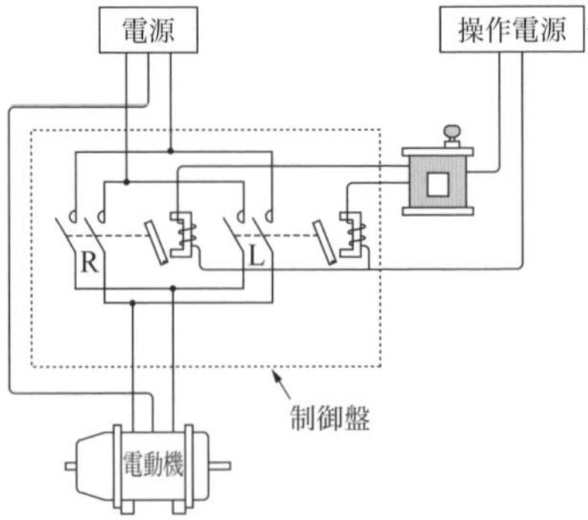

電源
操作電源
R
L
制御盤
電動機

図 3.6-2　間接制御
（出典：クレーン・デリック運転士教本，p129）

(4) 適切．間接制御では，シーケンサー（sequencer：シーケンス（順番）を制御するコントローラーの事）を使用することにより，様々な自動運転や速度制御が容易に行える．

(5) 適切．巻線形三相誘導電動機の半間接制御は，電流の多い一次側を電磁接触器で間接制御し，電流の比較的少ない二次側を直接制御器で直接制御する方式である．

▶ 答（3）

問題 2　【令和 2 年春 問 26】

電動機の制御に関する記述として，適切でないものは次のうちどれか．

(1) コースチングノッチは，制御器の第 1 ノッチとして設けられ，ブレーキにのみ通電してブレーキを緩めるようになっているノッチである．

(2) ゼロノッチインターロックは，各制御器のハンドルが停止位置になければ，主電磁接触器を投入できないようにしたものである．

(3) 直接制御は，間接制御に比べ，制御器は小型・軽量であるが，設備費が高い．

(4) 直接制御は，容量の大きな電動機では，制御器のハンドル操作が重くなるので使用できない．

(5) 巻線形三相誘導電動機の半間接制御は，電流の多い一次側を電磁接触器で間接制御し，電流の比較的少ない二次側を直接制御器で直接制御する方式である．

解説 (1) 適切. コースチングノッチ (coasting notch：惰性ノッチ) は, 制御器の第1ノッチ (惰性ノッチとして設定された操作ハンドルの刻み) として設けられ, ブレーキにのみ通電してブレーキを緩めるようになっているノッチである. 横行や走行を止めるときにハンドルを1ノッチに戻せば, 電動機への電源が切れ, ブレーキは緩んだままになるため, 0ノッチに戻せば, ブレーキがかかり静かにクレーンを停止させることができる.

(2) 適切. ゼロノッチインターロックは, 各制御器のハンドルが停止位置になければ, 主電磁接触器を投入できないようにしたものである.

(3) 不適切. 直接制御は, 間接制御に比べ, 制御器は小型・軽量ではないが, 設備費は低い. 図3.6-1及び図3.6-2参照.

(4) 適切. 直接制御は, 容量の大きな電動機では, 制御器のハンドル操作が重くなるので使用できない.

(5) 適切. 巻線形三相誘導電動機の半間接制御は, 電流の多い一次側を電磁接触器で間接制御し, 電流の比較的少ない二次側を直接制御器で直接制御する方式である.

▶答 (3)

問題3 【令和元年秋 問26】

電動機の制御に関する記述として, 適切でないものは次のうちどれか.

(1) ゼロノッチインターロックは, 各制御器のハンドルが停止位置になければ, 主電磁接触器を投入できないようにしたものである.

(2) 間接制御では, シーケンサーを使用することにより, 様々な自動運転や速度制御が容易に行える.

(3) 間接制御は, 直接制御に比べ, 制御器は小型・軽量であるが, 設備費が高い.

(4) 直接制御は, 容量の大きな電動機では制御器のハンドル操作が重くなるので使用できない.

(5) 半間接制御は, 巻線形三相誘導電動機の一次側を直接制御で, 二次側を電磁接触器で間接制御する方式である.

解説 (1) 適切. ゼロノッチインターロックは, 各制御器のハンドルが停止位置になければ, 主電磁接触器を投入できないようにしたものである. なお, インターロックとは誤った操作や機械の誤動作で起こる事故を防止する結線による仕組みをいう.

(2) 適切. 間接制御では, シーケンサー (sequencer：シーケンス (順番) を制御するコントローラーの事) を使用することにより, 様々な自動運転や速度制御が容易に行える.

(3) 適切. 間接制御は, 直接制御に比べ, 制御器は小型・軽量であるが, 設備費が高い. 図3.6-1及び図3.6-2参照.

(4) 適切．直接制御は，容量の大きな電動機では制御器のハンドル操作が重くなるので使用できない．

(5) 不適切．半間接制御は，巻線形三相誘導電動機の一次側を間接制御で，電流の比較的少ない二次側を電磁接触器で直接制御する方式である．記述が逆である． ▶答 (5)

問題4 【令和元年春 問26】

電動機の制御に関する記述として，適切でないものは次のうちどれか．

(1) 半間接制御は，巻線形三相誘導電動機の一次側を直接制御器で制御し，二次側を電磁接触器で制御する方式である．

(2) 間接制御は，電動機の主回路に挿入した電磁接触器が主回路の開閉を行い，制御器は，その電磁接触器の電磁コイル回路を開閉する方式である．

(3) 容量の大きな電動機を直接制御にすると，制御器のハンドル操作が重くなる．

(4) 間接制御は，直接制御に比べ，制御器は小型軽量であるが，設備費が高い．

(5) 操作用制御器の第1ノッチとして設けられるコースチングノッチは，ブレーキにのみ通電してブレーキを緩めるようになっているノッチで，停止時の衝撃や荷振れを防ぐために有効である．

解説 (1) 不適切．巻線形三相誘導電動機の半間接制御は，電流の多い一次側を電磁接触器で間接制御し，電流の比較的少ない二次側を直接制御器で直接制御する方式である．

(2) 適切．間接制御は，電動機の主回路に挿入した電磁接触器が主回路の開閉を行い，制御器は，その電磁接触器の電磁コイル回路を開閉する方式で，その開閉電流は小さいため直接制御に比べ小型軽量となる．

(3) 適切．容量の大きな電動機を直接制御にすると，制御器のハンドル操作が重くなる．

(4) 適切．間接制御は，直接制御に比べ，制御器は小型軽量であるが，設備費が高い．

(5) 適切．操作用制御器の第1ノッチとして設けられるコースチングノッチ（coasting notch：惰性ノッチ）は，制御器の第1ノッチ（惰性ノッチとして設定された操作ハンドルの刻み）として設けられ，ブレーキにのみ通電してブレーキを緩めるようになっているノッチである．横行や走行を止めるときにハンドルを1ノッチに戻せば，電動機への電源が切れ，ブレーキは緩んだままになるため，0ノッチに戻せば，ブレーキがかかり静かにクレーンを停止させることができる．このようにブレーキにのみ通電してブレーキを緩めるようになっているノッチで，停止時の衝撃や荷振れを防ぐために有効である．

▶答 (1)

問題5 【平成30年秋 問26】

電動機の制御に関する記述として，適切でないものは次のうちどれか．

(1) コースチングノッチは，制御器の第1ノッチとして設けられ，ブレーキにのみ通電してブレーキを緩めるようになっているノッチである．
(2) 間接制御は，電動機の主回路に挿入した電磁接触器が主回路の開閉を行い，制御器は，その電磁接触器の電磁コイル回路を開閉する方式である．
(3) 直接制御は，間接制御に比べ，制御器は小型・軽量であるが，設備費が高い．
(4) 巻線形三相誘導電動機の半間接制御は，電流の多い一次側を電磁接触器で制御し，電流の比較的少ない二次側を直接制御器で制御する方式である．
(5) ゼロノッチインターロックは，各制御器のハンドルが停止位置になければ，主電磁接触器を投入できないようにしたものである．

解説 (1) 適切．コースチングノッチ（coasting notch：惰性ノッチ）は，制御器の第1ノッチ（クレーンの操作ハンドルの刻み）として設けられ，ブレーキにのみ通電してブレーキを緩めるようになっているノッチである．横行や走行を止めるときにハンドルを1ノッチに戻せば，電動機への電源が切れ，ブレーキは緩んだままになるため，0ノッチに戻せば，ブレーキがかかり静かにクレーンを停止させることができる．
(2) 適切．間接制御は，電動機の主回路に挿入した電磁接触器が主回路の開閉を行い，制御器は，その電磁接触器の電磁コイル回路を開閉する方式で，その開閉電流は小さいため直接制御に比べ小型軽量となる．
(3) 不適切．直接制御は，間接制御に比べ，制御器は大型・重量となるが，設備費は低い．図3.6-1及び図3.6-2参照．
(4) 適切．巻線形三相誘導電動機の半間接制御は，電流の多い一次側を電磁接触器で制御し，電流の比較的少ない二次側を直接制御器で制御する方式である．
(5) 適切．ゼロノッチインターロックは，各制御器のハンドルが停止位置になければ，主電磁接触器を投入できないようにしたものである．なお，インターロックとは誤操作など適正な手順以外の手順による操作が行われることを防止することをいう．▶答 (3)

問題6 【平成30年春 問24】

クレーンの電動機の制御器に関する記述として，適切でないものは次のうちどれか．
(1) 制御器は，電動機に正転，停止，逆転及び制御速度の指令を与えるもので，制御の方式により直接制御器と間接制御器に大別され，さらに，両者の混合型である複合制御器がある．
(2) ユニバーサル制御器は，一つのハンドルを前後左右に操作できるようにし，二つの制御器を同時に又は単独で操作できる構造になっている．
(3) ドラム形直接制御器は，ハンドルで回される円弧状のセグメントと固定フィンガーにより，電動機の主回路を直接開閉する制御器である．

(4) 無線操作用の制御器には，切り替え開閉器により，機上運転に切り替えることができる機能を持つものがある.
(5) エンコーダー型制御器は，ハンドル位置を連続的に検出し，電動機の主回路を直接開閉する直接制御器である.

解説 (1) 適切. 制御器は，電動機に正転，停止，逆転及び制御速度の指令を与えるもので，制御の方式により直接制御器と間接制御器に大別され，さらに，両者の混合型である複合制御器がある.
(2) 適切. ユニバーサル制御器は，一つのハンドルを前後左右に操作できるようにし，二つの制御器を同時に又は単独で操作できる構造になっている.
(3) 適切. ドラム形直接制御器（図3.4-5参照）は，ハンドルで回される円弧状のセグメントと固定フィンガーにより，電動機の主回路を直接開閉する制御器である.
(4) 適切. 無線操作用の制御器には，切り替え開閉器により，機上運転に切り替えることができる機能を持つものがある.
(5) 不適切. エンコーダー型制御器は，モーターと組み合わせてモーターの回転方向や位置，回転数を制御する間接制御器である. なお，エンコーダー（encoder）とは，回転及び水平移動する機器や装置の移動量や角度を検出し，電気信号を出力する機器をいう.

▶答（5）

問題7 【平成30年春 問26】

電動機の制御に関する記述として，適切でないものは次のうちどれか.
(1) 半間接制御は，巻線形三相誘導電動機の一次側を直接制御器で制御し，二次側を電磁接触器で制御する方式である.
(2) 間接制御は，電動機の主回路に挿入した電磁接触器が主回路の開閉を行い，制御器は，その電磁接触器の電磁コイル回路を開閉する方式である.
(3) 容量の大きな電動機を直接制御にすると，ハンドル操作が重くなる.
(4) 間接制御は，直接制御に比べ，制御器は小型軽量であるが，設備費が高い.
(5) 操作用制御器の第1ノッチとして設けられるコースチングノッチは，ブレーキにのみ通電してブレーキを緩めるようになっているノッチで，停止時の衝撃や荷振れを防ぐために有効である.

解説 (1) 不適切. 半間接制御は，巻線形三相誘導電動機の一次側を間接制御で，電流の比較的少ない二次側を電磁接触器で直接制御する方式である.
(2) 適切. 間接制御は，電動機の主回路に挿入した電磁接触器が主回路の開閉を行い，制御器は，その電磁接触器の電磁コイル回路を開閉する方式で，その開閉電流は小さいため直接制御に比べ小型軽量となる.
(3) 適切. 容量の大きな電動機を直接制御にすると, ハンドル操作が重くなる.
(4) 適切. 間接制御は, 直接制御に比べ, 制御器は小型軽量であるが, 設備費が高い.
(5) 適切. 操作用制御器の第1ノッチとして設けられるコースチングノッチは, ブレーキにのみ通電してブレーキを緩めるようになっているノッチで, 停止時の衝撃や荷振れを防ぐために有効である. 止めるには, ある程度惰走減速してからハンドルを0ノッチに戻せば, ブレーキがかかり静かに停止させることができる. ▶答 (1)

問題 8 【平成29年秋 問26】

電動機の制御に関し, 誤っているものは次のうちどれか.

(1) 半間接制御は, 巻線形三相誘導電動機の一次側を直接制御器で制御し, 二次側を電磁接触器で制御する方式である.
(2) 間接制御は, 電動機の主回路に挿入した電磁接触器が主回路の開閉を行い, 制御器は, その電磁接触器の電磁コイル回路を開閉する方式である.
(3) 直接制御は, 電動機の主回路を制御器の内部接点で直接開閉する方式で, 間接制御に比べ制御器のハンドル操作が重い.
(4) 間接制御は, 直接制御に比べ, 制御器は小型軽量であるが, 設備費が高い.
(5) 操作用制御器の第1ノッチとして設けられるコースチングノッチは, ブレーキにのみ通電してブレーキを緩めるようになっているノッチで, 停止時の衝撃や荷振れを防ぐために有効である.

解説 (1) 誤り. 半間接制御は, 巻線形三相誘導電動機の電流の多い一次側を電磁接触器で間接制御し, 二次側を直接制御器で直接制御する方式である.
(2) 正しい. 間接制御は, 電動機の主回路に挿入した電磁接触器が主回路の開閉を行い, 制御器は, その電磁接触器の電磁コイル回路を開閉する方式である. 図3.6-2参照.
(3) 正しい. 直接制御は, 電動機の主回路を制御器の内部接点で直接開閉する方式で, 間接制御に比べ制御器のハンドル操作が重い. 図3.6-1参照.
(4) 正しい. 間接制御は, 直接制御に比べ, 制御器は小型軽量であるが, 設備費が高い.
(5) 正しい. コースチングノッチ (coasting notch : 惰性ノッチ) は, 制御器の第1ノッチ (クレーンの操作ハンドルの刻み) として設けられ, ブレーキにのみ通電してブレーキを緩めるようになっているノッチである. 横行や走行を止めるときにハンドルを1ノッチに戻せば, 電動機への電源が切れ, ブレーキは緩んだままになるため, さらに0ノッチに戻せば, ブレーキがかかり静かにクレーンを停止させることができる. ▶答 (1)

問題9 【平成29年春 問26】

電動機の制御に関し，正しいものは次のうちどれか．

(1) 直接制御は，シーケンサーを使用するので，間接制御に比べ，自動運転や速度制御が容易である．

(2) 容量の大きな電動機では，間接制御は，回路の開閉が困難になるので使用できない．

(3) ゼロノッチインターロックは，各制御器のハンドルが停止位置にあるときは，主電磁接触器を投入できないようにしたものである．

(4) コースチングノッチは，制御器の第1ノッチとして設けられ，ブレーキにのみ通電してブレーキを緩めるようになっているノッチである．

(5) 半間接制御は，巻線形三相誘導電動機の一次側を直接制御で，二次側を電磁接触器で制御する方式である．

解説 (1) 誤り．間接制御は，シーケンサーを使用するので，直接制御に比べ，自動運転や速度制御が容易である．記述が逆である．

(2) 誤り．容量の大きな電動機では，直接制御は，制御器の内部接点（セグメントとフィンガー又はカムスイッチ）が大きくなるためハンドル操作が重くなり，回路の開閉が困難になるので使用できない．

(3) 誤り．ゼロノッチインターロックは，各制御器のハンドルが停止位置になければ，主電磁接触器を投入できないようにしたものである．なお，インターロックとは誤操作など適正な手順以外の手順による操作が行われることを防止することをいう．

(4) 正しい．コースチングノッチは，制御器の第1ノッチとして設けられ，ブレーキにのみ通電してブレーキを緩めるようになっているノッチである．なお，ゼロノッチに戻し通電を止めるとブレーキがかかりゆっくり停止する．

(5) 誤り．半間接制御は，巻線形三相誘導電動機の一次側を間接制御で，電流の比較的少ない二次側を電磁接触器で直接制御する方式である．記述が逆である． ▶答 (4)

問題10 【平成28年秋 問26】

電動機の制御に関し，誤っているものは次のうちどれか．

(1) ゼロノッチインターロックは，各制御器のハンドルが停止位置以外にあるときは，主電磁接触器を投入できないようにしたものである．

(2) 間接制御では，シーケンサーを使用することにより，様々な自動運転や速度制御が容易に行える．

(3) 間接制御は，直接制御に比べ，制御器は小型軽量であるが，設備費が高い．

(4) 巻線形三相誘導電動機の半間接制御は，電流の多い一次側を電磁接触器で制御し，電流の比較的少ない二次側を直接制御器で制御する方式である．
(5) 容量の大きな電動機では，間接制御は，回路の開閉が困難になるので使用できない．

解説 (1) 正しい．ゼロノッチインターロックは，各制御器のハンドルが停止位置以外にあるときは，主電磁接触器を投入できないようにしたものである．これは，不意の停電でクレーンが停止した場合，電力が復旧した時にコントローラが停止位置以外にあるとクレーンが急に動きだす恐れがあるので，このような危険を防止するため，コントローラをゼロノッチに戻さなければ主電磁接触器を投入できないようにしたものである．なお，インターロックとは，誤った操作や機械の誤動作で起こる事故を防止する結線による仕組みをいう．

(2) 正しい．間接制御では，シーケンサーを使用することにより，様々な自動運転や速度制御が容易に行える．

(3) 正しい．間接制御は，直接制御に比べ，制御器は小型軽量であるが，設備費が高い．

(4) 正しい．巻線形三相誘導電動機の半間接制御は，電流の多い一次側を電磁接触器で間接制御し，電流の比較的少ない二次側を直接制御器で制御する方式である．

(5) 誤り．容量の大きな電動機では，直接制御は，制御器の内部接点が大きくなるため，ハンドル操作が重くなり回路の開閉が困難になるので使用できない．　▶答 (5)

問題11　【平成28年春 問29】

電動機の制御に関し，誤っているものは次のうちどれか．

(1) 半間接制御は，巻線形三相誘導電動機の一次側を直接制御器で制御し，二次側を電磁接触器で制御する方式である．

(2) 間接制御は，電動機の主回路に挿入した電磁接触器が主回路の開閉を行い，制御器は，その電磁接触器の電磁コイル回路を開閉する方式である．

(3) 直接制御は，電動機の主回路を制御器の内部接点で直接開閉する方式で，間接制御に比べ，制御器のハンドル操作が重い．

(4) 間接制御は，直接制御に比べ，制御器は小型軽量であるが，設備費が高い．

(5) 操作用制御器の第1ノッチとして設けられるコースチングノッチは，停止時の衝撃や荷振れを防ぐのに有効なノッチである．

解説 (1) 誤り．半間接制御は，巻線形三相誘導電動機の電流の多い一次側を電磁接触器で間接制御し，二次側を直接制御器で直接制御する方式である．

(2) 正しい．間接制御は，電動機の主回路に挿入した電磁接触器が主回路の開閉を行い，制御器は，その電磁接触器の電磁コイル回路を開閉する方式である．

(3) 正しい．直接制御は，電動機の主回路を制御器の内部接点で直接開閉する方式で，間接制御に比べ制御器のハンドル操作が重い．

(4) 正しい．間接制御は，直接制御に比べ，制御器は小型軽量であるが，設備費が高い．

(5) 正しい．コースチングノッチ（coasting notch：惰性ノッチ）は，制御器の第1ノッチ（クレーンの操作ハンドルの刻み）として設けられ，ブレーキにのみ通電してブレーキを緩めるようになっているノッチである．横行や走行を止めるときにハンドルを1ノッチに戻せば，電動機への電源が切れ，ブレーキは緩んだままになるため，さらに0ノッチに戻せば，ブレーキがかかり静かにクレーンを停止させることができる．

▶答（1）

3.7 クレーンの三相誘導電動機の始動方法及び速度制御方式

問題1 【令和2年秋 問27】

クレーンの三相誘導電動機の速度制御方式に関する記述として，適切なものは次のうちどれか．

(1) 巻線形三相誘導電動機の二次抵抗制御は，固定子の巻線に接続した抵抗器の抵抗値を変化させて速度制御するもので，始動時に緩始動ができる．

(2) 巻線形三相誘導電動機の電動油圧押上機ブレーキ制御は，機械的な摩擦力を利用して制御するため，ブレーキライニングの摩耗を伴う．

(3) 巻線形三相誘導電動機のダイナミックブレーキ制御は，巻下げの速度制御時に電動機の一次側を交流電源から切り離し，一次側に直流電源を接続して通電し，直流励磁を加えることにより制動力を得るもので，つり荷が極めて軽い場合でも低速での巻下げができる特長がある．

(4) 巻線形三相誘導電動機のワードレオナード制御は，電動機の回転数を検出して指定された速度と比較しながら制御するため，極めて安定した速度が得られるが，低速は最高速度の15%程度までしか得られない．

(5) かご形三相誘導電動機のインバーター制御は，電源の周波数を固定したまま電流値を変えて電動機に供給し回転数を制御するもので，精度の高い速度制御ができる．

解説 (1) 不適切．巻線形三相誘導電動機の二次抵抗制御は，回転子の巻線に接続した抵抗器の抵抗値を変化させて速度制御するもので，始動時に緩始動ができる．「固定子」が誤り．図3.7-1参照．

図 3.7-1　二次抵抗制御
(出典：クレーン・デリック運転士教本，p133)

(2) 適切．巻線形三相誘導電動機の電動油圧押上機ブレーキ制御は，ばねによる制動力との組み合わせで，機械的な摩擦力を利用して制御するため，ブレーキライニング (brake lining：ドラムに直接接触させ，制動力を発生させる摩擦材) の摩耗を伴う．

(3) 不適切．巻線形三相誘導電動機のダイナミックブレーキ制御は，巻下げの速度制御時に電動機の一次側を交流電源から切り離し，一次側に直流電源を接続して通電し，直流励磁を加えることにより制動力を得るもので，つり荷が極めて軽い場合では低速での巻下げができない．誤りは「・・巻下げができる特徴がある.」である．図 3.7-2 参照．

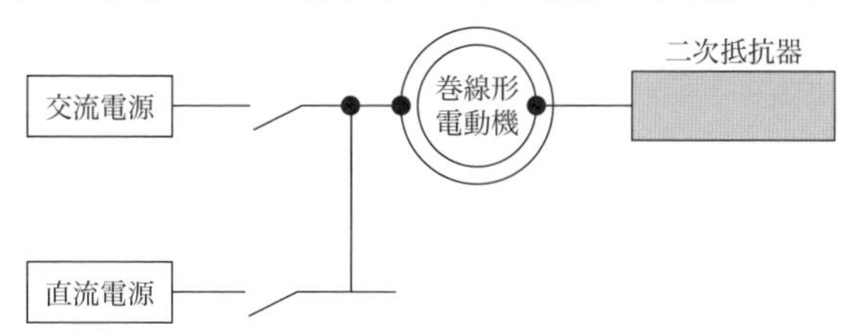

図 3.7-2　ダイナミックブレーキ制御
(出典：クレーン・デリック運転士教本，p135)

(4) 不適切．巻線形三相誘導電動機のワードレオナード制御は，専用の三相誘導電動機と直流発電機のセットにより直流電動機に加わる電圧を制御して速度制御するものである．整備費は高いが，極めて安定した速度が低速から高速まで無段階に得られる．図 3.7-3 参照．

(5) 不適切．かご形三相誘導電動機のインバーター制御は，電源の周波数を制御することで電動機の回転数を制御するもので，精度の高い速度制御ができる．なお，インバーター (inverter) とは，交流を直流に変換し，所定の周波数に変えて交流にまた変換するものである．図 3.7-4 参照．

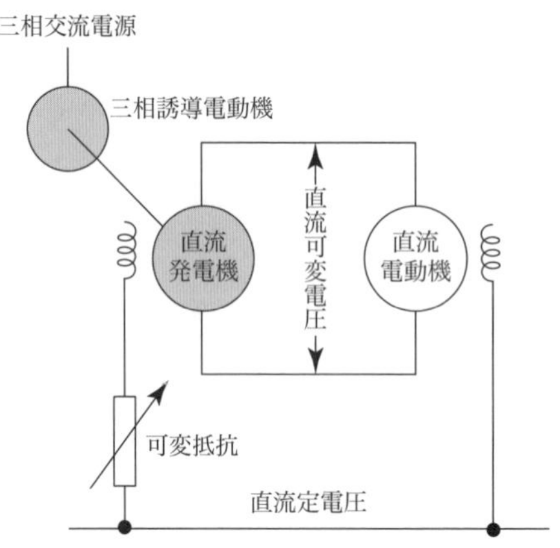

図 3.7-3　ワードレオナード制御
（出典：クレーン・デリック運転士教本，p136）

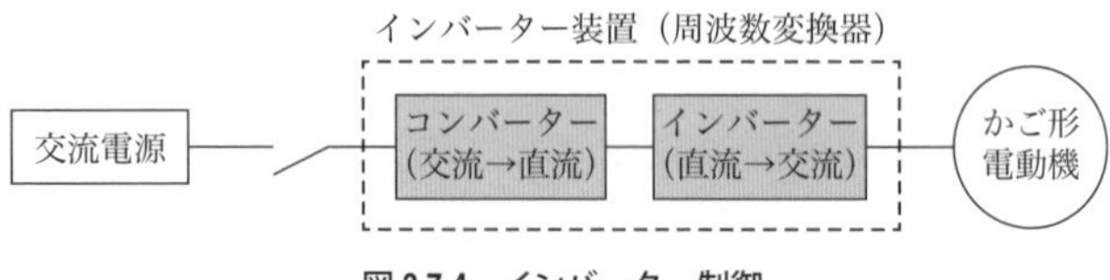

図 3.7-4　インバーター制御
（出典：クレーン・デリック運転士教本，p132）

▶答（2）

問題 2　【令和 2 年春 問 27】

クレーンの電動機の始動方法及び速度制御方式に関する記述として，適切でないものは次のうちどれか．

(1) かご形三相誘導電動機のインバーター制御は，電源の周波数を固定したまま電流値を変えて電動機に供給し回転数を制御するもので，精度の高い速度制御ができる．

(2) 巻線形三相誘導電動機のサイリスター一次電圧制御は，電動機の回転数を検出し，指定された速度と比較しながら制御するため，極めて安定した速度が得られる．

(3) 巻線形三相誘導電動機の渦電流ブレーキ制御は，電気的なブレーキであり機械的な摩擦力を利用しないため，消耗部分がなく，制御性も優れている．

(4) 直流電動機のワードレオナード制御は，負荷に適した速度特性が自由に得られるが，設備費が極めて高い．

(5) かご形三相誘導電動機では，極数変換により速度制御を行う場合は，速度比 2：1 の 2 巻線のものが多く用いられる．

解説 (1) 不適切．かご形三相誘導電動機のインバーター（変換装置）制御は，電源の電圧と周波数を変えて電動機に供給し回転数を制御するもので，精度の高い速度制御ができる．

(2) 適切．巻線形三相誘導電動機のサイリスター一次電圧制御は，電動機の回転数を検出し，指定された速度と比較しながら電動機一次側の電圧を変化させて制御するため，極めて安定した速度が得られる．なお，サイリスター（thyristor）とは電気の方向と出力を制御する機能をもつ半導体素子である．

(3) 適切．巻線形三相誘導電動機の渦電流ブレーキ制御（図3.7-5参照）は，電気的なブレーキであり機械的な摩擦力を利用しないため，消耗部分がなく，制御性も優れている．

なお，渦電流ブレーキとは，磁極面に置かれた金属製円盤が回転すると，その回転を止めようとする方向に渦電流が流れ制動力が働く性質を利用するものである．

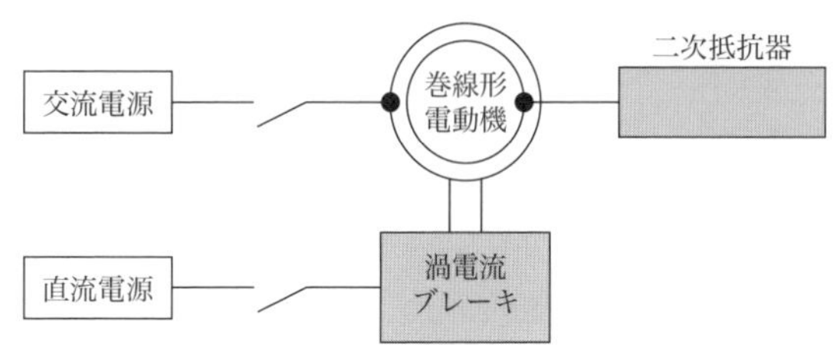

図3.7-5　渦電流ブレーキ制御
（出典：クレーン・デリック運転士教本，p134）

(4) 適切．直流電動機のワードレオナード制御は，専用の三相誘導電動機と直流発電機のセットにより直流電動機に加わる電圧を制御して速度制御するものである．負荷に適した速度特性が自由（無段階）に得られるが，設備費が極めて高い．図3.7-3参照．

(5) 適切．かご形三相誘導電動機では，極数変換により速度制御を行う場合は，速度比2：1の2巻線のものが多く用いられる．　▶答 (1)

問題3　【令和元年秋 問27】

クレーンの巻線形三相誘導電動機の速度制御方式に関する記述として，適切でないものは次のうちどれか．

(1) 二次抵抗制御は，回転子の巻線に接続した抵抗器の抵抗値を変化させて速度制御するもので，始動時には二次抵抗を全抵抗挿入状態から順次，短絡することにより，緩始動することができる．

(2) 渦電流ブレーキ制御は，電気的なブレーキであり機械的な摩擦力を利用しないため，消耗部分がなく，制御性も優れている．

(3) ダイナミックブレーキ制御は，巻下げの速度制御時に電動機の一次側を交流電源から切り離し，一次側に直流電源を接続して直流電流を通電し，直流励磁を加えることにより制動力を得るもので，つり荷が極めて軽い場合でも低速度で荷の巻下げができる特長がある．

（4）電動油圧押上機ブレーキ制御は，速度制御用に設置した電動油圧押上機ブレーキの操作電源を電動機の二次側回路に接続し，制動力を制御するもので，巻下げ時に電動機の回転速度が遅くなれば制動力を小さくするように自動的に調整し，安定した低速運転を行うものである．

（5）サイリスター一次電圧制御は，電動機の一次側に加える電圧を変えると，同じ負荷に対して回転数が変わる性質を利用して速度制御を行うものである．

解説 （1）適切．二次抵抗制御は，回転子の巻線（二次巻線）に接続した抵抗器の抵抗値を変化させて速度制御するもので，始動時には二次抵抗を全抵抗挿入状態から順次，短絡することにより，緩始動することができる．なお，特に低速の場合は荷重により速度が大きく変化するため，安定した速度制御は得られにくい．図 3.7-1 参照．

（2）適切．渦電流ブレーキ制御（図 3.7-5 参照）は，電気的なブレーキであり機械的な摩擦力を利用しないため，消耗部分がなく，制御性も優れている．なお，渦電流ブレーキとは，磁極面に置かれた金属製円盤が回転すると，その回転を止めようとする方向に渦電流が流れ制動力が働く性質を利用するものである．

（3）不適切．ダイナミックブレーキ制御は，巻下げの速度制御時に電動機の一次側を交流電源から切り離し，一次側に直流電源を接続して直流電流を通電し，直流励磁を加えることにより制動力を得るもので，つり荷が極めて軽い場合いは低速度では荷の巻下げができない特長がある．図 3.7-2 参照．

（4）適切．電動油圧押上機ブレーキ制御（図 3.7-6 及び 1.6 節の図 1.6-1 参照）は，速度制御用に設置した電動油圧押上機ブレーキの操作電源を電動機の二次側回路に接続し，ばねによる力と押上げ機の押上げ力（ブレーキを開こうとする力）の組合せで制動力を制御するもので，巻下げ時に電動機の回転速度が遅くなれば制動力を小さくするように自動的に調整し，安定した低速運転を行うものである．

（5）適切．サイリスター一次電圧制御は，電動機の一次側に加える電圧を変えると，同じ負荷に対して回転数が変わる性質を利用して速度制御を行うものである．なお，サイリスター（thyristor）とは電気の方向と出力を制御する機能をもつ半導体素子である．

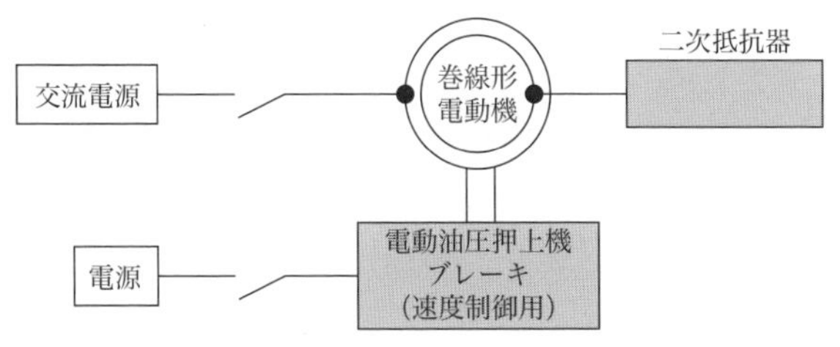

図 3.7-6　電動油圧押上機ブレーキ制御
（出典：クレーン・デリック運転士教本，p134）

▶答（3）

問題 4　【令和元年春 問 27】

クレーンの三相誘導電動機の速度制御方式に関する記述として，適切なものは次のうちどれか．

(1) 巻線形三相誘導電動機の二次抵抗制御は，固定子の巻線に接続した抵抗器の抵抗値を変化させて速度制御するもので，始動時に緩始動ができる．

(2) 巻線形三相誘導電動機の電動油圧押上機ブレーキ制御は，機械的な摩擦力を利用して制御するため，ブレーキライニングの摩耗を伴う．

(3) 巻線形三相誘導電動機のダイナミックブレーキ制御は，巻下げの速度制御時に電動機の一次側を交流電源から切り離し，一次側に直流電流を通電して励磁することにより制動力を得るもので，つり荷が極めて軽い場合でも低速での巻下げができる．

(4) 巻線形三相誘導電動機のワードレオナード制御は，電動機の回転数を検出して指定された速度と比較しながら制御するため，極めて安定した速度が得られるが，低速は最高速度の 15% 程度までしか得られない．

(5) かご形三相誘導電動機のインバーター制御は，電源の周波数を固定したまま電流値を変えて電動機に供給し回転数を制御するもので，精度の高い速度制御ができる．

解説　(1) 不適切．二次抵抗制御は，回転子の巻線（二次巻線）に接続した抵抗器の抵抗値を変化させて速度制御するもので，始動時には二次抵抗を全抵抗挿入状態から順次，短絡することにより，緩始動することができる．なお，特に低速の場合は荷重により速度が大きく変化するため，安定した速度制御は得られにくい．「固定子」が誤り．図 3.7-1 参照．

(2) 適切．巻線形三相誘導電動機の電動油圧押上機ブレーキ制御は，機械的な摩擦力を利用して制御するため，ブレーキライニング（摩擦材）の摩耗を伴う．

(3) 不適切．巻線形三相誘導電動機のダイナミックブレーキ制御は，巻下げの速度制御時に電動機の一次側を交流電源から切り離し，一次側に直流電源を接続して直流電流を通電し，直流励磁を加えることにより制動力を得るもので，つり荷が極めて軽い場合には低速度では荷の巻下げができない特長がある．図 3.7-2 参照．

(4) 不適切．巻線形三相誘導電動機のワードレオナード制御は，専用の三相誘導電動機と直流発電機のセットにより直流電動機に加わる電圧を制御して速度制御するものである．整備費は高いが，極めて安定した速度が低速から高速まで無段階に得られる．図 3.7-3 参照．

(5) 不適切．かご形三相誘導電動機のインバーター制御は，電源の周波数を制御することで電動機の回転数を制御するもので，精度の高い速度制御ができる．なお，インバーター（inverter）とは，交流を直流に変換し，所定の周波数に変えて交流にまた変換するものである．図 3.7-4 参照．

▶答 (2)

問題5 【平成30年秋 問27】

クレーンの三相誘導電動機の速度制御方式に関する記述として，適切なものは次のうちどれか．

(1) 巻線形三相誘導電動機の二次抵抗制御は，固定子の巻線に接続した抵抗器の抵抗値を変化させて速度制御するもので，始動時に緩始動ができる．

(2) 巻線形三相誘導電動機の電動油圧押上機ブレーキ制御は，機械的な摩擦力を利用して制御するため，ブレーキライニングの摩耗を伴う．

(3) 巻線形三相誘導電動機のダイナミックブレーキ制御は，巻下げの速度制御時に電動機の一次側を交流電源から切り離し，一次側に直流電流を通電して励磁することにより制動力を得るもので，つり荷が極めて軽い場合でも低速での巻下げができる．

(4) 巻線形三相誘導電動機のワードレオナード制御は，電動機の回転数を検出して指定された速度と比較しながら制御するため，極めて安定した速度が得られるが，低速は最高速度の 15% 程度までしか得られない．

(5) かご形三相誘導電動機のインバーター制御は，電源の周波数を固定したまま電流値を変えて電動機に供給し回転数を制御するもので，精度の高い速度制御ができる．

解説 (1) 不適切．巻線形三相誘導電動機の二次抵抗制御は，回転子の巻線に接続した抵抗器の抵抗値を変化させて速度制御するもので，始動時に緩始動ができる．「固定子」が誤り．図 3.7-1 参照．

(2) 適切．巻線形三相誘導電動機の電動油圧押上機ブレーキ制御は，ばねによる制動力との組み合わせで，機械的な摩擦力を利用して制御するため，ブレーキライニング（brake lining：ドラムに直接接触させ，制動力を発生させる摩擦材）の摩耗を伴う．

(3) 不適切．巻線形三相誘導電動機のダイナミックブレーキ制御は，巻下げの速度制御時に電動機の一次側を交流電源から切り離し，一次側に直流電源を接続して通電し，直流励磁を加えることにより制動力を得るもので，つり荷が極めて軽い場合では低速での巻下げができない．図3.7-2参照．

(4) 不適切．巻線形三相誘導電動機のワードレオナード制御は，専用の三相誘導電動機と直流発電機のセットにより直流電動機に加わる電圧を制御して速度制御するものである．整備費は高いが，極めて安定した速度が低速から高速まで無段階に得られる．図3.7-3参照．

(5) 不適切．かご形三相誘導電動機のインバーター制御は，電源の周波数を制御することで電動機の回転数を制御するもので，精度の高い速度制御ができる．なお，インバーター（inverter）とは，交流を直流に変換し，所定の周波数に変えて交流にまた変換するものである．図3.7-4参照．

▶答（2）

問題6

【平成30年春 問27】

クレーンの三相誘導電動機の速度制御方式に関する記述として，適切なものは次のうちどれか．

(1) 巻線形三相誘導電動機のダイナミックブレーキ制御は，巻下げの速度制御時に電動機の一次側を交流電源から切り離し，一次側に直流電源を通電して励磁することにより制動力を得るもので，つり荷が重い場合には低速での巻下げができない．

(2) 巻線形三相誘導電動機の二次抵抗制御は，固定子の巻線に接続した抵抗器の抵抗値を変化させて速度制御するもので，始動時に緩始動ができる．

(3) かご形三相誘導電動機のインバーター制御は，電源の周波数を固定したまま電流値を変えて電動機に供給し回転数を制御するもので，精度の高い速度制御ができる．

(4) 巻線形三相誘導電動機の渦電流ブレーキ制御は，電気的なブレーキのためブレーキライニングのような消耗部分がなく，制御性も優れている．

(5) 巻線形三相誘導電動機のサイリスターレオナード制御は，負荷に適した速度特性が自由に得られるが，設備費が極めて高い．

解説 (1) 不適切．巻線形三相誘導電動機のダイナミックブレーキ制御は，巻下げの速度制御時に電動機の一次側を交流電源から切り離し，一次側に直流電源を通電して励磁することにより制動力を得るもので，つり荷が極めて軽い場合では低速での巻下げができない．図3.7-2参照．

(2) 不適切．巻線形三相誘導電動機の二次抵抗制御は，回転子の巻線に接続した抵抗器の抵抗値を変化させて速度制御するもので，始動時に緩始動ができる．「固定子」が誤り．図3.7-1参照．

(3) 不適切．かご形三相誘導電動機のインバーター制御は，電源の周波数を制御することで電動機の回転数を制御するもので，精度の高い速度制御ができる．なお，インバーター（inverter）とは，交流を直流に変換し，所定の周波数に変えて交流にまた変換するものである．図 3.7-4 参照．

(4) 適切．巻線形三相誘導電動機の渦電流ブレーキ制御（図 3.7-5 参照）は，電気的なブレーキであり機械的な摩擦力を利用しないため，消耗部分がなく，制御性も優れている．なお，渦電流ブレーキとは，磁極面に置かれた金属製円盤が回転すると，その回転を止めようとする方向に渦電流が流れ制動力が働く性質を利用するものである．

(5) 不適切．直流電動機のサイリスターレオナード制御（半導体を応用したサイリスター装置で交流電源を直流電源に変換する装置）は，負荷に適した速度特性が自由に得られるが，設備費が極めて高い．「巻線形三相誘導電動機」は交流であるため誤り．

▶答 (4)

題 7　【平成 29 年秋 問 27】

クレーンの巻線形三相誘導電動機の速度制御方式に関し，誤っているものは次のうちどれか．

(1) 二次抵抗制御は，回転子の巻線に接続した抵抗器の抵抗値を変えることにより速度制御を行うものである．

(2) 渦電流ブレーキ制御は，電気的なブレーキのためブレーキライニングのような消耗部分がなく，制御性も優れている．

(3) ダイナミックブレーキ制御は，巻下げの速度制御時に電動機の一次側を交流電源から切り離し，一次側に直流電流を通電して励磁することにより制動力を得るものであるが，つり荷が重い場合には低速での巻下げができない．

(4) 電動油圧押上機ブレーキ制御は，速度制御用に設置した電動油圧押上機ブレーキの操作電源を巻線形三相誘導電動機の二次側回路に接続し，制動力を制御するもので，巻下げ時に電動機の回転速度が遅くなれば制動力が小さくなるように自動的に調整し，安定した低速運転を行うものである．

(5) サイリスター一次電圧制御は，電動機の一次側に加える電圧を変えると，同じ負荷に対して回転数が変わる性質を利用して速度制御を行うものである．

解説 (1) 正しい．巻線形三相誘導電動機の二次抵抗制御は，回転子の巻線に接続した抵抗器の抵抗値を変化させて速度制御するもので，始動時に緩始動ができる．「固定子」が誤り．図 3.7-1 参照．

(2) 正しい．渦電流ブレーキ制御（図 3.7-5 参照）は，電気的なブレーキであり機械的な摩擦力を利用しないため，消耗部分がなく，制御性も優れている．なお，渦電流ブレーキとは，磁極面に置かれた金属製円盤が回転すると，その回転を止めようとする方向に渦電流が流れ制動力が働く性質を利用するものである．

(3) 誤り．ダイナミックブレーキ制御は，巻下げの速度制御時に電動機の一次側を交流電源から切り離し，一次側に直流電流を通電して励磁することにより制動力を得るもので，つり荷が極めて軽い場合には低速度では荷の巻下げができない特長がある．図 3.7-2 参照．

(4) 正しい．電動油圧押上機ブレーキ制御（図 3.7-6 参照）は，速度制御用に設置した電動油圧押上機ブレーキの操作電源を巻線形三相誘導電動機の二次側回路に接続し，制動力を制御するもので，巻下げ時に電動機の回転速度が遅くなれば制動力が小さくなるように自動的に調整し，安定した低速運転を行うものである．

(5) 正しい．サイリスター一次電圧制御は，電動機の一次側に加える電圧を変えると，同じ負荷に対して回転数が変わる性質を利用して速度制御を行うものである．なお，サイリスター（thyristor）とは電気の方向と出力を制御する機能をもつ半導体素子である．

▶答（3）

問題 8

【平成 29 年春 問 27】 

クレーンの三相誘導電動機の速度制御方式に関し，正しいものは次のうちどれか．

(1) 巻線形三相誘導電動機の二次抵抗制御は，固定子の巻線に接続した抵抗器の抵抗値を変化させて速度制御するもので，始動時に緩始動ができる．

(2) 巻線形三相誘導電動機の電動油圧押上機ブレーキ制御は，機械的な摩擦力を利用して制御するため，ブレーキライニングの摩耗を伴う．

(3) 巻線形三相誘導電動機のダイナミックブレーキ制御は，巻下げの速度制御時に電動機一次側を直流励磁して制御するもので，つり荷が極めて軽い場合でも低速での巻下げができる．

(4) 巻線形三相誘導電動機のサイリスターレオナード制御は，負荷に適した速度特性が自由に得られるが，設備費が極めて高い．

(5) かご形三相誘導電動機のインバーター制御は，電源の周波数を固定したまま電流値を変えて電動機に供給し回転数を制御するもので，精度の高い速度制御ができる．

解説 (1) 誤り．巻線形三相誘導電動機の二次抵抗制御は，回転子の巻線に接続した抵抗器の抵抗値を変化させて速度制御するもので，始動時には二次抵抗を全抵抗挿入状態から順次，短絡することにより，緩始動することができる．なお，特に低速の場合は荷重により速度が大きく変化するため，安定した速度制御は得られにくい．「固定子」が誤り．図 3.7-1 参照．

(2) 正しい．巻線形三相誘導電動機の電動油圧押上機ブレーキ制御は，機械的な摩擦力を利用して制御するため，ブレーキライニングの摩耗を伴う．1.6 節の図 1.6-1 参照．

(3) 誤り．巻線形三相誘導電動機のダイナミックブレーキ制御は，巻下げの速度制御時に電動機の一次側を交流電源から切り離し，一次側に直流電源を接続して直流電流を通電し，直流励磁を加えることにより制動力を得るもので，つり荷が極めて軽い場合は低速度では荷の巻下げができない特長がある．図3.7-2参照．

(4) 誤り．直流電動機のサイリスターレオナード制御（半導体を応用したサイリスター装置で交流電源を直流電源に変換する装置）は，負荷に適した速度特性が自由に得られるが，設備費が極めて高い．「巻線形三相誘導電動機」は交流であるため誤り．

(5) 誤り．かご形三相誘導電動機のインバーター制御は，電源の周波数と電圧を変えて電動機に供給し回転数を制御するもので，精度の高い速度制御ができる． ▶答 (2)

問題9 【平成28年秋 問27】

クレーンの三相誘導電動機の速度制御方式等に関し，正しいものは次のうちどれか．

(1) 巻線形三相誘導電動機のダイナミックブレーキ制御は，巻下げの速度制御時に電動機一次側を直流励磁して制御するもので，つり荷が重い場合には低速での巻下げができない．

(2) 巻線形三相誘導電動機の二次抵抗制御は，固定子の巻線に接続した抵抗器の抵抗値を変えることにより速度制御を行うものである．

(3) かご形三相誘導電動機のインバーター制御は，電源の周波数を固定したまま電流値を変えて電動機に供給し，速度制御を行うものである．

(4) 巻線形三相誘導電動機の渦電流ブレーキ制御は，電気的なブレーキのためブレーキライニングのような消耗部分がなく，制御性も優れている．

(5) 巻線形三相誘導電動機の始動は，固定子の巻線に接続した抵抗を順次短絡することにより始動電流を適当な値に制限しながら行う．

解説 (1) 誤り．巻線形三相誘導電動機のダイナミックブレーキ制御は，巻下げの速度制御時に電動機一次側を直流励磁して制御するもので，つり荷が極めて軽いか又は全くない場合，低速で巻下げができない．なお，つり荷がある場合，適当な低速で荷を下げることができる．図3.7-2参照．

(2) 誤り．巻線形三相誘導電動機の二次抵抗制御は，回転子の巻線に接続した抵抗器の抵抗値を変えることにより速度制御を行うものである．「固定子」が誤り．図3.7-1参照．

(3) 誤り．かご形三相誘導電動機のインバーター制御は，電源の周波数と電圧を変えて電動機に供給し，速度制御を行うものである．VVVF（Variable Voltage Variable Frequency）制御とも言われる．

(4) 正しい．巻線形三相誘導電動機の渦電流ブレーキ制御は，電気的なブレーキのためブレーキライニングのような消耗部分がなく，制御性も優れている．なお，渦電流とは，磁極面に置かれた金属製円盤が回転すると，金属板に渦状の電流が流れことをいうが，渦電流ブレーキは渦電流が回転を止めようとする力を使用したものである．

(5) 誤り．巻線形三相誘導電動機の始動は，回転子の巻線に接続した全抵抗装入状態から抵抗を順次短絡することにより始動電流を適当な値に制限しながら行う．　▶答（4）

題10　【平成28年春 問21】

クレーンの電動機の始動方法及び速度制御方式に関し，誤っているものは次のうちどれか．

(1) かご形三相誘導電動機では，電源回路にリアクトルやサイリスターを挿入し電動機の始動電流を抑えて，緩始動を行う方法がある．

(2) 巻線形三相誘導電動機のダイナミックブレーキ制御は，巻下げの速度制御時に電動機一次側を直流励磁して制御するもので，つり荷が重い場合には低速での巻下げができない．

(3) 巻線形三相誘導電動機の電動油圧押上機ブレーキ制御は，機械的な摩擦力を利用して制御するため，ブレーキドラムが過熱することがある．

(4) かご形三相誘導電動機のインバーター制御は，インバーター装置により電源の周波数や電圧を変えて電動機に供給し，速度制御を行うものである．

(5) 巻線形三相誘導電動機の始動は，通常，二次抵抗を全抵抗から順次短絡することにより始動電流を適当な値に制限しながら行う．

解説 (1) 正しい．かご形三相誘導電動機では，電源回路にリアクトル（電気回路に電線を巻いたもので電流の流れの制御）やサイリスター（半導体素子）を挿入し電動機の始動電流を抑えて，緩始動を行う方法がある．

(2) 誤り．巻線形三相誘導電動機のダイナミックブレーキ制御は，巻下げの速度制御時に電動機一次側を直流励磁して制御するもので，つり荷が極めて軽いか又は全くない場合，低速で巻下げができない．なお，つり荷がある場合，適当な低速で荷を下げることができる．図3.7-2参照．

(3) 正しい．巻線形三相誘導電動機の電動油圧押上機ブレーキ制御（1.6節の図1.6-1参照）は，機械的な摩擦力を利用して制御するため，ブレーキドラムが過熱することがある．

(4) 正しい．かご形三相誘導電動機のインバーター制御は，インバーター装置により電源の周波数や電圧を変えて電動機に供給し，速度制御を行うものである．

(5) 正しい．巻線形三相誘導電動機の始動は，通常，二次抵抗を全抵抗から順次短絡することにより始動電流を適当な値に制限しながら行う．　▶答（2）

3.8 回路の絶縁，絶縁体，導体，スパーク

問題1 【令和2年秋 問28】 

回路の絶縁，スパークなどに関する記述として，適切なものは次のうちどれか．

(1) ナイフスイッチは，切るときよりも入れるときの方がスパークが大きいので，入れるときはできるだけスイッチに近づかないようにして，側方などから行う．

(2) 絶縁物の絶縁抵抗は，漏えい電流を回路電圧で除したものである．

(3) 電気回路の絶縁抵抗は，アンメーターと呼ばれる絶縁抵抗計を用いて測定する．

(4) 雲母は，電気の導体である．

(5) スパークにより火花となって飛んだ粉が，がいしなどの絶縁物の表面に付着すると，漏電や短絡の原因となる．

解説 (1) 不適切．ナイフスイッチ（knife switch）は，入れるときよりも切れるときの方がスパークが大きいので，切れるときはできるだけスイッチに近づかないようにして，側方などから行う．

(2) 不適切．絶縁物の絶縁抵抗 R は，回路電圧 V を漏えい電流 I で除したものである．記述が逆である．$R = V/I$

(3) 不適切．電気回路の絶縁抵抗は，メガテスター（回路計）と呼ばれる絶縁抵抗計を用いて測定する．アンメーターは電流計である．

(4) 不適切．雲母は，電気の絶縁体である．

(5) 適切．スパークにより火花となって飛んだ粉が，がいしなどの絶縁物の表面に付着すると，漏電や短絡の原因となる．

▶答 (5)

問題2 【令和2年春 問28】 

回路の絶縁，スパークなどに関する記述として，適切なものは次のうちどれか．

(1) ナイフスイッチは，切るときよりも入れるときの方がスパークが大きいので，入れるときはできるだけスイッチに近づかないようにして，側方などから行う．

(2) スパークは，回路にかかる電圧が高いほど大きくなり，その熱で接点の損傷や焼付きを発生させることがある．

(3) 絶縁物の絶縁抵抗は，漏えい電流を回路電圧で除したものである．

(4) 雲母は，電気の導体である．

(5) 電気回路の絶縁抵抗は，ボルトメーターと呼ばれる絶縁抵抗計を用いて測定する．

解説 (1) 不適切．ナイフスイッチは，入れるときよりも切るときの方がスパークが大

きいので，切るときはできるだけスイッチに近づかないようにして，側方などから行う．「入れる」と「切る」の記述が逆である．

(2) 適切．スパークは，回路にかかる電圧が高いほど大きくなり，その熱で接点の損傷や焼付きを発生させることがある．

(3) 不適切．絶縁物の絶縁抵抗は，回路電圧を漏えい電流で除したものである．記述が逆である．

(4) 不適切．雲母は，電気の絶縁体である．

(5) 不適切．電気回路の絶縁抵抗は，メガテスター（回路計）と呼ばれる絶縁抵抗計を用いて測定する．ボルトメーターは電圧計である． ▶答 (2)

問題 3

【令和元年秋 問 28】 

一般的に電気をよく通す導体及び電気を通しにくい絶縁体に区分されるものの組合せとして，適切なものは (1) ～ (5) のうちどれか．

	導体	絶縁体
(1)	鋼	雲母
(2)	アルミニウム	黒鉛
(3)	鋳鉄	大地
(4)	ステンレス	塩水
(5)	空気	磁器

解説 (1) 適切．鋼は導体で，雲母は絶縁体である．

(2) 不適切．アルミニウムは導体で，黒鉛も導体である．

(3) 不適切．鋳鉄は導体で，大地も導体である．

(4) 不適切．ステンレスは導体で，塩水も導体である．

(5) 不適切．空気は絶縁体で，磁器も絶縁体である． ▶答 (1)

問題 4

【令和元年春 問 28】 

一般的に電気をよく通す導体及び電気を通しにくい絶縁体に区分されるものの組合せとして，適切なものは (1) ～ (5) のうちどれか．

	導体	絶縁体
(1)	鋼	雲母
(2)	アルミニウム	黒鉛
(3)	鋳鉄	大地
(4)	ステンレス	塩水
(5)	空気	磁器

解説 (1) 適切．鋼は導体，雲母は絶縁体である．
(2) 不適切．アルミニウムは導体，黒鉛も導体である．
(3) 不適切．鋳鉄は導体，大地も導体である．
(4) 不適切．ステンレスは導体，塩水も導体である．
(5) 不適切．空気は絶縁体，磁器も絶縁体である．

▶答 (1)

問題5 【平成30年秋 問28】

回路の絶縁，スパークなどに関する記述として，適切なものは次のうちどれか．

(1) ナイフスイッチは，切るときよりも入れるときの方がスパークが大きいので，入れるときはできるだけスイッチに近づかないようにして，側方などから行う．

(2) 絶縁物の絶縁抵抗は，漏えい電流を回路電圧で除したものである．

(3) 電気回路の絶縁抵抗は，アンメーターと呼ばれる絶縁抵抗計を用いて測定する．

(4) 雲母は，電気の導体である．

(5) スパークにより火花となって飛んだ粉が絶縁物の表面に付着すると，漏電や短絡の原因となる．

解説 (1) 不適切．ナイフスイッチ（knife switch）は，入れるときよりも切れるときの方がスパークが大きいので，切れるときはできるだけスイッチに近づかないようにして，側方などから行う．

(2) 不適切．絶縁物の絶縁抵抗 R は，回路電圧 V を漏えい電流 I で除したものである．記述が逆である．$R = V/I$

(3) 不適切．電気回路の絶縁抵抗は，メガテスター（回路計）と呼ばれる絶縁抵抗計を用いて測定する．アンメーターは電流計である．

(4) 不適切．雲母は，電気の絶縁体である．

(5) 適切．スパークにより火花となって飛んだ粉が，がいしなどの絶縁物の表面に付着すると，漏電や短絡の原因となる．

▶答 (5)

問題6 【平成30年春 問28】

回路の絶縁，スパークなどに関する記述として，適切なものは次のうちどれか．

(1) ナイフスイッチは，切るときよりも入れるときの方がスパークが大きいので，入れるときはできるだけスイッチに近づかないようにして，側方などから行う．

(2) スパークは，回路にかかる電圧が高いほど大きくなり，その熱で接点の損傷や焼付きを発生させることがある．

(3) 絶縁物の絶縁抵抗は，漏えい電流を回路電圧で除したものである．

(4) ポリエチレンは，電気の導体である．

(5) 電気回路の絶縁抵抗は，ボルトメーターと呼ばれる絶縁抵抗計を用いて測定する．

解説 (1) 不適切．ナイフスイッチは，入れるときよりも切れるときの方がスパークが大きいので，切るときはできるだけスイッチに近づかないようにして，側方などから行う．記述が逆である．

(2) 適切．スパークは，回路にかかる電圧が高いほど大きくなり，その熱で接点の損傷や焼付きを発生させることがある．

(3) 不適切．絶縁物の絶縁抵抗 R は，回路電圧 V を漏えい電流 I で除したものである．
$R = V/I$　記述が逆である．

(4) 不適切．ポリエチレンは，電気の絶縁体である．

(5) 不適切．電気回路の絶縁抵抗は，メガテスター（回路計）と呼ばれる絶縁抵抗計を用いて測定する．ボルトメーターは電圧計である．

▶答 (2)

問題7 【平成29年秋 問28】

一般的に電気をよく通す導体，電気を通しにくい絶縁体及びその中間の性質を持つ半導体に区分されるものの組合せとして，適切なものは次のうちどれか．

	導体	絶縁体	半導体
(1)	鋼	磁器	シリコン
(2)	アルミニウム	塩水	ポリエチレン
(3)	鋳鉄	黒鉛	ゲルマニウム
(4)	ステンレス	大地	ベークライト
(5)	雲母	空気	セレン

解説 (1) 適切．鋼は導体，磁器は絶縁体，シリコンは半導体である．

(2) 不適切．アルミニウムは導体，塩水も導体，ポリエチレンは絶縁体である．

(3) 不適切．鋳鉄は導体，黒鉛も導体，ゲルマニウムは半導体である．

(4) 不適切．ステンレスは導体，大地も導体，ベークライトは絶縁体である．

(5) 不適切．雲母は絶縁体，空気も絶縁体，セレンは半導体である．

▶答 (1)

問題8 【平成29年春 問28】

回路の絶縁，スパークなどに関し，正しいものは次のうちどれか．

(1) ナイフスイッチは，切るときよりも入れるときの方がスパークが大きいので，入れるときはできるだけスイッチに近づかないようにして，側方などから行う．

(2) 絶縁物の絶縁抵抗は，漏えい電流を回路電圧で除したものである．

(3) 電気回路の絶縁抵抗は，アンメーターと呼ばれる絶縁抵抗計を用いて測定する．

(4) ベークライトは，電気の導体である．

(5) スパークにより火花となって飛んだ粉が絶縁物の表面に付着すると，漏電や短絡の原因になる．

解説 (1) 誤り．ナイフスイッチは，入れるときよりも切るときの方がスパークが大きいので，切るときはできるだけスイッチに近づかないようにして，側方などから行う．記述が逆である．

(2) 誤り．絶縁物の絶縁抵抗 R は，次式で表すように回路電圧 V を漏えい電流 I で除したものである．$R=V/I$

(3) 誤り．電気回路の絶縁抵抗は，メガテスター呼ばれる絶縁抵抗計を用いて測定する．なお，アンメーターとは電流計のことである．

(4) 誤り．ベークライト（フェノールホルムアルデヒド樹脂でプラスチックの一種）は，電気の絶縁体である．

(5) 正しい．スパークにより火花となって飛んだ粉が絶縁物の表面に付着すると，漏電や短絡の原因になる．

▶答 (5)

問題9 【平成28年秋 問28】

回路の絶縁，スパークなどに関し，誤っているものは次のうちどれか．

(1) 普通の使用状態で，絶縁物の内部や表面を流れるごくわずかの電流を，漏えい電流という．

(2) ナイフスイッチは，切るときよりも入れるときの方がスパークが大きいので，入れるときはできるだけスイッチに近づかないようにして，側方などから行う．

(3) 絶縁物の絶縁抵抗は，回路電圧を漏えい電流で除したものである．

(4) 電気回路の絶縁抵抗は，メガーを用いて測定する．

(5) 不純物が全く溶け込んでいない純水は，電気の絶縁体（不導体）である．

解説 (1) 正しい．普通の使用状態で，絶縁物の内部や表面を流れるごくわずかの電流を，漏えい電流という．

(2) 誤り．ナイフスイッチは，入れるときよりも切れるときの方のスパークが大きいので，切るときはできるだけスイッチに近づかないようにして，側方などから行う．記述が逆である．

(3) 正しい．絶縁物の絶縁抵抗 R は，次式で示すように回路電圧 V を漏えい電流 I で除したものである．$R=V/I$

(4) 正しい．電気回路の絶縁抵抗は，メガー（メガテスター）を用いて測定する．

(5) 正しい．不純物が全く溶け込んでいない純水は，電気の絶縁体（不導体）である．

▶答 (2)

問題10 【平成28年春 問25】 

回路の絶縁，スパークなどに関し，誤っているものは次のうちどれか．

(1) 鋳鉄は，電気の絶縁体（不導体）である．

(2) 銅は，電気の導体である．

(3) スパークは，回路にかかる電圧が高いほど大きくなり，その熱で接点の溶損や焼付きを発生させることがある．

(4) 普通の使用状態で，絶縁物の内部や表面を流れるごくわずかの電流を漏えい電流という．

(5) 絶縁物の絶縁抵抗は，回路電圧を漏えい電流で除したものである．

解説 (1) 誤り．鋳鉄は，金属であるため電気の導体である．

(2) 正しい．銅は，電気の導体である．

(3) 正しい．スパークは，回路にかかる電圧が高いほど大きくなり，その熱で接点の溶損や焼付きを発生させることがある．

(4) 正しい．普通の使用状態で，絶縁物の内部や表面を流れるごくわずかの電流を漏えい電流という．

(5) 正しい．絶縁物の絶縁抵抗Rは，次のように回路電圧Vを漏えい電流Iで除したものである．$R = V/I$

▶答 (1)

3.9 電気計器の使用方法

問題1 【令和2年秋 問29】 

電気計器の使用方法に関する記述として，適切なものは次のうちどれか．

(1) 回路計（テスター）では，測定する回路の電圧や電流の大きさの見当がつかない場合は，最初に測定範囲の最小レンジで測定する．

(2) 電流計は，測定する回路に並列に接続して測定し，電圧計は，測定する回路に直列に接続して測定する．

(3) 電流計で大電流を測定する場合は，交流では分流器を，直流では変流器を使用する．

(4) アナログテスターでは，正確な値を測定するため，あらかじめ調整ねじで指針を「0」に合わせておく．

(5) 電圧計で交流高電圧を測定する場合は，計器用変圧器により昇圧した電圧を測定する．

解説 (1) 不適切．回路計（テスター）では，測定する回路の電圧や電流の大きさの見当がつかない場合は，最初に測定範囲の最大レンジで測定する．「最小」が誤り．図3.9-1 参照．

(2) 不適切．電流計は，測定する回路に直列に接続して測定し，電圧計は，測定する回路に並列に接続して測定する．図 3.9-2 参照．

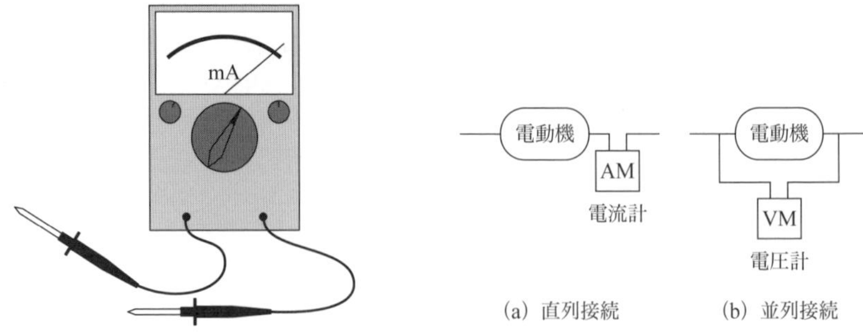

図 3.9-1 回路計

図 3.9-2 電流計と電圧計

(3) 不適切．電流計で大電流を測定する場合は，交流では変流器（変圧器と同様に鉄心とコイルを用い，巻数に応じた比率の電流値を二次側に発生させるもの）を，直流では分流器（電流計に並列に接続し，電流計に流れる電流を分流させる抵抗器）を使用する．記述が逆である．

(4) 適切．アナログテスターでは，正確な値を測定するため，あらかじめ調整ねじで指針を「0」に合わせておく．

(5) 不適切．電圧計で交流高電圧を測定する場合は，計器用変圧器により降圧した電圧を測定する．「昇圧」が誤り．

▶答 (4)

問題 2 【令和 2 年春 問 29】

電気計器の使用方法に関する記述として，適切なものは次のうちどれか．

(1) 回路計（テスター）では，測定する回路の電圧や電流の大きさの見当がつかない場合は，最初に測定範囲の最小レンジで測定する．

(2) 電流計は，測定する回路に並列に接続して測定し，電圧計は，測定する回路に直列に接続して測定する．

(3) 電流計で大電流を測定する場合は，交流では分流器を，直流では変流器を使用する．

(4) アナログテスターでは，正確な値を測定するため，あらかじめ調整ねじで指針を「0」に合わせておく．

(5) 電圧計で交流高電圧を測定する場合は，計器用変圧器により昇圧した電圧を測定する．

解説 (1) 不適切．回路計（テスター）では，測定する回路の電圧や電流の大きさの見当がつかない場合は，最初に測定範囲の最大レンジで測定する．「最小」が誤り．

(2) 不適切．電流計は，測定する回路に直列に接続して測定し，電圧計は，測定する回路に並列に接続して測定する．記述が逆である．図3.9-2参照．

(3) 不適切．電流計で大電流を測定する場合は，交流では変流器（変圧器と同様に鉄心とコイルを用い，巻数に応じた比率の電流値を二次側に発生させるもの）を，直流では分流器（電流計に並列に接続し電流計に流れる電流を分流させる抵抗器）を使用する．記述が逆である．

(4) 適切．アナログテスターでは，正確な値を測定するため，あらかじめ調整ねじで指針を「0」に合わせておく．

(5) 不適切．電圧計で交流高電圧を測定する場合は，計器用変圧器により降圧した電圧を測定する．「昇圧」が誤り． ▶答 (4)

問題3 【令和元年春 問29】

電気計器の使用方法に関する記述として，適切でないものは次のうちどれか．

(1) 回路計（テスター）では，測定する回路の電圧や電流の大きさの見当がつかない場合は，最初に測定範囲の最大レンジで測定する．

(2) アナログテスターでは，正確な値を測定するため，あらかじめ0点調整を行ってから測定する．

(3) 電流計は，測定する回路に直列に接続して測定し，電圧計は，測定する回路に並列に接続して測定する．

(4) 電流計で大電流を測定する場合は，交流では変流器を，直流では分流器を使用する．

(5) 電圧計で交流高電圧を測定する場合は，計器用変圧器により昇圧した電圧を測定する．

解説 (1) 適切．回路計（テスター）では，測定する回路の電圧や電流の大きさの見当がつかない場合は，最初に測定範囲の最大レンジで測定する．

(2) 適切．アナログテスターでは，正確な値を測定するため，あらかじめ0点調整を行ってから測定する．

(3) 適切．電流計は，測定する回路に直列に接続して測定し，電圧計は，測定する回路に並列に接続して測定する．図 3.9-2 参照．

(4) 適切．電流計で大電流を測定する場合は，交流では変流器（変圧器と同様に鉄心とコイルを用い，巻数に応じた比率の電流値を二次側に発生させるもの）を，直流では分流器（電流計の測定範囲を増すために，電流計と並列に接続される抵抗器）を使用する．

(5) 不適切．電圧計で交流高電圧を測定する場合は，計器用変圧器により降圧した電圧を測定する．「昇圧」が誤り．

▶ 答 (5)

問題 4

【平成 30 年春 問 29】

電気計器の使用方法に関する記述として，適切でないものは次のうちどれか．

(1) 回路計（テスター）は，直流電圧，交流電圧，直流電流などを，スイッチを切り替えることによって計測できる計器である．

(2) 回路計（テスター）では，測定する回路の電圧や電流の大きさの見当がつかない場合は，最初に測定範囲の最大レンジで測定する．

(3) アナログテスターでは，正確な値を測定するため，あらかじめ 0 点調整を行ってから測定する．

(4) 電流計は，測定する回路に並列に接続して測定し，電圧計は，測定する回路に直列に接続して測定する．

(5) 電流計で大電流を測定する場合は，交流では変流器を，直流では分流器を使用して測定する．

解説 (1) 適切．回路計（テスター）は，直流電圧，交流電圧，直流電流などを，スイッチを切り替えることによって計測できる計器である．

(2) 適切．回路計（テスター）では，測定する回路の電圧や電流の大きさの見当がつかない場合は，最初に測定範囲の最大レンジで測定する．

(3) 適切．アナログテスターでは，正確な値を測定するため，あらかじめ 0 点調整を行ってから測定する．

(4) 不適切．電流計は，測定する回路に直列に接続して測定し，電圧計は，測定する回路に並列に接続して測定する．記述が逆である．図 3.9-2 参照．

(5) 適切．電流計で大電流を測定する場合は，交流では変流器（変圧器と同様に鉄心とコイルを用い，巻数に応じた比率の電流値を二次側に発生させるもの）を，直流では分流器（電流計の測定範囲を増すために，電流計と並列に接続される抵抗器）を使用する．

▶ 答 (4)

題5

【平成29年秋 問29】 

電気計器の使用方法に関する記述として，適切でないものは次のうちどれか．

(1) 回路計（テスター）では，測定する回路の電圧や電流の大きさの見当がつかない場合は，最初に測定範囲の最大レンジで測定する．

(2) アナログテスターでは，正確な値を測定するため，あらかじめ0点調整を行ってから測定する．

(3) 電流計は，測定する回路に直列に接続して測定し，電圧計は，測定する回路に並列に接続して測定する．

(4) 電流計で大電流を測定する場合は，交流では変流器を，直流では分流器を使用して測定する．

(5) 電圧計で交流高電圧を測定する場合は，計器用変圧器により昇圧した電圧を測定する．

解説 (1) 適切．回路計（テスター）では，測定する回路の電圧や電流の大きさの見当がつかない場合は，最初に測定範囲の最大レンジで測定する．

(2) 適切．アナログテスターでは，正確な値を測定するため，あらかじめ0点調整を行ってから測定する．

(3) 適切．電流計は，測定する回路に直列に接続して測定し，電圧計は，測定する回路に並列に接続して測定する．図3.9-2参照．

(4) 適切．電流計で大電流を測定する場合は，交流では変流器（変圧器と同様に鉄心とコイルを用い，巻数に応じた比率の電流値を二次側に発生させるもの）を，直流では分流器（電流計の測定範囲を増すために，電流計と並列に接続される抵抗器）を使用する．

(5) 不適切．電圧計で交流高電圧を測定する場合は，計器用変圧器により降圧した電圧を測定する．「昇圧」が誤り．

▶答 (5)

問題6

【平成29年春 問29】 

電気計器の使用方法に関し，誤っているものは次のうちどれか．

(1) 回路計（テスター）では，測定する回路の電圧や電流の大きさの見当がつかない場合は，最初に測定範囲の最小レンジで測定する．

(2) アナログテスターでは，正確な値を測定するため，あらかじめ0点調整を行ってから測定する．

(3) 電流計は，測定する回路に直列に接続して測定し，電圧計は，測定する回路に並列に接続して測定する．

(4) 電流計で大電流を測定する場合は，交流では変流器を，直流では分流器を使用して測定する．

(5) 電圧計で交流高電圧を測定する場合は，計器用変圧器により降圧した電圧を測定する.

解説 (1) 誤り．回路計（テスター）では，測定する回路の電圧や電流の大きさの見当がつかない場合は，最初に測定範囲の最大レンジで測定する．「最小」が誤り．

(2) 正しい．アナログテスターでは，正確な値を測定するため，あらかじめ0点調整を行ってから測定する．

(3) 正しい．電流計は，測定する回路に直列に接続して測定し，電圧計は，測定する回路に並列に接続して測定する．図3.9-2参照．

(4) 正しい．電流計で大電流を測定する場合は，交流では変流器を，直流では分流器を使用して測定する．

(5) 正しい．電圧計で交流高電圧を測定する場合は，計器用変圧器により降圧した電圧を測定する．

▶答 (1)

3.10 感電災害及びその防止

問題1 【令和2年秋 問30】 

感電災害及びその防止に関する記述として，適切でないものは次のうちどれか.

(1) 接地線には，できるだけ電気抵抗の大きな電線を使った方が丈夫であり，安全である.

(2) 接地は，漏電している電気機器のフレームなどに人が接触したとき，感電の危険を小さくする効果がある.

(3) 電気火傷には，アークなどの高熱による熱傷のほか，電流通過によるジュール熱によって生じる皮膚や内部組織の傷害がある.

(4) 感電による人体への影響の程度は，電流の大きさ，通電時間，電流の種類，体質などの条件により異なる.

(5) 感電による危険を電流と時間の積によって評価する場合，一般に，50ミリアンペア秒が安全限界とされている.

解説 (1) 不適切．接地線には，できるだけ電気抵抗の小さな電線を使った方が丈夫であり，安全である．「大きな」が誤り．図3.10-1参照．

(2) 適切．接地は，漏電している電気機器のフレームなどに人が接触したとき，感電の危険を小さくする効果がある．

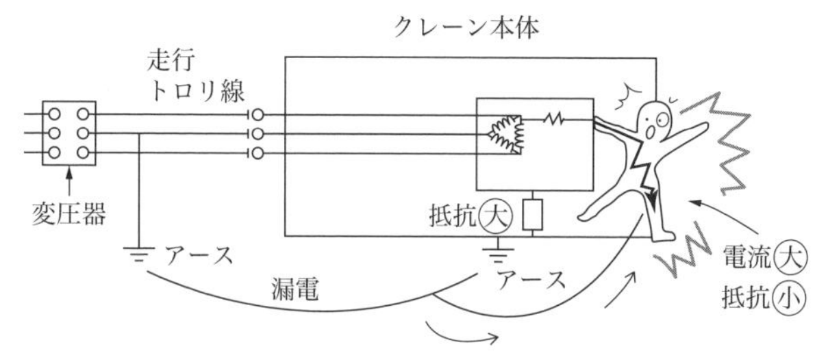

図 3.10-1　漏電

(3) 適切．電気火傷には，アークなどの高熱による熱傷のほか，電流通過によるジュール熱によって生じる皮膚や内部組織の傷害がある．

(4) 適切．感電による人体への影響の程度は，電流の大きさ，通電時間，電流の種類，体質などの条件により異なる．

(5) 適切．感電による危険を電流と時間の積によって評価する場合，一般に，50ミリアンペア秒〔mA·s〕が安全限界とされている．したがって，通電時間が50 mAでは1秒間，100 mAでは0.5秒，500 mAでは0.1秒であれば，死亡の恐れがある．　▶答 (1)

問題2　【令和2年春 問30】 

感電災害及びその防止に関する記述として，適切でないものは次のうちどれか．

(1) 感電による人体への影響の程度は，電流の大きさ，通電時間，電流の種類及び体質などの条件により異なる．

(2) 接地とは，電気装置の導電性の外被（フレームやケース）などを導線で大地につなぐことをいう．

(3) 接地抵抗は小さいほど良いので，接地線は十分な太さのものを使用する．

(4) 感電による危険を電流と時間の積によって評価する場合，一般に，500ミリアンペア秒が安全限界とされている．

(5) 天井クレーンは，鋼製の走行車輪を経て走行レールに接触しているため，走行レールが接地されている場合は，クレーン上の電気機器も取付けボルトの締め付けが良ければ接地されることになる．

解説　(1) 適切．感電による人体への影響の程度は，電流の大きさ，通電時間，電流の種類及び体質などの条件により異なる．

(2) 適切．接地とは，電気装置の導電性の外被（フレームやケース）などを導線で大地につなぐことをいう．

(3) 適切．接地抵抗は小さいほど良いので，接地線は十分な太さのものを使用する．

(4) 不適切．感電による危険を電流と時間の積によって評価する場合，一般に，50ミリアンペア秒〔mA·s〕が安全限界とされている．したがって，通電時間が50 mAでは1秒間，100 mAでは0.5秒，500 mAでは0.1秒であれば，死亡の恐れがある．「500ミリアンペア秒〔mA·s〕」が誤り．

(5) 適切．天井クレーンは，鋼製の走行車輪を経て走行レールに接触しているため，走行レールが接地されている場合は，クレーン上の電気機器も取付けボルトの締め付けが良ければ接地されることになる．

▶答 (4)

問題3 【令和元年秋 問30】

感電災害及びその防止に関する記述として，適切でないものは次のうちどれか．

(1) 接地線には，できるだけ電気抵抗の大きな電線を使った方が丈夫であり，安全である．

(2) 接地は，漏電している電気機器のフレームなどに人が接触したとき，感電の危険を小さくする効果がある．

(3) 電気火傷には，アークなどの高熱による熱傷のほか，電流通過によるジュール熱によって生じる皮膚や内部組織の傷害がある．

(4) 感電による人体への影響の程度は，電流の大きさ，通電時間，電流の種類，体質などの条件により異なる．

(5) 感電による危険を電流と時間の積によって評価する場合，一般に，50ミリアンペア秒が安全限界とされている．

解説 (1) 不適切．接地線には，できるだけ電気抵抗の小さな電線を使った方が丈夫であり，安全である．

(2) 適切．接地は，漏電している電気機器のフレームなどに人が接触したとき，感電の危険を小さくする効果がある．

(3) 適切．電気火傷には，アークなどの高熱による熱傷のほか，電流通過によるジュール熱によって生じる皮膚や内部組織の傷害がある．

(4) 適切．感電による人体への影響の程度は，電流の大きさ，通電時間，電流の種類，体質などの条件により異なる．

(5) 適切．感電による危険を電流と時間の積によって評価する場合，一般に，50ミリアンペア秒が安全限界とされている．したがって，通電時間が50 mAでは1秒間，100 mAでは0.5秒，500 mAでは0.1秒であれば，死亡の恐れがある．

▶答 (1)

問題4 【令和元年春 問30】

感電災害及びその防止に関する記述として，適切なものは次のうちどれか．

(1) 感電による危険を電流と時間の積によって評価する場合，一般に，500ミリアンペア秒が安全限界とされている.

(2) 人体は身体内部の電気抵抗が皮膚の電気抵抗よりも大きいため，電気火傷の影響は皮膚深部には及ばないが，皮膚表面は極めて大きな傷害を受ける.

(3) 接地とは，電気装置の導電性の外被（フレームやケース）などを導線で大地につなぐことをいう.

(4) 天井クレーンは，鋼製の走行車輪を経て走行レールに接触しているため，走行レールが接地されている場合は，クレーンガーダ上で走行トロリ線の充電部分に身体が接触しても，感電の危険はない.

(5) 接地線には，できるだけ電気抵抗の大きな電線を使った方が丈夫で，安全である.

解説 (1) 不適切．感電による危険を電流と時間の積によって評価する場合，一般に，50ミリアンペア秒が安全限界とされている．「500ミリアンペア」が誤り.

(2) 不適切．人体は身体内部の電気抵抗（500 Ω）は一定しているが，皮膚の電気抵抗は条件により大幅に変動する．電気火傷の影響は，外部からの熱源による火傷と同様に人体細胞を破壊させるほか，皮膚深部にも極めて大きな傷害を受ける.

(3) 適切．接地とは，電気装置の導電性の外被（フレームやケース）などを導線で大地につなぐことをいう.

(4) 不適切．天井クレーンは，鋼製の走行車輪を経て走行レールに接触しているため，走行レールが接地されている場合であっても，クレーンガーダ上で走行トロリ線の充電部分に身体が接触すると，感電の危険がある.

(5) 不適切．接地線には，できるだけ電気抵抗の小さな電線を使った方が丈夫で，安全である.

▶答 (3)

問題5 【平成30年秋 問30】

感電災害及びその防止に関する記述として，適切でないものは次のうちどれか.

(1) 接地線には，できるだけ電気抵抗の大きな電線を使った方が丈夫であり，安全である.

(2) 接地は，漏電している電気機器のフレームなどに人が接触したとき，感電の危険を小さくする効果がある.

(3) 電気火傷は，アークなどの高熱による熱傷のほか，電流通過によるジュール熱によって皮膚や内部組織に傷害を起こす.

(4) 感電による人体への影響の程度は，電流の大きさ，通電時間，電流の種類及び体質などの条件により異なる.

(5) 感電による危険を電流と時間の積によって評価する場合，一般に，50ミリアンペア秒が安全限界とされている.

解説 (1) 不適切. 接地線には, できるだけ電気抵抗の小さい電線を使った方が丈夫であり, 安全である.

(2) 適切. 接地は, 漏電している電気機器のフレームなどに人が接触したとき, 感電の危険を小さくする効果がある.

(3) 適切. 電気火傷は, アークなどの高熱による熱傷のほか, 電流通過によるジュール熱によって皮膚や内部組織に傷害を起こす.

(4) 適切. 感電による人体への影響の程度は, 電流の大きさ, 通電時間, 電流の種類及び体質などの条件により異なる.

(5) 適切. 感電による危険を電流と時間の積によって評価する場合, 一般に, 50ミリアンペア秒が安全限界とされている. したがって, 通電時間が50 mAでは1秒間, 100 mAでは0.5秒, 500 mAでは0.1秒であれば, 死亡の恐れがある. ▶答 (1)

問題6 【平成30年春 問30】

感電災害及びその防止に関する記述として, 適切なものは次のうちどれか.

(1) 感電による危険を電流と時間の積によって評価する場合, 一般に, 500ミリアンペア秒が安全限界とされている.

(2) 人体は身体内部の電気抵抗が皮膚の電気抵抗よりも大きいため, 電気火傷の影響は皮膚深部には及ばないが, 皮膚表面は極めて大きな傷害を受ける.

(3) 接地とは, 電気装置の導電性の外被 (フレームやケース) などを導線で大地につなぐことをいう.

(4) 天井クレーンは, 走行レールが接地されている場合は, クレーンガーダ上で走行トロリ線の充電部分に身体が接触しても, 感電の危険はない.

(5) 接地線には, できるだけ抵抗の大きな電線を使った方が丈夫で, 安全である.

解説 (1) 不適切. 感電による危険を電流と時間の積によって評価する場合, 一般に, 50ミリアンペア秒が安全限界とされている.「500ミリアンペア」が誤り.

(2) 不適切. 人体は身体内部の電気抵抗 (500 Ω) は一定しているが, 皮膚の電気抵抗は条件により大幅に変動する. 電気火傷の影響は, 外部からの熱源による火傷と同様に人体細胞を破壊させるほか, 皮膚深部にも極めて大きな傷害を受ける.

(3) 適切. 接地とは, 電気装置の導電性の外被 (フレームやケース) などを導線で大地につなぐことをいう.

(4) 不適切. 天井クレーンは, 鋼製の走行車輪を経て走行レールに接触しているため, 走行レールが接地されている場合であっても, クレーンガーダ上で走行トロリ線の充電部分に身体が接触すると，感電の危険がある．

(5) 不適切．接地線には，できるだけ電気抵抗の小さな電線を使った方が丈夫で，安全である．

▶答 (3)

問題7 【平成29年秋 問30】

感電災害及びその防止に関する記述として，適切でないものは次のうちどれか．

(1) 感電による死亡原因としては，心室細動の発生，呼吸停止及び電気火傷があげられる．

(2) 感電による人体への影響の程度は，電流の大きさ，通電時間，電流の種類，体質などの条件により異なる．

(3) 電気火傷は，アークなどの高熱による熱傷のほか，電流通過によるジュール熱によって皮膚や内部組織に傷害を起こす．

(4) 天井クレーンは，鋼製の走行車輪を経て走行レールに接触しているため，走行レールが接地されている場合は，クレーンガーダ上で走行トロリ線の充電部分に身体が接触しても，感電の危険はない．

(5) 接地抵抗は小さいほど良いので，接地線は十分な太さのものを使用する．

解説 (1) 適切．感電による死亡原因としては，心室細動の発生，呼吸停止及び電気火傷があげられる．なお，心室細動とは不整脈の一種であり，1分間に300回以上，不規則に心室がブルブルと震える状態をいい，この状態になると全身に血液供給を行えなくなり心停止と呼ばれる状態となる．

(2) 適切．感電による人体への影響の程度は，電流の大きさ，通電時間，電流の種類，体質などの条件により異なる．

(3) 適切．電気火傷は，アークなどの高熱による熱傷のほか電流通過によるジュール熱によって皮膚や内部組織に傷害を起こす．

(4) 不適切．天井クレーンは，鋼製の走行車輪を経て走行レールに接触しているため，走行レールが接地されている場合であっても，クレーンガーダ上で走行トロリ線の充電部分に身体が接触すると，感電の危険がある．

(5) 適切．接地抵抗は小さいほど良いので，接地線は十分な太さのものを使用する．

▶答 (4)

問題8 【平成29年春 問30】

感電災害及びその防止に関し，誤っているものは次のうちどれか．

(1) 感電による死亡原因としては，心室細動の発生，呼吸停止及び電気火傷があげられる．

(2) 電気火傷には，アークなどの高熱による熱傷のほか，電流通過によるジュール熱によって起きる皮膚や内部組織の傷害がある.

(3) 接地は，漏電している電気機器のフレームなどに人が接触したとき，感電の危険を小さくする効果がある.

(4) 天井クレーンは，鋼製の走行車輪を経て走行レールに接触しているため，走行レールが接地されている場合には走行トロリ線に身体が接触しても感電の危険はない.

(5) 感電による危険を電流と時間の積によって評価する基準によれば，一般に 50 ミリアンペア秒が安全限界とされている.

解説 (1) 正しい．感電による死亡原因としては，心室細動の発生，呼吸停止及び電気火傷があげられる.

(2) 正しい．電気火傷には，アークなどの高熱による熱傷のほか，電流通過によるジュール熱によって起きる皮膚や内部組織の傷害がある.

(3) 正しい．接地は，漏電している電気機器のフレームなどに人が接触したとき，感電の危険を小さくする効果がある.

(4) 誤り．天井クレーンは，鋼製の走行車輪を経て走行レールに接触しているため，走行レールが接地されている場合であっても，走行トロリ線に身体が接触すると感電の危険がある.

(5) 正しい．感電による危険を電流と時間の積によって評価する基準によれば，一般に 50 ミリアンペア秒が安全限界とされている. ▶答 (4)

問題 9 【平成 28 年秋 問 30】

感電災害及びその防止に関し，誤っているものは次のうちどれか.

(1) 100 V 以下の電圧であっても，感電によって人体を流れる電流が大きいと死亡することがある.

(2) 感電によって人体を流れる電流の大きさは，充電部分に触れた皮膚の状態などにより異なる.

(3) 感電による危険を電流と時間の積によって評価する場合，一般に 500 ミリアンペア秒をもって安全限界としている.

(4) 電気機器の外被から導線を用いて大地につなぐことを，接地という.

(5) 感電した者への救急処置は，電源スイッチを切り，その者を感電箇所から引き離してから行う.

解説 (1) 正しい．100 V 以下の電圧であっても，感電によって人体を流れる電流が大きいと死亡することがある．

(2) 正しい．感電によって人体を流れる電流の大きさは，充電部分に触れた皮膚の状態などにより異なる．

(3) 誤り．感電による危険を電流と時間の積によって評価する場合，一般に，50 ミリアンペア秒が安全限界とされている．「500 ミリアンペア」が誤り．

(4) 正しい．電気機器の外被から導線を用いて大地につなぐことを，接地という．

(5) 正しい．感電した者への救急処置は，電源スイッチを切り，その者を感電箇所から引き離してから行う．

▶答 (3)

問題10 【平成28年春 問23】

感電災害及びその防止に関し，誤っているものは次のうちどれか．

(1) 接地は，漏電している電気機器のフレームなどに人が接触したとき，感電の危険を小さくする効果がある．

(2) 100 V 以下の電圧であっても，感電によって人体を流れる電流が大きいと死亡することがある．

(3) 感電防止のためには，肌を出さない服装にし，清潔で乾いた衣服，ゴム手袋及びゴム底の靴を着用する．

(4) 感電による危険を電流と時間の積によって評価する場合，一般に 500 ミリアンペア秒を安全限界としている．

(5) 感電災害には，電圧の高い送電線に近づいた場合に放電により発生するものがある．

解説 (1) 正しい．接地は，漏電している電気機器のフレームなどに人が接触したとき，感電の危険を小さくする効果がある．

(2) 正しい．100 V 以下の電圧であっても，感電によって人体を流れる電流が大きいと死亡することがある．

(3) 正しい．感電防止のためには，肌を出さない服装にし，清潔で乾いた衣服，ゴム手袋及びゴム底の靴を着用する．

(4) 誤り．感電による危険を電流と時間の積によって評価する場合，一般に 50 ミリアンペア秒を安全限界としている．「500 ミリアンペア秒」が誤り．

(5) 正しい．感電災害には，電圧の高い送電線に近づいた場合に放電により発生するものがある．

▶答 (4)

3.11 電気機器の故障と原因

題1 【令和元年秋 問29】

電気機器の故障の原因などに関する記述として，適切でないものは次のうちどれか.

(1) 三相誘導電動機がうなるが起動しない場合の原因の一つとして，負荷が大き過ぎることが挙げられる.

(2) 電動機が全く起動しない場合の原因の一つとして，配線の端子が外れていることが挙げられる.

(3) 三相誘導電動機が起動した後，回転数が上がらない場合の原因の一つとして，一次側電源回路の3線の配線のうち2線が入れ替わって接続されていることが挙げられる.

(4) 電動機が停止しない場合の原因の一つとして，電磁接触器の主接点が溶着していることが挙げられる.

(5) 集電装置の火花が激しい場合の原因の一つとして，集電子が摩耗していることが挙げられる.

解説 (1) 適切. 三相誘導電動機がうなるが起動しない場合の原因の一つとして，負荷が大き過ぎることが挙げられる. その他，電動機の故障，ブレーキが故障して緩まないこと，一次側電源回路の配線が一相断線し単相運転状態になっていることなどがある.

(2) 適切. 電動機が全く起動しない場合の原因の一つとして，配線の端子が外れていることが挙げられる. その他，停電又は断線，電源の電圧降下が大きいなどがある.

(3) 不適切. 三相誘導電動機が起動した後，回転数が上がらない場合の原因には，負荷が大きすぎること，電源の電圧又は周波数の降下が大きいこと，回路の断線又は絶縁不良，電動機の故障などがあげられる. 一次側電源回路の3線の配線のうち2線が入れ替わって接続されている場合は，電動機が逆回転するだけで回線数が上がらないことにならない.

(4) 適切. 電動機が停止しない場合の原因の一つとして，電磁接触器の主接点が溶着していることが挙げられる.

(5) 適切. 集電装置の火花が激しい場合の原因の一つとして，集電子又はトロリ線が摩耗していることが挙げられる. その他，負荷が大きすぎること，トロリ線の曲がりやうねりがあること，シューの接触圧力が弱いことなどがある.

▶答 (3)

題2 【平成30年秋 問29】

電気機器の故障の原因に関する記述として，適切でないものは次のうちどれか.

(1) 電動機が起動した後，回転数が上がらない場合の原因の一つとして，電源の電圧降下が大きいことが挙げられる．
(2) 電動機が全く起動しない場合の原因の一つとして，配線の端子が外れていることが挙げられる．
(3) 過電流継電器が作動する場合の原因の一つとして，回路が短絡していることが挙げられる．
(4) 三相誘導電動機がうなるが起動しない場合の原因の一つとして，一次側電源回路の配線が2線断線していることが挙げられる．
(5) 集電装置の火花が激しい場合の原因の一つとして，集電子が摩耗していることが挙げられる．

解説 (1) 適切．電動機が起動した後，回転数が上がらない場合の原因の一つとして，電源の電圧降下が大きいことが挙げられる．その他，負荷が大きすぎること，周波数の降下が大きいこと，回路の断線又は絶縁不良，電動機の故障などがあげられる．
(2) 適切．電動機が全く起動しない場合の原因の一つとして，配線の端子が外れていることが挙げられる．その他，停電又は断線，電源の電圧降下が大きいなどがある．
(3) 適切．過電流継電器が作動する場合の原因の一つとして，回路が短絡していることが挙げられる．その他，負荷が大きすぎること，インチング（inching：寸動運動）頻度が大きいことなどがある．
(4) 不適切．三相誘導電動機がうなるが起動しない場合の原因の一つとして，負荷が大き過ぎることが挙げられる．その他，電動機の故障，ブレーキが故障して緩まないこと，一次側電源回路の配線が一相断線し単相運転状態になっていることなどがある．なお，一次側電源回路の配線が2線断線していれば，うならず起動もしない．
(5) 適切．集電装置の火花が激しい場合の原因の一つとして，集電子又はトロリ線が摩耗していることが挙げられる．その他，負荷が大きすぎること，トロリ線の曲がりやうねりがあること，シューの接触圧力が弱いことなどがある．　▶答 (4)

問題3　【平成28年秋 問29】

電気機器の故障の状態とその原因の組合せとして，誤っているものは次のうちどれか．
(1) 過電流継電器が作動する．………………インチング運転の頻度が高い．
(2) 電動機が振動する．……………………………締付けボルトが緩んでいる．
(3) 集電装置の火花が激しい．………………トロリ線が曲がり，又はうねっている．
(4) 電動機が起動した後，回転数が上がらない．
…………………………………………………………負荷が過大である．

(5) 電動機がうなるが起動しない. ………… ブレーキライニングが摩耗している.

解説 (1) 正しい. 過電流継電器が作動する原因に短絡や過負荷などの異常な電流より, インチング運転（スイッチの入りや切れ）の頻度が高くなることがある.

(2) 正しい. 電動機が振動する原因に締付けボルトが緩んでいることがある.

(3) 正しい. 集電装置の火花が激しい原因にトロリ線が曲がり, 又はうねっていることがある.

(4) 正しい. 電動機が起動した後, 回転数が上がらない原因に負荷が過大であることがある.

(5) 誤り. 電動機がうなるが起動しない原因にブレーキが故障して緩まないこと, 負荷が大きすぎること, 電動機の故障, 一次側電源回路の配線が一相断線し, 単相運転状態となっていることなどである. なお, ブレーキライニングが摩耗している場合は, ブレーキがかからないが, 起動しないことはない.

▶答 (5)

問題 4 【平成 28 年春 問 30】

電気機器の故障の状態とその原因の組合せとして, 誤っているものは次のうちどれか.

(1) 集電装置の火花が激しい. …………… トロリ線の曲がり・うねり

(2) 電動機が全く起動しない. …………… 配線端子の外れ

(3) 電磁ブレーキの利(き)きが悪い. ………… コイルの断線

(4) 電動機が振動する. ……………………… 締付けボルトの緩み

(5) 過電流継電器が作動する. …………… インチング運転の頻度が高い

解説 (1) 正しい. 集電装置の火花が激しい原因にトロリ線の曲がり・うねりによることがある.

(2) 正しい. 電動機が全く起動しない原因に配線端子の外れによることがある.

(3) 誤り. 電磁ブレーキの利(き)きが悪い原因にブレーキライニングの摩耗又はブレーキのピン周りの摩耗によることがある. なお, コイルの断線では, 電気が供給されないのでブレーキが利いている状態であるためブレーキドラムの異常過熱の原因となる.

(4) 正しい. 電動機が振動する原因に締付けボルトの緩みによることがある.

(5) 正しい. 過電流継電器が作動する原因にインチング運転の頻度が高いことがある.

▶答 (3)

第 4 章

クレーンの運転のために必要な力学に関する知識

4.1 力に関する事項（力の三要素，合力など）

問題 1 【令和 2 年秋 問 31】

図のようにO点に同一平面上の三つの力P_1，P_2，P_3が作用しているとき，これらの合力に最も近いものは (1) ～ (5) のうちどれか.

(1) A
(2) B
(3) C
(4) D
(5) E

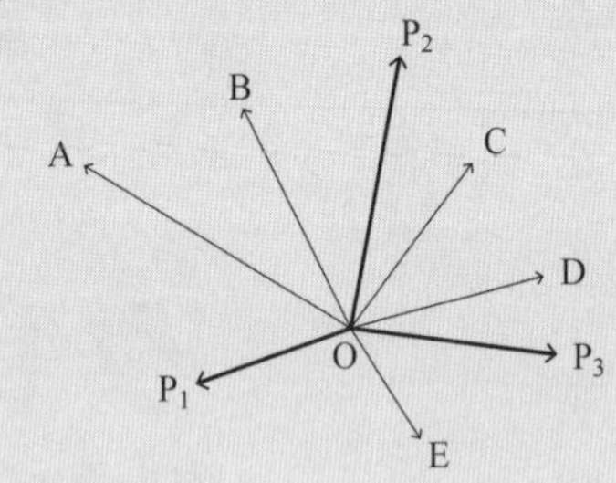

解説 【その 1】 $\overrightarrow{OP_1}$ と $\overrightarrow{OP_2}$ の合力は平行四辺形OP_1BP_2において $\overrightarrow{OB}$ となり，次に $\overrightarrow{OB}$ と $\overrightarrow{OP_3}$ の合力は平行四辺形$OBCP_3$において $\overrightarrow{OC}$ となる．図 4.1-1 参照.

【その 2】 $\overrightarrow{OP_1}$ と $\overrightarrow{OP_3}$ の合力は平行四辺形OP_1EP_3において $\overrightarrow{OE}$ となり，次に $\overrightarrow{OE}$ と $\overrightarrow{OP_2}$ の合力は平行四辺形$OECP_2$において $\overrightarrow{OC}$ となる.

いずれも合力は $\overrightarrow{OC}$ となる.

以上から (3) が正解.

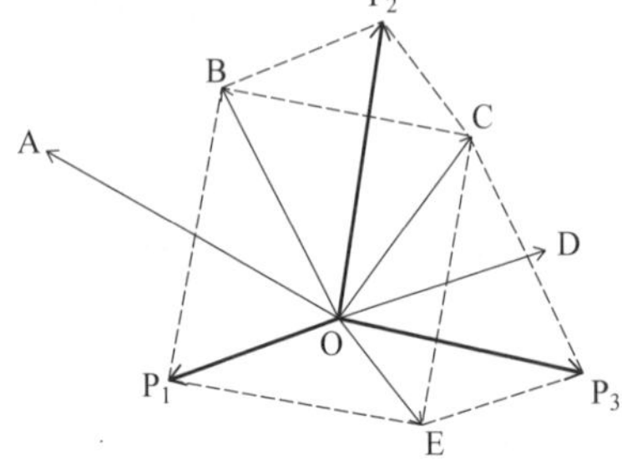

図 4.1-1

▶ 答 (3)

問題 2 【令和 2 年春 問 31】

力に関する記述として，適切でないものは次のうちどれか.

(1) 力の三要素とは，力の大きさ，力の向き及び力の作用点をいう.

(2) 一直線上に作用する互いに逆を向く二つの力の合力の大きさは，その二つの力の大きさの差で求められる.

(3) 小さな物体の 1 点に大きさが異なり向きが一直線上にない二つの力が作用して物体が動くとき，その物体は大きい力の方向に動く.

(4) 力が物体に作用する位置をその作用線上以外の箇所に移すと，物体に与える効果が変わる.

(5) ナットをスパナで締め付けるとき，スパナの柄の端を持って締め付けるよりも，柄の中程を持って締め付ける方が大きな力を必要とする.

解説 (1) 適切．力の三要素とは，力の大きさ，力の向き及び力の作用点をいう．図4.1-2参照．

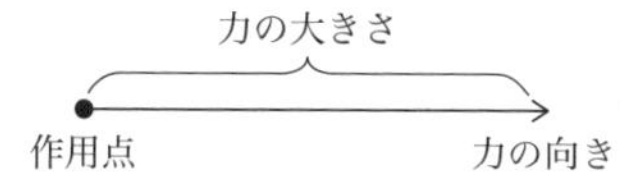

図 4.1-2　力の三要素

(2) 適切．一直線上に作用する互いに逆を向く二つの力の合力の大きさは，その二つの力の大きさの差で求められる．

(3) 不適切．小さな物体の1点に大きさが異なり向きが一直線上にない二つの力が作用して物体が動くとき，その物体は図4.1-3のように合成した力の方向に動く．

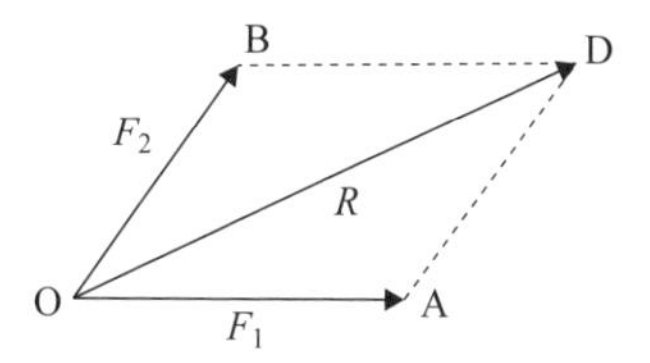

図 4.1-3　合力

(4) 適切．力が物体に作用する位置をその作用線上以外の箇所に移すと，物体に与える効果が変わる．

(5) 適切．ナットをスパナで締め付けるとき，スパナの柄の端を持って締め付ける（$F \times L$：モーメントで回転させる働き）よりも，$L > L_1$であるから柄の中程を持って締め付ける（$F_1 \times L_1$）方が大きな力（$F_1 > F$）を必要とする（図4.1-4参照）．

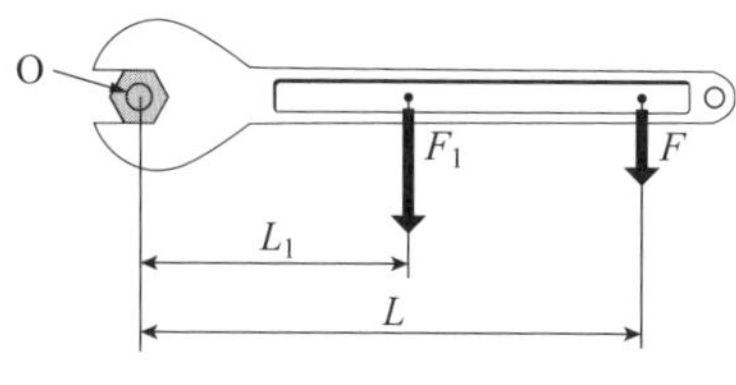

図 4.1-4　力の大きさと腕の長さ

▶答 (3)

問題3 【令和元年秋 問31】

力に関する記述として，適切でないものは次のうちどれか．

(1) 力の三要素とは，力の大きさ，力の向き及び力の作用点をいう．

(2) 一直線上に作用する互いに逆を向く二つの力の合力の大きさは，その二つの力の大きさの差で求められる．

(3) 小さな物体の1点に大きさが異なり向きが一直線上にない二つの力が作用して物体が動くとき，その物体は大きい力の方向に動く．

(4) 力が物体に作用する位置をその作用線上以外の箇所に移すと，物体に与える効果が変わる．

(5) てこを使って重量物を持ち上げる場合，握りの位置を支点に近づけるほど大きな力が必要になる．

解説 (1) 適切．力の三要素とは，力の大きさ，力の向き及び力の作用点をいう．図4.1-2参照．

(2) 適切．一直線上に作用する互いに逆を向く二つの力の合力の大きさは，その二つの力の大きさの差で求められる．

(3) 不適切．小さな物体の1点に大きさが異なり向きが一直線上にない二つの力が作用して物体が動くとき，その物体は図4.1-3のように合成した力の方向に動く．

(4) 適切．力が物体に作用する位置をその作用線上以外の箇所に移すと，物体に与える効果が変わる．

(5) 適切．てこを使って重量物を持ち上げる場合，握りの位置（力点）を支点に近づけるほど大きな力が必要になる．図4.1-5参照．

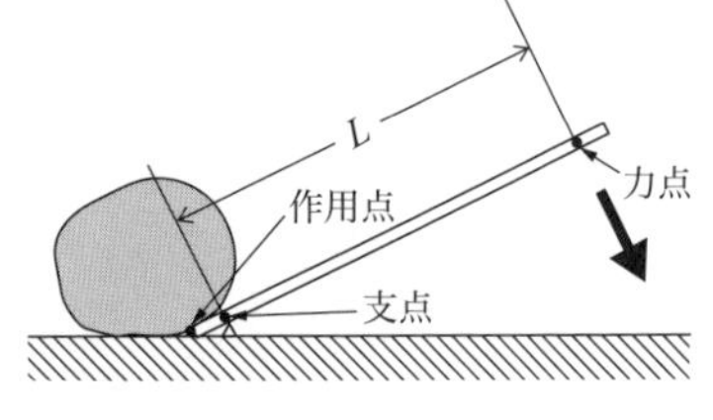

図 4.1-5　てこによる力のモーメント

▶答（3）

問題4　【令和元年春 問31】

力に関する記述として，適切でないものは次のうちどれか．

(1) 一直線上に作用する互いに同じ方向を向く二つの力の合力の大きさは，その二つの力の大きさの積で求められる．

(2) 力のモーメントの大きさは，力の大きさと，回転軸の中心から力の作用線に下ろした垂線の長さの積で求められる．

(3) 物体の一点に二つ以上の力が働いているとき，その二つ以上の力をそれと同じ効果を持つ一つの力にまとめることができる．

(4) 多数の力が一点に作用し，つり合っているとき，これらの力の合力は0になる．

(5) 力の三要素とは，力の大きさ，力の向き及び力の作用点をいう．

解説 (1) 不適切．一直線上に作用する互いに同じ方向を向く二つの力の合力の大きさは，その二つの力の大きさの和で求められる．図4.1-6参照．

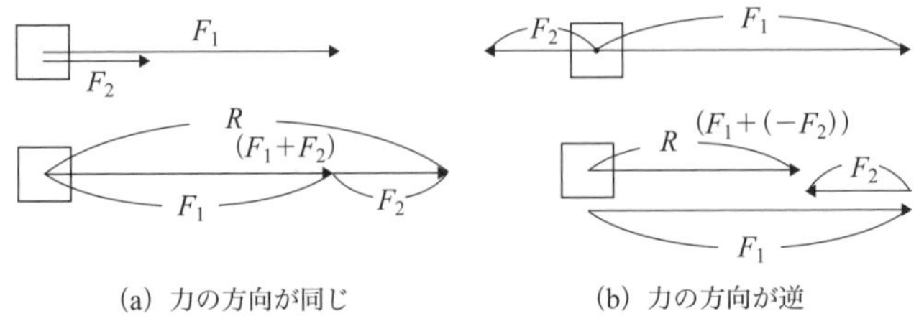

図 4.1-6　一直線上の力の合成

(2) 適切．力のモーメントの大きさは，力の大きさと，回転軸の中心から力の作用線に下ろした垂線の長さの積で求められる．図4.1-7において力 F_1 のモーメントは $L_1 \times F_1$，F_2 のモーメント $L_2 \times F_2$ である．

(3) 適切．物体の一点に二つ以上の力が働いているとき，その二つ以上の力をそれと同じ効果を持つ一つの力（合力）にまとめることができる．図4.1-3参照．

(4) 適切．多数の力が一点に作用し，つり合っているとき，これらの力の合力は0になる．

(5) 適切．力の三要素とは，力の大きさ，力の向き及び力の作用点をいう．

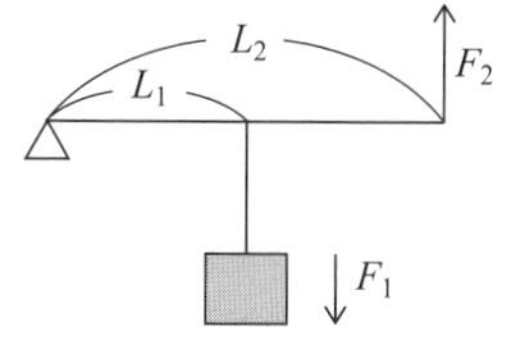

図4.1-7　力のモーメントの大きさ

▶答（1）

問題5　【平成30年秋 問31】

図のようにO点に同一平面上の三つの力P_1，P_2，P_3が作用しているとき，これらの合力に最も近いものは（1）～（5）のうちどれか．

(1) A
(2) B
(3) C
(4) D
(5) E

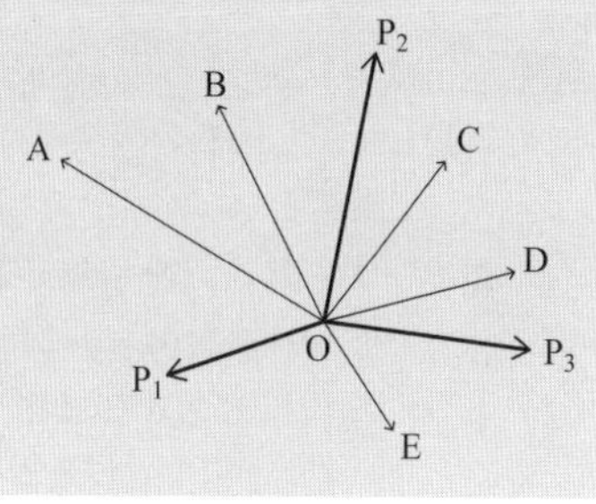

解説【その1】　$\overrightarrow{OP_1}$ と $\overrightarrow{OP_2}$ の合力は平行四辺形OP_1BP_2において $\overrightarrow{OB}$ となり，次に $\overrightarrow{OB}$ と $\overrightarrow{OP_3}$ の合力は平行四辺形$OBCP_3$において $\overrightarrow{OC}$ となる．図4.1-1参照．

【その2】　$\overrightarrow{OP_1}$ と $\overrightarrow{OP_3}$ の合力は平行四辺形OP_1EP_3において $\overrightarrow{OE}$ となり，次に $\overrightarrow{OE}$ と $\overrightarrow{OP_2}$ の合力は平行四辺形$OECP_2$において $\overrightarrow{OC}$ となる．

いずれも合力は $\overrightarrow{OC}$ となる．

以上から（3）が正解．

▶答（3）

問題6　【平成30年春 問31】

図のようにO点に同一平面上の三つの力P_1，P_2，P_3が作用しているとき，これらの合力に最も近いものは（1）～（5）のうちどれか．

(1) A
(2) B
(3) C
(4) D
(5) E

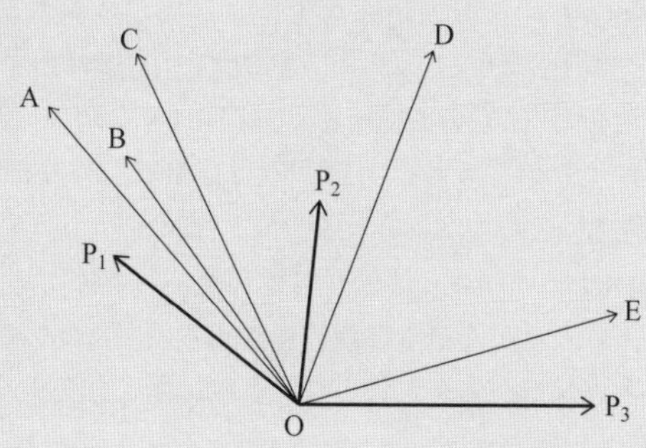

第4章　クレーンの運転のために必要な力学に関する知識

解説 $\overrightarrow{OP_1}$ と $\overrightarrow{OP_2}$ の合力は平行四辺形 OP_1CP_2 において $\overrightarrow{OC}$ となり，次に $\overrightarrow{OC}$ と $\overrightarrow{OP_3}$ の合力は平行四辺形 $OCDP_3$ において $\overrightarrow{OD}$ となる．図4.1-8参照．

以上から（4）が正解．

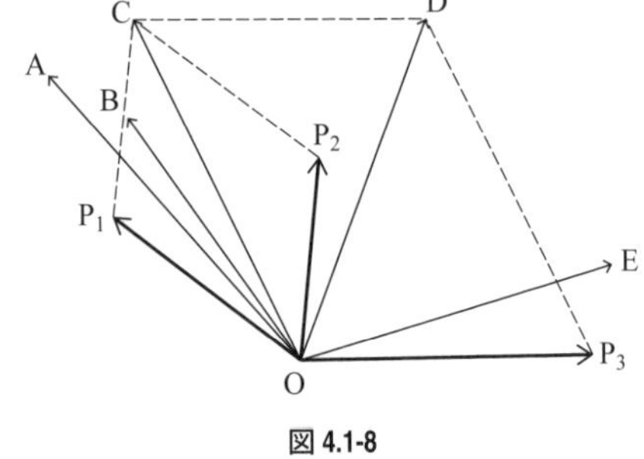

図 4.1-8

▶答（4）

題7

【平成29年秋 問31】

力に関し，正しいものは次のうちどれか．

(1) 力の三要素とは，力の大きさ，力のつり合い及び力の作用点をいう．

(2) 力の大きさをF，回転軸の中心から力の作用線に下ろした垂線の長さをLとすれば，力のモーメントMは，M＝F/Lで求められる．

(3) 一つの物体に大きさが異なり向きが一直線上にない二つの力が作用して物体が動くとき，その物体は大きい力の方向に動く．

(4) 多数の力が一点に作用し，つり合っているとき，これらの力の合力は0になる．

(5) 力の大きさと向きが変わらなければ，力の作用点が変わっても物体に与える効果は変わらない．

解説 (1) 誤り．力の三要素とは，力の大きさ，力の向き及び力の作用点をいう．

(2) 誤り．力の大きさを F，回転軸の中心から力の作用線に下ろした垂線の長さを L とすれば，力のモーメント M は，$M = F \times L$ で求められる．

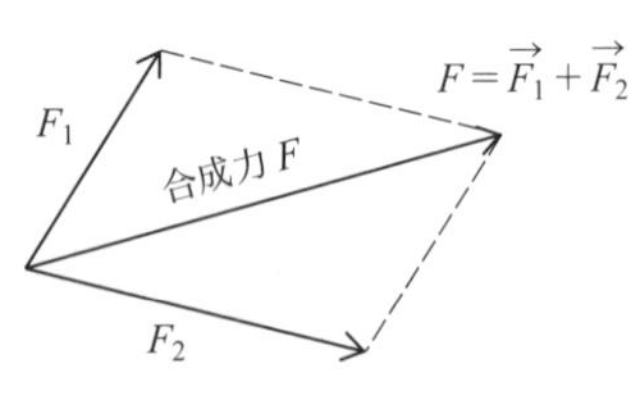

図 4.1-9

(3) 誤り．一つの物体に大きさが異なり向きが一直線上にない二つの力（F_1 及び F_2）が作用して物体が動くとき，その物体は二つの力の合力（F）の方向に動く．図4.1-9参照．

(4) 正しい．多数の力が一点に作用し，つり合っているとき，これらの力の合力は0になる．

(5) 誤り．力の大きさと向きが変わらなくても，力の作用点（物（又は荷）が重力を加える点）が変わると物体に与える効果は変わる．なお，作用点は物体が力を加える点，力点は人が力を入れる点，支点は重さを支える点をいう．図4.1-5参照．

▶答（4）

問題 8　【平成29年春 問31】

力に関し，誤っているものは次のうちどれか．

(1) 力が物体に作用する位置をその作用線上以外の箇所に移すと，物体に与える効果が変わる．

(2) 一直線上に作用する二つの力の合力の大きさは，その二つの力の大きさの和又は差で求められる．

(3) 物体の一点に二つ以上の力が働いているとき，その二つ以上の力をそれと同じ効果を持つ一つの力にまとめることができる．

(4) 力の作用と反作用とは，同じ直線上で作用し，大きさが等しく，向きが反対である．

(5) 力の大きさをF，回転軸の中心から力の作用線におろした垂線の長さをLとすれば，力のモーメントMは，M＝F/Lで求められる．

解説 (1) 正しい．力が物体に作用する位置をその作用線上以外の箇所に移すと，物体に与える効果が変わる．

(2) 正しい．一直線上に作用する二つの力の合力の大きさは，その二つの力の大きさの和又は差で求められる．

(3) 正しい．物体の一点に二つ以上の力が働いているとき，その二つ以上の力をそれと同じ効果を持つ一つの力（合力）にまとめることができる．例えば，図 4.1-10 のように F_1，F_2，F_3，F_4 がそれぞれの方向に向いているとき，F_1 と F_2 の合力を R_1 とし，R_1 と F_3 の合力を R_2 とし，R_2 と F_4 の合力を R として全体の合力とすることができる．

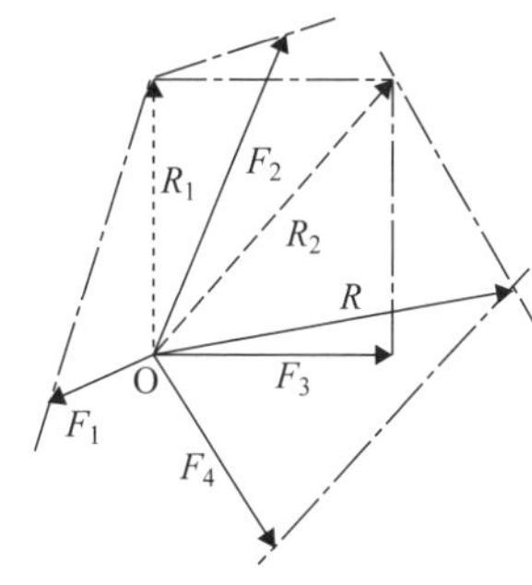

図 4.1-10　多数の力の合成

(4) 正しい．力の作用と反作用とは，同じ直線上で作用し，大きさが等しく，向きが反対である．

(5) 誤り．力の大きさを F，回転軸の中心から力の作用線におろした垂線の長さを L とすれば，力のモーメント M は，$M＝F\times L$ で求められる．図 4.1-11 参照．

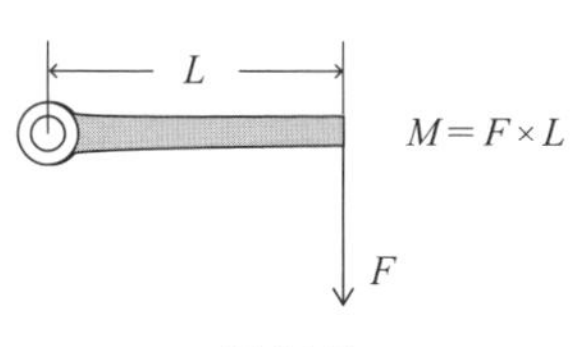

図 4.1-11

▶答 (5)

問題 9　【平成28年秋 問31】

力に関し，誤っているものは次のうちどれか．

(1) 力の三要素とは，力の大きさ，力の向き及び力の作用点をいう．

(2) 一直線上に作用する二つの力の合力の大きさは，その二つの力の大きさの和又は差で求められる．

(3) 一つの物体に大きさが異なり向きが一直線上にない二つの力が作用して物体が動くとき，その物体は大きい力の方向に動く.
(4) 力を図で表す場合，力の作用点から力の向きに力の大きさに比例した長さの線分を書き，力の向きを矢印で示す.
(5) てこを使って重量物を持ち上げる場合，握りの位置を支点に近づけるほど大きな力が必要になる.

解説 (1) 正しい．力の三要素とは，力の大きさ，力の向き及び力の作用点をいう．図4.1-2参照.
(2) 正しい．一直線上に作用する二つの力の合力の大きさは，その二つの力の大きさの和又は差で求められる．図4.1-6参照.
(3) 誤り．一つの物体に大きさが異なり向きが一直線上にない二つの力（F_1とF_2）が作用して物体が動くとき，その物体は合力Rの方向に動く．図4.1-3参照.
(4) 正しい．力を図で表す場合，力の作用点から力の向きに力の大きさに比例した長さの線分を書き，力の向きを矢印で示す．図4.1-6参照.
(5) 正しい．てこを使って重量物を持ち上げる場合，握りの位置を支点に近づけるほど大きな力が必要になる．図4.1-4において，Oが支点であり，$L_1 < L$であるため，$F_1 > F$である.

▶答（3）

問題10 【平成28年春 問32】

力に関し，誤っているものは次のうちどれか.
(1) 一直線上に作用する二つの力の合力の大きさは，その二つの力の大きさの積で求められる.
(2) 力のモーメントの大きさは，力の大きさと，回転軸の中心から力の作用線におろした垂線の長さの積で求められる.
(3) 物体の一点に二つ以上の力が働いているとき，その二つ以上の力をそれと同じ効果を持つ一つの力にまとめることができる.
(4) 力の作用と反作用とは，同じ直線上で作用し，大きさが等しく，向きが反対である.
(5) 力の三要素とは，力の大きさ，力の向き及び力の作用点をいう.

解説 (1) 誤り．一直線上に作用する二つの力の合力の大きさは，その二つの力の大きさの和又は差で求められる．和の場合は力が同じ向きの場合，差は反対の向きの場合である.
(2) 正しい．力のモーメントの大きさMは，次式で表されるように力の大きさFと，回転軸の中心から力の作用線におろした垂線の長さLの積で求められる．図4.1-4参照．

$$M = F \times L$$

(3) 正しい．物体の一点に二つ以上の力が働いているとき，その二つ以上の力をそれと同じ効果を持つ一つの力にまとめることができる．

(4) 正しい．力の作用と反作用とは，同じ直線上で作用し，大きさが等しく，向きが反対である．

(5) 正しい．力の三要素とは，力の大きさ，力の向き及び力の作用点をいう． ▶答 (1)

4.2 物体の重心又は安定

問題1 【令和2年秋 問32】

均質な材料でできた固体の物体及び荷の重心及び安定に関する記述として，適切なものは次のうちどれか．

(1) 重心の位置が物体の外部にある物体であっても，置き方を変えると重心の位置が物体の内部に移動する場合がある．

(2) 複雑な形状の物体の重心は，二つ以上の点になる場合があるが，重心の数が多いほどその物体の安定性は良くなる．

(3) 長尺の荷をクレーンでつり上げるため，目安で重心位置を定めてその真上にフックを置き，玉掛けを行い，地切り直前まで少しだけつり上げたとき，荷が傾いた場合は，荷の実際の重心位置は目安とした重心位置よりも傾斜の低い側にある．

(4) 水平面上に置いた直方体の物体を傾けた場合，重心からの鉛直線がその物体の底面を外れるときは，その物体は元の位置に戻る．

(5) 直方体の物体の置き方を変える場合，物体の底面積が小さくなるほど安定性は良くなる．

解説 (1) 不適切．重心の位置が物体の外部にある物体では，置き方を変えても重心の位置が物体の内部に移動することはなく，不変である．図4.2-1参照．

(2) 不適切．複雑な形状の物体の重心は，複雑な形状のそれぞれ重心の合力となるから二つ以上の点になる場合はなく，常に一つである．

(3) 適切．長尺の荷をクレーンでつり上げるため，目安で重心位置を定めてその真上にフックを置き，玉掛けを行い，地切り（巻き上げによりつり荷をまくら等からわずかに離すこと）直前まで少しだけつり上げたとき，荷が傾いた場合は，荷の実際の重心位置は目安とした重心位置よりも傾斜の低い側にある．図4.2-2参照．

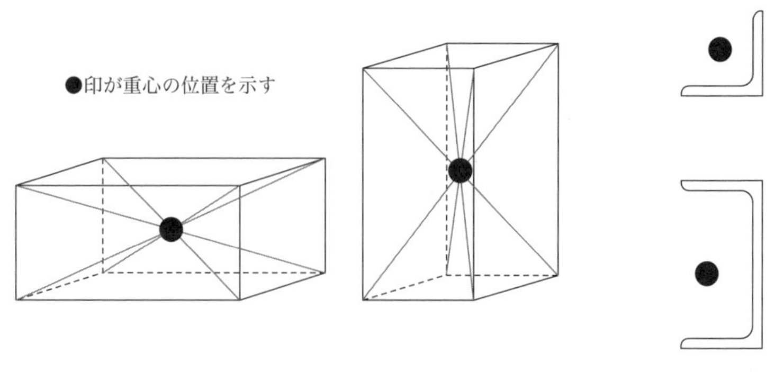

図 4.2-1　重心の位置

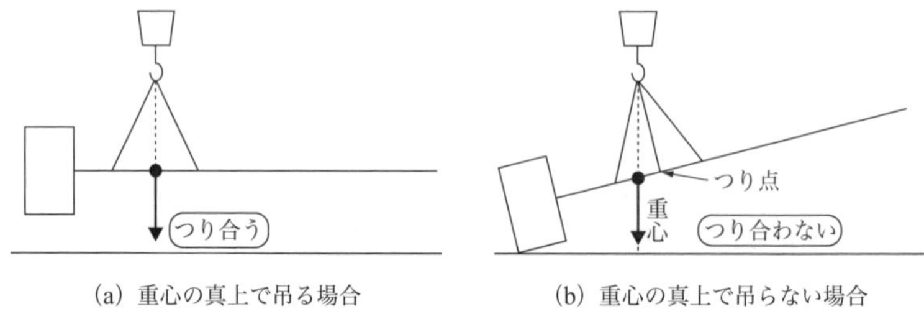

図 4.2-2　つり方による違い

(4) 不適切．水平面上に置いた直方体の物体を傾けた場合，重心からの鉛直線がその物体の底面を外れるときは，その物体は倒れる（図 4.2-3 (b) 参照）．なお，重心からの鉛直線がその物体の底面を外れないときは，元の位置に戻る（図 4.2-3 (a) 参照）．

(5) 不適切．直方体の物体の置き方を変える場合，物体の底面積が小さくなるほど安定性は悪くなる．図 4.2-4 において (a) の方が (b) より底面積が小さいので不安定である．

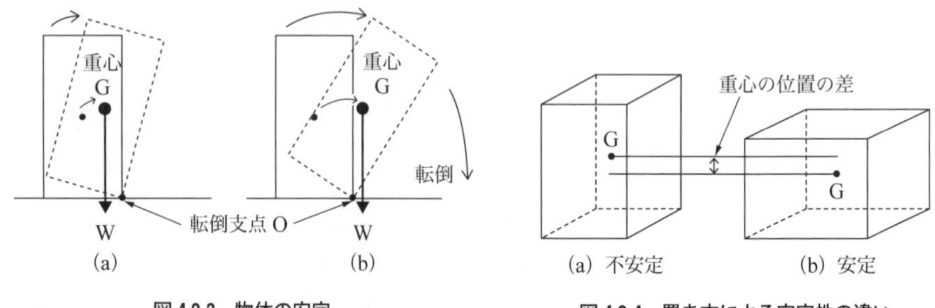

図 4.2-3　物体の安定

図 4.2-4　置き方による安定性の違い

▶答 (3)

題2　【令和2年春 問34】 

均質な材料でできた固体の物体の重心及び安定に関する記述として，適切なものは次のうちどれか．

(1) 直方体の物体の置き方を変える場合，物体の底面積が小さくなるほど安定性は悪くなる．

(2) 直方体の物体の置き方を変える場合，重心の位置が低くなるほど安定性は悪くなる．

(3) 重心が物体の外部にある物体は，置き方を変えると重心が物体の内部に移動する場合がある．

(4) 複雑な形状の物体の重心は，二つ以上の点になる場合があるが，重心の数が多いほどその物体の安定性は良くなる．

(5) 水平面上に置いた直方体の物体を傾けた場合，重心からの鉛直線がその物体の底面を通るときは，その物体は元の位置に戻らないで倒れる．

解説 (1) 適切．直方体の物体の置き方を変える場合，物体の底面積が小さくなるほど安定性は悪くなる．図4.2-4において，(b) の方が (a) より安定である．

(2) 不適切．直方体の物体の置き方を変える場合，重心の位置が低くなるほど安定性は良くなる．

(3) 不適切．重心が物体の外部にある物体（図4.2-1 (b) 参照）は，置き方を変えても重心の位置は変化しない．

(4) 不適切．複雑な形状の物体の重心は，それぞれの形状には重心はあるが，全体の重心は一つである．なお，それぞれの形状にはその形状の重心があるが，その数が多いほどその物体の安定性は良くなるとは限らない．

(5) 不適切．水平面上に置いた直方体の物体を傾けた場合，重心からの鉛直線がその物体の底面を通るときは，その物体は元の位置に戻り倒れない．図4.2-3において重心Gが転倒支点 (O) の右側に外れると転倒する．

▶答 (1)

問題3　【令和元年秋 問34】 

均質な材料でできた固体の物体の重心に関する記述として，適切でないものは次のうちどれか．

(1) 長尺の荷をクレーンでつり上げるため，目安で重心位置を定めてその真上にフックを置き，玉掛けを行い，地切り直前まで少しだけつり上げたとき，荷が傾いた場合は，荷の実際の重心位置は目安とした重心位置よりも傾斜の低い側にある．

(2) 水平面上に置いた直方体の物体を傾けた場合，重心からの鉛直線がその物体の底面を外れるときは，その物体は元の位置に戻らないで倒れる．

(3) 物体を構成する各部分には，それぞれ重力が作用しており，それらの合力の作用点を重心という．

(4) 円錐(すい)体の重心の位置は，円錐体の頂点と底面の円の中心を結んだ線分の円錐の底面からの高さが頂点までの高さの2分の1の位置にある．

(5) 重心は，物体の形状によっては必ずしも物体の内部にあるとは限らない．

解説 (1) 適切．長尺の荷をクレーンでつり上げるため，目安で重心位置を定めてその真上にフックを置き，玉掛けを行い，地切り直前まで少しだけつり上げたとき，荷が傾いた場合は，荷の実際の重心位置は目安とした重心位置よりも傾斜の低い側にある．

(2) 適切．水平面上に置いた直方体の物体を傾けた場合，重心からの鉛直線がその物体の底面を外れるときは，その物体は元の位置に戻らないで倒れる．図4.2-3参照．

(3) 適切．物体を構成する各部分には，それぞれ重力が作用しており，それらの合力の作用点を重心という．

(4) 不適切．円錐(すい)体の重心の位置は，円錐体の頂点と底面の円の中心を結んだ線分の円錐の底面からの高さが頂点までの高さの4分の1の位置にある．

(5) 適切．重心は，物体の形状によっては必ずしも物体の内部にあるとは限らない．図4.2-1 (b) 参照．

▶答 (4)

問題4 【令和元年春 問34】

均質な材料でできた固体の物体の重心に関する記述として，適切でないものは次のうちどれか．

(1) 長尺の荷をクレーンでつり上げるため，目安で重心位置を定めてその真上にフックを置き，玉掛けを行い，地切り直前まで少しだけつり上げたとき，荷が傾いた場合は，荷の実際の重心位置は目安とした重心位置よりも傾斜の低い側にある．

(2) 水平面上に置いた直方体の物体を傾けた場合，重心からの鉛直線がその物体の底面を外れるときは，その物体は元の位置に戻らないで倒れる．

(3) 物体を構成する各部分には，それぞれ重力が作用しており，それらの合力の作用点を重心という．

(4) 円錐(すい)体の重心の位置は，円錐体の頂点と底面の円の中心を結んだ直線の底面からの高さが頂点までの高さの2分の1の位置にある．

(5) 重心は，物体の形状によっては必ずしも物体の内部にあるとは限らない．

解説 (1) 適切．長尺の荷をクレーンでつり上げるため，目安で重心位置を定めてその真上にフックを置き，玉掛けを行い，地切り直前まで少しだけつり上げたとき，荷が傾いた場合は，荷の実際の重心位置は目安とした重心位置よりも傾斜の低い側にある．図

4.2-2（b）参照.

(2) 適切. 水平面上に置いた直方体の物体を傾けた場合，重心からの鉛直線がその物体の底面を外れるときは，その物体は元の位置に戻らないで倒れる. 図4.2-3参照.

(3) 適切. 物体を構成する各部分には，それぞれ重力が作用しており，それらの合力の作用点を重心という.

(4) 不適切. 円錐（すい）体の重心の位置は，円錐体の頂点と底面の円の中心を結んだ直線の底面からの高さが頂点までの高さの4分の1の位置にある.

(5) 適切. 重心は，物体の形状によっては必ずしも物体の内部にあるとは限らない. 図4.2-1（b）に示した物は，物体の外部に重心がある.

▶答（4）

問題5 【平成30年秋 問34】

均質な材料でできた固体の物体の重心に関する記述として，適切でないものは次のうちどれか.

(1) 直方体の物体の置き方を変える場合，重心の位置が高くなるほど安定性は悪くなる.

(2) 物体を構成する各部分には，それぞれ重力が作用しており，それらの合力の作用点を重心という.

(3) 複雑な形状の物体であっても，物体の重心は，一つの点である.

(4) 重心は，物体の形状によっては必ずしも物体の内部にあるとは限らない.

(5) 水平面上に置いた直方体の物体を傾けた場合，重心からの鉛直線がその物体の底面を通るときは，その物体は倒れる.

解説 (1) 適切. 直方体の物体の置き方を変える場合，重心の位置が高くなるほど安定性は悪くなる.

(2) 適切. 物体を構成する各部分には，それぞれ重力が作用しており，それらの合力の作用点を重心という.

(3) 適切. 複雑な形状の物体であっても，物体の重心は，一つの点である.

(4) 適切. 重心は，物体の形状によっては必ずしも物体の内部にあるとは限らない. 図4.2-1（b）参照.

(5) 不適切. 水平面上に置いた直方体の物体を傾けた場合，重心からの鉛直線がその物体の底面を通るときは，その物体は元の位置に戻る. なお，重心からの鉛直線がその物体の底面を外れるときは，その物体は元の位置に戻らないで倒れる. 図4.2-3参照.

▶答（5）

問題6　【平成30年春 問34】

次の文中の［　　］内に入れるAからCの語句の組合せとして，正しいものは(1)～(5)のうちどれか．

「水平面に置いてある物体を図に示すように傾けると，この物体に作用している［A］により生じた力が合力Wとして重心Gに鉛直に作用し，回転の中心△を支点として，物体を［B］とする方向に［C］として働く．」

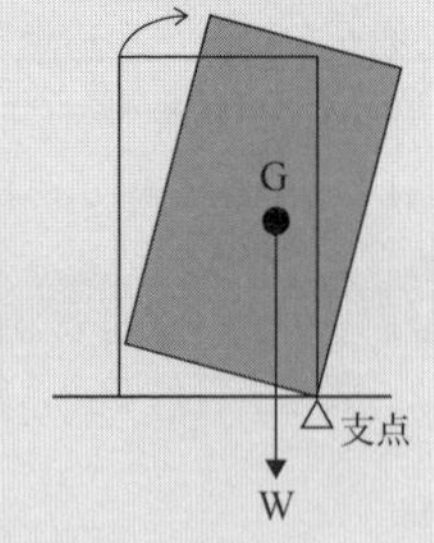

	A	B	C
(1)	重力	元に戻そう	モーメント
(2)	重力	倒そう	遠心力
(3)	復元力	元に戻そう	引張応力
(4)	遠心力	倒そう	引張応力
(5)	向心力	元に戻そう	動荷重

解説 A 「重力」である．

B 「元に戻そう」である．

C 「モーメント」である．

「水平面に置いてある物体を図に示すように傾けると，この物体に作用している［A（重力）］により生じた力が合力Wとして重心Gに鉛直に作用し，回転の中心△を支点として，物体を［B（元に戻そう）］とする方向に［C（モーメント）］として働く．」

以上から（1）が正解．

▶答（1）

問題7　【平成29年秋 問34】

固体の物体の重心に関する記述として，適切なものは次のうちどれか．

(1) 直方体の物体の置き方を変える場合，重心の位置が高くなるほど安定性は良くなる．

(2) 重心の位置判定が難しい荷をつり上げるときは，目安で重心位置を定めてその真上にフックを置き，床面近くで少しだけつり上げ動作を行い，荷がつり上がる直前の段階でつり荷の状態を確認し，荷が水平に上がるまで玉掛け位置の調整を繰り返す．

(3) 水平面上に置いた直方体の物体を傾けた場合，重心からの鉛直線がその物体の底面を外れるときは，その物体は元の位置に戻る．

(4) 複雑な形状の物体の重心は，二つ以上の点になる場合があるが，重心の数が多いほどその物体の安定性は良くなる．

(5) 重心が物体の外部にある物体は，置き方を変えると重心が物体の内部に移動する場合がある．

解説 (1) 不適切．直方体の物体の置き方を変える場合，重心の位置が高くなるほど安定性は悪くなる．

(2) 適切．重心の位置判定が難しい荷をつり上げるときは，目安で重心位置を定めてその真上にフックを置き，床面近くで少しだけつり上げ動作を行い，荷がつり上がる直前の段階でつり荷の状態を確認し，荷が水平に上がるまで玉掛け位置の調整を繰り返す．

(3) 不適切．水平面上に置いた直方体の物体を傾けた場合，重心からの鉛直線がその物体の底面を外れるときは，その物体は元の位置に戻らないで倒れる．図4.2-3参照．

(4) 不適切．複雑な形状の物体の重心は，それぞれの形状には重心はあるが，全体の重心は一つである．なお，それぞれの形状にはその形状の重心があるが，その数が多いほどその物体の安定性は良くなるとは限らない．

(5) 不適切．重心が物体の外部にある物体（図4.2-1（b）参照）は，置き方を変えても重心が物体の内部に移動することはない．

▶答（2）

問題8 【平成29年春 問34】

物体の重心及び安定に関し，正しいものは次のうちどれか．

(1) 重心は，物体の形状によらず，物体の内部にある．

(2) 複雑な形状の物体の重心は，二つ以上の点になる場合がある．

(3) 物体を構成する各部分には，それぞれ重力が作用しており，それらの合力の作用点を重心という．

(4) 水平面上に置いた直方体の物体を傾けた場合，重心からの鉛直線がその物体の底面を外れるときは，その物体は元の位置に戻る．

(5) 直方体の物体の置き方を変える場合，重心の位置が低くなるほど安定性は悪くなる．

解説 (1) 誤り．重心は，物体の形状によって異なり，物体の外部にある場合もある．図4.2-1（b）参照．

(2) 誤り．複雑な形状の物体においても，重心は常に一つで，二つ以上の点になることはない．

(3) 正しい．物体を構成する各部分には，それぞれ重力が作用しており，それらの合力の作用点を重心という．

(4) 誤り．水平面上に置いた直方体の物体を傾けた場合，重心からの鉛直線がその物体の底面を外れるときは，その物体は元の位置に戻れず倒れる．図4.2-3参照．

(5) 誤り．直方体の物体の置き方を変える場合，重心の位置が低くなるほど安定性は良くなる．

▶答 (3)

問題 9 【平成28年秋 問39】

物体の重心及び安定に関し，正しいものは次のうちどれか．

(1) 重心は，物体の形状によらず，物体の内部にある．

(2) 複雑な形状の物体の重心は，二つ以上の点になる場合がある．

(3) 物体を構成する各部分には，それぞれ重力が作用しており，それらの合力の作用点を重心という．

(4) 水平面上に置いた直方体の物体を手で傾けた場合，重心からの鉛直線がその物体の底面を通るときは，手を離すとその物体は倒れる．

(5) 直方体の物体の置き方を変える場合，重心の位置が高くなるほど安定性は良くなる．

解説 (1) 誤り．重心は，物体の形状によっては，物体の外部にある場合もある．図4.2-1 (b) 参照．

(2) 誤り．複雑な形状の物体の重心は一つで，二つ以上の点になることはない．

(3) 正しい．物体を構成する各部分には，それぞれ重力が作用しており，それらの合力の作用点を重心という．

(4) 誤り．水平面上に置いた直方体の物体を手で傾けた場合，重心からの鉛直線がその物体の底面を通るときは，手を離すとその物体は元に戻る．図4.2-3参照．

(5) 誤り．直方体の物体の置き方を変える場合，重心の位置が高くなるほど安定性は悪くなる．

▶答 (3)

問題 10 【平成28年春 問33】

物体の重心及び安定に関し，誤っているものは次のうちどれか．

(1) 物体を構成する各部分には，それぞれ重力が作用しており，それらの合力の作用点を重心という．

(2) 直方体の物体の置き方を変える場合，重心の位置が低くなるほど安定性は良くなる．

(3) 水平面上に置いた直方体の物体を手で傾けた場合，重心からの鉛直線がその物体の底面を外れるときは，手を離すとその物体は元の位置に戻らないで倒れる．

(4) 複雑な形状の物体の重心は，二つ以上の点になる場合がある．

(5) 重心は，物体の形状によっては必ずしも物体の内部にあるとは限らない．

解説 (1) 正しい．物体を構成する各部分には，それぞれ重力が作用しており，それらの合力の作用点を重心という．

(2) 正しい．直方体の物体の置き方を変える場合，重心の位置が低くなるほど安定性は良くなる．

(3) 正しい．水平面上に置いた直方体の物体を手で傾けた場合，重心からの鉛直線がその物体の底面を外れるときは，手を離すとその物体は元の位置に戻らないで倒れる．図4.2-3参照．

(4) 誤り．複雑な形状の物体においても重心が，二つ以上の点になることはない．

(5) 正しい．重心は，物体の形状によっては必ずしも物体の内部にあるとは限らず，物体の外にある場合もある．図4.2-1（b）参照．

▶答（4）

4.3 物体の質量及び比重

問題1 【令和2年秋 問33】 

物体の質量及び比重に関する記述として，適切でないものは次のうちどれか．

(1) 鋼1 m^3 の質量は約7.8 tで，銅1 m^3 の質量は約8.9 tである．

(2) 形状が立方体で均質な材質でできている物体では，縦，横，高さ各辺の長さが2分の1になると質量は4分の1になる．

(3) アルミニウム，鋼，鉛及び木材を比重の大きい順に並べると，「鉛，鋼，アルミニウム，木材」となる．

(4) 物体の体積をV，その単位体積当たりの質量をdとすれば，その物体の質量Wは，W = V × dで求められる．

(5) ある物体の置かれている土地の標高が異なっても，その物体の質量は変わらない．

解説 (1) 適切．鋼1 m^3 の質量は約7.8 tで，銅1 m^3 の質量は約8.9 tである．表4.3-1参照．

(2) 不適切．形状が立方体で均質な材質でできている物体では，縦，横，高さ各辺の長さが2分の1になると質量は体積に比例し，$1/2 \times 1/2 \times 1/2 = 1/8$ となるから8分の1になる．

(3) 適切．アルミニウム，鋼，鉛及び木材を比重の大きい順に並べると，「鉛（11.4 t/m^3），鋼（7.8 t/m^3），アルミニウム（2.7 t/m^3），木材（0.3～0.9 t/m^3）」となる．

(4) 適切．物体の体積を V〔m^3〕，その単位体積当たりの質量を d〔kg/m^3〕とすれば，その物体の質量 W〔kg〕は，W〔kg〕$= V$〔m^3〕$\times d$〔kg/m^3〕で求められる．

表 4.3-1　物体の 1 m^3 当たりの質量
（出典：クレーン・デリック運転士教本，p156）

物の種類	1 m^3 当たりの質量〔t〕	物の種類	1 m^3 当たりの質量〔t〕
鉛	11.4	石炭塊	0.8
銅	8.9	水	1.0
鋼	7.8	石炭粉	1.0
鋳鉄	7.2	コークス	0.5
アルミニウム	2.7	樫	0.9
コンクリート	2.3	杉	0.4
土	2.0	桧	0.4
砂利	1.9	桐	0.3
砂	1.9		

（注）(1) 木材の質量は，大気中で乾燥したものの質量
(2) 土，砂利，砂，石炭，コークスの質量は見かけ質量
（見かけ質量とは，ばら物のばらの状態での質量のことである）

(5) 適切．ある物体の置かれている土地の標高が異なっても，その物体の質量〔kg〕は変わらない．なお，重量（N：ニュートンで kg × m/s^2）は質量に加速度〔m/s^2〕（標高によって異なる）を掛けたものであるから変わる．　▶答 (2)

問題 2　【令和 2 年春 問 33】 

物体の質量及び比重に関する記述として，適切でないものは次のうちどれか．
(1) アルミニウム 1 m^3 の質量は約 2.7 t で，銅 1 m^3 の質量は約 8.9 t である．
(2) 鋳鉄 1 m^3 の質量と水 7.2 m^3 の質量は，ほぼ同じである．
(3) アルミニウム，鋼，鉛及び木材を比重の大きい順に並べると，「鉛，鋼，アルミニウム，木材」となる．
(4) 鋼の丸棒が，その長さは同じで，直径が 3 倍になると，質量は 9 倍になる．
(5) 物体の体積を V，その単位体積当たりの質量を d とすれば，その物体の質量 W は，W = V/d で求められる．

解説　(1) 適切．アルミニウム 1 m^3 の質量は約 2.7 t で，銅 1 m^3 の質量は約 8.9 t である．なお，鋼 1 m^3 の質量は約 7.8 kg，鋳鉄 1 m^3 の質量は 7.2 kg，鉛 1 m^3 の質量は約 11.4 kg，コンクリート 1 m^3 の質量は約 2.3 kg である．表 4.3-1 参照．
(2) 適切．鋳鉄 1 m^3 の質量と水 7.2 m^3 の質量は，ほぼ同じである．
(3) 適切．アルミニウム，鋼，鉛及び木材を比重の大きい順に並べると，「鉛，鋼，アルミニウム，木材」となる．表 4.3-1 参照．
(4) 適切．鋼の丸棒の質量は体積に比例するが，その長さが同じであれば断面積に比例し，断面積は直径 d の二乗に比例（$\pi d^2/4$）するから直径 d が 3 倍になると，丸棒の質

量は9倍になる．

(5) 不適切．物体の体積をV m^3，その単位体積当たりの質量をd kg/m^{3}とすれば，その物体の質量W kgは，$W = V$〔m^3〕$\times d$〔kg/m^3〕で求められる．　▶答（5）

問題3　【令和元年秋 問33】

物体の質量及び比重に関する記述として，適切でないものは次のうちどれか．

(1) アルミニウム1 m^{3}の質量は約2.7 tで，銅1 m^{3}の質量は約8.9 tである．

(2) 鋳鉄1 m^{3}の質量と水7.2 m^{3}の質量は，ほぼ同じである．

(3) アルミニウム，鋼，鉛及び木材を比重の大きい順に並べると，「鉛，鋼，アルミニウム，木材」となる．

(4) 鋼の丸棒が，その長さは同じで，直径が3倍になると，質量は9倍になる．

(5) 物体の体積をV，その単位体積当たりの質量をdとすれば，その物体の質量Wは，W = V/dで求められる．

解説 (1) 適切．アルミニウム1 m^{3}の質量は約2.7 tで，銅1 m^{3}の質量は約8.9 tである．表4.3-1参照．

(2) 適切．鋳鉄1 m^{3}の質量と水7.2 m^{3}の質量は，ほぼ同じである．表4.3-1参照．

(3) 適切．アルミニウム，鋼，鉛及び木材を比重の大きい順に並べると，「鉛，鋼，アルミニウム，木材」となる．表4.3-1参照．

(4) 適切．鋼の丸棒の質量は体積に比例するが，その長さが同じであれば断面積に比例し，断面積は直径dの二乗に比例（$\pi d^2/4$）するから直径dが3倍になると，丸棒の質量は9倍になる．

(5) 不適切．物体の体積をV〔m^3〕，その単位体積当たりの質量をd〔kg/m^3〕とすれば，その物体の質量W〔kg〕は，W〔kg〕$= V$〔m^3〕$\times d$〔kg/m^3〕で求められる．

▶答（5）

問題4　【令和元年春 問33】

長さ2 m，幅1 m，厚さ10 mmの鋼板30枚の質量の値に最も近いものは（1）～（5）のうちどれか．

(1) 1.6 t　(2) 4.7 t　(3) 5.3 t　(4) 6.8 t　(5) 7.8 t

解説 1枚の鋼の体積を求め，それに枚数を掛けて得た全体の容積〔m^3〕に1 m^{3}当たりの質量（7.8 t）を掛ければ算出される．

鋼1枚の容積

長さ×幅×厚さ = 2 m × 1 m × 10 mm = 2 m × 1 m × 0.010 m = 0.02 m^3　①

全体の容積

30 枚 × 鋼 1 枚の容積 $= 30 \times 0.02\,\mathrm{m^3} = 0.6\,\mathrm{m^3}$ ②

鋼 30 枚の質量

$0.6\,\mathrm{m^3} \times 7.8\,\mathrm{t/m^3} = 0.6 \times 7.8\,\mathrm{t} \fallingdotseq 4.7\,\mathrm{t}$

以上から（2）が正解. ▶答（2）

問題 5 【平成 30 年秋 問 33】

物体の質量及び比重に関する記述として，適切でないものは次のうちどれか.

（1）鉛 $1\,\mathrm{m^3}$ の質量は，約 11.4 t である.

（2）物体の体積を V，その単位体積当たりの質量を d とすれば，その物体の質量 W は，W = V × d で求められる.

（3）銅の比重は，約 8.9 である.

（4）形状が立方体で均質な材質でできている物体では，縦，横，高さ 3 辺の長さがそれぞれ 4 倍になると質量は 12 倍になる.

（5）アルミニウム $1\,\mathrm{m^3}$ の質量と水 $2.7\,\mathrm{m^3}$ の質量は，ほぼ同じである.

解説 （1）適切．鉛 $1\,\mathrm{m^3}$ の質量は，約 11.4 t である．表 4.3-1 参照.

（2）適切．物体の体積を V〔$\mathrm{m^3}$〕，その単位体積当たりの質量を d〔$\mathrm{kg/m^3}$〕とすれば，その物体の質量 W〔kg〕は，W〔kg〕$= V$〔$\mathrm{m^3}$〕$\times d$〔$\mathrm{kg/m^3}$〕で求められる.

（3）適切．銅の比重は，約 8.9 である．表 4.3-1 参照．なお，比重とは，物体の質量と，その物体と同じ体積の 4°C の純水の質量との比をいう.

（4）不適切．形状が立方体で均質な材質でできている物体では，縦 a m，横 b m，高さ c m の 3 辺の長さがそれぞれ 4 倍になると質量は，体積に比例するから $4a\,\mathrm{m} \times 4b\,\mathrm{m} \times 4c\,\mathrm{m} = 64abc\,\mathrm{m^3}$ となり，64 倍になる.

（5）適切．アルミニウム $1\,\mathrm{m^3}$ の質量と水 $2.7\,\mathrm{m^3}$ の質量は，アルミニウムの質量が $2.7\,\mathrm{t/m^3}$ であるからほぼ同じである．表 4.3-1 参照. ▶答（4）

問題 6 【平成 30 年春 問 33】

物体の質量及び比重に関する記述として，適切でないものは次のうちどれか.

（1）鉛 $1\,\mathrm{m^3}$ の質量は，約 11.4 t である.

（2）物体の体積を V，その単位体積当たりの質量を d とすれば，その物体の質量 W は，W = V × d で求められる.

（3）銅の比重は，約 8.9 である.

（4）形状が立方体で均質な材質でできている物体では，各辺の長さが 4 倍になると質量は 12 倍になる.

（5）アルミニウム $1\,m^3$ の質量と水 $2.7\,m^3$ の質量は，ほぼ同じである．

解説（1）適切．鉛 $1\,m^3$ の質量は，約 11.4 t である．表 4.3-1 参照．

（2）適切．物体の体積を V〔m^3〕，その単位体積当たりの質量を d〔kg/m^3〕とすれば，その物体の質量 W〔kg〕は，W〔kg〕$= V$〔m^3〕$\times d$〔kg/m^3〕で求められる．

（3）適切．銅の比重は，約 8.9 である．表 4.3-1 参照．

（4）不適切．形状が立方体で均質な材質でできている物体では，縦 a m，横 b m，高さ c m の 3 辺の長さがそれぞれ 4 倍になると質量は，体積に比例するから $4a\,m \times 4b\,m \times 4c\,m = 64abc\,m^3$ となり，64 倍になる．

（5）適切．アルミニウム $1\,m^3$ の質量と水 $2.7\,m^3$ の質量は，アルミニウムの質量が $2.7\,t/m^3$ であるからほぼ同じである．表 4.3-1 参照．

▶答（4）

問題 7 【平成 29 年秋 問 33】

長さ 2 m，幅 1 m，厚さ 3 mm のアルミニウム板 100 枚の質量の値に最も近いものは（1）～（5）のうちどれか．

（1）1.4 t　（2）1.6 t　（3）4.3 t　（4）4.7 t　（5）5.3 t

解説 1 枚のアルミニウムの体積を求め，それに枚数を掛けて得た全体の容積〔m^3〕に $1\,m^3$ 当たりの質量（2.7 t）を掛ければ算出される．

アルミニウム 1 枚の容積

$$長さ \times 幅 \times 厚さ = 2\,m \times 1\,m \times 3\,mm = 2\,m \times 1\,m \times 0.003\,m = 0.006\,m^3 \quad ①$$

全体の容積

$$100 枚 \times アルミニウム 1 枚の容積 = 100 \times 0.006\,m^3 = 0.6\,m^3 \quad ②$$

アルミニウム 100 枚の質量

$$0.6\,m^3 \times 2.7\,t/m^3 = 0.6 \times 2.7\,t \fallingdotseq 1.6\,t$$

以上から（2）が正解．

▶答（2）

問題 8 【平成 29 年春 問 32】 

長さ 1 m，幅 30 cm，高さ 20 cm の鋳鉄製の直方体の質量の値に最も近いものは（1）～（5）のうちどれか．

（1）162 kg　（2）432 kg　（3）468 kg　（4）534 kg　（5）684 kg

解説 鋳鉄製の直方体の体積を求め，$1\,m^3$ 当たりの質量（7.2 t）を掛ければ算出される．

鋳鉄製の直方体の体積

$$長さ \times 幅 \times 高さ = 1\,m \times 30\,cm \times 20\,cm = 1\,m \times 0.3\,m \times 0.2\,m = 0.06\,m^3$$

鋳鉄製の直方体の質量

直方体の体積 × 1 m^3 当たりの質量 $= 0.06\,m^3 \times 7.2\,t/m^3$
$= 0.06 \times 7.2 \times 1{,}000\,kg = 432\,kg$

以上から（2）が正解.

▶答（2）

問題9 【平成28年秋 問36】

物体の質量及び比重に関し，誤っているものは次のうちどれか.

(1) 鉛1 m^3 の質量は，約11.4tである.

(2) 物体の体積をV，その単位体積当たりの質量をdとすれば，その物体の質量Wは，W＝V×dで求められる.

(3) 銅の比重は，約8.9である.

(4) 形状が立方体で材質が同じ物体では，各辺の長さが4倍になると質量は12倍になる.

(5) アルミニウム1 m^3 の質量と水2.7 m^3 の質量は，ほぼ同じである.

解説 (1) 正しい. 鉛1 m^3 の質量は，約11.4tである. 表4.3-1参照.

(2) 正しい. 物体の体積を V m^3，その単位体積当たりの質量を d kg/m^3 とすれば，その物体の質量 W kgは，W〔kg〕$= V$〔m^3〕$\times d$〔kg/m^3〕で求められる.

(3) 正しい. 銅の比重は，約8.9である. なお，比重とは，物体の質量と，その物体と同じ体積の4°Cの純水の質量との比をいう.

(4) 誤り. 形状が立方体で材質が同じ物体では，各辺の長さ l_1，l_2，l_3 が4倍になると質量は，$4l_1 \times 4l_2 \times 4l_3 = 64 \times l_1 \times l_2 \times l_3$ となり，体積に比例するから64倍になる.

(5) 正しい. アルミニウム1 m^3 の質量と水2.7 m^3 の質量はほぼ同じである. 表4.3-1参照.

▶答（4）

問題10 【平成28年春 問35】

物体の質量及び比重に関し，誤っているものは次のうちどれか.

(1) アルミニウムの丸棒が，その長さは同じで，直径が3倍になると，質量は9倍になる.

(2) 全体が均質な球体で，比重が1より大きい物体は水に沈む.

(3) 鋳鉄1 m^3 の質量は，約7.8tである.

(4) 物体の質量をW，その体積をVとすれば，その単位体積当たりの質量dは，d＝W/Vで求められる.

(5) 物体の質量と，その物体と同じ体積の4°Cの純水の質量との比をその物体の比重という.

解説 (1) 正しい．アルミニウムの丸棒が，その長さは同じである場合，直径が3倍になると，断面積が9倍となり，体積も9倍となるから質量も9倍になる．

(2) 正しい．全体が均質な球体で，比重が1より大きい物体は水の比重が1であるから水に沈む．

(3) 誤り．鋳鉄1 m^3 の質量は，約7.8tである．表4.3-1参照．

(4) 正しい．物体の質量を Wkg，その体積を V m^3 とすれば，その単位体積当たりの質量 dは，d〔kg/m^3〕＝W〔kg〕/V〔m^3〕で求められる．

(5) 正しい．物体の質量と，その物体と同じ体積の4℃の純水の質量との比をその物体の比重という．

▶答 (3)

4.4 天井クレーン又は天びん棒のモーメントに関する計算

問題1 【令和2年秋 問34】

図のようなジブクレーンにおいて，質量900kgの荷をつり上げ，A点からジブの先端方向にB点まで移動させたとき，荷がAの位置のときの支点OにおけるモーメントM_1及び荷がBの位置のときの支点OにおけるモーメントM_2の値に最も近い組み合わせは（1）～（5）のうちどれか．

ただし，重力の加速度は9.8 m/s^2とし，荷以外の質量は考えないものとする．

	M_1	M_2
(1)	1.8kN·m	4.5kN·m
(2)	3.5kN·m	5.3kN·m
(3)	13.2kN·m	22.1kN·m
(4)	17.6kN·m	26.5kN·m
(5)	17.6kN·m	44.1kN·m

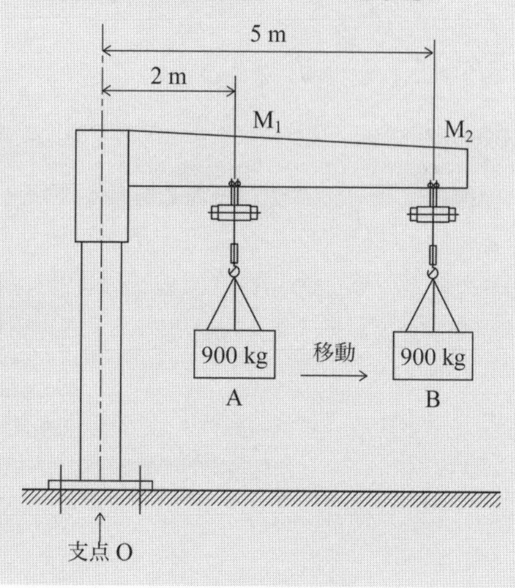

解説 M_1 長さ×質量×加速度＝2m×900kg×9.8 m/s^2＝17,640N·m ≒ 17.6kN·m

M_2　長さ×質量×加速度 $= 5\,\mathrm{m} \times 900\,\mathrm{kg} \times 9.8\,\mathrm{m/s^2} = 44{,}100\,\mathrm{N{\cdot}m} = 44.1\,\mathrm{kN{\cdot}m}$

以上から（5）が正解.　▶答（5）

問題2　【令和2年春 問32】

図のような天びん棒で荷Wをワイヤロープでつり下げ，つり合うとき，天びん棒を支えるための力Fの値は（1）～（5）のうちどれか.

ただし，重力の加速度は $9.8\,\mathrm{m/s^2}$ とし，天びん棒及びワイヤロープの質量は考えないものとする.

（1）147 N
（2）294 N
（3）441 N
（4）735 N
（5）980 N

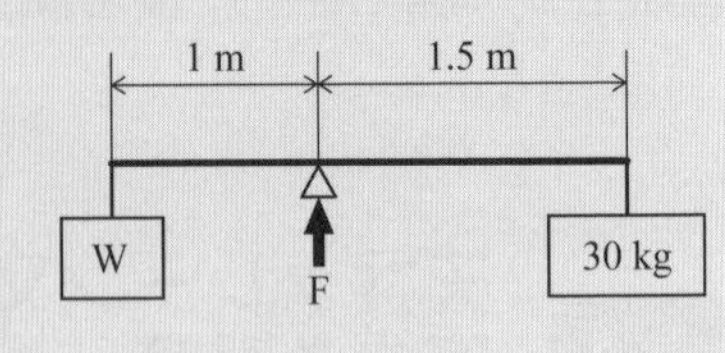

解説　モーメントのつり合いから質量 W を求め，力を $(W + 30)\,\mathrm{kg} \times 9.8\,\mathrm{m/s^2}$ として算出する.

W の算出

$$W\,\mathrm{kg} \times 1\,\mathrm{m} = 1.5\,\mathrm{m} \times 30\,\mathrm{kg}$$

$$W = 45\,\mathrm{kg}$$

F にかかる力（質量×重力加速度）は

$$(45 + 30)\,\mathrm{kg} \times 9.8\,\mathrm{m/s^2} = 735\,\mathrm{N}$$

となる.

以上から（4）が正解.　▶答（4）

問題3　【令和元年秋 問36】

図のように天井クレーンで質量4tの荷をつるとき，Bの支点が支える力の値に最も近いものは（1）～（5）のうちどれか.

ただし，重力の加速度は $9.8\,\mathrm{m/s^2}$ とし，クレーンガーダ，クラブトロリ及びワイヤロープの質量は考えないものとする.

（1）16 kN
（2）23 kN
（3）27 kN
（4）67 kN
（5）95 kN

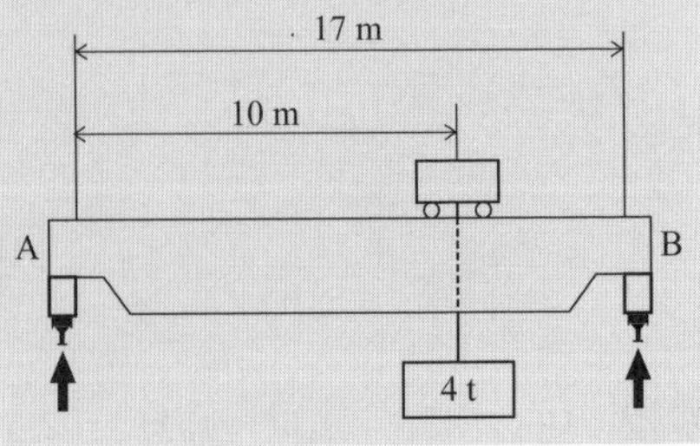

解説 図 4.4-1 のようにB点を支える力を W_B としてA点を支点としてA点の周りのモーメントをとる．

$$AB〔m〕\times W_B〔N〕= AC〔m〕\times 4{,}000〔kg〕\times 9.8〔m/s^2〕 \quad ①$$

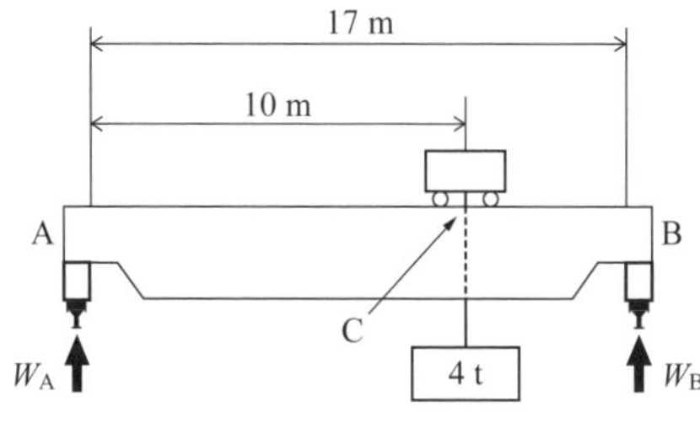

図 4.4-1

式①に与えられた数値を代入して W_B を算出する．

$$W_B = AC \times 4{,}000 \times 9.8/AB\,kg \cdot m/s^2 = 10 \times 4{,}000 \times 9.8/17\,N ≒ 23 \times 10^3\,N$$
$$= 23\,kN$$

なお，このようにクレーンガーダ両側に支点があり，その中間で荷をつるす天井クレーンの場合，両側にかかる力は，A点ではCBの長さに，B点ではACの長さにつり荷の重量が配分される．したがって，$W_B = 4{,}000\,kg \times 9.8\,m/s^2 \times 10\,m/17\,m ≒ 23 \times 10^3\,N = 23\,kN$ としてもよい．

以上から（2）が正解．　　　　▶答（2）

問題 4　【令和元年春 問 32】

図のような天びん棒で荷Wをワイヤロープでつり下げ，つり合うとき，天びん棒を支えるための力Fの値は（1）～（5）のうちどれか．

ただし，重力の加速度は9.8 m/s^2 とし，天びん棒及びワイヤロープの質量は考えないものとする．

（1）　98 N
（2）196 N
（3）294 N
（4）392 N
（5）490 N

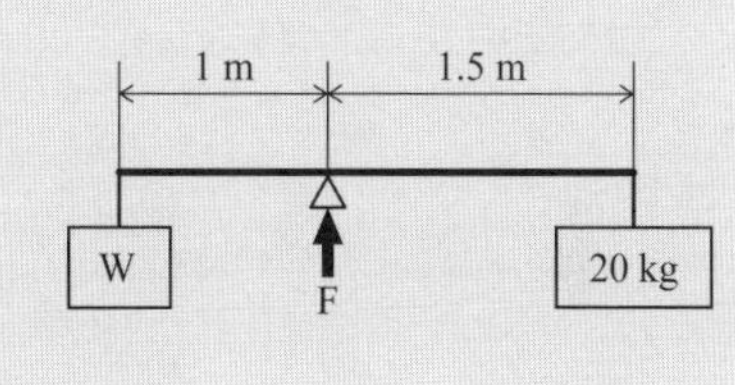

解説 モーメントのつり合いから W を求め，それに質量20 kgを加え，重力加速度を掛けて重量を算出する．

$$1\,m \times W\,kg = 1.5\,m \times 20\,kg$$
$$W = 1.5 \times 20/1 = 30\,kg$$

F にかかる質量は

$$30\,kg + 20\,kg = 50\,kg$$

である．

重量は，

$$50\,\mathrm{kg} \times 9.8\,\mathrm{m/s^2} = 490\,\mathrm{kg{\cdot}m/s^2} = 490\,\mathrm{N}$$

となる．

以上から（5）が正解． ▶答（5）

問題5 【平成30年秋 問32】

図のような天びん棒で荷 W をワイヤロープでつり下げ，つり合うとき，天びん棒を支えるための力Fの値は（1）～（5）のうちどれか．

ただし，重力の加速度は $9.8\,\mathrm{m/s^2}$ とし，天びん棒及びワイヤロープの質量は考えないものとする．

（1） 49 N
（2） 196 N
（3） 245 N
（4） 441 N
（5） 490 N

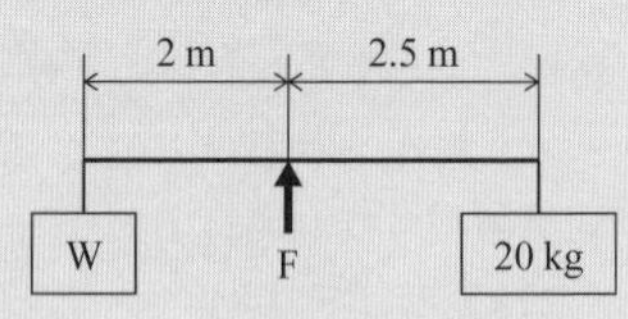

解説 モーメントのつり合いから W を求め，それに質量20 kgを加え，重力加速度を掛けて重量を算出する．

$$2\,\mathrm{m} \times W\,\mathrm{kg} = 2.5\,\mathrm{m} \times 20\,\mathrm{kg}$$

$$W = 2.5 \times 20/2 = 25\,\mathrm{kg}$$

F にかかる質量は

$$25\,\mathrm{kg} + 20\,\mathrm{kg} = 45\,\mathrm{kg}$$

である．

重量は，

$$45\,\mathrm{kg} \times 9.8\,\mathrm{m/s^2} = 441\,\mathrm{kg{\cdot}m/s^2} = 441\,\mathrm{N}$$

となる．

以上から（4）が正解． ▶答（4）

問題6 【平成30年春 問32】

図のように天井クレーンで質量20 tの荷をつるとき，レールAが受ける力の値に最も近いものは（1）～（5）のうちどれか．

ただし，重力の加速度は $9.8\,\mathrm{m/s^2}$ とし，ガーダ，クラブトロリ及びワイヤロープの質量は考えないものとする．

(1)　28 kN
(2)　59 kN
(3)　84 kN
(4)　137 kN
(5)　280 kN

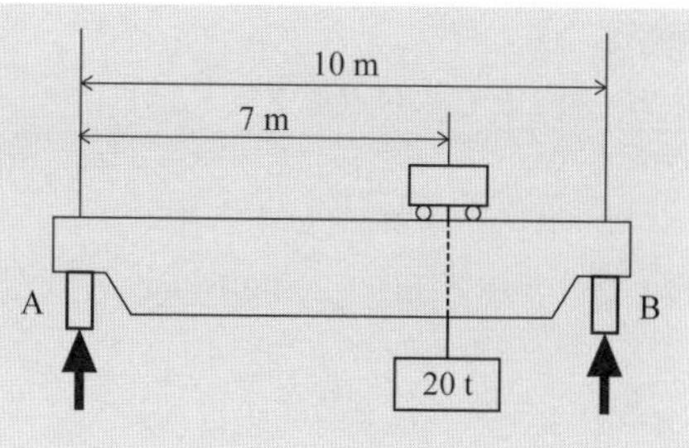

解説　図4.4-2のようにA点を支える力をW_AとしてB点を支点としてB点の周りのモーメントをとる.

$$AB〔m〕\times W_A〔N〕= BC〔m〕\times 20{,}000〔kg〕\times 9.8〔m/s^2〕 \quad ①$$

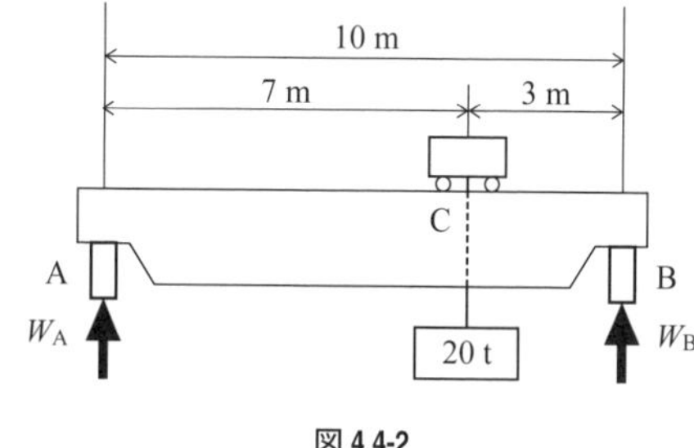

図 4.4-2

式①に与えられた数値を代入してW_Aを算出する.

$$W_A = BC \times 20{,}000 \times 9.8/AB\,kg\cdot m/s^2 = 3 \times 20{,}000 \times 9.8/10\,N \fallingdotseq 59 \times 10^3\,N = 59\,kN$$

なお，このようにクレーンガーダ両側に支点があり，その中間で荷をつるす天井クレーンの場合，両側にかかる力は，A点ではCBの長さに，B点ではACの長さにつり荷の重量が配分される．したがって，$W_A = 20{,}000 \times 9.8 \times 3/10 \fallingdotseq 59 \times 10^3\,N = 59\,kN$としてもよい.

以上から（2）が正解.

▶答（2）

問題7　【平成29年秋 問32】

図のように天井クレーンで質量20 tの荷をつるとき，レールAが受ける力の値に最も近いものは（1）～（5）のうちどれか.

ただし，重力の加速度は9.8 m/s²とし，ガーダ，クラブトロリ及びワイヤロープの質量は考えないものとする.

(1)　28 kN
(2)　39 kN
(3)　82 kN
(4)　114 kN
(5)　140 kN

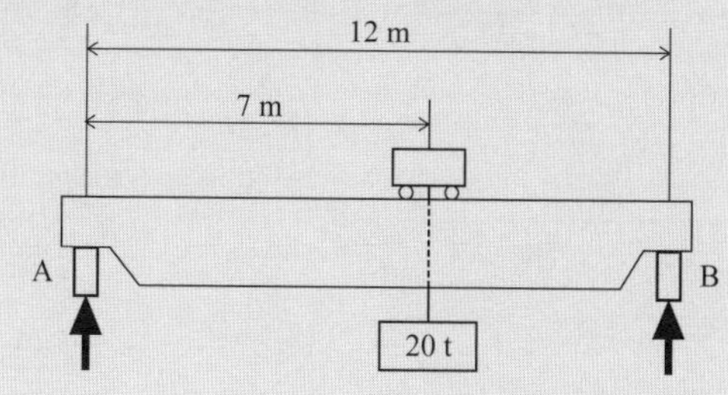

解説 図4.4-3のようにA点を支える力をW_AとしてB点を支点としてB点の周りのモーメントをとる.

AB〔m〕× W_A〔N〕
= BC〔m〕× 20,000〔kg〕× 9.8〔m/s²〕 ①

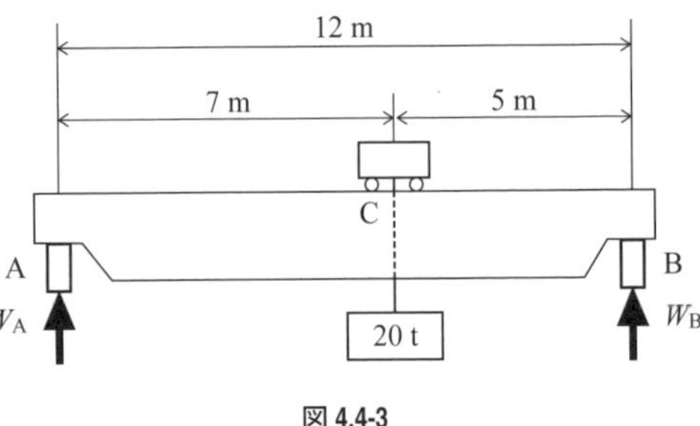

図 4.4-3

式①に与えられた数値を代入してW_Aを算出する.

$$W_A = BC \times 20{,}000 \times 9.8/AB\,\mathrm{kg{\cdot}m/s^2} = 5 \times 20{,}000 \times 9.8/12\,\mathrm{N} \fallingdotseq 82 \times 10^3\,\mathrm{N} = 82\,\mathrm{kN}$$

なお，このようにクレーンガーダ両側に支点があり，その中間で荷をつるす天井クレーンの場合，両側にかかる力は，A点ではCBの長さの割合に，B点ではACの長さの割合につり荷の重量が配分される．したがって，$W_A = 20{,}000 \times 9.8 \times 5/12 \fallingdotseq 82 \times 10^3$ N = 82 kNとしてもよい.

以上から (3) が正解.

▶答 (3)

問題8 【平成29年春 問33】

図のようなジブクレーンにおいて，質量300 kgの荷をつり上げ，A点からジブの先端方向にB点まで移動させたとき，荷がAの位置のときの支点OにおけるモーメントM_1及び荷がBの位置のときの支点OにおけるモーメントM_2の値に最も近いものは (1) ～ (5) のうちどれか.

ただし，重力の加速度は9.8 m/s²とし，荷以外の質量は考えないものとする.

	M_1	M_2
(1)	0.6 kN·m	1.5 kN·m
(2)	4.4 kN·m	7.4 kN·m
(3)	5.9 kN·m	7.4 kN·m
(4)	5.9 kN·m	14.7 kN·m
(5)	8.8 kN·m	14.7 kN·m

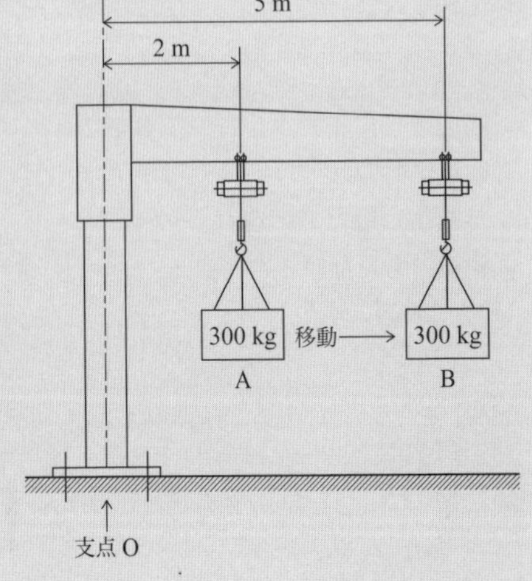

解説 支点Oからの距離は2mと5mであるから，支点Oに関するモーメントはAとBについて次のように表される．

A　$2\,\text{m} \times 300\,\text{kg} \times 9.8\,\text{m/s}^2 = 2 \times 300 \times 9.8\,\text{m/s}^2 \times \text{m} = 5{,}880\,\text{N·m}$
$= 5.88 \times 10^3\,\text{N·m} \fallingdotseq 5.9\,\text{kN·m}$

B　$5\,\text{m} \times 300\,\text{kg} \times 9.8\,\text{m/s}^2 = 5 \times 300 \times 9.8\,\text{m/s}^2 \times \text{m} = 14{,}700\,\text{N·m}$
$= 14.7 \times 10^3\,\text{N·m} = 14.7\,\text{kN·m}$

以上から（4）が正解．

▶答（4）

問題9

【平成28年秋 問37】 

図のように天井クレーンが質量10tの荷をつるとき，レールBが受ける力の値に最も近いものは，次の（1）～（5）のうちどれか．

ただし，重力の加速度は$9.8\,\text{m/s}^2$とし，ガーダ，クラブトロリ及びワイヤロープの質量は考えないものとする．

（1）　6.4 kN
（2）19.6 kN
（3）35.0 kN
（4）54.4 kN
（5）63.0 kN

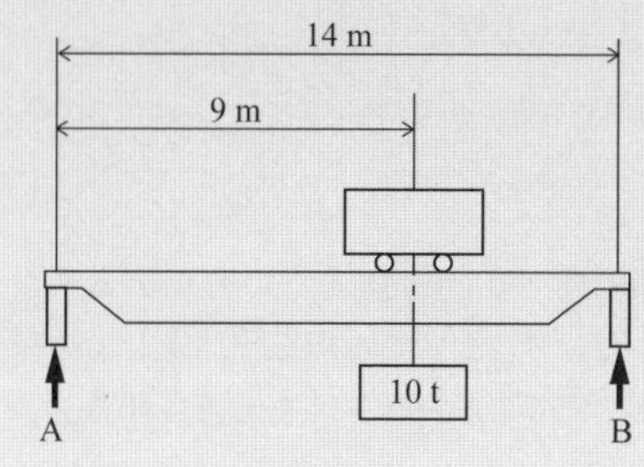

解説 図4.4-4のようにB点を支える力をW_BとしてA点を支点としてA点の周りのモーメントをとる．なお，10t＝10,000kgである．

$$AB\,〔\text{m}〕\times W_B\,〔\text{N}〕= AC\,〔\text{m}〕\times 10{,}000\,〔\text{kg}〕\times 9.8\,〔\text{m/s}^2〕 \quad ①$$

図4.4-4

式①に与えられた数値を代入してW_Bを算出する．

$$W_B = AC \times 10{,}000 \times 9.8/AB\,\text{kg·m/s}^2 = 9 \times 10{,}000 \times 9.8/14\,\text{N} = 63.0 \times 10^3\,\text{N}$$
$$= 63.0\,\text{kN}$$

なお，このようにクレーンガーダ両側に支点があり，その中間で荷をつるす天井クレーンの場合，両側にかかる力は，A点ではCBの長さの割合に，B点ではACの長さの割合につり荷の重量が配分される．したがって，$W_B = 10{,}000\,\mathrm{kg} \times 9.8\,\mathrm{m/s^2} \times 9\,\mathrm{m}/14\,\mathrm{m} =$ 63.0 kN としてもよい．

以上から（5）が正解．

▶答（5）

問題 10 【平成 28 年春 問 38】

図のように天井クレーンが質量 10 t の荷をつるとき，レール B が受ける力は (1) ～ (5) のうちどれか．

ただし，重力の加速度は $9.8\,\mathrm{m/s^2}$ とし，ガーダ，クラブトロリ及びワイヤロープの質量は考えないものとする．

(1) 35 kN
(2) 54 kN
(3) 63 kN
(4) 152 kN
(5) 176 kN

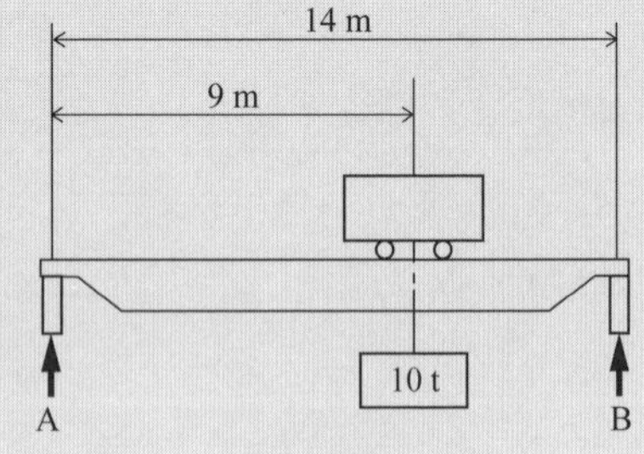

解説 図 4.4-5 のように B 点を支える力を W_B として A 点を支点として A 点の周りのモーメントをとる．なお，10 t = 10,000 kg である．

$$AB\,〔\mathrm{m}〕\times W_B\,〔\mathrm{N}〕= AC\,〔\mathrm{m}〕\times 10{,}000\,〔\mathrm{kg}〕\times 9.8\,〔\mathrm{m/s^2}〕 \quad ①$$

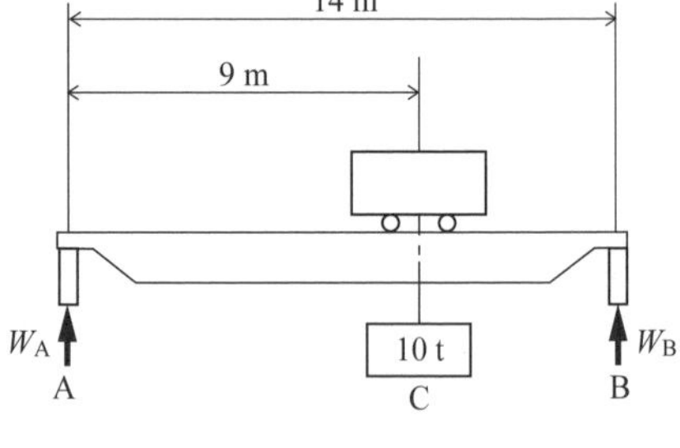

図 4.4-5

式①に与えられた数値を代入して W_B を算出する．

$$W_B = AC \times 10{,}000 \times 9.8/AB\,\mathrm{kg\cdot m/s^2} = 9 \times 10{,}000 \times 9.8/14\,\mathrm{N} = 63 \times 10^3\,\mathrm{N} = 63\,\mathrm{kN}$$

なお，このようにクレーンガーダ両側に支点があり，その中間で荷をつるす天井クレーンの場合，両側にかかる力は，A 点では CB の長さの割合に，B 点では AC の長さの割合につり荷の重量が配分される．したがって，$W_B = 10{,}000\,\mathrm{kg} \times 9.8\,\mathrm{m/s^2} \times 9\,\mathrm{m}/14\,\mathrm{m} =$ 63.0 kN としてもよい．

以上から（3）が正解．

▶答（3）

4.5 物体の運動，荷の移動距離，移動速度

問題1 【令和2年秋 問35】 

物体の運動に関する記述として，適切でないものは次のうちどれか.

(1) 等速運動とは，速度が変わらず，どの時刻をとっても同じ速度である運動をいう.

(2) 物体が円運動をしているときの遠心力と向心力は，力の大きさが等しく，向きが反対である.

(3) 運動の速さと向きを示す量を速度といい，速度の変化の程度を示す量を加速度という.

(4) 直線運動している物体には，外部から力が作用しない限り，永久に同一の運動を続けようとする求心力が働いている.

(5) 荷をつった状態でジブクレーンのジブを旋回させると，荷は旋回する前の作業半径より大きい半径で回るようになる.

解説 (1) 適切．等速運動とは，速度が変わらず，どの時刻をとっても同じ速度である運動をいう.

(2) 適切．物体が円運動をしているときの遠心力と向心力は，力の大きさが等しく，向きが反対である.

(3) 適切．運動の速さと向きを示す量を速度 v〔m/s〕といい，速度の変化の程度を示す量を加速度 a〔m/s^2〕という．$a = dv/dt$

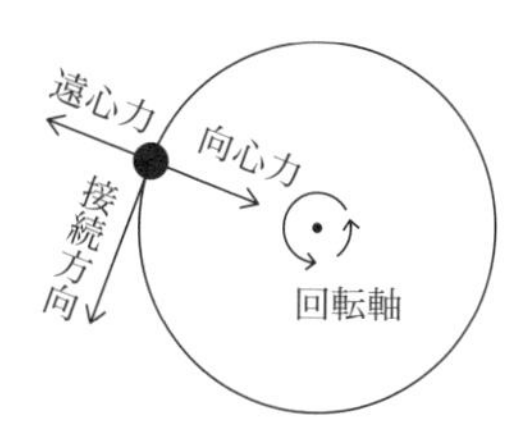

図 4.5-1　遠心力と向心力

(4) 不適切．直線運動している物体には，外部から力が作用しない限り，永久に同一の運動を続けようとする慣性力が働いている．なお，求心力（向心力）は，図4.5-1のように物体を回転させるとき，物体が円の外に飛び出そうとする遠心力に対して，物体を回転の中心に向かわせようと釣り合っている場合に生じる力である.

(5) 適切．荷をつった状態でジブクレーンのジブを旋回させると，図4.5-2のように荷は旋回する前の作業半径より遠心力が生じるので大きい半径で回るようになる.

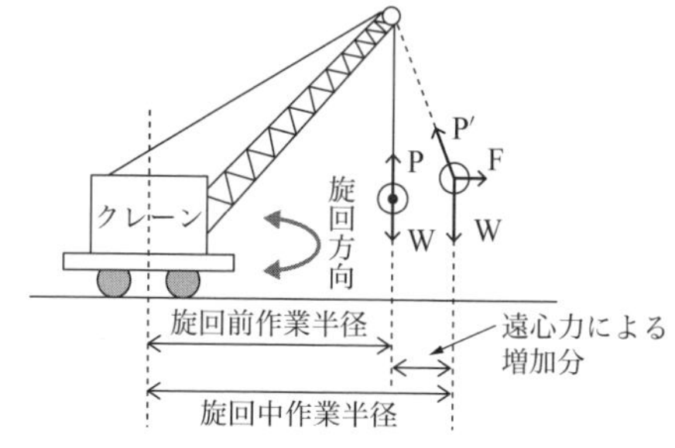

図 4.5-2　遠心力によるつり荷の飛び出しと作業半径

▶答 (4)

問題2

【令和2年春 問35】

物体の運動に関する記述として，適切でないものは次のうちどれか．

(1) 静止している物体を動かしたり，運動している物体の速度を変えるためには力が必要である．

(2) 荷をつった状態でジブクレーンのジブを旋回させると，荷は旋回する前の作業半径より大きい半径で回るようになる．

(3) 物体が一定の加速度で加速し，その速度が6秒間に12 m/sから36 m/sになったときの加速度は，4 m/s^2である．

(4) 物体には，外から力が作用しない限り，静止しているときは静止の状態を，運動しているときは同一の運動の状態を続けようとする性質がある．

(5) 等速直線運動をしている物体の移動した距離をL，その移動に要した時間をTとすれば，その速さVは，V＝L×Tで求められる．

解説 (1) 適切．静止している物体を動かしたり，運動している物体の速度を変えるためには力が必要である．

(2) 適切．荷をつった状態でジブクレーンのジブを旋回させると，荷は旋回する前の作業半径より大きい半径で回るようになる．図4.5-2参照．

(3) 適切．物体が一定の加速度で加速し，その速度が6秒間に12 m/sから36 m/sになったときの加速度は，増加した速度をかかった時間で除した値であるから，(36－12)〔m/s〕÷6〔s〕＝4〔m/s^2〕である．

(4) 適切．物体には，外から力が作用しない限り，静止しているときは静止の状態を，運動しているときは同一の運動の状態を続けようとする性質がある．これを慣性という．

(5) 不適切．等速直線運動をしている物体の移動した距離をL，その移動に要した時間をTとすれば，その速さVは，移動距離をかかった時間で除した値であるから$V＝L/T$で求められる．

▶答 (5)

問題3

【令和元年秋 問35】

天井クレーンで荷をつり上げ，つり荷を移動させるためにクレーンを10秒間に4 m移動する速度で走行させながら10秒間に3 m移動する速度で横行させ続けているとき，つり荷が10秒間に移動する距離は（1）～（5）のうちどれか．

(1) 1 m　(2) 3 m　(3) 4 m　(4) 5 m　(5) 7 m

解説 図4.5-3のように天井クレーンが荷をつり上げ，左に10秒間で4 m走行し，上方に10秒間で3 m横行した場合，つり荷は対角線で表したように動く．この対角線の長さX mは次のように算出する．

$$X^2 = 4^2 + 3^2 = 16 + 9 = 25$$

$$X = 5\,\mathrm{m}$$

以上から（4）が正解.

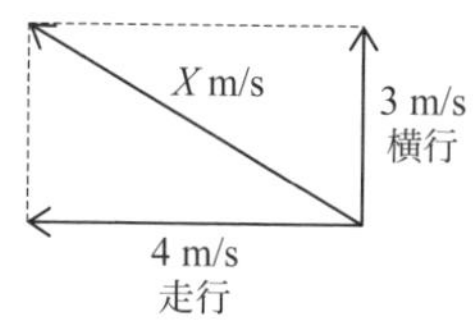

図 4.5-3

▶答（4）

問題 4　【令和元年春 問 35】

天井クレーンで荷をつり上げ，つり荷を移動させるためにクレーンを 1 秒間に 1 m 移動する速度で走行させながら 1 秒間に 1 m 移動する速度で横行させ続けているとき，つり荷が 1 秒間に移動する距離の値に最も近いものは（1）～（5）のうちどれか.

（1）0.5 m　（2）1.0 m　（3）1.4 m　（4）2.0 m　（5）2.8 m

解説 図 4.5-4 のように天井クレーンで荷をつり上げ，つり荷を移動させるためにクレーンを 1 秒間に 1 m 移動する速度で走行させながら 1 秒間に 1 m 移動する速度で横行させ続けているとき，つり荷が 1 秒間に移動する距離の値 Xm は次のように算出する.

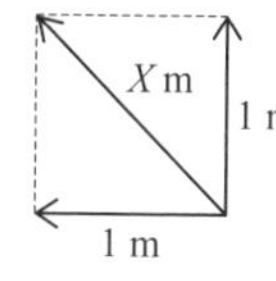

図 4.5-4

$$X^2 = 1^2 + 1^2 = 1 + 1 = 2$$

$$X = \sqrt{2} \fallingdotseq 1.4\,\mathrm{m}$$

以上から（3）が正解.

▶答（3）

問題 5　【平成 30 年秋 問 35】

ジブクレーンのジブが作業半径 15 m で 3 分間に 1 回転する速度で旋回を続けているとき，このジブの先端の速度の値に最も近いものは（1）～（5）のうちどれか.

（1）0.5 m/s　（2）1.0 m/s　（3）1.6 m/s　（4）3.9 m/s　（5）4.7 m/s

解説 ジブの作業半径 15 m の円周の距離を算出して，一回転する時間 3 分（3 × 60 秒）で割れば，速度が得られる.

作業半径 15 m の先端の円周 ＝ 2 × 円周率 × 半径 ＝ 2 × 3.14 × 15 m　①

ジブの先端速度 ＝ 式①/一回転する時間 ＝ 2 × 3.14 × 15/(3 × 60) ≒ 0.5 m/s

以上から（1）が正解.

▶答（1）

問題 6　【平成 30 年春 問 35】

天井クレーンで荷をつり上げ，つり荷を移動させるためにクレーンを 10 秒間に 4 m 移動する速度で走行させながら 10 秒間に 3 m 移動する速度で横行させ続けているとき，つり荷が 10 秒間に移動する距離は（1）～（5）のうちどれか.

(1) 1m　(2) 3m　(3) 4m　(4) 5m　(5) 7m

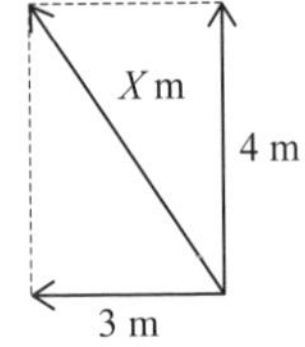

図 4.5-5

解説 図4.5-5のように天井クレーンで荷をつり上げ，つり荷を移動させるためにクレーンを10秒間に4m移動する速度で走行させながら10秒間に3m移動する速度で横行させ続けているとき，つり荷が10秒間に移動する距離の値 X m は次のように算出する.

$$X^2 = 4^2 + 3^2 = 16 + 9 = 25$$

$$X = \sqrt{25} = 5\,\mathrm{m}$$

以上から（4）が正解.

▶答（4）

問題7 【平成29年秋 問35】

天井クレーンで荷をつり上げ，つり荷を移動させるためにクレーンを毎秒1mの速度で，走行させながら毎秒1mの速度で横行させ続けているとき，つり荷が1秒あたりに移動する距離の値に最も近いものは（1）～（5）のうちどれか.

(1) 0.5m　(2) 1.0m　(3) 1.4m　(4) 2.0m　(5) 2.8m

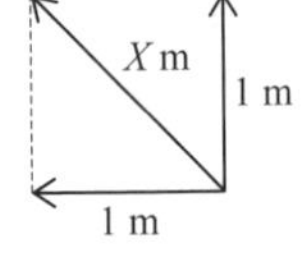

図 4.5-6

解説 図4.5-6のように天井クレーンで荷をつり上げ，つり荷を移動させるためにクレーンを1秒間に1m移動する速度で走行させながら1秒間に1m移動する速度で横行させ続けているとき，つり荷が1秒間に移動する距離の値 X m は次のように算出する.

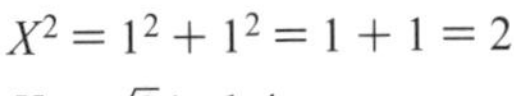

$$X^2 = 1^2 + 1^2 = 1 + 1 = 2$$

$$X = \sqrt{2} \fallingdotseq 1.4\,\mathrm{m}$$

以上から（3）が正解.

▶答（3）

問題8 【平成29年春 問35】

天井クレーンを40m/minで走行させながら30m/minで横行させるとき，つり荷の速度の値は（1）～（5）のうちどれか.

(1) 10m/min　(2) 30m/min　(3) 40m/min
(4) 50m/min　(5) 70m/min

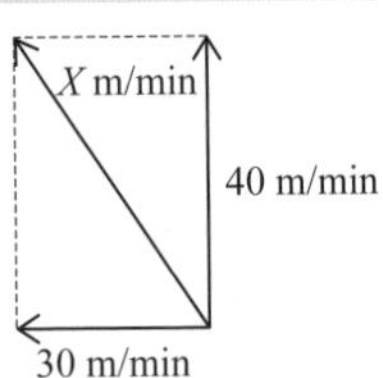

図 4.5-7

解説 図4.5-7のように天井クレーンで荷をつり上げ，つり荷を移動させるためにクレーンを40m/minで移動する速度で走行させながら30m/minで移動する速度で横行させ続けているとき，つり荷の速度〔m/min〕は次のように算出する．1分〔min〕で移動する距離 X は次のように算出する.

$$X^2 = 40^2 + 30^2 = 1{,}600 + 900 = 2{,}500$$

$X = \sqrt{2{,}500} = 50\,\text{m}$

1分〔min〕で50m移動するから速度は

50m/min

となる.

以上から（4）が正解.

▶答（4）

題9

【平成28年秋 問34】 

ジブクレーンのジブが作業半径19mで2分間に1回転するとき，このジブ先端の速度の値に最も近いものは，次の（1）～（5）のうちどれか.

（1）0.5m/s　（2）1.0m/s　（3）2.0m/s　（4）4.0m/s　（5）8.0m/s

解説　ジブの作業半径19mの円周の距離を算出して，一回転する時間2分（2×60秒）で割れば，速度が得られる.

作業半径19mの先端の円周＝2×円周率×半径＝2×3.14×19m　①

ジブの先端速度＝式①/一回転する時間＝2×3.14×19/(2×60)≒1.0m/s

以上から（2）が正解.

▶答（2）

問題10

【平成28年春 問31】 

物体の運動に関し，誤っているものは次のうちどれか.

（1）等速度運動とは，速度が変わらず，どの時刻をとっても同じ速度である運動をいう.

（2）物体が円運動をしているときの遠心力と向心力は，力の大きさが等しく向きが反対である.

（3）物体の速度が2秒間に10m/sから20m/sになったときの加速度は，$5\,\text{m/s}^2$である.

（4）運動している物体の運動の方向を変えるのに要する力は，物体の質量が大きいほど小さくなる.

（5）静止している物体を動かしたり，運動している物体の速度を変えるためには力が必要である.

解説　（1）正しい．等速度運動とは，速度が変わらず，どの時刻をとっても同じ速度である運動をいう.

（2）正しい．物体が円運動をしているときの遠心力と向心力は，力の大きさが等しく向きが反対である.

（3）正しい．物体の速度が2秒間に10m/sから20m/sになったときの加速度は，次に示

すように5 m/s²である．加速度 = (20 − 10)〔m/s〕÷ 2〔s〕= 5〔m/s²〕

(4) 誤り．運動している物体の運動の方向を変えるのに要する力は，物体の質量が大きいほど大きくなる．

(5) 正しい．静止している物体を動かしたり，運動している物体の速度を変えるためには力が必要である．

▶答 (4)

4.6 材料の強さ，応力，変形

問題1 【令和2年秋 問36】 

軟鋼の材料の強さ，応力，変形などに関する記述として，適切でないものは次のうちどれか．

(1) 繰返し荷重が作用するとき，比較的小さな荷重であっても機械や構造物が破壊することがあるが，このような現象を疲労破壊という．

(2) せん断応力は，材料に作用するせん断荷重に材料の断面積を乗じて求められる．

(3) 引張試験で，材料に荷重をかけると変形が生じるが，荷重の大きさが荷重–伸び線図における比例限度以内であれば，荷重を取り除くと荷重が作用する前の原形に戻る．

(4) 材料に荷重が作用し変形するとき，荷重が作用する前（原形）の量に対する変形量の割合をひずみという．

(5) 引張試験で，材料が破断するまでにかけられる最大の荷重を，荷重をかける前の材料の断面積で除した値を引張強さという．

解説 (1) 適切．繰返し荷重が作用するとき，比較的小さな荷重であっても機械や構造物が破壊することがあるが，このような現象を疲労破壊という．

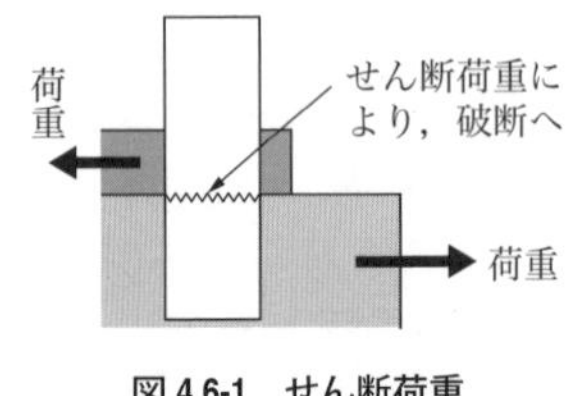

図4.6-1　せん断荷重

(2) 不適切．せん断応力〔N/mm²〕は，材料に作用するせん断荷重（図4.6-1参照）のようにボルトを2枚の鋼板がFの力で切断するようにかかる荷重Nを材料の断面積A〔mm²〕で除して求められる．

せん断応力 $= F/A$〔N/mm²〕

(3) 適切．引張試験で，材料に荷重をかけると変形が生じるが，荷重の大きさが荷重–伸び線図における比例限度以内であれば，荷重を取り除くと荷重が作用する前の原形に戻る．図4.6-2参照．

(4) 適切．材料に荷重が作用し変形するとき，荷重が作用する前（原形）の量に対する変形量の割合εをひずみという．図4.6-3において，元の長さに対する伸び割合は$\varepsilon = \lambda / l$，元の直径に対する縮みの割合は$\varepsilon' = -\delta / d$である．

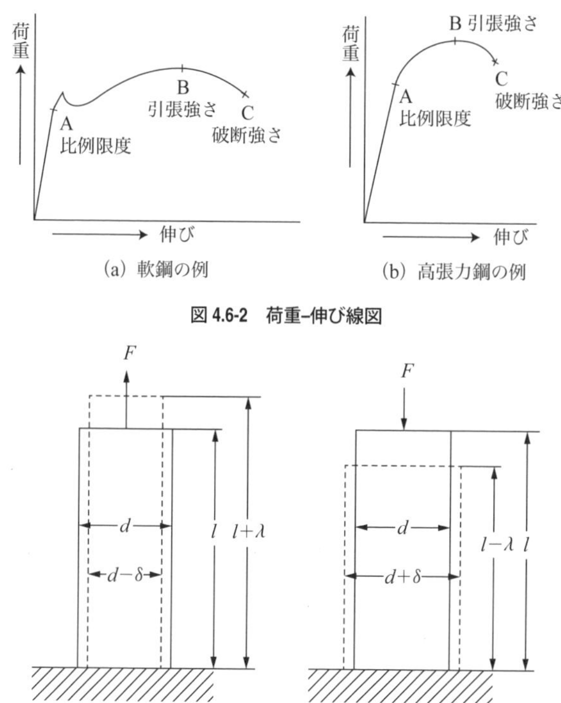

図 4.6-2　荷重–伸び線図

図 4.6-3　棒の引張／圧縮変形とひずみ
（出典：初級　高圧ガス保安技術　第 12 次改訂版，p77）

(5) 適切．引張試験で，材料が破断するまでにかけられる最大の荷重を，荷重をかける前の材料の断面積で除した値を引張強さという．図4.6-2参照．　▶答 (2)

4.7 丸棒の引張応力計算

問題1　【令和2年春 問39】

天井から垂直につるした直径2 cmの丸棒の先端に質量200 kgの荷をつり下げるとき，丸棒に生じる引張応力の値に最も近いものは (1) ～ (5) のうちどれか．

ただし，重力の加速度は9.8 m/s^{2}とし，丸棒の質量は考えないものとする.

（1）2 N/mm^2　（2）3 N/mm^2　（3）6 N/mm^2

（4）8 N/mm^2　（5）9 N/mm^2

解説 丸棒に生じる張力N/mm^{2}は，質量200 kgに重力加速度9.8 m/s^{2}を掛けて重量にして，丸棒の断面積〔mm^2〕で除して算出される．図4.7-1参照.

$$質量200\,\mathrm{kg}の重量 = 200\,\mathrm{kg} \times 9.8\,\mathrm{m/s^2} = 200 \times 9.8\,\mathrm{kg{\cdot}m/s^2} = 200 \times 9.8\,\mathrm{N} \quad ①$$

2 cm＝20 mm

200 kg

図 4.7-1

丸棒の断面積

$$\pi \times 直径の2乗/4 = \pi \times (20\,\mathrm{mm})^2/4 = 3.14 \times 400/4\,\mathrm{mm^2} \quad ②$$

$$丸棒に生じる張力 = 式①/式② = (200 \times 9.8\,\mathrm{N})/(3.14 \times 400/4\,\mathrm{mm^2}) = (200 \times 9.8)/(3.14 \times 400/4) \times \mathrm{N/mm^2} \fallingdotseq 6\,\mathrm{N/mm^2}$$

以上から（3）が正解.

▶答（3）

問題2 【令和元年秋 問39】

天井から垂直につるした直径1 cmの丸棒の先端に質量100 kgの荷をつり下げるとき，丸棒に生じる引張応力の値に最も近いものは（1）～（5）のうちどれか.

ただし，重力の加速度は9.8 m/s^{2}とし，丸棒の質量は考えないものとする.

（1）1 N/mm^2　（2）6 N/mm^2　（3）12 N/mm^2

（4）25 N/mm^2　（5）31 N/mm^2

解説 丸棒に生じる張力N/mm^{2}は，質量100 kgに重力加速度9.8 m/s^{2}を掛けて重量にして，丸棒の断面積〔mm^2〕で除して算出される．図4.7-2参照.

$$質量100\,\mathrm{kg}の重量 = 100\,\mathrm{kg} \times 9.8\,\mathrm{m/s^2} = 100 \times 9.8\,\mathrm{kg{\cdot}m/s^2} = 100 \times 9.8\,\mathrm{N} \quad ①$$

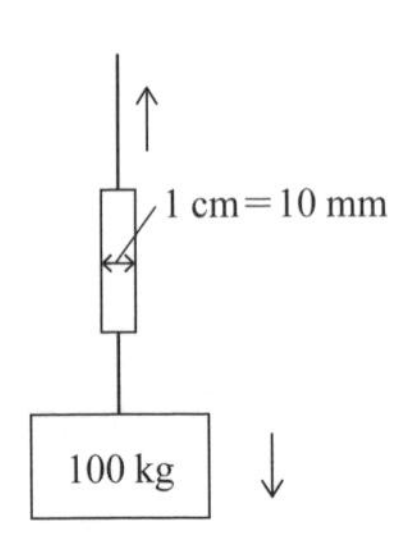

図 4.7-2

丸棒の断面積

$$\pi \times 直径の2乗/4 = \pi \times (1\,\mathrm{cm})^2/4 = 3.14 \times (10\,\mathrm{mm})^2/4 = 3.14 \times 100/4\,\mathrm{mm^2} \quad ②$$

丸棒に生じる張力 = 式①/式②

$= (100 \times 9.8\,\mathrm{N})/(3.14 \times 100/4\,\mathrm{mm}^2)$

$= (100 \times 9.8)/(3.14 \times 100/4)\,\mathrm{N/mm}^2$

$= 4 \times 9.8/3.14\,\mathrm{N/mm}^2$

$\fallingdotseq 12\,\mathrm{N/mm}^2$

以上から (3) が正解. ▶答 (3)

問題 3 【令和元年春 問 39】

天井から垂直につるした直径 2 cm の丸棒の先端に質量 400 kg の荷をつり下げるとき, 丸棒に生じる引張応力の値に最も近いものは (1) ～ (5) のうちどれか.

ただし, 重力の加速度は $9.8\,\mathrm{m/s^2}$ とし, 丸棒の質量は考えないものとする.

(1) $12\,\mathrm{N/mm}^2$ (2) $25\,\mathrm{N/mm}^2$ (3) $31\,\mathrm{N/mm}^2$

(4) $50\,\mathrm{N/mm}^2$ (5) $62\,\mathrm{N/mm}^2$

解説 丸棒に生じる張力 $\mathrm{N/mm}^2$ は, 質量 400 kg に重力加速度 $9.8\,\mathrm{m/s^2}$ を掛けて重量にして, 丸棒の断面積〔mm^2〕で除して算出される. 図 4.7-3 参照.

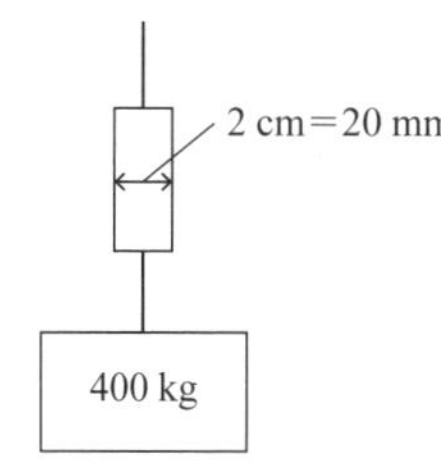

図 4.7-3

質量 400 kg の重量 $= 400\,\mathrm{kg} \times 9.8\,\mathrm{m/s^2}$

$= 400 \times 9.8\,\mathrm{kg{\cdot}m/s^2}$

$= 400 \times 9.8\,\mathrm{N}$ ①

丸棒の断面積

$\pi \times$ 直径の 2 乗$/4 = \pi \times (2\,\mathrm{cm})^2/4 = 3.14 \times (20\,\mathrm{mm})^2/4$

$= 3.14 \times 400/4\,\mathrm{mm}^2$ ②

丸棒に生じる張力 = 式①/式② $= (400 \times 9.8\,\mathrm{N})/(3.14 \times 400/4\,\mathrm{mm}^2)$

$= (400 \times 9.8)/(3.14 \times 400/4)\,\mathrm{N/mm}^2$

$= 4 \times 9.8/3.14\,\mathrm{N/mm}^2$

$\fallingdotseq 12\,\mathrm{N/mm}^2$

以上から (1) が正解. ▶答 (1)

問題 4 【平成 30 年秋 問 39】

天井から垂直につるした直径 2 cm の丸棒の先端に質量 400 kg の荷をつり下げるとき, 丸棒に生じる引張応力の値に最も近いものは (1) ～ (5) のうちどれか.

ただし, 重力の加速度は $9.8\,\mathrm{m/s^2}$ とし, 丸棒の質量は考えないものとする.

(1) $12\,\mathrm{N/mm}^2$ (2) $25\,\mathrm{N/mm}^2$ (3) $31\,\mathrm{N/mm}^2$

(4) $50\,\mathrm{N/mm}^2$ (5) $62\,\mathrm{N/mm}^2$

解説 丸棒に生じる張力N/mm^2は，質量400 kgに重力加速度$9.8\,m/s^2$を掛けて重量にして，丸棒の断面積〔mm^2〕で除して算出される．図4.7-4参照．

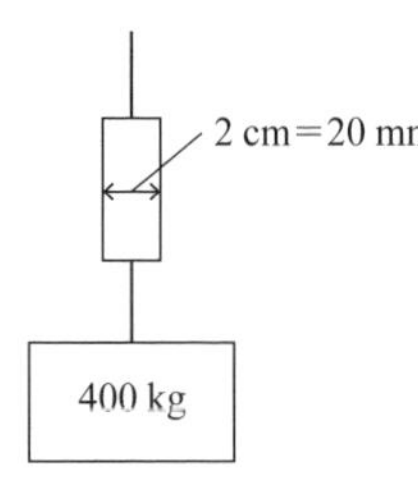

図 4.7-4

質量400 kgの重量 $= 400\,kg \times 9.8\,m/s^2$
$= 400 \times 9.8\,kg \cdot m/s^2$
$= 400 \times 9.8\,N$　①

丸棒の断面積

$\pi \times$ 直径の2乗/4 $= \pi \times (20\,mm)^2/4 = 3.14 \times 400/4\,mm^2$　②

丸棒に生じる張力 = 式①/式② $= (400 \times 9.8\,N)/(3.14 \times 400/4\,mm^2)$
$= (400 \times 9.8)/(3.14 \times 400/4)\,N/mm^2$
$\fallingdotseq 12\,N/mm^2$

以上から（1）が正解．　▶答（1）

問題5　【平成30年春 問39】

天井から垂直につるした直径2 cmの丸棒の先端に質量200 kgの荷をつり下げるとき，丸棒に生じる引張応力の値に最も近いものは（1）～（5）のうちどれか．

ただし，重力の加速度は$9.8\,m/s^2$とし，丸棒の質量は考えないものとする．

（1）$2\,N/mm^2$　（2）$3\,N/mm^2$　（3）$6\,N/mm^2$
（4）$8\,N/mm^2$　（5）$9\,N/mm^2$

解説 丸棒に生じる張力N/mm^2は，質量200 kgに重力加速度$9.8\,m/s^2$を掛けて重量にして，丸棒（2 cm = 20 mm）の断面積〔mm^2〕で除して算出される．図4.7-5参照．

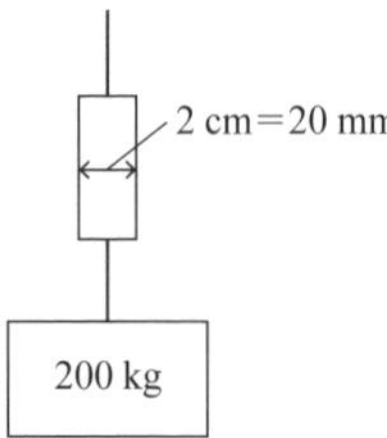

図 4.7-5

質量200 kgの重量 $= 200\,kg \times 9.8\,m/s^2$
$= 200 \times 9.8\,kg \cdot m/s^2$
$= 200 \times 9.8\,N$　①

丸棒の断面積

$\pi \times$ 直径の2乗/4 $= \pi \times (20\,mm)^2/4 = 3.14 \times 400/4\,mm^2$　②

丸棒に生じる張力 = 式①/式② $= (200 \times 9.8\,N)/(3.14 \times 400/4\,mm^2)$
$= (200 \times 9.8)/(3.14 \times 400/4)\,N/mm^2$
$\fallingdotseq 6\,N/mm^2$

以上から（3）が正解．　▶答（3）

問題6　【平成29年秋 問39】

天井から垂直につるした直径7 mmの丸棒の先端に質量310 kgの荷をつり下げる

とき，丸棒に生じる引張応力の値に最も近いものは（1）～（5）のうちどれか．

ただし，重力の加速度は $9.8\,m/s^2$ とし，丸棒の質量は考えないものとする．

（1）$14\,N/mm^2$　（2）$20\,N/mm^2$　（3）$39\,N/mm^2$

（4）$68\,N/mm^2$　（5）$79\,N/mm^2$

解説　丸棒に生じる張力 N/mm^2 は，質量 310 kg に重力加速度 $9.8\,m/s^2$ を掛けて重量にして，丸棒の断面積〔mm^2〕で除して算出される．図 4.7-6 参照．

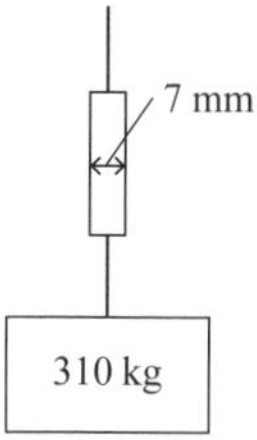

7 mm

310 kg

図 4.7-6

$$質量 310\,kg の重量 = 310\,kg \times 9.8\,m/s^2$$
$$= 310 \times 9.8\,kg{\cdot}m/s^2 = 310 \times 9.8\,N \quad ①$$

丸棒の断面積

$$\pi \times 直径の 2 乗/4 = \pi \times (7\,mm)^2/4 = 3.14 \times (7)^2/4\,mm^2$$
$$= 3.14 \times 49/4\,mm^2 \quad ②$$
$$丸棒に生じる張力 = 式①/式② = (310 \times 9.8\,N)/(3.14 \times 49/4\,mm^2)$$
$$= (310 \times 9.8)/(3.14 \times 49/4)\,N/mm^2$$
$$= (4 \times 310 \times 9.8)/(3.14 \times 49)\,N/mm^2$$
$$\fallingdotseq 79\,N/mm^2$$

以上から（5）が正解．

▶答（5）

問題 7　【平成 29 年春 問 39】

天井から垂直につるした直径 2 cm の丸棒の先端に質量 400 kg の荷をつり下げるとき，丸棒に生じる引張応力の値に最も近いものは（1）～（5）のうちどれか．

ただし，重力の加速度は $9.8\,m/s^2$ とし，丸棒の質量は考えないものとする．

（1）$12.5\,N/mm^2$　（2）$25.0\,N/mm^2$　（3）$31.2\,N/mm^2$

（4）$62.4\,N/mm^2$　（5）$124.8\,N/mm^2$

解説　丸棒（直径 2 cm）に生じる張力 N/mm^2 は，質量 400 kg に重力加速度 $9.8\,m/s^2$ を掛けて重量にして，丸棒の断面積〔mm^2〕で除して算出される．図 4.7-7 参照．

$$質量 400\,kg の重量 = 400\,kg \times 9.8\,m/s^2$$
$$= 400 \times 9.8\,kg{\cdot}m/s^2$$
$$= 400 \times 9.8\,N \quad ①$$

丸棒の断面積

$$\pi \times 直径の 2 乗/4 = \pi \times (2\,cm)^2/4 = \pi \times (20\,mm)^2/4$$
$$= 3.14 \times 400/4\,mm^2 \quad ②$$

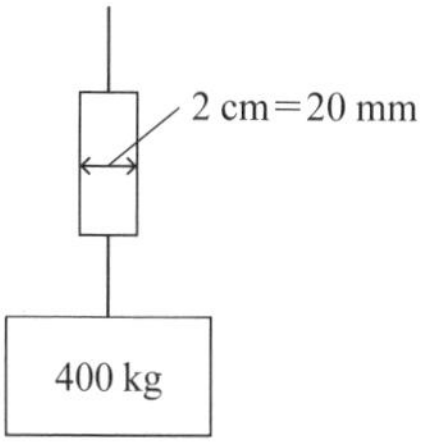

2 cm＝20 mm

400 kg

図 4.7-7

丸棒に生じる張力＝式①/式②

$$= (400 \times 9.8\,\mathrm{N})/(3.14 \times 400/4\,\mathrm{mm}^2)$$
$$= (400 \times 9.8)/(3.14 \times 400/4)\,\mathrm{N/mm}^2$$
$$\fallingdotseq 12.5\,\mathrm{N/mm}^2$$

以上から（1）が正解.　　▶答（1）

題 8　【平成 28 年秋 問 35】

天井から縦につるした直径 4 cm の丸棒の先端に質量 900 kg の荷をつり下げるとき，丸棒に生じる引張応力の値に最も近いものは，次の（1）～（5）のうちどれか.

ただし，重力の加速度は 9.8 m/s^2 とし，丸棒の質量は考えないものとする.

（1）3.5 N/mm^2　（2）7.0 N/mm^2　（3）14.0 N/mm^2

（4）35.0 N/mm^2　（5）70.0 N/mm^2

解説　丸棒に生じる張力 N/mm^2 は，質量 900 kg に重力加速度 9.8 m/s^2 を掛けて重量にして，丸棒の断面積〔mm^2〕で除して算出される．図 4.7-8 参照.

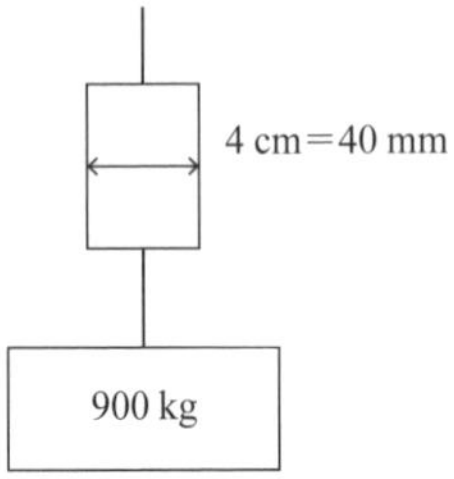

質量 900 kg の重量 ＝ 900 kg × 9.8 m/s^2

$$= 900 \times 9.8\,\mathrm{kg{\cdot}m/s^2}$$
$$= 900 \times 9.8\,\mathrm{N} \quad ①$$

4 cm＝40 mm

900 kg

図 4.7-8

丸棒の断面積

$$\pi \times 直径の 2 乗/4 = \pi \times (4\,\mathrm{cm})^2/4 = \pi \times (40\,\mathrm{mm})^2/4$$
$$= 3.14 \times 1{,}600/4\,\mathrm{mm}^2 \quad ②$$

丸棒に生じる張力＝式①/式②＝900 × 9.8 N/(3.14 × 1,600/4 mm^2)

$$= (900 \times 9.8)/(3.14 \times 1{,}600/4)\,\mathrm{N/mm}^2$$
$$= (900 \times 9.8 \times 4)/(3.14 \times 1{,}600)\,\mathrm{N/mm}^2$$
$$\fallingdotseq 7.0\,\mathrm{N/mm}^2$$

以上から（2）が正解.　　▶答（2）

題 9　【平成 28 年春 問 37】

直径 2 cm の丸棒に軸方向の 10 kN の引張荷重が作用するとき，生じる引張応力の値に最も近いものは次のうちどれか.

（1）3 N/mm^2　（2）5 N/mm^2　（3）16 N/mm^2

（4）32 N/mm^2　（5）64 N/mm^2

解説　図 4.7-9 参照．丸棒の引張応力は，丸棒に掛かる引張荷重（10 kN）をその丸棒の断面積で除して求められる．ただし，直径は 2 cm ＝ 20 mm，断面積 ＝ π × (直径/2) の二乗

$$\begin{aligned}\text{丸棒の引張応力} &= \text{丸棒の引張荷重}/\text{丸棒の断面積}\\ &= 10\,\text{kN}/(3.14\times 20^2/4\,\text{mm}^2)\\ &= (10\times 10^3)/(3.14\times 400/4)\,\text{N/mm}^2\\ &\fallingdotseq 32\,\text{N/mm}^2\end{aligned}$$

以上から（4）が正解.

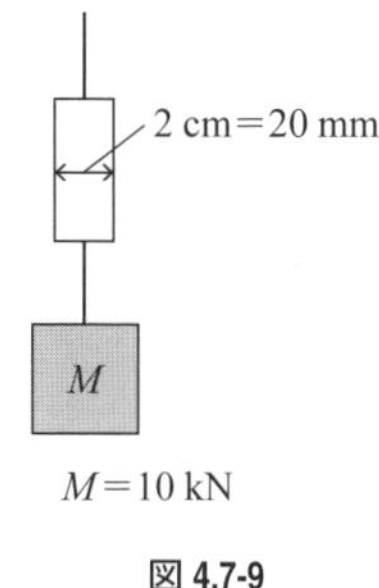

図 4.7-9

▶答（4）

4.8 荷重に関する事項（引張荷重，曲げ荷重，ねじり荷重，圧縮荷重）

問題1　【令和2年秋 問37】

荷重に関する記述として，適切でないものは次のうちどれか.

(1) クレーンのシーブを通る巻上げ用ワイヤロープには，引張荷重と曲げ荷重がかかる.

(2) クレーンのフックには，ねじり荷重と圧縮荷重がかかる.

(3) クレーンの巻上げドラムには，曲げ荷重とねじり荷重がかかる.

(4) 片振り荷重と衝撃荷重は，動荷重である.

(5) 荷を巻き下げているときに急制動すると，玉掛け用ワイヤロープには，衝撃荷重がかかる.

解説 (1) 適切. クレーンのシーブ（1.3節の図1.3-9に示すようにワイヤロープの案内用として用いる滑車）を通る巻上げ用ワイヤロープには，引張荷重（図4.8-1参照）と曲げ荷重（図4.8-2参照）がかかる.

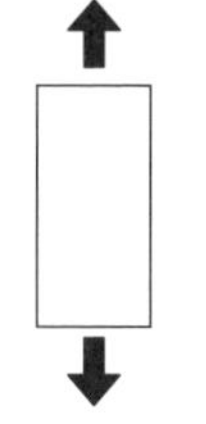

図 4.8-1　引張荷重

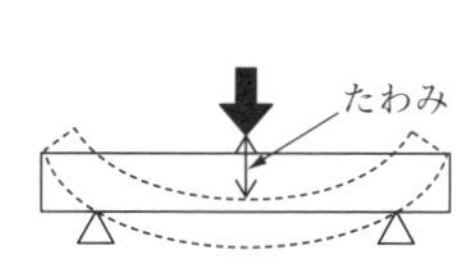

図 4.8-2　曲げ荷重

(2) 不適切. クレーンのフック（1.3節の図1.3-6）には，引張荷重と曲げ荷重がかかる.

(3) 適切. クレーンの巻上げドラムには，曲げ荷重とねじり荷重（図4.8-3参照）がかかる.

(4) 適切. 図4.8-4で示すように片振り荷重と衝撃荷重は，動荷重である. 動荷重は，荷重の大きさが変動する荷重をいう．片振り荷重は，クレーン等のワイヤロープやウインチの軸受等が受ける荷重のように荷重の向きは同じであるがその大きさが時間とともに変わる荷重で，衝撃荷重は極めて短時間に急激に力が加わる荷重をいう．なお，両振り荷重は，歯車軸が受ける荷重のように荷重の向きと大きさが時間とともに変わる荷重をいう．

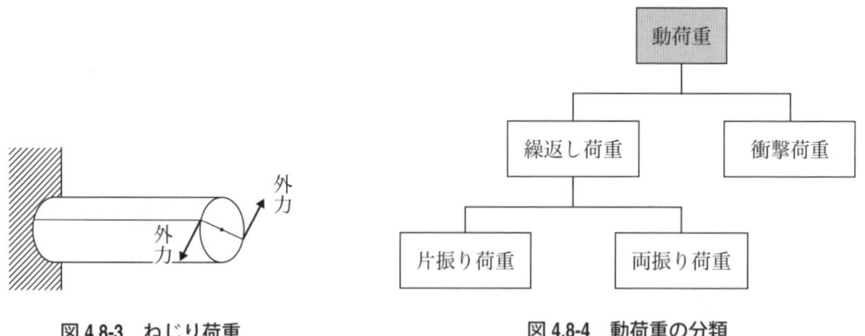

図 4.8-3　ねじり荷重

図 4.8-4　動荷重の分類

(5) 適切．荷を巻き下げているときに急制動すると，玉掛け用ワイヤロープには，衝撃荷重がかかる．

▶答 (2)

問題 2　【令和 2 年春 問 37】

荷重に関する記述として，適切でないものは次のうちどれか．

(1) クレーンのシーブを通る巻上げ用ワイヤロープには，引張荷重と曲げ荷重がかかる．

(2) クレーンのフックには，ねじり荷重と圧縮荷重がかかる．

(3) クレーンの巻上げドラムには，曲げ荷重とねじり荷重がかかる．

(4) 片振り荷重と衝撃荷重は，動荷重である．

(5) 荷を巻き下げているときに急制動すると，玉掛け用ワイヤロープには，衝撃荷重がかかる．

解説 (1) 適切．クレーンのシーブ（滑車）（1.3 節の図 1.3-9 参照）を通る巻上げ用ワイヤロープには，引張荷重と曲げ荷重がかかる．

(2) 不適切．クレーンのフックには，引張荷重と曲げ荷重がかかる．

(3) 適切．クレーンの巻上げドラムには，曲げ荷重とねじり荷重がかかる．

(4) 適切．図 4.8-4 で示すように片振り荷重と衝撃荷重は，動荷重である．動荷重は，荷重の大きさが変動する荷重をいう．片振り荷重は，クレーン等のワイヤロープやウインチの軸受等が受ける荷重のように荷重の向きは同じであるがその大きさが時間とともに変わる荷重で，衝撃荷重は極めて短時間に急激に力が加わる荷重をいう．なお，両振り荷重は，歯車軸が受ける荷重のように荷重の向きと大きさが時間とともに変わる荷重をいう.

(5) 適切. 荷を巻き下げているときに急制動すると, 玉掛け用ワイヤロープには, 衝撃荷重がかかる.

▶答 (2)

問題3 【令和元年秋 問37】

荷重に関する記述として, 適切でないものは次のうちどれか.

(1) クレーンのシーブを通る巻上げ用ワイヤロープには, 引張荷重と曲げ荷重がかかる.

(2) せん断荷重は, 材料をはさみで切るように働く荷重である.

(3) 天井クレーンのクレーンガーダには, 主に曲げ荷重がかかる.

(4) クレーンのフックには, ねじり荷重と圧縮荷重がかかる.

(5) 静荷重は, 大きさと向きが変わらない荷重である.

解説 (1) 適切. クレーンのシーブ (滑車) を通る巻上げ用ワイヤロープには, 引張荷重と曲げ荷重がかかる.

(2) 適切. せん断荷重は, 材料をはさみで切るように働く荷重である. 4.6節の図4.6-1参照.

(3) 適切. 天井クレーンのクレーンガーダには, 主に曲げ荷重がかかる. 図4.8-2参照.

(4) 不適切. クレーンのフックには, 引張り荷重と曲げ荷重がかかる.

(5) 適切. 静荷重は, 静止している荷重でクレーン等の構造物のように大きさと向きが変わらない荷重である.

▶答 (4)

問題4 【令和元年春 問37】

荷重に関する記述として, 適切でないものは次のうちどれか.

(1) 衝撃荷重は, 極めて短時間に急激に加わる荷重である.

(2) クレーンのシーブを通る巻上げ用ワイヤロープには, 引張荷重と曲げ荷重がかかる.

(3) 天井クレーンのクレーンガーダには, 主に曲げ荷重がかかる.

(4) せん断荷重は, 材料をはさみで切るように働く荷重である.

(5) クレーンの巻上げドラムの軸には, 圧縮荷重とねじり荷重がかかる.

解説 (1) 適切. 衝撃荷重は, 極めて短時間に急激に加わる荷重である.

(2) 適切. クレーンのシーブ (1.3節の図1.3-9に示すようにワイヤロープの案内用として用いる滑車) を通る巻上げ用ワイヤロープには, 引張荷重 (図4.8-1参照) と曲げ荷重 (図4.8-2参照) がかかる.

(3) 適切．天井クレーンのクレーンガーダには，主に曲げ荷重がかかる．

(4) 適切．せん断荷重は，材料をはさみで切るように働く荷重である．4.6 節の図 4.6-1 参照．

(5) 不適切．クレーンの巻上げドラムの軸には，ねじり荷重がかかる．圧縮荷重は車輪にかかる．

▶答 (5)

問題 5

【平成 30 年秋 問 37】 

荷重に関する記述として，適切でないものは次のうちどれか．

(1) せん断荷重は，材料をはさみで切るように働く荷重である．

(2) クレーンの巻上げドラムの軸には，主に圧縮荷重がかかる．

(3) 天井クレーンのクレーンガーダには，主に曲げ荷重がかかる．

(4) 両振り荷重は，向きと大きさが時間とともに変わる荷重である．

(5) クレーンのシーブを通る巻上げ用ワイヤロープには，引張荷重と曲げ荷重がかかる．

解説 (1) 適切．せん断荷重は，材料をはさみで切るように働く荷重である．4.6 節の図 4.6-1 参照．

(2) 不適切．クレーンの巻上げドラムの軸には，主に曲げ荷重とねじり荷重がかかる．圧縮荷重は車輪にかかる．図 4.8-2 及び図 4.8-3 参照．

(3) 適切．天井クレーンのクレーンガーダには，主に曲げ荷重がかかる．図 4.8-2 参照．

(4) 適切．両振り荷重は，歯車軸が受ける荷重のように荷重の向きと大きさが時間とともに変わる荷重をいう．なお，片振り荷重は，クレーン等のワイヤロープやウインチの軸受等が受ける荷重のように荷重の向きは同じであるがその大きさが時間とともに変わる荷重をいう．

(5) 適切．クレーンのシーブ（1.3 節の図 1.3-9 参照）を通る巻上げ用ワイヤロープには，引張荷重と曲げ荷重がかかる．

▶答 (2)

問題 6

【平成 30 年春 問 37】 

荷重に関する記述として，適切でないものは次のうちどれか．

(1) 荷を巻き下げているときに急制動すると，玉掛け用ワイヤロープには，衝撃荷重がかかる．

(2) 天井クレーンのガーダには，主に曲げ荷重がかかる．

(3) クレーンの巻上げドラムの軸には，曲げ荷重とねじり荷重がかかる．

(4) 片振り荷重は，向きは同じであるが，大きさが時間とともに変わる荷重である．

(5) クレーンのフックには，主に圧縮荷重がかかる．

解説 (1) 適切．荷を巻き下げているときに急制動すると，玉掛け用ワイヤロープには，衝撃荷重がかかる．

(2) 適切．天井クレーンのガーダには，主に曲げ荷重がかかる．図 4.8-2 参照．

(3) 適切．クレーンの巻上げドラムの軸には，曲げ荷重とねじり荷重がかかる．図 4.8-2 及び図 4.8-3 参照．

(4) 適切．図 4.8-4 で示すように片振り荷重と衝撃荷重は，動荷重である．動荷重は，荷重の大きさが変動する荷重をいう．片振り荷重は，クレーン等のワイヤロープやウインチの軸受等が受ける荷重のように荷重の向きは同じであるがその大きさが時間とともに変わる荷重で，衝撃荷重は極めて短時間に急激に力が加わる荷重をいう．なお，両振り荷重は，歯車軸が受ける荷重のように荷重の向きと大きさが時間とともに変わる荷重をいう．

(5) 不適切．クレーンのフックには，主に引張り荷重と曲げ荷重がかかる．　▶答 (5)

問題 7

【平成 29 年秋 問 37】 

荷重に関し，誤っているものは次のうちどれか．

(1) 天井クレーンのガーダには，主に引張荷重がかかる．

(2) クレーンのシーブを通る巻上げ用ワイヤロープには，引張荷重と曲げ荷重がかかる．

(3) 繰返し荷重と衝撃荷重は，動荷重である．

(4) せん断荷重は，材料をはさみで切るように働く荷重である．

(5) クレーンの巻上げドラムの軸には，曲げ荷重とねじり荷重がかかる．

解説 (1) 誤り．天井クレーンのガーダには，主に曲げ荷重がかかる．図 4.8-2 参照．

(2) 正しい．クレーンのシーブ（1.3 節の図 1.3-9 参照）を通る巻上げ用ワイヤロープには，引張荷重と曲げ荷重がかかる．

(3) 正しい．繰返し荷重と衝撃荷重（短時間に急激に加わる荷重）は，動荷重（荷重の大きさが変化する荷重）である（図 4.8-4 参照）．一方，静止荷重はクレーン等の構造物の自重のように力の大きさと向きが変わらない荷重をいう．

(4) 正しい．せん断荷重は，材料をはさみで切るように働く荷重である．4.6 節の図 4.6-1 参照．

(5) 正しい．クレーンの巻上げドラムの軸には，曲げ荷重（図 4.8-2 参照）とねじり荷重（図 4.8-3 参照）がかかる．　▶答 (1)

問題 8

【平成 29 年春 問 37】 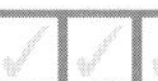

荷重に関し，正しいものは次のうちどれか．

(1) 円筒形の丸棒の一端の面を壁に当てて，丸棒を壁に垂直に固定し，棒の軸を中心として他方の端を回転させようとするときに働く荷重は，せん断荷重である.
(2) 天井クレーンのガーダには，主に引張荷重がかかる.
(3) 荷重には静荷重と動荷重があり，動荷重には繰返し荷重と衝撃荷重がある.
(4) 荷を巻き下げているときに急制動すると，玉掛け用ワイヤロープには，圧縮荷重がかかる.
(5) クレーンのフックには，曲げ荷重と圧縮荷重がかかる.

解説 (1) 誤り．円筒形の丸棒の一端の面を壁に当てて，丸棒を壁に垂直に固定し，棒の軸を中心として他方の端を回転させようとするときに働く荷重は，ねじり荷重である（図4.8-3参照）．せん断荷重は4.6節の図4.6-1のように材料をはさみで切るように働く荷重である.
(2) 誤り．天井クレーンのガーダには，主に曲げ荷重がかかる．図4.8-2参照.
(3) 正しい．荷重には静荷重と動荷重があり，動荷重には繰返し荷重と衝撃荷重がある．図4.8-4参照.
(4) 誤り．荷を巻き下げているときに急制動すると，玉掛け用ワイヤロープには，引張荷重がかかる.
(5) 誤り．クレーンのフックには，引張荷重と曲げ荷重がかかる． ▶答 (3)

問題9 【平成28年秋 問32】

荷重に関し，正しいものは次のうちどれか.
(1) 荷重には静荷重と動荷重があり，動荷重には繰返し荷重と衝撃荷重がある.
(2) せん断荷重は，材料を押し縮めるように働く荷重である.
(3) クレーンのフックには，主に圧縮荷重がかかる.
(4) クレーンのシーブを通る巻上げ用ワイヤロープには，圧縮荷重とせん断荷重がかかる.
(5) 片振り荷重は，大きさは同じであるが，向きが時間とともに変わる荷重である.

解説 (1) 正しい．荷重には静荷重と動荷重があり，動荷重には繰返し荷重と衝撃荷重がある（図4.8-4参照）．なお，静荷重とは，静止している荷重でクレーン等の構造物の自重のように力の大きさと向きが変わらないものをいう.
(2) 誤り．せん断荷重（4.6節の図4.6-1参照）は，材料をはさみで切るように働く荷重である．なお，材料を押し縮めるように働く荷重は，圧縮荷重である.
(3) 誤り．クレーンのフックには，主に引張荷重と曲げ荷重（図4.8-2参照）がかかる.
(4) 誤り．クレーンのシーブ（ワイヤロープの案内用として用いられる滑車）を通る巻上げ用ワイヤロープには，引張荷重と曲げ荷重がかかる.

(5) 誤り．片振り荷重は，クレーン等のワイヤロープやウインチの軸受け等が受ける荷重のように荷重の向きは同じであるが，その大きさが時間とともに変わる荷重をいう．

▶答 (1)

問題10 【平成28年春 問36】 

荷重に関し，誤っているものは次のうちどれか．

(1) 巻上げ用ワイヤロープの直線部分には，引張荷重がかかる．
(2) せん断荷重は，材料をはさみで切るように働く荷重である．
(3) 天井クレーンのガーダには，主に曲げ荷重がかかる．
(4) クレーンのフックには，主に圧縮荷重がかかる．
(5) 静荷重は，大きさと向きが変わらない荷重である．

解説 (1) 正しい．巻上げ用ワイヤロープの直線部分には，引張荷重がかかる．なお，滑車で曲がったところは曲げ荷重がかかる．

(2) 正しい．せん断荷重は，材料をはさみで切るように働く荷重である．4.6節の図4.6-1参照.

(3) 正しい．天井クレーンのガーダには，主に曲げ荷重がかかる．図4.8-2参照.

(4) 誤り．クレーンのフックには，主に引張荷重と曲げ荷重がかかる．

(5) 正しい．静荷重は，静止している荷重で，クレーン等の構造物の自重のように力の大きさと向きが変わらない荷重である．

▶答 (4)

4.9 玉掛けワイヤロープの張力計算

問題1 【令和2年秋 問38】 

図AからCのとおり，同一形状で質量が異なる3つの荷を，それぞれ同じ長さの2本の玉掛け用ワイヤロープを用いて，それぞれ異なるつり角度でつり上げるとき，1本のワイヤロープにかかる張力の値が大きい順に並べたものは (1) ～ (5) のうちどれか．

ただし，いずれも荷の左右のつり合いは取れており，左右のワイヤロープの張力は同じとし，ワイヤロープの質量は考えないものとする．

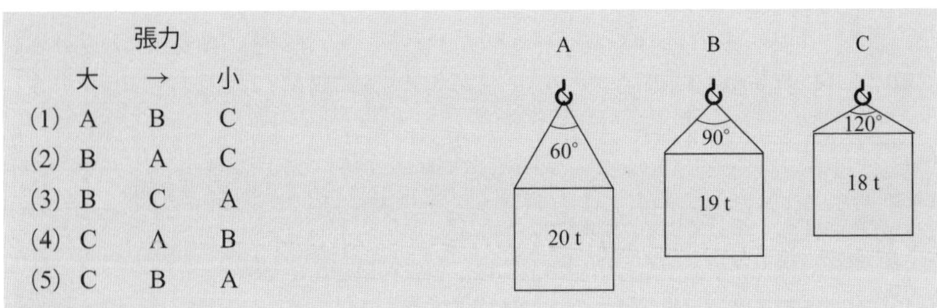

次の二つの方法がある．

【その1】

表4.9-1を使用する方法（図4.9-1参照）

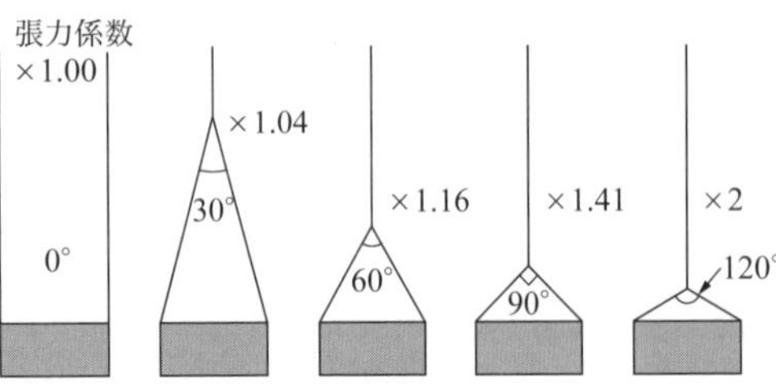

図4.9-1　つり角度により玉掛け用ワイヤロープにかかる張力

表4.9-1　玉掛け用ワイヤロープのつり角度による張力係数
（出典：クレーン・デリック運転士教本，p172）

つり角度〔度〕	張力係数
0	1.00
30	1.04
60	1.16
90	1.41
120	2.00

（注）張力係数：玉掛け用ワイヤロープのつり角度0度のときの張力に対する比

表中の張力係数（【その2】で述べる解説参照）は，つり上げる質量をWとし玉掛け用ワイヤロープのつり角度を0度としたとき，ロープの張力に対する比を示す．したがって，次のように算出する．

Aについて（60度）　$W/2 \times$ 張力係数 $= 20/2 \times 1.16 = 10 \times 1.16 = 11.6\,\mathrm{t}$

Bについて（90度）　$W/2 \times$ 張力係数 $= 19/2 \times 1.41 = 9.5 \times 1.41 \fallingdotseq 13.4\,\mathrm{t}$

Cについて（120度）　$W/2 \times$ 張力係数 $= 18/2 \times 2.00 = 9 \times 2.00 = 18\,\mathrm{t}$

なお，質量Wを2で割るのは，ロープ1本にかかる張力を求めるところによる．

【その2】

図4.9-2に示すように，1本のワイヤロープにかかる張力をTとし，質量をMとすれば，次の式が成り立つ．

$$2 \times T\cos(\theta/2) = M \quad ①$$

式①の左辺において，2を掛けるのは，ロープが2本のためである．式①を変形すると次のように表される．

$$T = M/2 \times 1/\cos(\theta/2) \quad ②$$

なお，$1/\cos(\theta/2)$は，【その1】で述べた表中の張力係数に相当する．

式②にそれぞれ与えられた数値を代入して1本のロープにかかる張力を算出する．

Aについて，ただし，$1/\cos 30 = 1/(\sqrt{3}/2) \fallingdotseq 1.16$

$T = 20/2 \times 1/\cos(60/2) = 20/2 \times 1/\cos 30$

$= 10 \times 1.16 = 11.6\,\mathrm{t}$

Bについて，ただし，$1/\cos 45 = 1/(1/\sqrt{2}) \fallingdotseq 1.41$

$T = 19/2 \times 1/\cos(90/2) = 19/2 \times 1/\cos 45$

$= 9.5 \times 1.41 \fallingdotseq 13.4\,\mathrm{t}$

Cについて，ただし，$1/\cos 60 = 1/(1/2) = 2.00$

$T = 18/2 \times 1/\cos(120/2) = 9 \times 1/\cos 60$

$= 9 \times 2.00 = 18.0\,\mathrm{t}$

以上から（5）が正解．

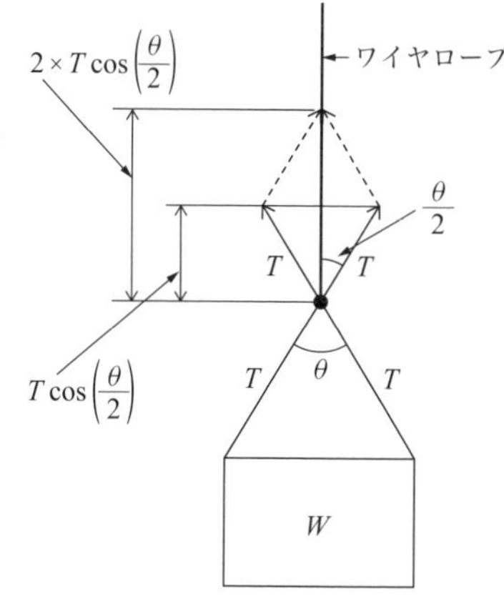

図 4.9-2

▶答（5）

問題2　【令和2年春 問38】

図のように，直径1m，高さ2mのコンクリート製の円柱を同じ長さの2本の玉掛け用ワイヤロープを用いてつり角度60°でつるとき，1本のワイヤロープにかかる張力の値に最も近いものは（1）～（5）のうちどれか．

ただし，コンクリートの$1\,\mathrm{m}^3$当たりの質量は2.3t，重力の加速度は$9.8\,\mathrm{m/s^2}$とする．また，荷の左右のつり合いは取れており，左右のワイヤロープの張力は同じとし，ワイヤロープ及び荷のつり金具の質量は考えないものとする．

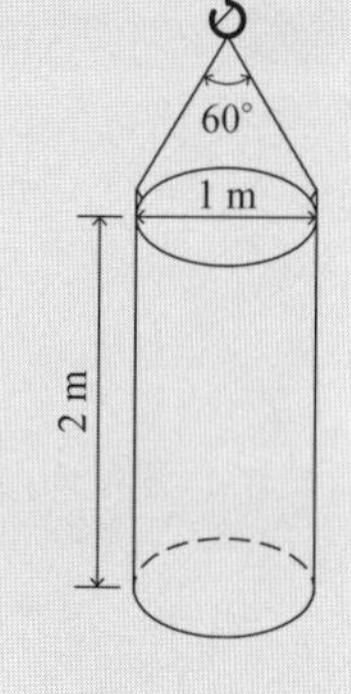

（1）13kN
（2）18kN
（3）20kN
（4）25kN
（5）35kN

解説　コンクリート製の円柱の重量を算出し，表4.9-1からつり角度60度の張力係数を掛けて求める．

コンクリート製の円柱の重量 = 円柱の体積$\mathrm{m}^3 \times 2.3\,\mathrm{t/m^3} \times 9.8\,\mathrm{m/s^2}$

$= 3.14 \times (1\,\mathrm{m})^2/4 \times 2\,\mathrm{m} \times (2.3 \times 1{,}000)\,\mathrm{kg/m^3} \times 9.8\,\mathrm{m/s^2}$

$= 3.14 \times 1^2/4 \times 2 \times 2.3 \times 1{,}000 \times 9.8\,\mathrm{kg} \times \mathrm{m/s^2}$

$\fallingdotseq 35 \times 10^3\,\mathrm{N}$

ワイヤロープ1本にかかる張力は，円柱の重量の半分の値に張力係数を掛けた値から算出する．

$$1本にかかる張力 = 35 \times 10^3\,\mathrm{N} \times 1/2 \times 1.16 \fallingdotseq 20 \times 10^3\,\mathrm{N} = 20\,\mathrm{kN}$$

以上から（3）が正解．

▶答（3）

問題3

【令和元年秋 問38】

図のような形状のアルミニウム製の直方体を同じ長さの2本の玉掛け用ワイヤロープを用いてつり角度60°でつるとき，1本のワイヤロープにかかる張力の値に最も近いものは（1）～（5）のうちどれか．

ただし，アルミニウムの$1\,\mathrm{m}^3$当たりの質量は2.7 t，重力の加速度は$9.8\,\mathrm{m/s^2}$とする．また，荷の左右のつり合いは取れており，左右のワイヤロープの張力は同じとし，ワイヤロープ及び荷のつり金具の質量は考えないものとする．

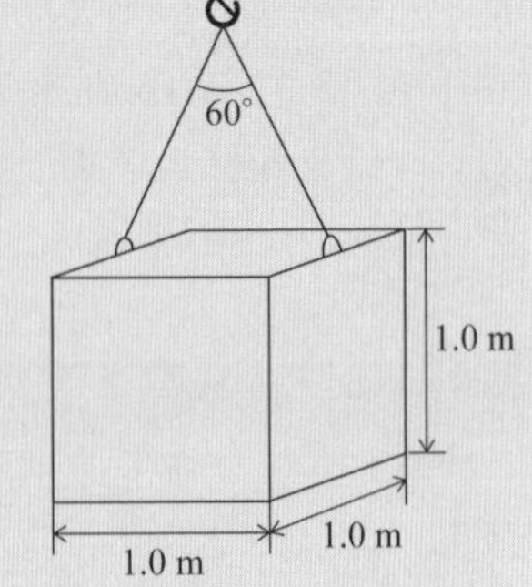

（1）15 kN　（2）19 kN　（3）26 kN

（4）31 kN　（5）37 kN

解説 アルミニウム製の直方体の重量を算出し，表4.9-1からつり角度60度の張力係数を掛けて求める．

$$\begin{aligned}コンクリート製の直方体の重量 &= 直方体の体積\,\mathrm{m}^3 \times 2.7\,\mathrm{t/m^3} \times 9.8\,\mathrm{m/s^2} \\ &= 1\,\mathrm{m} \times 1\,\mathrm{m} \times 1\,\mathrm{m} \times 2.7 \times 1{,}000\,\mathrm{kg/m^3} \times 9.8\,\mathrm{m/s^2} \\ &= 1 \times 1 \times 1 \times 2.7 \times 1{,}000 \times 9.8\,\mathrm{kg} \times \mathrm{m/s^2} \\ &\fallingdotseq 26 \times 10^3\,\mathrm{N}\end{aligned}$$

ワイヤロープ1本にかかる張力は，直方体の重力の半分の値に張力係数を掛けた値から算出する．

$$1本にかかる張力 = 26 \times 10^3\,\mathrm{N} \times 1/2 \times 1.16 \fallingdotseq 15 \times 10^3\,\mathrm{N} = 15\,\mathrm{kN}$$

以上から（1）が正解．

▶答（1）

問題4

【令和元年春 問38】

図のように，直径1 m，高さ0.5 mの鋳鉄製の円柱を同じ長さの2本の玉掛用ワイヤロープを用いてつり角度60°でつるとき，1本のワイヤロープにかかる張力の値に最も近いものは（1）～（5）のうちどれか．

ただし，鋳鉄の$1\,m^3$当たりの質量は7.2 t，重力の加速度は$9.8\,m/s^2$とする．また，荷の左右のつり合いは取れており，左右のワイヤロープの張力は同じとし，ワイヤロープ及び荷のつり金具の質量は考えないものとする．

(1) 12 kN

(2) 14 kN

(3) 16 kN

(4) 20 kN

(5) 28 kN

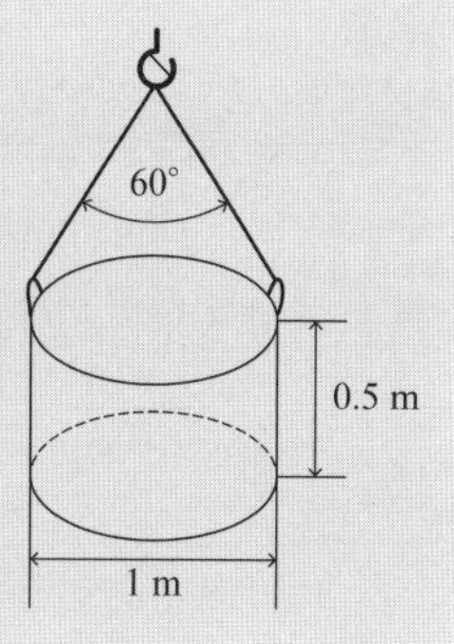

解説 鋳鉄製の円柱の重量を算出し，表4.9-1からつり角度60度の張力係数を掛けて求める．

$$\begin{aligned}\text{鋳鉄製の円柱の重量} &= \text{円柱の体積}\,m^3 \times 7.2\,t/m^3 \times 9.8\,m/s^2\\ &= 3.14 \times (1\,m)^2/4 \times 0.5\,m \times (7.2 \times 1{,}000)\,kg/m^3 \times 9.8\,m/s^2\\ &= 3.14 \times 1^2/4 \times 0.5 \times 7.2 \times 1{,}000 \times 9.8\,kg \times m/s^2\\ &\fallingdotseq 28 \times 10^3\,N\end{aligned}$$

ワイヤロープ1本にかかる張力は，円柱の重量の半分の値に張力係数を掛けた値から算出する．

$$\text{1本にかかる張力} = 28 \times 10^3\,N \times 1/2 \times 1.16 \fallingdotseq 16 \times 10^3\,N = 16\,kN$$

以上から (3) が正解．

▶答 (3)

問題5 【平成30年秋 問38】

直径1 m，高さ2 mのコンクリート製の円柱を同じ長さの2本の玉掛用ワイヤロープを用いてつり角度60°でつるとき，1本のワイヤロープにかかる張力の値に最も近いものは (1)～(5) のうちどれか．

ただし，コンクリートの$1\,m^3$当たりの質量は2.3 t，重力の加速度は$9.8\,m/s^2$とする．また，荷の左右のつり合いは取れており，左右のワイヤロープの張力は同じとし，ワイヤロープ及び荷のつり金具の質量は考えないものとする．

(1) 13 kN

(2) 18 kN

(3) 20 kN

(4) 25 kN

(5) 35 kN

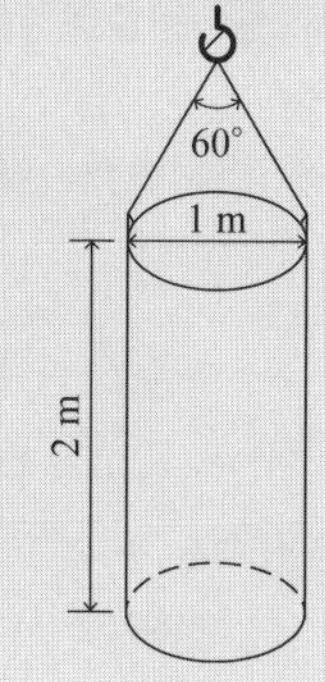

解説 コンクリート製の円柱の重量を算出し，表4.9-1からつり角度60度の張力係数を掛けて求める．

$$\text{コンクリート製の円柱の重量} = \text{円柱の体積}\,\mathrm{m^3} \times 2.3\,\mathrm{t/m^3} \times 9.8\,\mathrm{m/s^2}$$
$$= 3.14 \times (1\,\mathrm{m})^2/4 \times 2\,\mathrm{m} \times (2.3 \times 1{,}000)\,\mathrm{kg/m^3} \times 9.8\,\mathrm{m/s^2}$$
$$= 3.14 \times 1^2/4 \times 2 \times 2.3 \times 1{,}000 \times 9.8\,\mathrm{kg \times m/s^2}$$
$$\fallingdotseq 35 \times 10^3\,\mathrm{N}$$

ワイヤロープ1本にかかる張力は，円柱の重量の半分の値に張力係数を掛けた値から算出する．

$$\text{1本にかかる張力} = 35 \times 10^3\,\mathrm{N} \times 1/2 \times 1.16 \fallingdotseq 20 \times 10^3\,\mathrm{N} = 20\,\mathrm{kN}$$

以上から（3）が正解．　▶答（3）

4.9 玉掛けワイヤロープの張力計算

問題6　【平成30年春 問38】

図のような形状の鋳鉄製の直方体を2本の玉掛け用ワイヤロープを用いてつり角度60°でつるとき，1本のワイヤロープにかかる張力の値に最も近いものは（1）～（5）のうちどれか．

ただし，鋳鉄の1 $\mathrm{m^3}$ 当たりの質量は7.2 t，重力の加速度は9.8 $\mathrm{m/s^2}$ とする．また，荷の左右のつり合いは取れており，左右のワイヤロープの張力は同じとし，ワイヤロープ及び荷のつり金具の質量は考えないものとする．

（1）18 kN
（2）20 kN
（3）25 kN
（4）35 kN
（5）41 kN

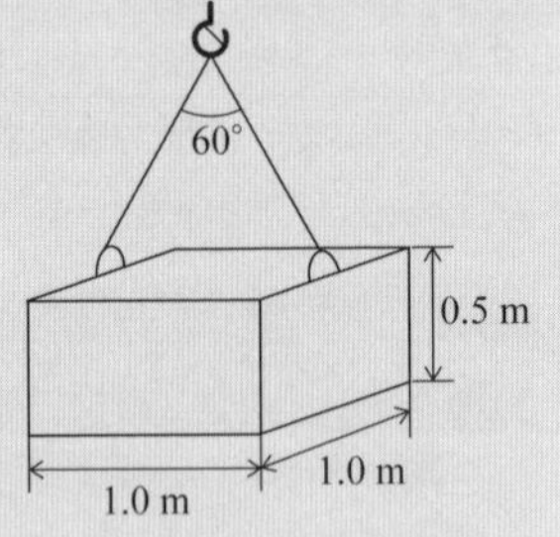

解説 鋳鉄製の直方体の重量を算出し，表4.9-1からつり角度60度の張力係数を掛けて求める．

$$\text{鋳鉄製の直方体の重量} = \text{直方体の体積}\,\mathrm{m^3} \times 7.2\,\mathrm{t/m^3} \times 9.8\,\mathrm{m/s^2}$$
$$= 1\,\mathrm{m} \times 1\,\mathrm{m} \times 0.5\,\mathrm{m} \times (7.2 \times 1{,}000)\,\mathrm{kg/m^3} \times 9.8\,\mathrm{m/s^2}$$
$$= 1 \times 1 \times 0.5 \times 7.2 \times 1{,}000 \times 9.8\,\mathrm{kg \times m/s^2}$$
$$\fallingdotseq 35 \times 10^3\,\mathrm{N}$$

ワイヤロープ1本にかかる張力は，直方体の重量の半分の値に張力係数を掛けた値から算出する．

$$\text{1本にかかる張力} = 35 \times 10^3\,\mathrm{N} \times 1/2 \times 1.16 \fallingdotseq 20 \times 10^3\,\mathrm{N} = 20\,\mathrm{kN}$$

以上から（2）が正解．　▶答（2）

題7 【平成29年秋 問38】 

図のような形状のコンクリート製の直方体を2本の玉掛け用ワイヤロープを用いてつり角度70°でつるとき，1本のワイヤロープにかかる張力の値に最も近いものは(1)～(5)のうちどれか．

ただし，コンクリートの1 m^3 当たりの質量は2.3 t，重力の加速度は9.8 m/s^2，cos 35° = 0.82とし，ワイヤロープ及び荷のつり金具の質量は考えないものとする．

(1) 2.8 kN
(2) 22.5 kN
(3) 23.4 kN
(4) 26.1 kN
(5) 27.5 kN

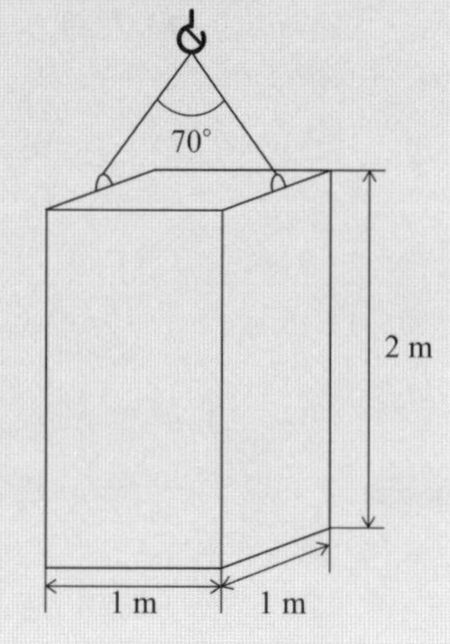

解説 コンクリート製の直方体の重量を算出し，つり角度70度の張力係数（1/cos 35° = 1/0.82）を掛けて求める．なお，張力係数は，つり角度 θ の半分の角度の cos $(\theta/2)$ の逆数である．

$$\begin{aligned}\text{コンクリート製の直方体の重量} &= \text{直方体の体積}\,m^3 \times 2.3\,t/m^3 \times 9.8\,m/s^2 \\ &= 1\,m \times 1\,m \times 2\,m \times 2.3 \times 1{,}000\,kg/m^3 \times 9.8\,m/s^2 \\ &= 1 \times 1 \times 2 \times 2.3 \times 1{,}000 \times 9.8\,kg \times m/s^2 \\ &\fallingdotseq 45.1 \times 10^3\,N\end{aligned}$$

ワイヤロープ1本にかかる張力は，直方体の重力の半分の値に張力係数（1/cos 35° = 1/0.82）を掛けた値から算出する．

$$\text{1本にかかる張力} = 45.1 \times 10^3\,N \times 1/2 \times 1/0.82 \fallingdotseq 27.5 \times 10^3\,N = 27.5\,kN$$

以上から（5）が正解． ▶答（5）

題 8 【平成 29 年春 問 38】

直径 1 m，高さ 1 m のコンクリート製の円柱を 2 本の玉掛用ワイヤロープを用いてつり角度 80° でつるとき，1 本のワイヤロープにかかる張力の値に最も近いものは (1) ～ (5) のうちどれか．

ただし，コンクリートの $1\,\mathrm{m}^3$ 当たりの質量は 2.3 t，重力の加速度は $9.8\,\mathrm{m/s^2}$，$\cos 40° = 0.77$ とし，ワイヤロープ及び荷のつり金具の質量は考えないものとする．

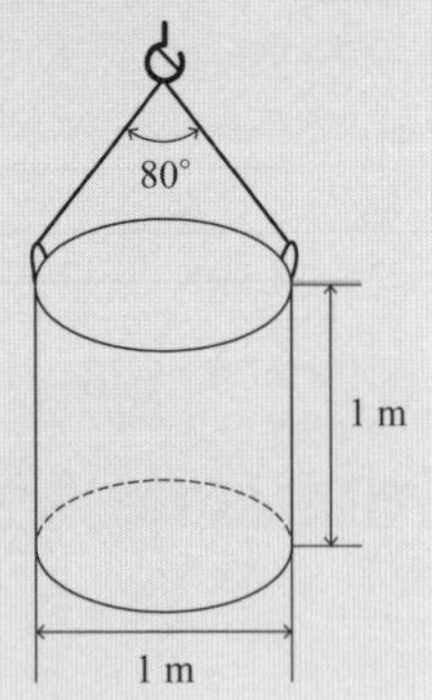

(1) 10.3 kN
(2) 11.5 kN
(3) 12.5 kN
(4) 17.7 kN
(5) 46.0 kN

 コンクリート製の円柱の重量を算出し，つり角度 80° の張力係数を掛けて求める．なお，張力係数は，つり角度の 1/2 の cos の値の逆数，$1/\cos 40° = 1/0.77$ である．

コンクリート製の円柱の重量 = 円柱の体積 $\mathrm{m}^3 \times 2.3\,\mathrm{t/m^3} \times 9.8\,\mathrm{m/s^2}$

$= 3.14 \times (1\,\mathrm{m})^2/4 \times 1\,\mathrm{m} \times (2.3 \times 1{,}000)\,\mathrm{kg/m^3} \times 9.8\,\mathrm{m/s^2}$

$= 3.14 \times 1^2/4 \times 1 \times 2.3 \times 1{,}000 \times 9.8\,\mathrm{kg} \times \mathrm{m/s^2}$

$\fallingdotseq 17.7 \times 10^3\,\mathrm{N}$

ワイヤロープ 1 本にかかる張力は，円柱の重量の半分の値に張力係数を掛けた値から算出する．

1 本にかかる張力 $= 17.7 \times 10^3\,\mathrm{N} \times 1/2 \times 1/0.77 = 17.7/(2 \times 0.77) \times 10^3\,\mathrm{N}$

$\fallingdotseq 11.5 \times 10^3\,\mathrm{N} = 11.5\,\mathrm{kN}$

以上から (2) が正解． ▶答 (2)

問題 9 【平成 28 年秋 問 38】

直径 1 m，高さ 2 m のコンクリート製の円柱を 2 本の玉掛用ワイヤロープを用いてつり角度 60° でつるとき，1 本のワイヤロープにかかる張力の値に最も近いものは，次の (1) ～ (5) のうちどれか．

ただし，コンクリートの 1 m^3 当たりの質量は 2.3 t，重力の加速度は 9.8 m/s^2 とし，ワイヤロープの質量は考えないものとする.

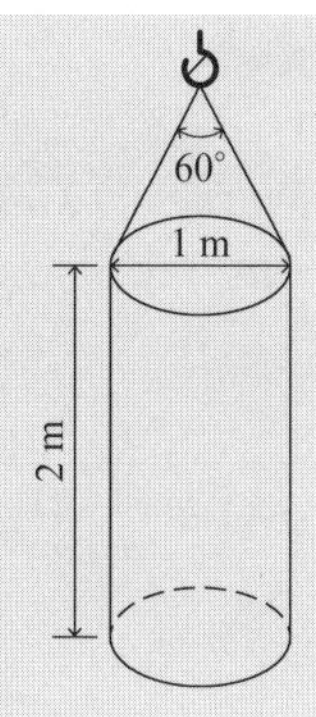

(1)　2.1 kN
(2)　10.3 kN
(3)　18.4 kN
(4)　20.5 kN
(5)　24.9 kN

解説　コンクリート製の円柱の重量を算出し，表 4.9-1 からつり角度 60 度の張力係数を掛けて求める.

$$\text{コンクリート製の円柱の重量} = \text{円柱の体積}\,m^3 \times 2.3\,t/m^3 \times 9.8\,m/s^2$$
$$= 3.14 \times (1\,m)^2/4 \times 2\,m \times (2.3 \times 1{,}000)\,kg/m^3 \times 9.8\,m/s^2$$
$$= 3.14 \times 1^2/4 \times 2 \times 2.3 \times 1{,}000 \times 9.8\,kg \times m/s^2$$
$$\fallingdotseq 35.4 \times 10^3\,N$$

ワイヤロープ 1 本にかかる張力は，円柱の重量の半分の値に張力係数を掛けた値から算出する.

$$1\text{本にかかる張力} = 35.4 \times 10^3\,N \times 1/2 \times 1.16 \fallingdotseq 20.5 \times 10^3\,N = 20.5\,kN$$

以上から（4）が正解.

▶答（4）

問題 10　【平成 28 年春 問 40】

図のように，質量 4 t の荷を 2 本の玉掛け用ワイヤロープを用いてつり角度 30° でつるとき，1 本のワイヤロープにかかる張力の値に最も近いものは，(1) ～ (5) のうちどれか.

ただし，重力の加速度は 9.8 m/s^2，$\cos 15° = 0.96$ とし，ワイヤロープの質量は考えないものとする.

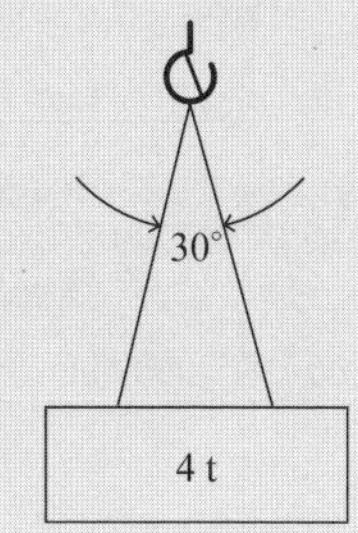

(1)　19.6 kN
(2)　20.4 kN
(3)　22.7 kN
(4)　27.6 kN
(5)　50.8 kN

解説　ワイヤロープ1本にかかる張力は，質量4tの重量の半分の値に張力係数（$1/\cos 15° = 1/0.96$）を掛けた値から算出する．なお，質量4tの重量は，$4\,\text{t} \times 9.8\,\text{m/s}^2 = 4{,}000\,\text{kg} \times 9.8\,\text{m/s}^2 = 4{,}000 \times 9.8\,\text{N}$

$$
\begin{aligned}
1\text{本にかかる張力} &= (4{,}000 \times 9.8\,\text{N}) \times 1/2 \times 1/\cos 15° \\
&= (4{,}000 \times 9.8)/2 \times 1/0.96\,\text{N} \fallingdotseq 20.4 \times 10^3\,\text{N} \\
&= 20.4\,\text{kN}
\end{aligned}
$$

以上から（2）が正解.　▶答（2）

4.10 水平面上の物体の静止摩擦力，静止摩擦係数，運動摩擦力，動き始めの力の計算

問題1　【令和2年秋 問39】

図のように，水平な床面に置いた質量Wの物体を床面に沿って引っ張り，動き始める直前の力Fの値が980Nであったとき，Wの値に最も近いものは（1）～（5）のうちどれか.

ただし，接触面の静止摩擦係数は0.6とし，重力の加速度は$9.8\,\text{m/s}^2$とする.

（1）60kg　（2）100kg　（3）143kg
（4）167kg　（5）200kg

解説　静止摩擦力とFが釣り合ったときのWを算出することとなる.

Wの静止摩擦力は，次のように表される.

$$W \times 9.8 \times 0.6 \quad ①$$

式①とFが等しいから

$$W \times 9.8 \times 0.6 = F \quad ②$$

である．式②からWを求める.

$$W = F/(9.8 \times 0.6) = 980/(9.8 \times 0.6) = 100/0.6 \fallingdotseq 167\,\text{kg}$$

以上から（4）が正解.　▶答（4）

問題2　【令和2年春 問36】

図のように，水平な床面に置いた質量Wの物体を床面に沿って引っ張り，動き始める直前の力Fの値が980Nであったとき，Wの値は（1）～（5）のうちどれか.

ただし，接触面の静止摩擦係数は0.2とし，重力の加速度は$9.8\,m/s^2$とする.

(1) 20 kg　(2) 200 kg　(3) 333 kg
(4) 500 kg　(5) 1,921 kg

解説 動き始める力Fは次のように表される.

動き始める力＝静止摩擦係数×物体の質量×重力加速度

上式を記号で書くと

$$F = \mu \times W \times 9.8$$

となる．ただし，μは静止摩擦係数である．与えられた数値を代入してWを算出する．なお，N（ニュートン）の単位は$kg \cdot m/s^2$である.

$$W = F/(\mu \times 9.8) = 980\,N/(0.2 \times 9.8\,m/s^2) = (980\,kg \cdot m/s^2)/(0.2 \times 9.8\,m/s^2)$$
$$= 500\,kg$$

以上から（4）が正解.

▶答（4）

問題3 【令和元年秋 問32】

物体に働く摩擦力に関する記述として，適切でないものは次のうちどれか.

(1) 他の物体に接触し，その接触面に沿う方向の力が作用している物体が静止しているとき，接触面に働いている摩擦力を静止摩擦力という.
(2) 静止摩擦力は，物体に徐々に力を加えて物体が接触面に沿って動き出す瞬間に最大となる.
(3) 運動摩擦力の大きさは，物体の接触面に作用する垂直力の大きさと接触面積に比例する.
(4) 物体に働く運動摩擦力は，最大静止摩擦力より小さい.
(5) 円柱状の物体を動かす場合，転がり摩擦力は滑り摩擦力に比べると小さい.

解説 (1) 適切．他の物体に接触し，その接触面に沿う方向の力が作用している物体が静止しているとき，接触面に働いている摩擦力を静止摩擦力という.

(2) 適切．静止摩擦力は，物体に徐々に力を加えて物体が接触面に沿って動き出す瞬間に最大となる．図4.10-1参照.

(3) 不適切．運動摩擦力の大きさは，物体の接触面に作用する垂直力の大きさだけに比例する．接触面積の大きさには関係しない.

(4) 適切．物体に働く運動摩擦力は，最大静止摩擦力より小さい．図4.10-1参照.

(5) 適切．円柱状の物体を動かす場合，転がり摩擦力は滑り摩擦力に比べると小さい.

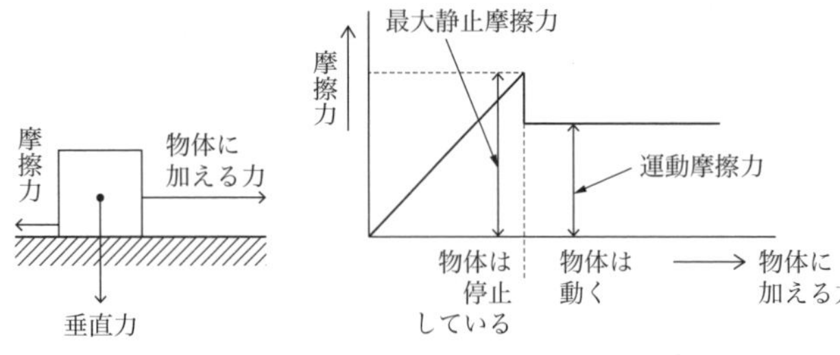

図 4.10-1　摩擦力

▶答（3）

問題 4　【令和元年春 問 36】

図のように，水平な床面に置いた質量Wの物体を床面に沿って引っ張り，動き始める直前の力Fの値が490Nであったとき，Wの値は（1）～（5）のうちどれか．

ただし，接触面の静止摩擦係数は0.4とし，重力の加速度は9.8 m/s^{2}とする．

（1）20 kg　（2）50 kg　（3）100 kg
（4）125 kg　（5）196 kg

W　F（490 N）

解説　図のように，水平な床面に置いた質量Wの物体を床面に沿って引っ張るときの摩擦力は質量に重力加速度を掛けた重量に静止摩擦係数を掛けて得られる．

Wkg × 重力加速度 × 静止摩擦係数 ＝ $W \times 9.8 \times 0.4\,\mathrm{kg{\cdot}m/s^2} = W \times 9.8 \times 0.4\,\mathrm{N}$　①

式①の値と動き始める直前の力Fが釣り合うところからWを算出する．

$$W \times 9.8 \times 0.4\,\mathrm{N} = 490\,\mathrm{N}$$

$$W = 490/(9.8 \times 0.4) = 125\,\mathrm{kg}$$

以上から（4）が正解．

▶答（4）

問題 5　【平成 30 年秋 問 36】

図のように，水平な床面に置いた質量Wの物体を床面に沿って引っ張り，動き始める直前の力Fの値が980Nであったとき，Wの値に最も近いものは（1）～（5）のうちどれか．

ただし，接触面の静止摩擦係数は0.6とし，重力の加速度は9.8 m/s^{2}とする．

（1）60 kg　（2）100 kg　（3）143 kg
（4）167 kg　（5）200 kg

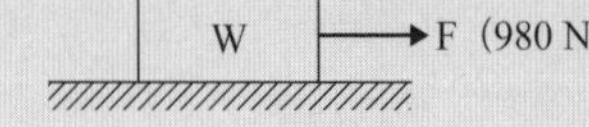

解説　動き始める力Fは次のように表される．

動き始める力 ＝ 静止摩擦係数 × 物体の質量 × 重力加速度

上式を記号で書くと

$F = \mu \times W \times 9.8$

となる．ただし，μ は静止摩擦係数である．与えられた数値を代入して W を算出する．なお，N（ニュートン）の単位は $\mathrm{kg \cdot m/s^2}$ である．

$$W = F/(\mu \times 9.8) = 980\,\mathrm{N}/(0.6 \times 9.8\,\mathrm{m/s^2}) = (980\,\mathrm{kg \cdot m/s^2})/(0.6 \times 9.8\,\mathrm{m/s^2})$$

$$\fallingdotseq 167\,\mathrm{kg}$$

以上から（4）が正解．　▶答（4）

問題6　【平成30年春 問36】

図のように，水平な床面に置いた質量Wの物体を床面に沿って引っ張り，動き始める直前の力Fの値が980 Nであったとき，Wの値に最も近いものは（1）～（5）のうちどれか．

ただし，接触面の静止摩擦係数は0.6とし，重力の加速度は $9.8\,\mathrm{m/s^2}$ とする．

（1）60 kg　（2）100 kg　（3）143 kg
（4）167 kg　（5）200 kg

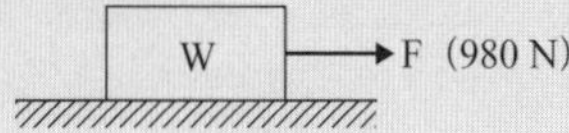

解説　動き始める力 F は次のように表される．

動き始める力 = 静止摩擦係数 × 物体の質量 × 重力加速度

上式を記号で書くと

$F = \mu \times W \times 9.8$

となる．ただし，μ は静止摩擦係数である．与えられた数値を代入して W を算出する．なお，N（ニュートン）の単位は $\mathrm{kg \cdot m/s^2}$ である．

$$W = F/(\mu \times 9.8) = 980\,\mathrm{N}/(0.6 \times 9.8\,\mathrm{m/s^2}) = (980\,\mathrm{kg \cdot m/s^2})/(0.6 \times 9.8\,\mathrm{m/s^2})$$

$$\fallingdotseq 167\,\mathrm{kg}$$

以上から（4）が正解．　▶答（4）

問題7　【平成29年秋 問36】

図のように，水平な床面に置いた質量W kgの物体を床面に沿って引っ張り，動き始める直前の力Fの値が490 Nであったとき，この物体の質量Wの値は（1）～（5）のうちどれか．

ただし，接触面の静止摩擦係数は0.4とし，重力の加速度は $9.8\,\mathrm{m/s^2}$ とする．

（1）20 kg　（2）50 kg　（3）100 kg
（4）125 kg　（5）196 kg

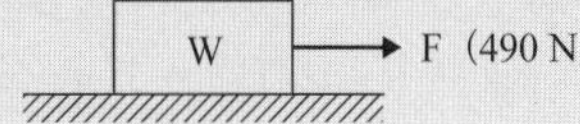

解説　動き始める力 F は次のように表される．

動き始める力 = 静止摩擦係数 × 物体の質量 × 重力加速度

上式を記号で書くと

$$F = \mu \times W \times 9.8$$

となる．ただし，μ は静止摩擦係数である．与えられた数値を代入して W を算出する．なお，N（ニュートン）の単位は $\mathrm{kg{\cdot}m/s^2}$ である．

$$W = F/(\mu \times 9.8) = 490\,\mathrm{N}/(0.4 \times 9.8\,\mathrm{m/s^2}) = (490\,\mathrm{kg{\cdot}m/s^2})/(0.4 \times 9.8\,\mathrm{m/s^2})$$
$$= 125\,\mathrm{kg}$$

以上から（4）が正解．　▶答（4）

問題 8 【平成29年春 問36】

図のように，水平な床面に置いた質量120 kgの物体を床面に沿って引っ張るとき，動き始める直前の力Fの値に最も近いものは（1）～（5）のうちどれか．

ただし，接触面の静止摩擦係数は0.4とし，重力の加速度は $9.8\,\mathrm{m/s^2}$ とする．

（1）470 N　（2）588 N　（3）706 N

（4）1,176 N　（5）2,940 N

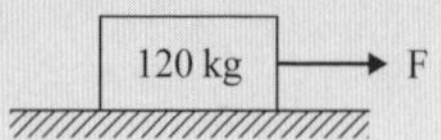

解説 F が静止摩擦力と同じ力になれば動き始める直前となる．静止摩擦力は，質量×重力加速度×静止摩擦係数で与えられる．

$$F = 静止摩擦力 = 質量 \times 重力加速度 \times 静止摩擦係数$$

上式に与えられた数値を代入する．

$$F = 120\,\mathrm{kg} \times 9.8\,\mathrm{m/s^2} \times 0.4 = 120 \times 9.8 \times 0.4\,\mathrm{kg{\cdot}m/s^2} \fallingdotseq 470\,\mathrm{N}$$

以上から（1）が正解．　▶答（1）

問題 9 【平成28年秋 問33】

図のように，水平な床面に置いた質量100 kgの物体を床面に沿って引っ張るとき，動き始める直前の力Fの値に最も近いものは，次の（1）～（5）のうちどれか．

ただし，接触面の静止摩擦係数は0.3とし，重力の加速度は $9.8\,\mathrm{m/s^2}$ とする．

（1）30 N　（2）147 N　（3）294 N

（4）392 N　（5）490 N

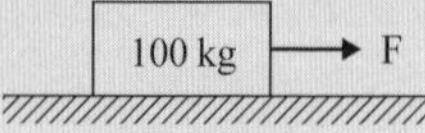

解説 F が静止摩擦力と同じ力になれば動き始める直前となる．静止摩擦力は，質量×重力加速度×静止摩擦係数で与えられる．

$$F = 静止摩擦力 = 質量 \times 重力加速度 \times 静止摩擦係数$$

上式に与えられた数値を代入する．

$$F = 100\,\mathrm{kg} \times 9.8\,\mathrm{m/s^2} \times 0.3 = 100 \times 9.8 \times 0.3\,\mathrm{kg{\cdot}m/s^2} = 294\,\mathrm{N}$$

以上から（3）が正解．　▶答（3）

問題10

【平成28年春 問34】

物体に働く摩擦力に関し，誤っているものは次のうちどれか．

(1) 静止摩擦力の大きさは，物体の接触面に作用する垂直力の大きさと接触面積に比例する．

(2) 静止摩擦力は，物体に徐々に力を加えて物体が接触面に沿って動き出す瞬間に最大となる．

(3) 物体に働く運動摩擦力は，最大静止摩擦力より小さい．

(4) 物体が転がって動くときに働く摩擦力を転がり摩擦力という．

(5) 円柱状の物体を動かす場合，転がり摩擦力は滑り摩擦力に比べると小さい．

解説 (1) 誤り．静止摩擦力の大きさFは，次のように物体の接触面に作用する垂直力の大きさMgと静止摩擦係数μの積で表され，接触面積に関係しない．$F = Mg \times \mu$

(2) 正しい．静止摩擦力は，物体に徐々に力を加えて物体が接触面に沿って動き出す瞬間に最大となる．

(3) 正しい．物体に働く運動摩擦力は，最大静止摩擦力より小さい．

(4) 正しい．物体が転がって動くときに働く摩擦力を転がり摩擦力という．

(5) 正しい．円柱状の物体を動かす場合，転がり摩擦力は滑り摩擦力に比べると小さい．

▶答 (1)

4.11 滑車と必要な力の計算

問題1

【令和2年秋 問40】

図のような滑車を用いて，質量Wの荷をつるとき，それぞれの図の下部に記載してあるこれを支えるために必要な力Fを求める式として，誤っているものは (1) ～ (5) のうちどれか．

ただし，gは重力の加速度とし，滑車及びワイヤロープの質量並びに摩擦は考えないものとする．

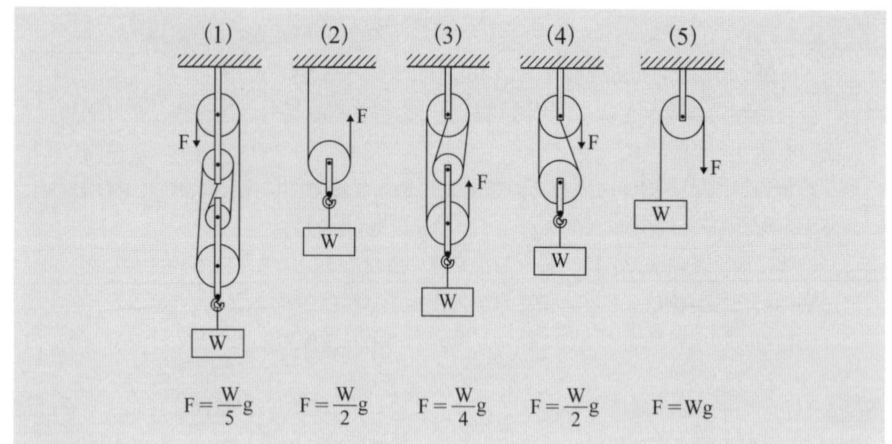

解説 (1) 誤り．滑車A，B，C，D（図4.11-1参照）は一本のワイヤロープで支えているため，全て同じ力でなければならない．引っ張る力を低減させる動滑車はCとDだけで，AとBは定滑車であるため，引っ張る力の低減とはならない．1つの動滑車に左右2本のロープが必要であるから動滑車が2つあり，それらを支えているワイヤロープは左右合計で4本であるため，Fは$W/4$となる．

(2) 正しい．動滑車の場合は，ワイヤロープの他方が固定されているため，動滑車を支えているロープの数が2本となり，図4.11-1に示すように$F = Wg/2$となる．

(3) 正しい．1本のワイヤロープが支えているため（図4.11-1），すべて同じ力でなければならない．引張る力の低減となる動滑車の場合は，2つの動滑車を支えているワイヤロープの数（左右合計で4本）で質量Wを除した値がFとなる．ワイヤロープの数は全部で4本であるから，$F = Wg/4$となる．なお，この問題は設問（1）と同じであるが，設問（1）では，引っ張る力Fを定滑車Aを加えて下向きにしたところである．

(4) 正しい．動滑車の場合は，動滑車を支えているワイヤロープの数が質量Wを支えているため，図4.11-1に示すようにロープの数は全部で2本であるから，$F = Wg/2$となる．

(5) 正しい．定滑車の場合，図4.11-1に示すように質量Wの同じ力でFを引っ張ることになる．

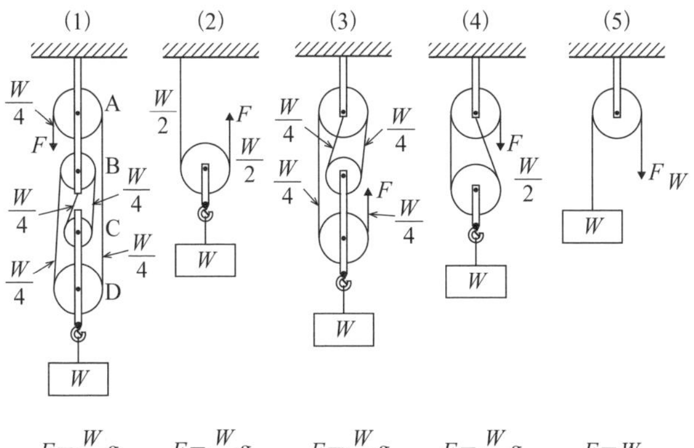

$F=\frac{W}{4}g$　　$F=\frac{W}{2}g$　　$F=\frac{W}{4}g$　　$F=\frac{W}{2}g$　　$F=W$

図 4.11-1

▶答（1）

問題2　【令和2年春 問40】

図のような組合せ滑車を用いて質量150 kgの荷を2個つるとき，これを支えるために必要な力Fの値に最も近いものは（1）～（5）のうちどれか．

ただし，重力の加速度は$9.8\,m/s^2$とし，滑車及びワイヤロープの質量並びに摩擦は考えないものとする．

(1)　327 N
(2)　368 N
(3)　420 N
(4)　735 N
(5)　1,470 N

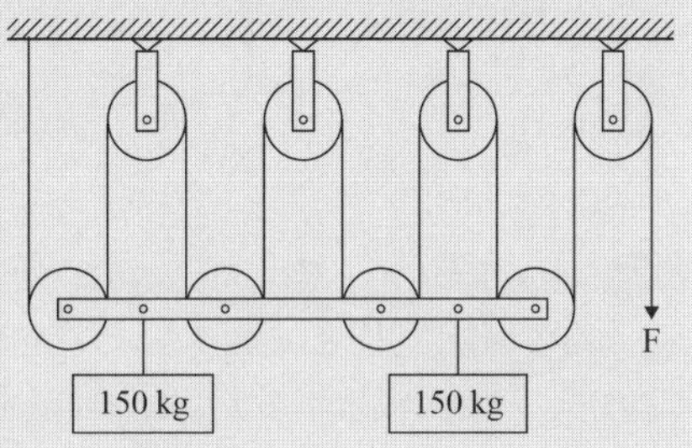

解説 動滑車を支えているワイヤロープの数は一本であるからワイヤロープにかかる力は，全て同一である．図4.11-2に示したように動滑車を支えているワイヤロープの数は，全部で8本（動滑車の数4個の2倍）である．

質量は

$$150\,kg + 150\,kg = 300\,kg \qquad ①$$

であるが，重量にするため重力加速度$9.8\,m/s^2$を式①にかける．

つり荷の重量

$300\,\text{kg} \times 9.8\,\text{m/s}^2$

$= 300 \times 9.8\,\text{kg·m/s}^2$

$= 300 \times 9.8\,\text{N}$ ②

Fの引っ張る力

式②の値/8 $= 300 \times 9.8\,\text{N}/8$

$\fallingdotseq 368\,\text{N}$

以上から（2）が正解．

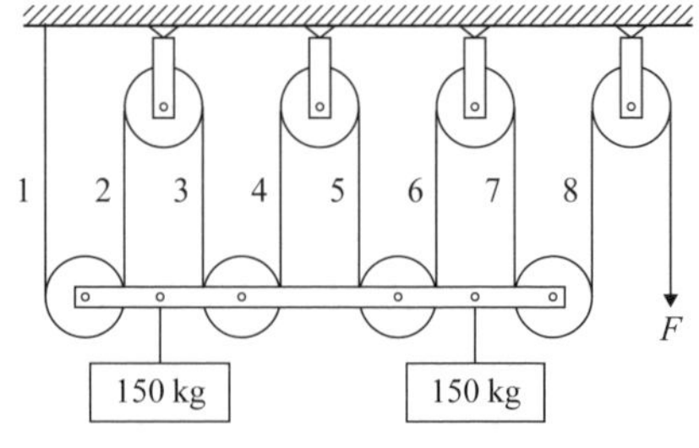

図 4.11-2

▶答（2）

問題 3 【令和元年秋 問 40】

図のような組合せ滑車を用いて質量 300 kg の荷をつるとき，これを支えるために必要な力Fの値に最も近いものは（1）～（5）のうちどれか．

ただし，重力の加速度は $9.8\,\text{m/s}^2$ とし，滑車及びワイヤロープの質量並びに摩擦は考えないものとする．

（1） 245 N

（2） 368 N

（3） 420 N

（4） 490 N

（5） 980 N

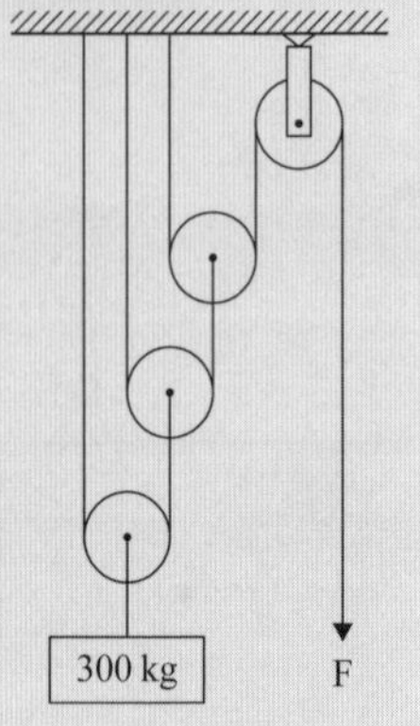

解説 動滑車の場合，図 4.11-3 に示したように，質量 W を引っ張る場合，引っ張る力が 1 つの動滑車で $W/2$ に低減される．それに動滑車を 1 つ追加連結すると，$W/4$ となり，さらに動滑車を 1 つ連結すれば，$W/8$ となる．

以上から F の力は，次のように表される．

$$F = 300\,\text{kg}/8 \times 9.8\,\text{m/s}^2 = 300/8 \times 9.8\,\text{kg·m/s}^2$$

$$\fallingdotseq 368\,\text{N}$$

以上から（2）が正解．

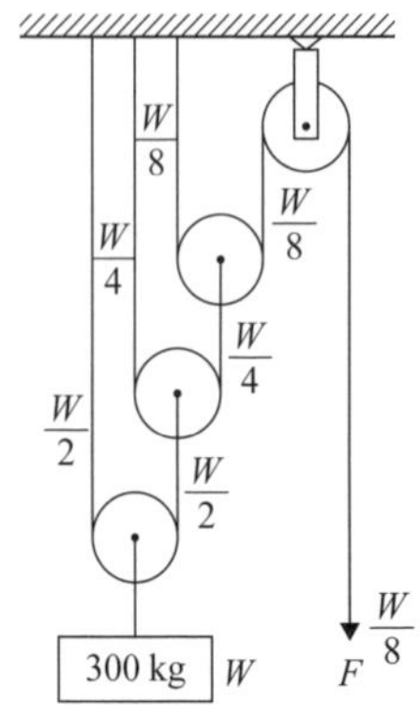

図 4.11-3

▶答（2）

問題4

【令和元年春 問40】 

図のような組合せ滑車を用いて質量150 kgの荷を2個つるとき，これを支えるために必要な力Fの値に最も近いものは（1）～（5）のうちどれか．

ただし，重力の加速度は$9.8\,\mathrm{m/s^2}$とし，滑車及びワイヤロープの質量並びに摩擦は考えないものとする．

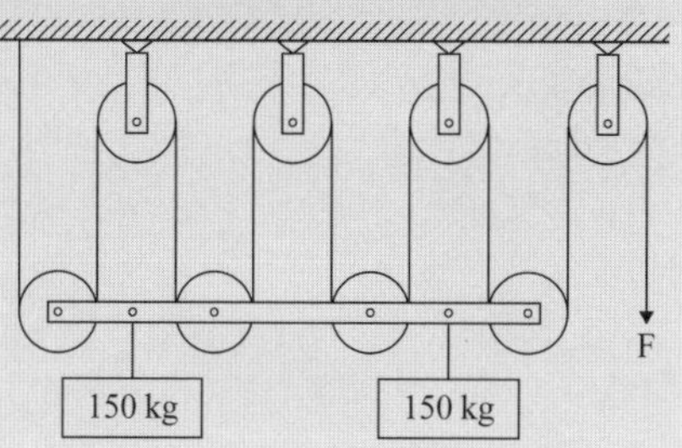

（1）327 N　（2）368 N　（3）420 N

（4）735 N　（5）1,470 N

解説　動滑車を支えているワイヤロープの数は一本であるからワイヤロープにかかる力は，全て同一である．図4.11-4に示したように動滑車を支えているワイヤロープの数は，全部で8本である．

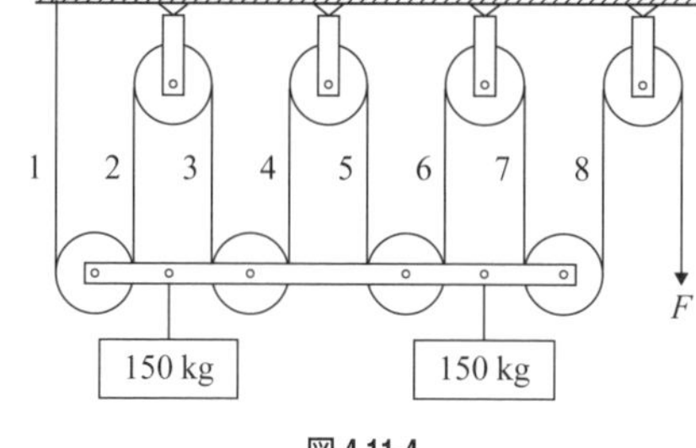

図4.11-4

質量は

$$150\,\mathrm{kg} + 150\,\mathrm{kg} = 300\,\mathrm{kg} \quad ①$$

であるが，重量にするため重力加速度$9.8\,\mathrm{m/s^2}$を式①にかける．

つり荷の重量

$$300\,\mathrm{kg} \times 9.8\,\mathrm{m/s^2} = 300 \times 9.8\,\mathrm{kg{\cdot}m/s^2} = 300 \times 9.8\,\mathrm{N} \quad ②$$

Fの引っ張る力

$$式②の値/8 = 300 \times 9.8\,\mathrm{N}/8 \fallingdotseq 368\,\mathrm{N}$$

以上から（2）が正解．

▶答（2）

問題5

【平成30年秋 問40】

図のような組合せ滑車を用いて質量300 kgの荷をつるとき，これを支えるために必要な力Fの値に最も近いものは（1）～（5）のうちどれか．

ただし，重力の加速度は$9.8\,\mathrm{m/s^2}$とし，滑車及びワイヤロープの質量並びに摩擦は考えないものとする．

(1) 245 N
(2) 368 N
(3) 420 N
(4) 490 N
(5) 980 N

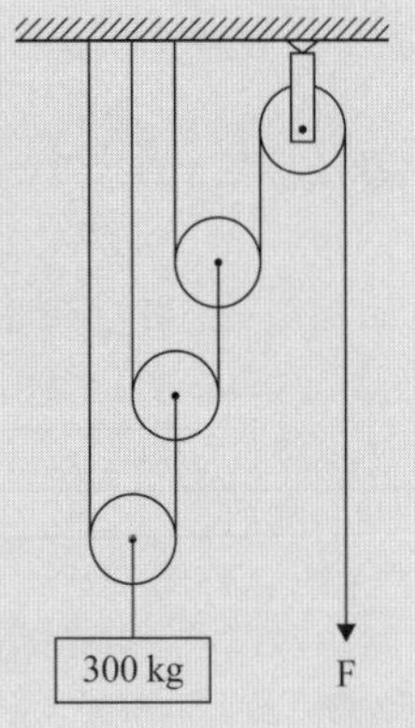

解説 動滑車の場合，図 4.11-5 に示したように，質量 W を引っ張る場合，引っ張る力が 1 つの動滑車で $W/2$ に低減される．それに動滑車を 1 つ追加連結すると，$W/4$ となり，さらに 1 つ動滑車を連結すれば，$W/8$ となる．

以上から F の力は，次のように表される．

$$F = 300\,\text{kg}/8 \times 9.8\,\text{m/s}^2 = 300/8 \times 9.8\,\text{kg·m/s}^2$$
$$\fallingdotseq 368\,\text{N}$$

以上から (2) が正解．

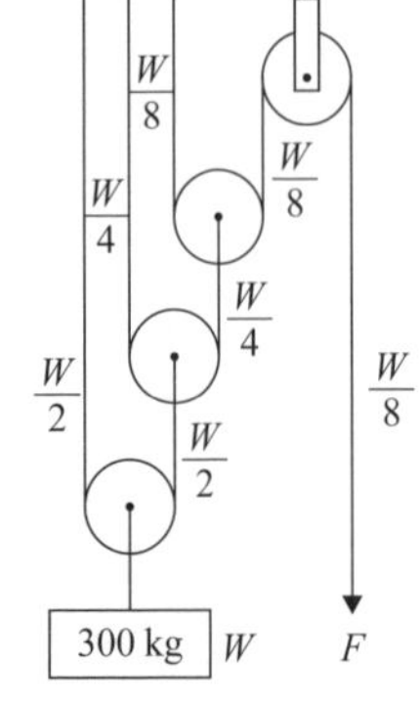

図 4.11-5

▶答 (2)

問題 6 【平成 30 年春 問 40】

図のような組合せ滑車を用いて質量 350 kg の荷をつるとき，これを支えるために必要な力 F の値に最も近いものは (1) ～ (5) のうちどれか．

ただし，重力の加速度は $9.8\,\text{m/s}^2$ とし，滑車及びワイヤロープの質量並びに摩擦は考えないものとする．

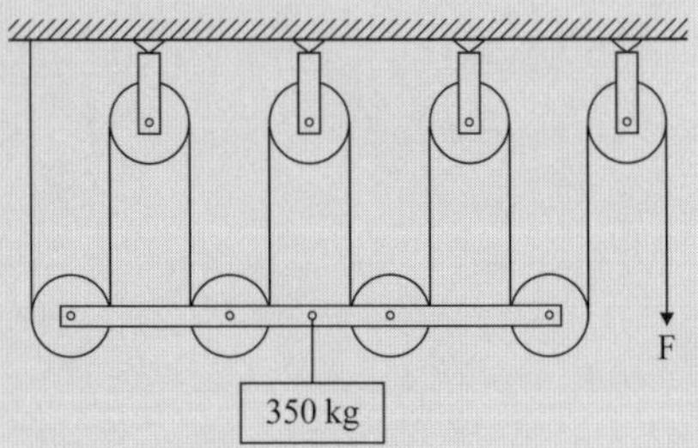

(1) 175 N
(2) 381 N
(3) 429 N
(4) 490 N

(5) 858 N

解説 動滑車を支えているワイヤロープの数は一本であるからワイヤロープにかかる力は，全て同一である．図 4.11-6 に示したように動滑車を支えているワイヤロープの数は，全部で 8 本（動滑車の数 4 個の 2 倍）である．

図 4.11-6

質量は

350 kg ①

であるが，重量にするため重力加速度 9.8 m/s^2 を①にかける．

つり荷の重量

$$350\,\mathrm{kg} \times 9.8\,\mathrm{m/s^2} = 350 \times 9.8\,\mathrm{kg{\cdot}m/s^2} = 350 \times 9.8\,\mathrm{N} \quad ②$$

F の引っ張る力

$$\text{式②の値}/8 = 350 \times 9.8\,\mathrm{N}/8 \fallingdotseq 429\,\mathrm{N}$$

以上から (3) が正解． ▶答 (3)

問題7 【平成29年秋 問40】

図のような組合せ滑車を用いて質量 200 kg の荷をつるとき，これを支えるために必要な力 F の値は (1)～(5) のうちどれか．

ただし，重力の加速度は 9.8 m/s^2 とし，滑車及びワイヤロープの質量並びに摩擦は考えないものとする．

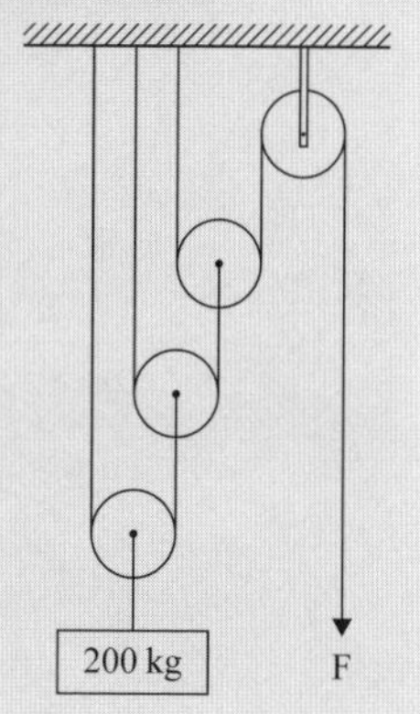

(1) 245 N
(2) 280 N
(3) 327 N
(4) 490 N
(5) 653 N

解説 動滑車の場合，図 4.11-7 に示したように，質量 W を引っ張る場合，引っ張る力が 1 つの動滑車で $W/2$ に低減される．それに動滑車を 1 つ追加連結すると，$W/4$ となり，さらに 1 つ動滑車を連結すれば，$W/8$ となる．

以上からFの力は，次のように表される．

$$F = 200\,\mathrm{kg}/8 \times 9.8\,\mathrm{m/s^2} = 200/8 \times 9.8\,\mathrm{kg{\cdot}m/s^2}$$
$$= 245\,\mathrm{N}$$

以上から（1）が正解．

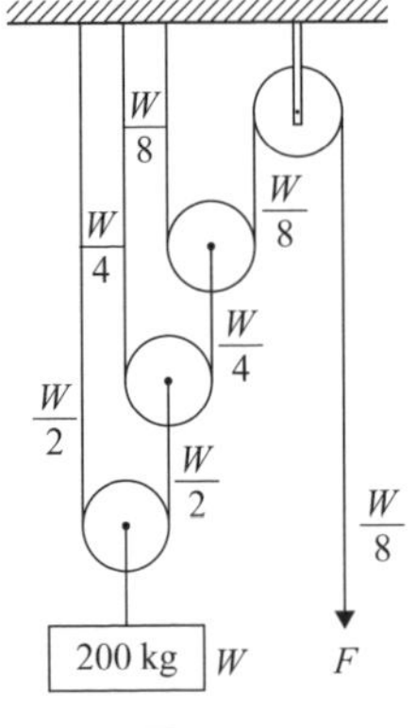

図 4.11-7

▶答（1）

問題8 【平成29年春 問40】

図のような組合せ滑車を用いて質量200 kgの荷をつるとき，これを支えるために必要な力Fの値は（1）～（5）のうちどれか．

ただし，重力の加速度は$9.8\,\mathrm{m/s^2}$とし，滑車及びワイヤロープの質量並びに摩擦は考えないものとする．

（1）123 N

（2）163 N

（3）184 N

（4）218 N

（5）245 N

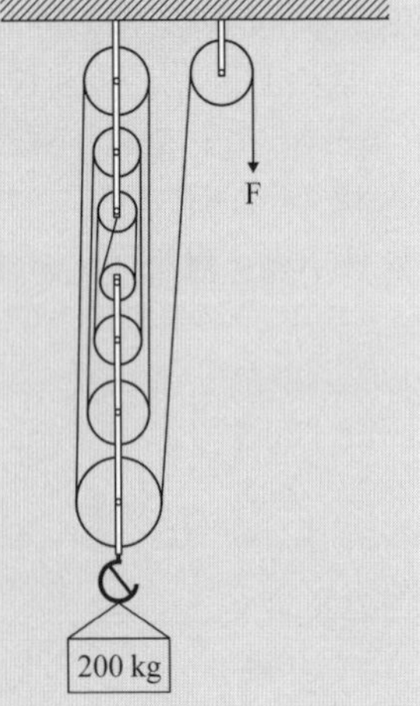

解説 滑車は一本のワイヤロープで支えているため，全て同じ力でなければならない．動滑車の数の2倍が質量を支えているワイヤロープの数となる．図4.11-8から動滑車の数は4個であるから8本のワイヤロープが質量200 kgを支えるので，Fは次のように表される．

$$F = (200\,\mathrm{kg} \times 9.8\,\mathrm{m/s^2})/8 = 200 \times 9.8/8\,\mathrm{kg{\cdot}m/s^2}$$
$$= 245\,\mathrm{N}$$

以上から（5）が正解.

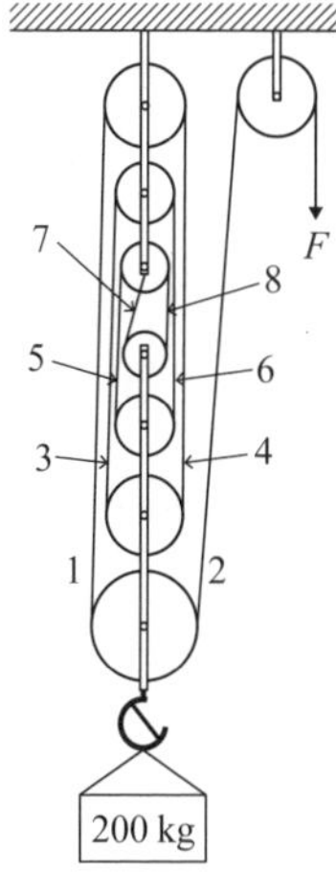

図 4.11-8

▶答（5）

問題9 【平成28年秋 問40】

図のような組合せ滑車を用いて質量40 t の荷をつるとき，これを支えるために必要な力Fの値に最も近いものは，次の（1）～（5）のうちどれか.

ただし，重力の加速度は9.8 m/s^{2}とし，滑車及びワイヤロープの質量並びに摩擦は考えないものとする.

(1)　5.0 kN
(2)　10.0 kN
(3)　43.6 kN
(4)　49.0 kN
(5)　98.0 kN

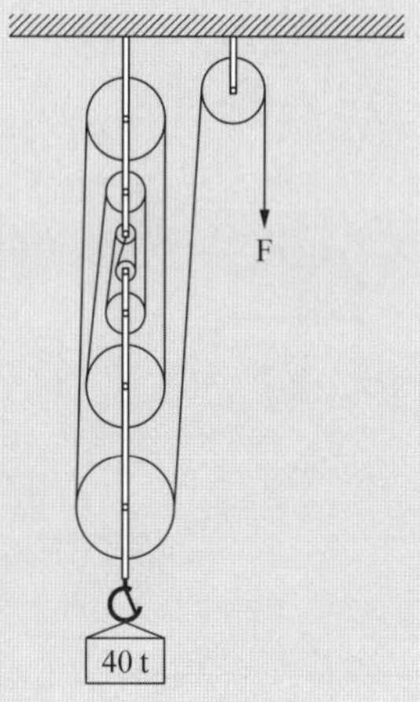

解説 滑車は一本のワイヤロープで支えているため，全て同じ力でなければならない．動滑車の数の2倍が質量を支えているワイヤロープの数となる．図4.11-9から動滑車の数は4個であるから8本のワイヤロープが質量40t（40,000kg）を支えるので，Fは次のように表される．

$$F = (40{,}000\,\mathrm{kg} \times 9.8\,\mathrm{m/s^2})/8 = 40{,}000 \times 9.8/8\,\mathrm{kg{\cdot}m/s^2}$$
$$= 49.0 \times 10^3\,\mathrm{N} = 49.0\,\mathrm{kN}$$

以上から（4）が正解．

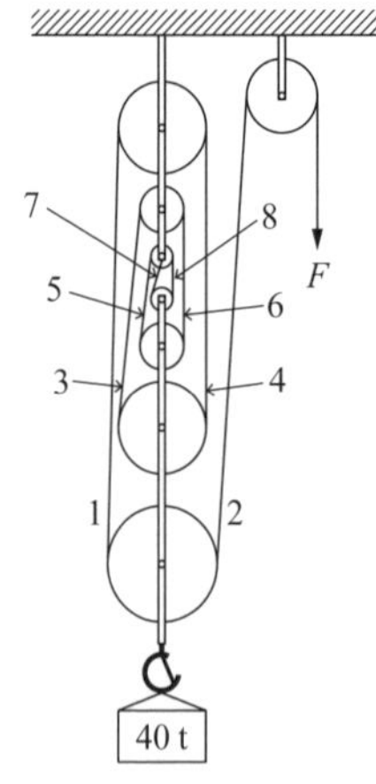

図 4.11-9

▶答（4）

問題10 【平成28年春 問39】

図のような組合せ滑車を用いて質量20tの荷をつるとき，これを支えるために必要な力Fは，(1)～(5) のうちどれか．

ただし，重力の加速度は$9.8\,\mathrm{m/s^2}$とし，滑車及びワイヤロープの質量並びに摩擦は考えないものとする．

(1) 21.7kN
(2) 24.5kN
(3) 28.1kN
(4) 32.6kN
(5) 49.3kN

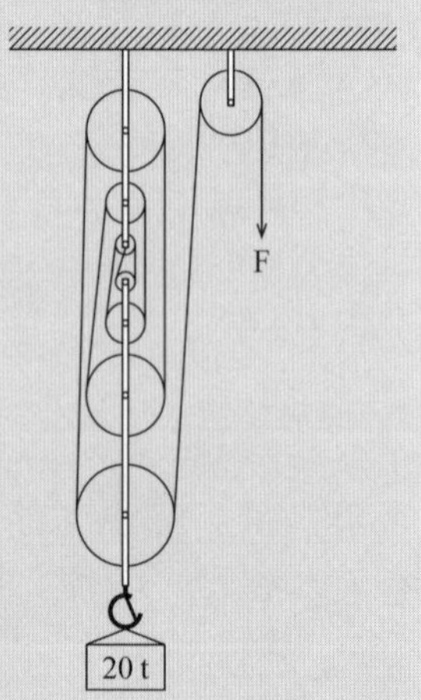

解説 滑車は一本のワイヤロープで支えているため，全て同じ力でなければならない．動滑車の数の2倍が質量を支えているワイヤロープの数となる．図4.11-10から動滑車の数は4個であるから8本のワイヤロープが質量20 t（20,000 kg）を支えるので，Fは次のように表される．

$$F = (20{,}000\,\mathrm{kg} \times 9.8\,\mathrm{m/s^2})/8 = 20{,}000 \times 9.8/8\,\mathrm{kg{\cdot}m/s^2}$$
$$= 24.5 \times 10^3\,\mathrm{N} = 24.5\,\mathrm{kN}$$

以上から（2）が正解．

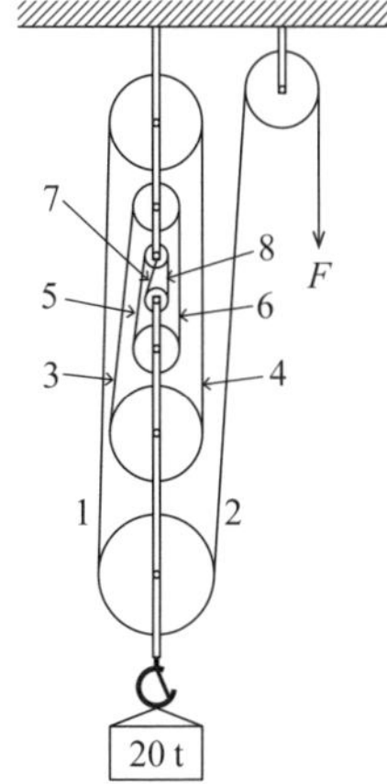

図 4.11-10

▶答（2）

■索　引

〈著者略歴〉
三好康彦（みよし　やすひこ）
1968 年　九州大学工学部合成化学科卒業
1971 年　東京大学大学院博士課程中退
　　　　東京都公害局（当時）入局
2002 年　博士（工学）
2005 年 4 月～ 2011 年 3 月　県立広島大学生命環境学部 教授
現　在　EIT 研究所 主宰

主な著書 小型焼却炉 改訂版 / 環境コミュニケーションズ（2004 年）
汚水・排水処理 —基礎から現場まで— / オーム社（2009 年）
公害防止管理者試験 水質関係 速習テキスト / オーム社（2013 年）
公害防止管理者試験 大気関係 速習テキスト / オーム社（2013 年）
公害防止管理者試験 ダイオキシン類 精選問題 / オーム社（2013 年）
年度版 公害防止管理者試験 攻略問題集 / オーム社
年度版 給水装置工事主任技術者試験 攻略問題集 / オーム社
年度版 環境計量士試験［濃度・共通］攻略問題集 / オーム社
年度版 高圧ガス製造保安責任者試験 攻略問題集 / オーム社
年度版 冷凍機械責任者試験 合格問題集 / オーム社
その他，論文著書多数

クレーン・デリック運転士（クレーン限定）学科試験
合格問題集

2021 年 11 月 4 日　　第 1 版第 1 刷発行

著　者　三好康彦
発行者　村上和夫
発行所　株式会社 オーム社
郵便番号 101-8460
東京都千代田区神田錦町 3-1
電 話 03(3233)0641(代表)
URL https://www.ohmsha.co.jp/

印刷・製本　小宮山印刷工業
ISBN978-4-274-22793-6　Printed in Japan